21 世纪高等院校教材

测量学教程

主　编　吴学伟　于　坤
副主编　姜　芸　徐　锋
主　审　伊晓东

科 学 出 版 社
北　京

内 容 简 介

本书重点介绍了测量学的基本理论和方法，并列举了测量学在经济建设多个领域的发展思路和实施方案，同时介绍了3S技术的基本理论知识。全书共12章，主要内容包括：绪论；水准测量；角度测量；距离测量与全站仪；测量误差的基本知识；小区域控制测量；大比例尺地形图测绘；地形图的应用；建筑施工测量；线路工程测量；水下地形测量；现代测绘技术简介。本书内容深入浅出，易教易学。

本书可作为高等院校地理信息科学类、土木工程类、交通工程类、农林类、环境工程类专业的本科生教材，也可作为相关工程技术人员的参考书。

图书在版编目（CIP）数据

测量学教程 / 吴学伟，于坤主编. —北京：科学出版社，2018. 2
21世纪高等院校教材
ISBN 978-7-03-053909-0

Ⅰ. ①测… Ⅱ. ①吴… ②于… Ⅲ. ①测量学-教材 Ⅳ. ①P2

中国版本图书馆CIP数据核字（2017）第303648号

责任编辑：杨 红 程雷星 / 责任校对：杜子昂
责任印制：赵 博 / 封面设计：陈 敬

科学出版社出版
北京东黄城根北街16号
邮政编码：100717
http://www.sciencep.com
北京中石油彩色印刷有限责任公司印刷
科学出版社发行 各地新华书店经销
*
2018年2月第 一 版 开本：787×1092 1/16
2024年12月第五次印刷 印张：16
字数：409 000

定价：49.00 元

（如有印装质量问题，我社负责调换）

前　言

本书根据高等院校测量学课程的教学大纲要求，本着提高教学质量、培养高素质人才的目的，结合新形势下高等教育的发展需求，在总结近年来测量学课程教育教学改革成果的基础上，由东北林业大学、东北农业大学、大连理工大学等高校的测量教师在多次学术交流、教学研讨、使用修正、反复实践的基础上编写而成。

全书共 12 章，主要内容包括：绪论，介绍了测量工作的基础知识；第 2 章～第 4 章为测量基本原理、方法和仪器设备的使用，包括水准测量、角度测量、距离测量等基本知识和全站仪的原理与使用；第 5 章为测量误差的基本知识，介绍测量误差处理基础理论和方法；第 6 章介绍小区域控制测量，重点为导线测量；第 7 章和第 8 章介绍大比例尺地形图数据采集、绘制与应用方法；第 9 章介绍建筑施工测量，包括各类建筑施工测量、变形监测、竣工测量等；第 10 章介绍线路工程测量，包括道路施工测量、桥梁工程施工测量、地下工程测量、地下管道测量；第 11 章为水下地形测量，介绍水下地形测量的基本原理和方法；第 12 章为现代测绘技术简介，包括全球导航卫星系统、遥感、地理信息系统等。本书在编写过程中，既强调了经典的测量基本知识、基本理论和基本技能，也有测绘新技术、新仪器、新方法，增加了数字测图、水下地形测绘等新知识、新领域内容，介绍了以 3S 技术为代表的现代测绘技术理论和方法，形成了较新的教学内容和方法体系，以使师生利用最新的理论知识解决工程中的实际问题。

本书由吴学伟、于坤任主编，姜芸、徐锋任副主编。全书分工如下：第 1 章、第 5 章、第 6 章、第 12 章由东北林业大学吴学伟执笔，第 2 章、第 9 章、第 10 章由东北林业大学于坤执笔，第 3 章、第 4 章、第 8 章由东北农业大学姜芸执笔，第 7 章、第 11 章由大连理工大学城市学院的徐锋执笔。东北林业大学的武百超老师、田东弘研究生参与了部分章节的编写。

本书承蒙大连理工大学的伊晓东主审，他提出的宝贵的意见和建议对提高书稿质量具有重要作用；本书在编写过程中，参考了国内外有关教材和参考书，尤其是采用了东北林业大学何东坡教授、南京林业大学史玉峰教授编写的内容和实例，在此一并表示衷心的感谢。

由于作者水平所限，书中难免存在疏漏和不足之处，欢迎读者批评指正。

编　者

2017 年 10 月

目　录

第1章 绪　论

内容提要

本章阐述了测量学研究的对象、内容和分类，以及我国测绘事业的发展；宏观介绍了地球的形状大小；叙述了地面点空间位置的确定与平面坐标系统和高程坐标系统，并对测量工作的基本内容和基本原则进行了阐述。

1.1 概　述

1.1.1 测量学研究的对象与内容

测量学是一门古老的学科，有着悠久的历史。1880年，赫尔默特(Helmert)将测量学定义为以地球为研究对象，对它进行测定与描绘的科学。随着科学技术的发展和社会的进步，测量学的概念与研究对象也在不断发展变化。测量学一个比较完整的基本概念为：研究对实体(包括地球整体、表面及外层空间各种自然和人造的物体)中与地理空间分布有关的各种几何、物理、人文及其随时间变化信息的采集、处理、管理、更新和利用的科学与技术。

针对地球而言，测量学的研究内容是测定空间点的几何位置、确定地球形状、地球重力场和各种动力现象，研究采集和处理地球表面各种形态及其变化信息并绘制成图的理论、技术和方法，以及各种工程建设中的测绘理论、技术和方法。

众所周知，地球表面极不规则，有高山、丘陵、平原、盆地、湖泊、河流和海洋等自然形成的物体，还有房屋、工厂、道路、桥梁等人工建造的建筑物和构筑物。测量学将这些地表物体分为地物和地貌。测量的主要任务包括两大类：测定和测设。其中，测定是使用测量仪器和工具，通过测量和计算，将地貌和地物的位置按照一定的比例、规定的符号缩小绘制成图，供科学研究和工程建设使用。测设也称为“放样”“放线”“定位”等，是指按设计文件要求将建筑物(构筑物)的关键点(如桥墩中心)或关键轴线(如隧道中线)等在实地测量后标定出来，作为施工的必要依据。

1.1.2 测量学的分类

1) 大地测量学

大地测量学(geodesy)主要是研究地球的形状及大小、地球重力场、地球板块运动、地球表面点的几何位置及其变化的科学。大地测量学是整个测量学科各个分支的理论基础，也是开展其他测绘工作的前提。大地测量学的基本任务是建立高精度的地面控制网及重力水准网，为研究地球形状及大小、地球重力场及其分布、地球动力学研究、地壳形变及地震预测等提供精确的位置信息，同时为各类工程施工测量及摄影测量提供依据，为地形测图及海洋测绘提供控制基础。

2) 普通测量学

普通测量学(surveying)简称测量学，它是研究地球表面较小区域内测绘工作的基本理论、技术和应用方法的学科。它研究的对象只是地球表面上局部区域内各类固定性物体的形状和位置，所进行的工作即地形测量和一般工程测量。由于地球半径较大，地球表面曲率较小，在一定条件下，地面上的小区域可以近似地看成平面。因此，有关地形测量的许多问题，都是以平面为依据进行的。地形测量的基本任务包括图根控制测量和地形测图，具体工作有距离测量、角度测量、高程测量、定向测量和观测数据的处理与绘图等。

3) 摄影测量学与遥感

摄影测量学(photography)与遥感(remote sensing，RS)是研究利用摄影或遥感的手段获取目标物的影像数据，从中提取几何的或物理的信息，并用图形、图像或数字形式表达测绘成果的学科。它的主要研究内容有获取目标物的影像，对影像进行处理，将所测得的成果用图形、图像或数字表达。

摄影测量与遥感是一种快速获取地球表面上地貌及地物影像的技术，在通信技术、航空航天技术、计算机技术等的支持下，可以实时地获取地物、地貌的相关信息，并形成数字地图，为地理信息系统(geographical information system，GIS)提供基础信息数据。利用遥感技术(电磁波、光波及热辐射)也可快速获取地球表面、地球内部、环境景象及天体等传感目标的信息信号，它在农业调查、土地性质分析、植被分布调查、地下资源探测、气象及环境污染监测、文物考古及自然灾害预测中应用非常广泛。

4) 工程测量学

工程测量学(engineering surveying)主要是研究在工程施工和资源开发利用中的勘测设计、建设施工、竣工验收、生产运营、变形监测和灾害预报等方面的测绘理论与技术。工程测量的特点是应用基本的测量理论、方法、技术及仪器设备，并结合具体的工程特点采用具有特殊性的施工测绘方法。它是大地测量学、摄影测量学及地形测量学的理论与方法在具体工程中的应用。

5) 地图学

地图学(cartology)是以地图信息传递为中心，研究地图的基本理论、地图制作技术和地图应用的综合性科学。地图学由地图理论、地图制图方法及地图应用三大部分组成。地图是测绘工作的重要产品形式之一。地图学科的不断发展，促使地图产品从模拟地图向数字地图转化，从二维静态向三维立体、四维动态转变。数字地图的发展和应用领域的不断拓宽，为地图学的发展及地图应用开辟了新的前景。

6) 海洋测量学

海洋测量学(marine surveying)是以海洋水体及海底地形为对象，研究海洋定位，测定海洋大地水准面及平均海平面、海面及海底地形、海洋重力及磁力等自然和社会信息的地理分布，并编制成各种海图的理论与技术的学科。

1.1.3 我国测绘事业的发展

60多年来，我国测绘工作的主要成就是：①在全国范围内(除台湾)建立了高精度的天文大地控制网，建立了适合我国的统一坐标系统——1980年国家大地坐标系统；20世纪90年代，利用全球定位系统(global positioning system，GPS)测量技术建立了包括AA级、A级和B级在内的国家GPS控制网；21世纪初对喜马拉雅山进行了重新测高，测得其主峰海拔为8844.43m；建立了CGCS(China geodetic coordinate system) 2000大地测量坐标系。大地坐标系为地心坐标。②完成了国家基本地形图的测绘，测图比例尺也随着国民经济建设的发展而不断增大，城市规划、工程设计都使用大比例尺的地形图。测图方法也从常规经纬仪、平板仪测图发展到全数字摄影测量成图和 GPS 测量技术及全站仪地面数字成图。编制并出版了各种地图、专题图，制图过程实现了数字化、自动化。③制定了各种测绘技术规范（规章）和法规，统一了技术规程及精度指标。④在工程测量方面取得显著成绩，先后完成了一系列大型工程建设和特殊工程的测量定位工作，如长江大桥、葛洲坝水电站、宝山钢铁厂、三峡水利枢纽、正负电子对撞机和同步辐射加速器、核电站、杭州湾大桥、中国大剧院、国家体育场（鸟巢）等。⑤建立了完整的测绘教育体系，测绘技术步入世界先进行列，研制了一批具有世界先进水平的测绘软件。⑥测绘仪器生产发展迅速，不仅可以生产出各等级的经纬仪、水准仪、平板仪，还能批量生产电子经纬仪、电磁波测距仪、自动安平水准仪、全站仪、GPS 接收机、解析测图仪等。⑦测绘技术及手段不断发展，传统的测绘技术已基本被现代测绘技术（GPS、RS、GIS，简称“3S”）所代替。

1.1.4　测量学的学习目的与要求

测量学是国民经济建设各相关专业的技术基础课。相关专业的学生学习该课程后，要求掌握测量学的基础理论和基本知识；具有使用常规测量仪器的操作技能，初步掌握新型测绘仪器的原理与使用方法；基本掌握大比例尺地形图测图的原理、方法；掌握数字测图的原理、过程和方法；在工程规划设计与施工工作中能正确使用地形图和测绘信息；掌握有关测量数据处理理论和精度评定方法；在施工工程中，能够正确地使用测量仪器进行一般工程的施工放样工作。同时，在学习测量学后，还要对测绘科学技术的发展现状有所了解和认识。

测量学是一门以学习地球空间信息科学知识为主导的基础技术课，其不仅教授传统的地球空间信息数据采集方法，更是为了实现不同学科专业对地球空间信息的采集、管理、传播、使用和综合开发。测量学的实践性很强，在教学过程中，除了课堂教学外，还有实验课和集中教学实习。学生在掌握教师课堂讲授内容的同时，要认真参加实验课，巩固和验证所学理论。测量教学实习是一个系统的教学实践环节，只有自始至终地完成实习各项作业，才能对测量学的系统知识和实践过程有一个完整的、系统的认识。

测量工作的主要任务是按照各种规范和规定提供点位的空间信息，工作中稍有不慎，发生错误，将造成巨大损失，甚至造成人民生命、财产的损失，这是绝对不允许的。因此，学习测量学还要注意以下几个方面：要养成认真细致的工作习惯，尽可能减少粗差和错误；坚持处处时时按照规范作业的原则，以保持测量工作和成果的严肃性；树立和加强检核工作的高度责任感，以保证数据的正确性；测量工作大多是集体作业，有的是外业工作，工作环境条件较差，因而要有团结合作的集体主义精神和吃苦耐劳的工作作风，以保证测量工作的顺利进行和成果的高质量。

1.2　地球的形状和大小

地球表面是错综复杂的，有高山、平原和丘陵，有纵横交错的江河湖泊和浩瀚的海洋。其中，海洋水面约占整个地球表面的 71%，而陆地仅占 29%。陆地最高的是珠穆朗玛峰，海拔 8844.43m，海洋中最深的是马里亚纳海沟，海拔−11022m，但这样的高度差相对于地球平均半径 6371km 是很微小的。由于地球的质量和自转运动，地球上任何一点都同时受到地心引力和地球自转运动的离心力影响，这两个力的合力称为地球重力，重力的方向线称为铅垂线。设想一个自由静止的海水面(只有重力作用，无潮汐、风浪影响)，并延伸通过大陆、岛屿形成一个包围地球的封闭曲面，这个曲面就称为水准面。水准面是一个处处与重力线方向垂直的连续曲面。水准面有无数多个，其中与平均海水面相吻合的水准面称为大地水准面；大地水准面包围的地球形体称为大地体。大地水准和铅垂线是测量外业所依据的基准面和基准线。

地球内部质量分布不均匀，使铅垂线的方向产生不规则变化。因此，大地水准面是不规则的、很难用数学表达的复杂曲面。如果将地球表面的物体投影在这个复杂的曲面上，人们还是无法在这个曲面上直接进行测量的数据处理。为此，通常用一个非常接近大地体的旋转椭球体作为地球的参考形状和大小，如图 1.1 所示。旋转椭球体也称为参考椭球体，又称为地球椭球体，其表面称为参考椭球面；由地表任一点向参考椭球面所作的垂线称为法线。法线和参考椭球面是测量计算的基准线和基准面。决定参考椭球面形状和大小的元素是椭球的长半轴 a、短半轴 b，根据 a 和 b 还定义了扁率 f、第一偏心率 e、第二偏心率 e'：

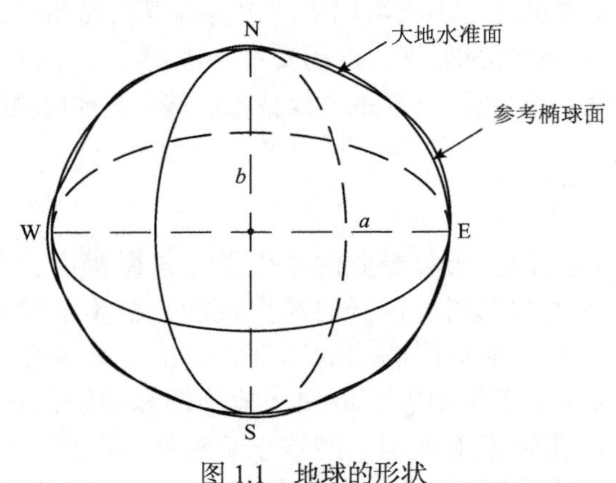

图 1.1 地球的形状

$$f = \frac{a-b}{a} \tag{1.1}$$

$$e^2 = \frac{a^2-b^2}{a^2} \tag{1.2}$$

$$e'^2 = \frac{a^2-b^2}{b^2} \tag{1.3}$$

表 1.1 给出了我国曾先后采用过的 1954 北京坐标系、1980 西安坐标系和 2000 国家大地坐标系及 GPS 测量采用的 WGS-84 坐标系的参考椭球元素值。

表 1.1 参考椭球元素值

坐标系名称	a/m	f	e^2	e'^2
1954 北京坐标系	6378245	1：298.3	0.006693421622966	0.006738525414683
1980 西安坐标系	6378140	1：298.257	0.00669438499959	0.00673950181947
2000 国家大地坐标系	6378137	1：298.257223563	0.00669467999013	0.00673949674223
WGS-84 坐标系	6378137	1：298.257222101	0.00669438002290	0.00673949677548

由于参考椭球的扁率很小，当测区范围不大时，可以将参考椭球近似看作半径为 6371 km 的圆球。

1.3　地面点位的确定与测量坐标系

测量工作的根本任务是确定地面点的位置。表示地面点的空间位置需要三个分量。测量工作中一般是用地面某点投影到参考曲面上的位置和该点到大地水准面间的铅垂距离来表示该点在地球上的位置，即地面点的坐标和高程。随着卫星大地测量学的发展，地面点的空间位置也采用空间直角坐标表示。

1.3.1　大地坐标系

大地坐标系是表示地面点在参考椭球面上的位置，它的基准是法线和参考椭球面。大地坐标系如图 1.2 所示，表示为 $P(L，B，H_0)$：L 指 P 点的子午面和起始子午面(通过英国格林尼治天文台的子午面)所夹的两面角，叫做 P 点的大地经度，由起始子午面起算，规定向东为正，称东经(0°～180°),向西为负，称西经(0°～180°)；B 指 P 点的法线与赤道面的夹角,称为 P 点的大地纬度，由赤道面起算，规定向北为正，称北纬(0°～90°)，向南为负，称南纬(0°～90°)。如果 P 点不在椭球面上，还要附加另一参数——大地高 H_0，其定义为从观测点沿椭球法线方向至椭球面的距离。我国自 2008 年 7 月 1 日起正式启用 2000 国家大地坐标系。

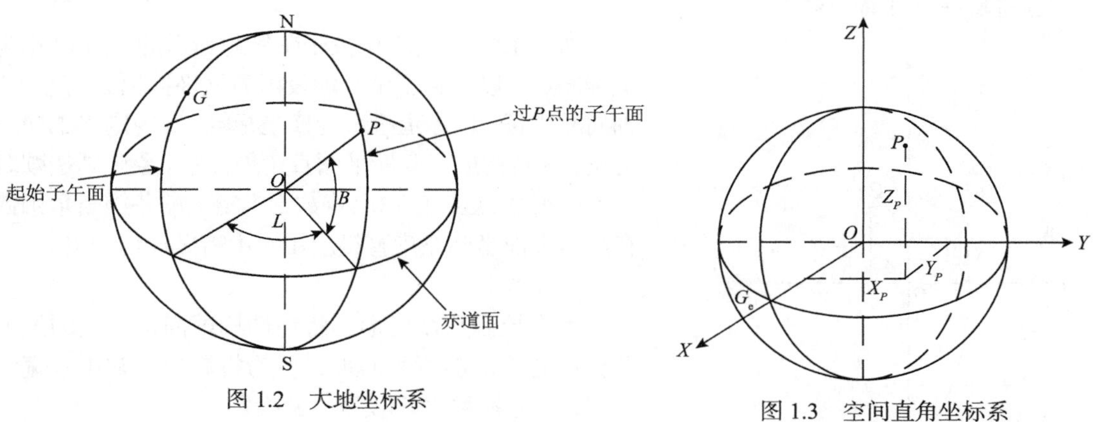

图 1.2　大地坐标系

图 1.3　空间直角坐标系

1.3.2　空间直角坐标系

如图 1.3 所示，空间任一点的坐标表示为$(X，Y，Z)$，坐标原点在总地球质心或参考椭球中心，Z 轴与平均自转轴相重合，指向某一时刻的平均北极点，X 轴指向平均自转轴与平均格林尼治天文台所确定的子午面与赤道面的交点 G_e，而 Y 轴与 XOZ 平面垂直，且与 X 轴、Z 轴构成右手坐标系。

1.3.3　平面直角坐标系

1) 高斯投影

大地坐标系只能用来确定地面点在旋转椭球面上的位置，而大比例尺地形图的测绘相对于水平面而言，其测量计算也是在平面上进行的。为此，有必要将旋转椭球面上的点位投影到平面上，这种投影称为地图投影。地图投影的方法很多，我国采用的是高斯-克吕格投影方法(简称高斯投影)。使用高斯投影的国家主要有德国、中国与俄罗斯等。

高斯投影是一种横轴等角切椭圆柱投影。如图 1.4 所示。设想用一个横椭圆柱套在参考椭球外面，并与某一子午线相切，称该子午线为中央子午线；地球的赤道面的投影与椭圆柱面相交成一条直线，其与中央子午线正交；圆柱的中心轴 CC'通过参考椭球中心 O 并与地轴 NS 垂直；将中央子午线东西各一定经差范围内的地区投影到横椭圆柱面上，再将该横椭圆柱面展平即称为投影面，如图 1.4 所示。高斯投影具有以下三个特点：①投影后角度保持不变；②中央子午线的投影是一条直线，并且是投影点的对称轴；③中央子午线投影后长度无变形。

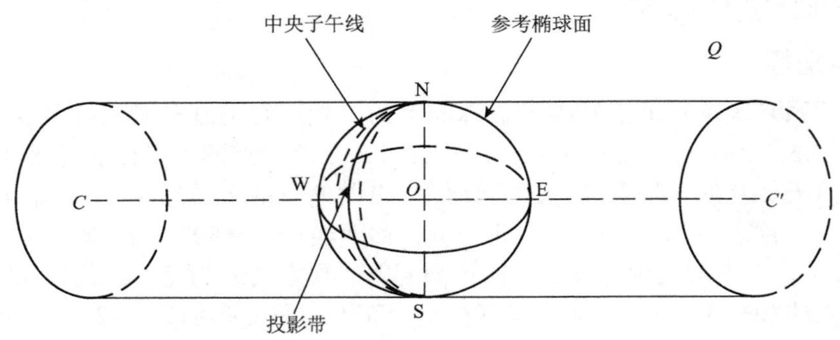

图 1.4　高斯投影

2) 高斯平面直角坐标系

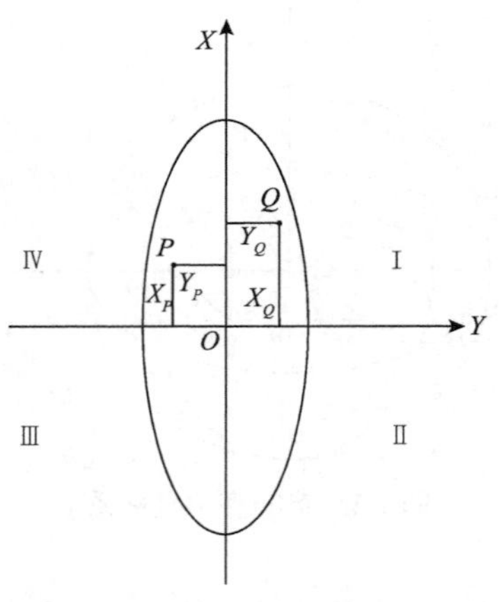

图 1.5　高斯平面直角坐标系

如图 1.5 所示，以中央子午线与赤道的交点 O 作为坐标原点，以中央子午线的投影为纵坐标轴 X，规定 X 轴向北为正；以赤道投影为横坐标轴 Y，规定 Y 轴向东为正；这就构成了高斯平面直角坐标系。象限则按顺时针方向编号，这样就可以将数学上定义的各类三角函数在高斯平面坐标系中直接应用，不需做任何变更。

3) 投影带

为了控制长度变形，将地球椭球面按一定的经度差分成若干范围不大的带，称为投影带，常用带宽为 6°、3°，分别称为 6°投影、3°投影。

6°投影：如图 1.6 所示，从首子午线起，每隔经度 6°自西向东将整个地球划分为 60 个投影带，依次编号 1，2，3，…，60，任意带的中央子午线经度 L_0 与投影带号 N 的关系表示为

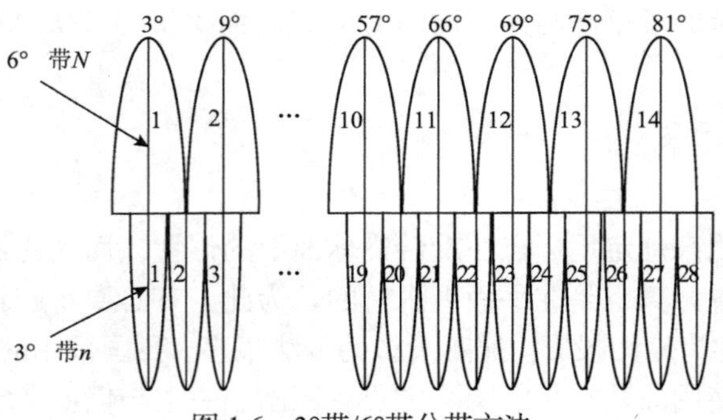

图 1.6　3°带/6°带分带方法

$$L_0 = 6N - 3 \tag{1.4}$$

反之，已知地面任一点的经度 L，要计算该点所在 6°带编号的公式如下：

$$N = \mathrm{Int}\left(\frac{L}{6}\right) + 1 \tag{1.5}$$

式中， Int 为取整函数。

3°投影：如图 1.6 所示，从东经 1.5°子午线起，每隔经差 3°自西向东分带，依次编号为 1，2，3，…，120，投影带号 n 与相应中央子午线经度 l_0 的关系表示为

$$l_0 = 3n \tag{1.6}$$

反之，已知地面任一点的经度 L，要计算该点所在的 3°带编号的公式如下：

$$n = \mathrm{Int}\left(\frac{L}{3} + 0.5\right) \tag{1.7}$$

式中， Int 为取整函数。

我国领土所处的经度概略范围为 73°27′E～135°09′E，根据式(1.5)和式(1.7)求得的 6°带投影与 3°带投影的带号范围分别为 13～23 与 24～45。

4) 国家统一坐标

我国位于北半球，X 坐标值恒为正值，Y 坐标值则有正有负。为了避免 Y 坐标出现负值，我国统一规定将每带的坐标原点西移 500 km，即给每个点的 Y 坐标值加上 500 km，使之恒为正，且在 Y 坐标值前冠以带号，以标定在哪个投影带内，这种坐标称为国家统一坐标。例如，P 点的高斯平面直角坐标为 X_P=3567291.233m，Y_P=−233425.601m，若该点位于第 20 带内，则国家统一坐标表示为 X_P=3567291.233m，Y_P=20266574.399m。

5) 独立平面直角坐标系

当测区面积较小时(如小于 100km^2)，常把球面投影面看作平面，这样地面点在投影面上的位置就可以用平面直角坐标系来确定。测量工作中采用的独立平面直角坐标系规定：南北方向为纵轴 X，向北为正；东西方向为横轴 Y，向东为正；如图 1.7 所示，将中心点 C 沿铅垂线投影到大地水准面上的 c 点，用过 c 点的切平面来代替水准面，在切平面上建立的测区平面直角坐标系 XOY 称为独立平面直角坐标系，其坐标原点选在测区西南角处，使测区内坐标值均为正值，将测区内任一点 P 沿铅垂线投影到切平面上得 p 点，通过测量，计算出的 p 点坐标(x_p，y_p)就是 P 点在独立平面直角坐标系中的坐标。

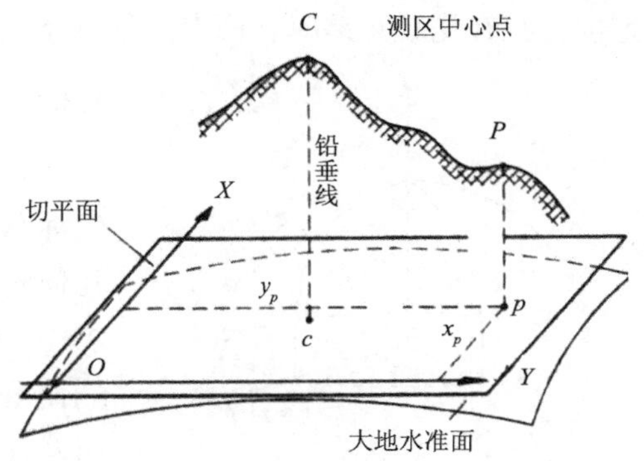

图 1.7 独立平面直角坐标系

1.3.4 高程系统

地面点沿铅垂线到大地水准面的距离称为该点的绝对高程或海拔，简称高程，通常用 H 加点名作下标表示。如图 1.8 中，A、B 两点的高程表示为 H_A、H_B。高程系是一维坐标系，它的基准是大地水准面。1956 年我国采用青岛大港验潮站 1950～1956 年共 7 年的潮汐记录资料推算出的大地水准面，以其为基准引测出水准原点的高程为 72.289 m，以该大地水准面为高程基准建立的高程系称为 1956 年黄海高程系。

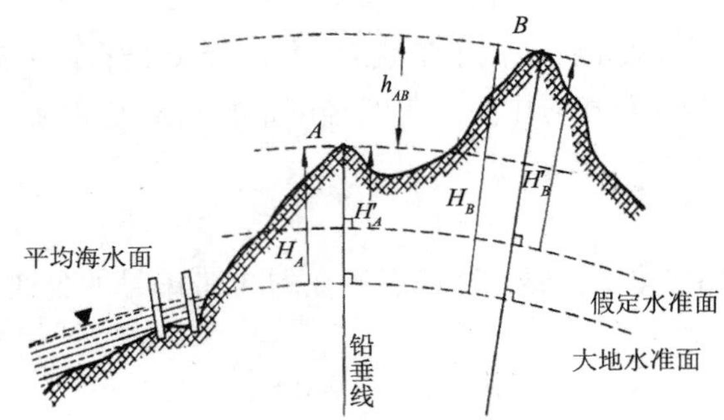

图 1.8 高程及高差的定义

20 世纪 80 年代，我国又以青岛大港验潮站 1953～1977 年共 25 年的潮汐记录资料推算出的大地水准面为基准引测出水准原点的高程为 72.260 m，以这个大地水准面为高程基准建立的高程系称为 1985 国家高程基准。

在局部地区，当无法知道绝对高程时，也可假定一个水准面作为高程起算面，地面点到假定水准面的垂直距离，称为假定高程或相对高程，通常用 H'加点名作下标表示。图 1.8 中，A、B 两点的相对高程表示为 H'_A、H'_B。

地面两点间的绝对高程或相对高程之差称为高差，用 h 加两点点名作下标表示，如 A，B 两点高差为

$$h_{AB} = H_B - H_A = H'_B - H'_A \tag{1.8}$$

同一点高程随着高程基准面的不同而变化，但是两点间高差不管基准面如何，其值为固定值，且在比较高差时，两点必须基于同一基准面。

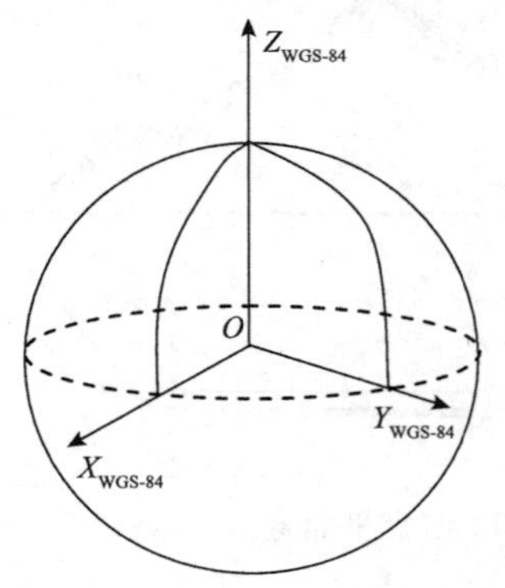

图 1.9 WGS-84 大地坐标框架

1.3.5 WGS-84 坐标系

1987 年 1 月 10 日开始采用的 1984 世界协议大地坐标（world geodetic system）是由美国国防部研制的。其几何定义为：原点位于地球质心，Z 轴指向国际时空局 BIH 于 1984 年定义的协议地球极（conventional terrestrial pole，CTP）方向，X 轴指向 BIH1984 零子午面和 CTP 赤道的交点，Y 轴按构成右手坐标系取向，如图 1.9 所示。同时对应的有 WGS-84 椭球，其主要计算参数见表 1.2。

表 1.2　地球椭球和参考椭球的基本几何参数

参数名称 \ 坐标系名	地球椭球	参考椭球	
	WGS-84	1980 西安坐标系	1954 北京坐标系
长半轴 a/m	6378137	6378140	6378245
短半轴 b/m	6356752.3142	6356755.2882	6356863.0188
扁率 α	1/298.257223563	1/298.257	1/298.3
第一偏心率平方 e^2	0.00669437999013	0.00669438499959	0.006693421622966
第二偏心率平方 e'^2	0.006739496742227	0.00673950181947	0.006738525414683

1.3.6　2000 国家大地坐标系

经国务院批准，我国自 2008 年 7 月 1 日起，启用 2000 国家大地坐标系。2000 国家大地坐标系为地心坐标，是采用国家测绘地理信息局、总参测绘局、国家地震局等多个部门的对地观测结果联合平差得到的。

国家大地坐标系的定义包括坐标系的原点、3 个坐标轴的指向、尺度及地球椭球的 4 个基本参数的定义。2000 国家大地坐标系的原点为包括海洋和大气的整个地球的质量中心；2000 国家大地坐标系的 Z 轴由原点指向历元 2000.0 的地球参考极的方向，该历元的指向由国际时间局给定的历元为 1984.0 的初始指向推算，定向的时间演化保证相对于地壳不产生残余的全球旋转；X 轴由原点指向格林尼治参考子午线与地球赤道面(历元 2000.0)的交点；Y 轴与 Z 轴、X 轴构成右手正交坐标系。2000 国家大地坐标系采用的地球椭球参数的数值为长半轴 a =6378137m；扁率 f=1/298.257222101；地心引力常数 GM =3.986004418 × 10^{14}m^3/s^2；自转角速度 ω =7.292115 × 10^{-5}rad/s。

1.4　地球曲率对测量工作的影响

当测区范围较小时，可忽略地球曲率的影响，将大地水准面近似当作水平面看待。下面讨论用水平面代替大地水准面对距离、高差和角度的影响，以便给出水平面代替水准面的限度。

如图 1.10 所示，设地面 C 为测区中心点，P 为测区内任一点，两点沿铅垂线投影到大地水准面上的点分别为 c 点和 p 点。过 c 点作大地水准面的切平面，P 点在切平面上的投影为 p' 点。图中大地水准面的曲率对水平距离的影响为 $\Delta D = D' - D$，对高程的影响为 $\Delta h = pp'$。

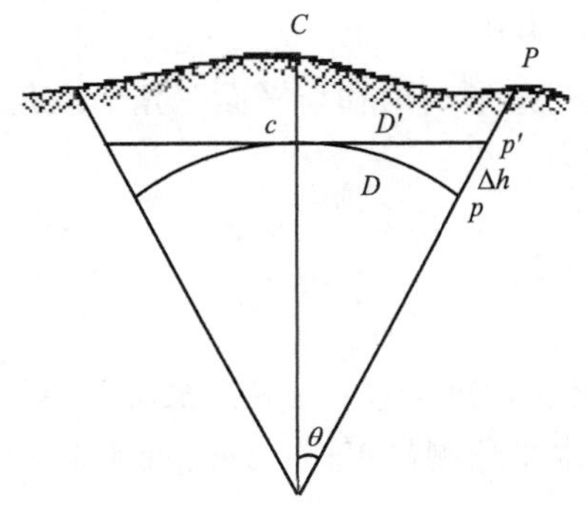

图 1.10　切平面代替大地水准面的影响

1.4.1　地球曲率对水平距离测量的影响

由图 1.10 可知：

$$\Delta D = D' - D = R\tan\theta - R\theta = R(\tan\theta - \theta) \tag{1.9}$$

式中，θ 为弧长 D 所对的圆心角，以弧度为单位；R 为地球的平均曲率半径。

将 $\tan\theta$ 按级数展开并略去高次项，得

$$\tan\theta = \theta + \frac{1}{3}\theta^3 + \cdots \approx \theta + \frac{1}{3}\theta^3 \tag{1.10}$$

结合式(1.9)和式(1.10)，并顾及 $\theta = \frac{D}{R}$，得

$$\Delta D = R\left\{\left(\theta + \frac{1}{3}\theta^3\right) - \theta\right\} = R\frac{\theta^3}{3} = \frac{D^3}{3R^2} \tag{1.11}$$

$$\frac{\Delta D}{D} = \frac{D^2}{3R^2} \tag{1.12}$$

以不同的 D 值代入式(1.12)，求出距离误差 ΔD 及其相对误差 $\Delta D / D$，列于表 1.3。

表 1.3　切平面代替大地水准面的距离误差及其相对误差

距离 D/km	距离误差 ΔD/mm	距离相对误差 $\Delta D/D$
10	8	1/120 万
25	128	1/20 万
50	1027	1/4.9 万
100	8212	1/1.2 万

由表 1.3 可知，当距离 D 为 10 km 时，所产生的相对误差为 1／120 万，相当于每千米的误差为 0.8 mm，这样小的误差，即使是精密量距，也是允许的。因此，在以 10 km 为半径的圆面积之内进行距离测量时，可以用切平面代替大地水准面，而不必考虑地球曲率对距离的影响。

1.4.2　地球曲率对水平角的影响

由球面几何学可知，球面三角形内角和与平面三角形内角和之差为球面角超 ε，它的大小与图形面积成正比。其公式为

$$\varepsilon = \rho\frac{P}{R^2} \tag{1.13}$$

式中，P 为球面三角形面积；R 为地球半径；$\rho \approx 206265''$。当 $P = 100\text{km}^2$ 时，$\varepsilon = 0.51''$，这表明，对于 100km^2 范围内的水平角测量工作，地球曲率对其影响只有在最精密的测量时才考虑，一般情况下不予考虑。

1.4.3　地球曲率对高程的影响

由图 1.10 可知：

$$\Delta h = R\sec\theta - R = R\left(\sec\theta - 1\right) \tag{1.14}$$

将 $\sec\theta$ 按级数展开并略去高次项，得

$$\sec\theta = 1 + \frac{1}{2}\theta^2 + \frac{5}{24}\theta^4 + \cdots \approx 1 + \frac{1}{2}\theta^2 \tag{1.15}$$

结合式(1.14)和式(1.15)，得

$$\Delta h = R\left(1 + \frac{1}{2}\theta^2 - 1\right) = \frac{R}{2}\theta^2 = \frac{D^2}{2R} \tag{1.16}$$

用不同的距离代入式(1.16)，可得相应的高差误差，如表 1.4 所示。

表 1.4　切平面代替大地水准面的高程误差

距离 D/km	0.1	0.2	0.3	0.4	0.5	1	2	5	10
Δh/mm	0.8	3	7	13	20	78	314	1962	7848

由表 1.4 可知，用切平面代替大地水准面作为高程的起算面，对高程的影响是很大的，距离为 1km 时就有 78mm 的高程误差，这是不允许的。因此，高程测量时，距离很短也应考虑地球曲率的影响，应采用相应的措施减小误差。

1.5　测量工作概述

地球自然表面高低起伏，形状极其复杂，根据测量工作的需要，可将地球表面分为地物与地貌两大类：人工建筑物、道路、水坝及河流水系等称为地物；而地表高低起伏的变化称为地貌，如山脊、谷地和悬崖等。

测量工作的主要目的是按规定要求测定地物、地貌的相对位置或绝对位置，并按一定的投影方式和比例用规定的文字符号将其转绘于图纸上，形成地形图；或者根据设计要求，将设计地物在实地进行测设。

1.5.1　测量工作的基本内容

测量工作分为内业和外业两大部分。外业是指在野外利用测量仪器和工具(如经纬仪、水准仪、全站仪和 GPS 等)测定地面上点与点之间的水平距离、角度、高差，这些称为测量工作的外业。而在室内将外业所测得的数据进行处理、计算、绘图等则称为测量工作的内业。

测量工作的基本内容就是测角、量距、测高差，这些是研究地球表面上点与点之间相对位置的基础，而测图、放样、用图则是工程技术人员的基本功。

1.5.2 测量工作的基本原则

对于具体的测绘任务，如果从某一点出发，依次逐点进行测量，虽然最后也能将整个测区的地物、地貌的位置测定出来，但由于在整个测量过程中不可避免地产生一些误差，若经

一点一点地传递积累，最终必将使误差不断增大，从而导致十分严重的后果。所以，为了防止误差的积累，保证测量成果的精度，测量工作必须按照下列程序进行：在测量的布局上，“由整体到局部”；在测量次序上，“先控制后碎部”；在测量精度上，“从高级到低级”。以上内容是测量工作必须遵循的基本原则。同时，就具体的测绘工作而言，需要做到“项项遵规范，步步有校核”，以获得符合精度要求的测量结果。

思考与练习题

1. 测量学研究的对象与任务是什么？
2. 什么叫水准面、大地水准面和大地体？
3. 什么是绝对高程、相对高程和高差？
4. 测量学中常用的坐标系统有哪些？
5. 高斯投影有哪些特性？高斯平面直角坐标是如何建立的？
6. 我国某点的大地经度为118°54′，试计算它所在的6°带和3°带的带号及其中央子午线的经度。
7. 我国某地一点 P 的高斯平面坐标为 x=2497019.17m，y=19743154. 33m。试说明 P 点所处的6°投影带和3°投影带的带号、各自的中央子午线经度。
8. 测量工作应遵循哪些原则？

第2章　水 准 测 量

内容提要

地面点高程测量是确定地面点高程的测量工作，是测量的基本工作之一。高程测量按施测方法的不同分为水准测量、三角高程测量、GPS 高程测量和气压高程测量。其中，水准测量是目前测量精度最高的方法之一，它被广泛应用于国家高程控制测量和工程测量中。

2.1　水准测量原理

水准测量的原理是利用水准仪提供一条水平视线，读取铅垂立于两个点上的水准尺的读数，来确定这两点之间的高差，然后根据已知点的高程计算出待定点的高程。

如图 2.1 所示，在地面上有 A、B 两点，A 点为已知点，其高程为 H_A，B 点为待定点，设其高程为 H_B。A、B 两点中间安置一台水准仪，在 A、B 两点上各铅垂竖立一根水准尺，通过水准仪的望远镜读取水平视线分别在 A、B 两点水准尺的读数 a 和 b。若水准测量的前进方向是由 A 点到 B 点进行，则规定：A 为后视点，对应水准尺读数 a 为后视读数；B 为前视点，对应水准尺读数 b 为前视读数。则 A、B 两点之间的高差为

$$h_{AB} = 后视读数a - 前视读数b \tag{2.1}$$

由式(2.1)可知，如果后视读数 a 大于前视读数 b，则高差为正，说明 B 点比 A 点高；如果后视读数 a 小于前视读数 b，则高差为负，说明 B 点比 A 点低。

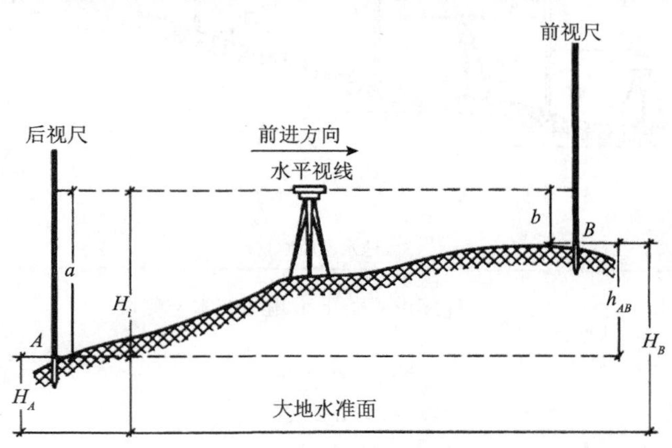

图 2.1　水准测量原理

测定 A、B 两点高差后，则待定点 B 的高程为

$$H_B = H_A + h_{AB} \tag{2.2}$$

除此之外，还可以利用视线高程计算 B 点高程，此方法在建筑工程测量中被广泛应用。如图 2.1 所示，A 点高程 H_A 加上后视读数 a 等于水准仪的视线高程，简称视线高，设为 $H_{视线}$，则

$$H_{视线} = H_A + a \tag{2.3}$$

B 点高程则等于视线高 $H_{视线}$ 减去前视读数 b，即

$$H_B = H_{视线} - b \tag{2.4}$$

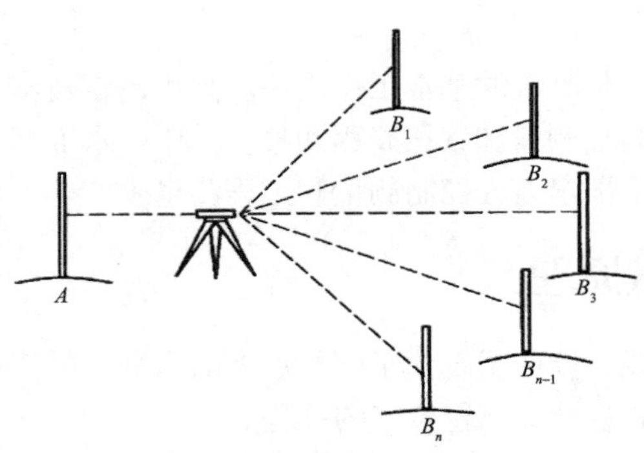

图 2.2　用视线高法计算 B_i 点高程

当架设一次水准仪要测量出多个前视点 B_1，B_2，…，B_n 的高程时，如图 2.2 所示，可将水准仪架设在适当的位置，照准后视点 A，读取后视读数 a，按式(2.3)计算出视线高程，然后分别照准前视点 $B_1, B_2, \cdots, B_n$，读取前视读数 $b_1, b_2, \cdots, b_n$，按式(2.4)计算出 B_1，B_2，…，B_n 点的高程。

在水准测量工作中，若已知水准点和待定水准点之间距离较远或高差较大时，安置一次仪器将无法测得两点之间的高差，这时就需要在这两点间增设若干个作为传递高程的临时立尺点，这些点称为转点(简称 TP 点)。

如图 2.3 所示，设已知点 A 的高程为 H_A，测定点为 B 点，由于 A、B 两点相距较远并且高差较大，必须在 A、B 两点之间连续设置若干个转点。进行观测时，每安置一次仪器观测两相邻点间的高差，称为一个测站。则测出的各测站的高差为

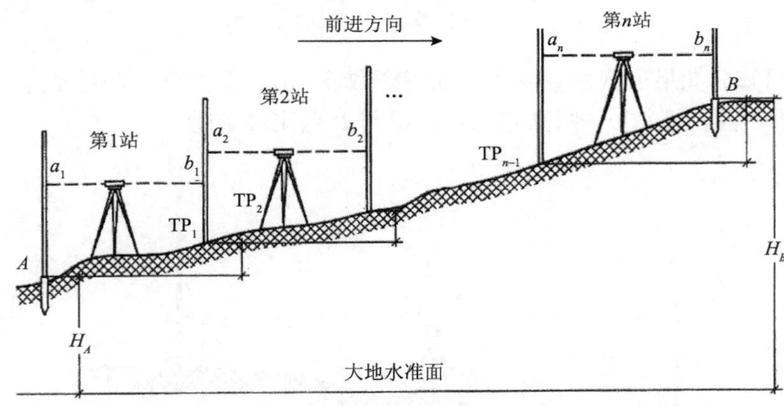

图 2.3　连续设置若干个测站的水准测量

$$\begin{aligned} h_1 &= a_1 - b_1 \\ h_2 &= a_2 - b_2 \\ &\vdots \\ h_n &= a_n - b_n \end{aligned} \tag{2.5}$$

因此，A、B 两点间的高差为

$$h_{AB} = \sum h_i \tag{2.6}$$

式(2.6)表明，A、B 两点之间的高差等于各测站高差之和，也等于各测站后视读数累加和减去前视读数累加和。式(2.6)可以用来检核高差计算的正确性。

2.2　水准测量的仪器及使用

水准测量所使用的仪器是水准仪，工具有水准尺和尺垫。

水准仪按其精度指标可分为 DS05、DS1、DS3 和 DS10 四个等级，D 和 S 分别为“大地测量”和“水准仪”汉语拼音的第一个字母，字母后的数字代表该类型水准仪进行水准测量时每千米往、返测高差中数的偶然中误差值，分别不超过 ± 0.5mm、 ± 1mm、 ± 3mm 和 ± 10mm。通常称 DS05 和 DS1 为精密水准仪，主要用于国家一二等水准测量和精密工程测量；称 DS3 和 DS10 为普通水准仪，DS3 水准仪主要用于国家三四等水准测量和常规工程建设测量。目前，我国土木工程测量中一般使用 DS3 微倾式水准仪和自动安平水准仪。

2.2.1　DS3 微倾式水准仪

根据水准测量的原理，水准仪的主要作用是提供一条水平视线，并能照准水准尺进行读数。图 2.4 是我国生产的 DS3 微倾式水准仪，它是通过调整水准仪的微倾螺旋使管水准气泡居中而获得水平视线的一种仪器设备，主要由望远镜、水准器和基座三个部分组成。

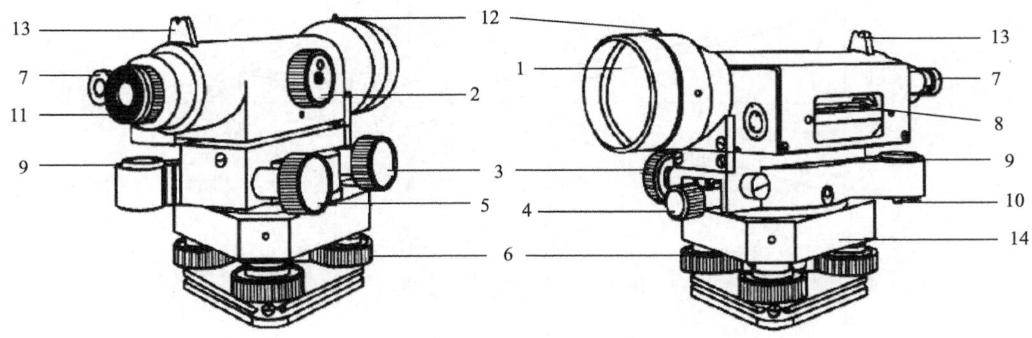

图 2.4　DS3 微倾式水准仪

1-物镜；2-物镜调焦螺旋；3-微动螺旋；4-制动螺旋；5-微倾螺旋；6-脚螺旋；7-管水准气泡观察窗；8-管水准器；9-圆水准器；10-圆水准器校正螺钉；11-目镜；12-准星；13-照门；14-基座

1. 望远镜

图 2.5(a)是望远镜的构造图。望远镜主要由物镜、目镜、物镜调焦透镜和十字丝分划板组成。

物镜的作用是将所照准的目标成像在十字丝分划板面上形成一个缩小的实像；目镜的作用是将物镜所成的实像连同十字丝的影像放大成虚像；物镜调焦透镜的作用是通过转动物镜调焦螺旋使其沿光轴 CC 在镜筒内前后移动，从而使不同位置的目标都可以成像于十字丝分划板面上；十字丝分划板是准确瞄准目标和读数用的。

十字丝交点与物镜光心的连线，称为望远镜的视准轴，如图 2.5(a)所示的 *CC* 线，水准测量是在望远镜的视准轴水平时，用十字丝的中丝读取水准尺上的读数。

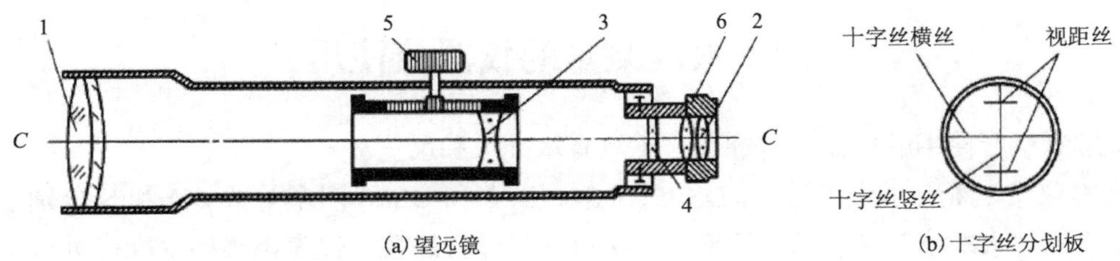

(a) 望远镜　　(b) 十字丝分划板

图 2.5　望远镜的构造

1-物镜；2-目镜；3-物镜调焦透镜；4-十字丝分划板；5-物镜调焦螺旋；6-目镜调焦螺旋

如图 2.5(b)所示，在十字丝分划板上，竖直的一根丝称为竖丝，用于精确瞄准目标；中间横的一根丝称为横丝或中丝，用于读数。在横丝的上、下还有对称的两根短丝，称为上丝和下丝，也统称为视距丝，用来测定水准仪至水准尺的距离，用视距丝测量出的距离称为视距。通过调节目镜调焦螺旋，可使十字丝分划影像清晰。

微倾式水准仪的成像原理如图 2.6 所示。设远处目标 *AB* 发出的光线经过物镜和调焦透镜折射后，在十字丝分划板上形成一倒立的实像 *ab*，再经过目镜放大，使倒立的小实像放大而成为倒立的大虚像 *a'b'*，同时十字丝分划板也被放大。

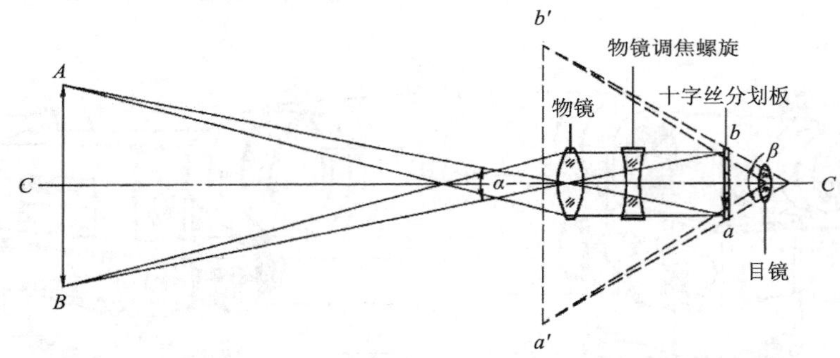

图 2.6　望远镜成像原理

由图 2.6 可知，观测者通过望远镜观察虚像 *a'b'*的视角为 β，而直接观察目标 *AB* 的视角为 α，β 大于 α。由于视角放大了，观测者就感到远处的目标移近，目标看得更清楚了，从而提高了瞄准和读数的精度。通常定义 β 与 α 之比为望远镜的放大倍数 V，即 $V=\beta/\alpha$。《城市测量规范》(以下简称《规范》)要求，DS3 型水准仪望远镜的放大倍数一般不得低于 28 倍。

2. 水准器

水准器是一种用来整平水准仪的指示性装置。水准器有管水准器和圆水准器两种。

1) 管水准器

管水准器也称水准管，用于指示望远镜视准轴是否水平。如图 2.7(a)所示，水准管是由玻璃圆管制成的，其内壁磨成一定半径 *R* 的圆弧，将管内注满酒精和乙醚的混合液，加热封闭冷却后，管内形成的空隙部分充满了液体的蒸汽，称为水准气泡。因为蒸汽的比重小于液体，所以，管水准器气泡总是位于管内圆弧的最高点位置。

管水准器内圆弧中点O称为管水准器的零点，过O点作内圆弧的切线LL，称为管水准器轴。当管水准器气泡居中时，管水准器轴LL处于水平位置。

在管水准器的外表面，对称于零点的左右两侧，刻划有2mm间隔的分划线。定义2 mm弧长所对的圆心角τ为管水准器的分划值，如图2.7(b)所示：

$$\tau = \frac{2}{R}\rho'' \tag{2.7}$$

式中，$\rho = 206265''$，为弧秒值；R为以mm为单位的管水准器内圆弧的半径。显然，R越大，τ越小，管水准器的灵敏度越高，仪器置平的精度也越高，反之，仪器置平精度就低。DS3水准仪管水准器的分划值要求不大于20″/2mm。

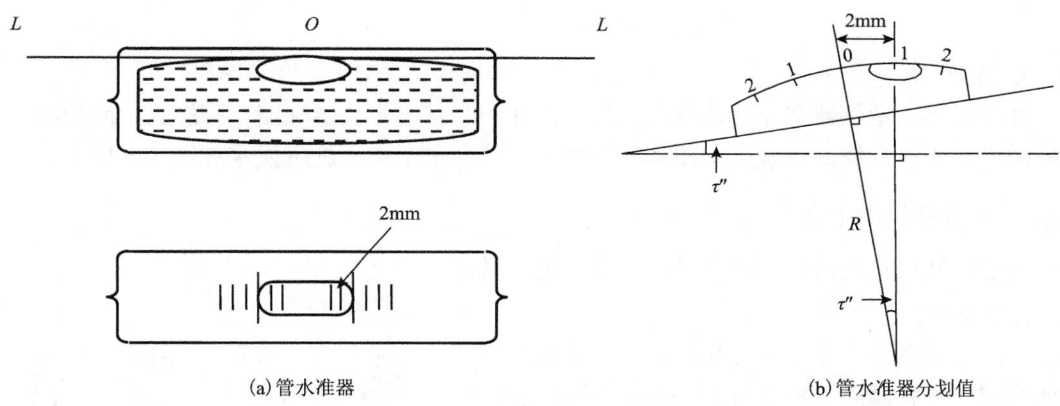

(a) 管水准器　　(b) 管水准器分划值

图 2.7　管水准器

为了提高管水准气泡的居中精度，在管水准器的上方安置一组符合棱镜，如图2.8所示。通过这组棱镜，将气泡两端的影像反射到望远镜旁的管水准气泡观察窗内，若气泡两端半边影像错开，可旋转微倾螺旋，使窗内气泡两端半边的影像吻合，表示气泡完全居中。

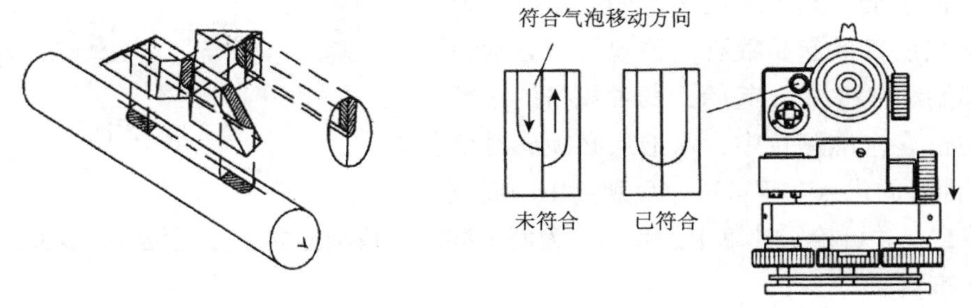

图 2.8　管水准器与符合棱镜

制造水准仪时，使管水准器轴平行于望远镜的视准轴。旋转微倾螺旋使管水准器气泡居中时，管水准器轴处于水平位置，从而指示望远镜的视准轴也处于水平位置。

2) 圆水准器

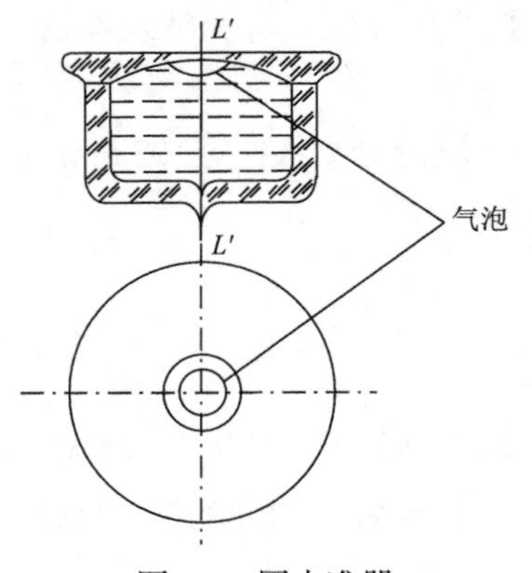

图 2.9　圆水准器

圆水准器用于指示水准仪竖轴是否竖直。如图 2.9 所示，圆水准器由一个密封的玻璃圆柱制成，其顶面内壁为具有一定半径 R 的球面，中央刻有小圆圈，其圆心 O 为圆水准器的零点，过零点 O 的球面法线称为圆水准器轴 $L'L'$。当圆水准气泡居中时，圆水准器轴处于竖直位置；当气泡不居中，气泡偏移零点 2mm 时，轴线所倾斜的角度值称为圆水准器的分划值 τ 。τ 一般为 $8'$～$10'$。圆水准器的 τ 值大于管水准器的 τ 值，所以它通常仅用于粗略整平仪器。

制造水准仪时，使圆水准器轴平行于仪器竖轴。圆水准气泡居中时，圆水准器轴处于竖直位置，从而指示仪器竖轴也处于竖直位置。

3. 基座

基座起到支承仪器和连接仪器与三脚架的作用。基座主要由轴座、脚螺旋、底板和三角压板构成。用中心螺旋将基座连接到三脚架上，转动三个脚螺旋可使水准器气泡居中。

2.2.2　水准尺和尺垫

水准尺和尺垫是进行水准测量的重要辅助工具。

1. 水准尺

如图 2.10 所示，水准尺常用优质、干燥的木材或玻璃钢等材料制成，长度为 2～5m。根据构造可以分为双面水准尺和塔尺。

双面水准尺多用于三四等水准测量，尺长一般为 3m，尺面每隔 1cm 涂以黑白或红白相间的分格，每分米处都有数字注记。涂黑白相间分格的一面称为黑面尺，涂红白相间分格的一面称为红面尺。双面水准尺其黑面尺底部的起始数均为零，而红面尺底部的起始数有两种规格，分别为 4687mm 起始和 4787mm 起始，两种规格的水准尺构成一对。在水准测量中，水准尺必须成对使用。使用双面尺的优点在于可以避免观测中因读数而造成的错误，并可检查计算中的粗差。为使水准尺更精确地立于竖直位置，双面水准尺必须安装圆水准器。

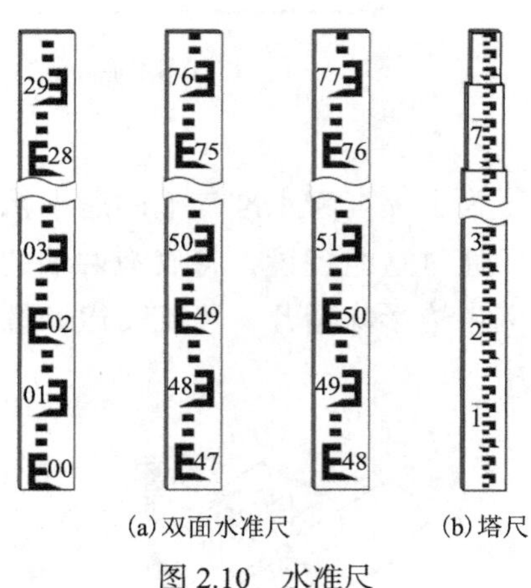

图 2.10　水准尺

塔尺尺长一般为 5m，分三节套接而成，可以伸缩，尺底从零起算，尺面上的最小分划值为 1cm 或 0.5cm。因塔尺套接处稳定性较差，仅适用于普通水准测量或地形测量。

2. 尺垫

如图 2.11 所示，尺垫是用生铁铸成的三角形板座，中央有一凸起的半圆球体，用于竖立水准尺，下方有三个尖脚，使用时将其踩入土中，使其稳定、牢固。尺垫的作用是防止水准尺的位置和高度发生变化而影响水准测量的精度。因此，尺垫只能在转点处立尺使用。

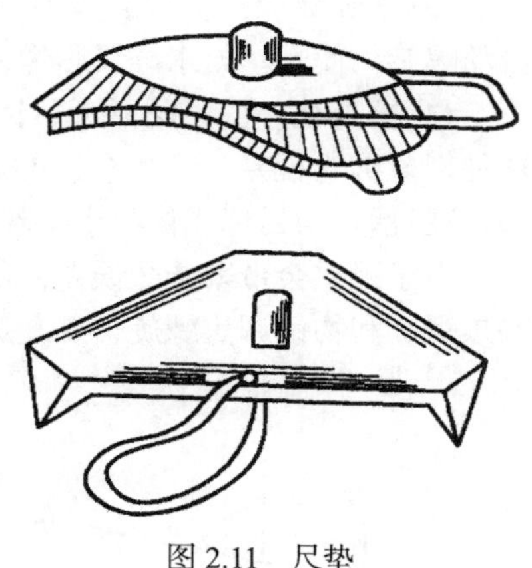

图 2.11 尺垫

2.2.3 水准仪的安置及使用

水准测量中，微倾式水准仪的基本操作程序包括：安置水准仪、粗略整平、照准和调焦、精确整平和读数。

1. 安置水准仪

首先选择两根水准尺连线的大概中线位置，松开三脚架架腿的固定螺旋，将架头调节到合适的高度，旋紧固定螺旋，展开三脚架腿到合适倾角，同时目估使三脚架的架顶面大致水平，用脚将三脚架的三个脚尖踩实，从仪器箱内取出水准仪，放在三脚架的架顶面上，用一只手握住仪器，另一只手旋紧脚架中心螺旋将水准仪固定在三脚架头上。

2. 粗略整平（粗平）

粗平需要将圆水准器气泡调节居中，仪器的竖轴大致竖直，视准轴大致水平。操作方法如图 2.12(a)所示，假设气泡位于 A 处，两手同时对向调节脚螺旋 1 和 2，使气泡沿 1、2 两脚螺旋连线的平行方向移动至 B 处，如图 2.12(b)所示；然后调节脚螺旋 3，使气泡居中；最后微调三个脚螺旋，使气泡严格居中。

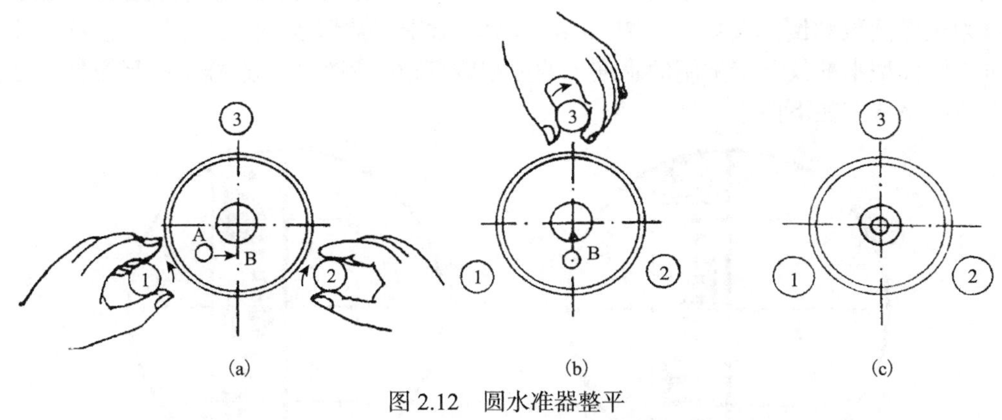

图 2.12 圆水准器整平

旋转脚螺旋时应遵守“左手定则”：左手大拇指移动方向即为水准气泡移动方向。右手旋转脚螺旋时应与左手成对称方向，如图 2.12(a)所示。

3. 照准和调焦

(1) 目镜调焦：将望远镜对准明亮的背景或者物镜调焦至无穷远，旋转目镜调焦螺旋，使十字丝成像清晰。

(2) 粗略瞄准：松开制动螺旋，转动望远镜，利用望远镜上的照门和准星的连线，粗略瞄准水准尺，旋紧制动螺旋。

(3) 精确瞄准：从望远镜中观察水准尺，旋转物镜调焦螺旋，使水准尺成像清晰；旋转微动螺旋，使竖丝与水准尺影像一侧重合。

(4) 检查视差：眼睛靠近目镜上下微小移动，若发现十字丝与水准尺影像有相对运动，这种现象称为视差。产生视差的原因是目标成像与十字丝分划板平面不重合，如图 2.13 (a) 和 (b) 所示。当目标成像与十字丝分划板重合时，则没有视差，如图 2.13 (c) 所示。

由于视差会带来读数误差，所以观测中必须消除视差。消除视差的方法是重新调整目镜调焦螺旋和物镜调焦螺旋，反复进行，直到眼睛上下移动时读数不变为止。

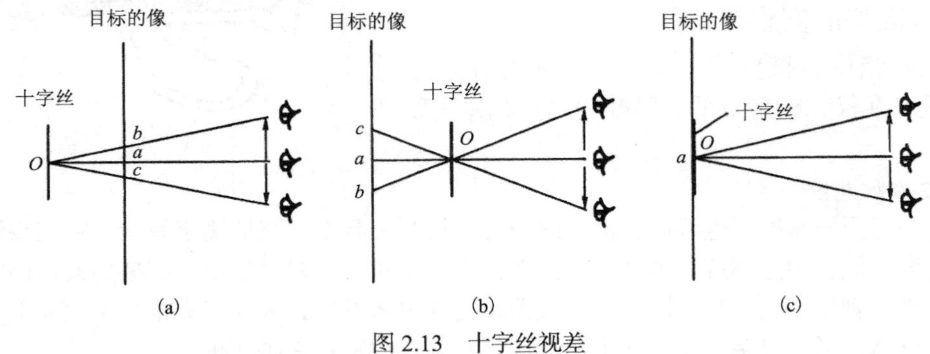

图 2.13　十字丝视差

4. 精确整平和读数

首先从望远镜的一侧观察管水准气泡位置，旋转微倾螺旋，使气泡大致居中，然后从管水准气泡观察窗观察气泡符合影像，再旋转微倾螺旋，直至气泡严格居中，如图 2.8 所示。

精确整平后应立即读取十字丝中丝在水准尺上的读数。根据水准仪的类型不同，水准尺读数分为正像读数和倒像读数，如图 2.14 所示。对于正像型水准仪，读数应该从下往上读取。对于倒像型水准仪，所配用的水准尺的注记数字也是倒写的，这样水准尺影像就是正立的，读数应该从上往下读。

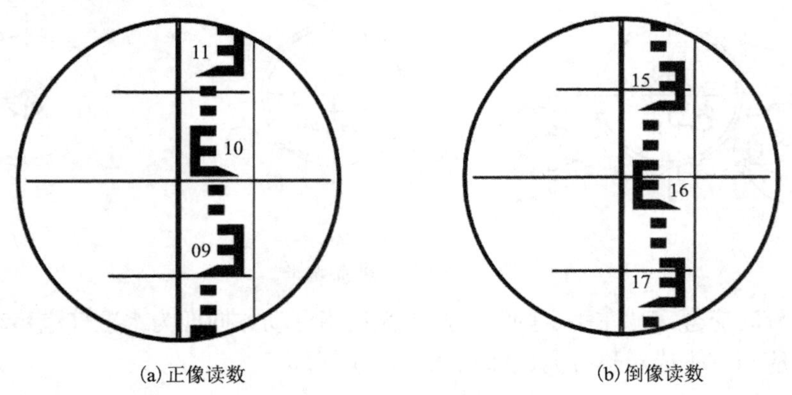

图 2.14　水准尺读数

水准尺上的读数应为 4 位数字，前面两位是米位和分米位，从水准尺注记的数字直接读取，第三位是厘米位，则要在尺面分划上读数，最后一位是毫米位，要在尺面分划上估读。如图 2.14 (a) 所示，正像中丝读数为 0995mm。如图 2.14 (b) 所示，倒像中丝读数为 1668mm。

2.3　水准测量的外业施测

2.3.1　水准点

为统一全国的高程系统和满足各种测量的需要，国家各级测绘部门在全国各地埋设并测定了很多高程控制点，这些高程控制点称为水准点(benchmark，BM)。

根据水准点的等级要求和用途的不同，水准点分为永久性水准点和临时性水准点两种。永久性水准点是需要长期保存的水准点，一般用混凝土或石料制成标石，中间嵌一个半球形金属标志，深埋到地面冻结线以下 0.5m 左右的坚硬土基中，并设防护井保护；也可埋设在岩石或永久性建筑物墙角上，如图 2.15(a)所示。临时水准点是使用时间较短的水准点，一般用混凝土标石埋设，或用大木桩顶面加一铆钉打入地面，也可在岩石或建筑物上用红漆标记，如图 2.15(b)所示。

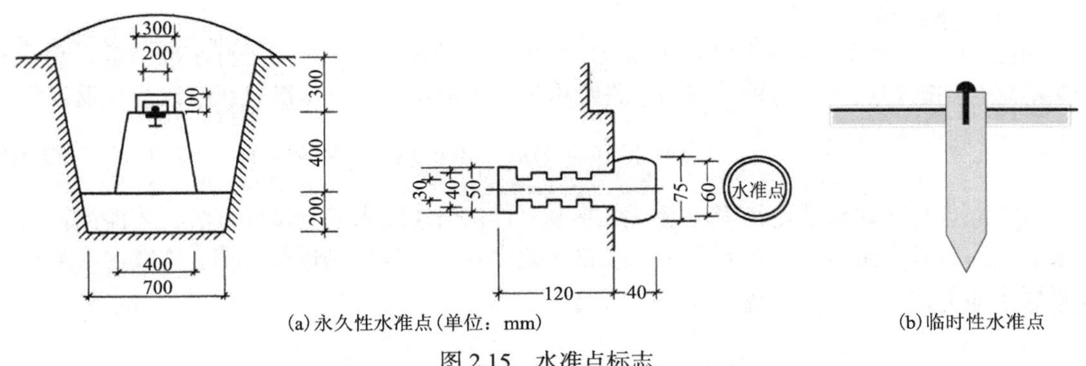

(a) 永久性水准点(单位：mm)　　(b) 临时性水准点

图 2.15　水准点标志

无论是永久性水准点，还是临时性水准点，均应埋设在便于引测和寻找的地方。埋设水准点后，应绘出水准点附近的草图，在草图上注明水准点的编号和高程，称为点之记，以便日后寻找和使用。

2.3.2　路线水准测量的外业施测

为了检核水准测量在观测、记录和计算环节是否出现错误，同时避免测量误差的累积，在实际的测量工作中，必须按照一定的观测路线进行测量，称为水准路线。根据测区的实际情况，水准路线一般布设为附合水准路线、闭合水准路线和支水准路线，如图 2.16 所示。

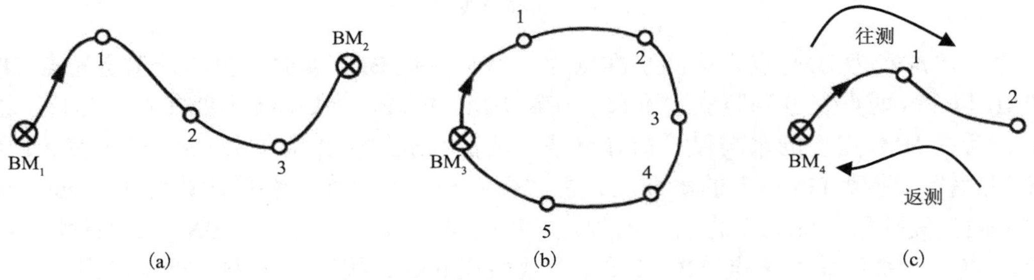

(a)　　(b)　　(c)

图 2.16　水准路线布设形式

1. 附合水准路线

如图 2.16(a)所示，从一个已知水准点 BM_1 出发，沿各待定点 1、2、3 进行水准测量，最后附合到另一个已知水准点 BM_2 上，这种水准测量路线称为附合水准路线。理论上，各测站所测高差之和应等于起点和终点的高差，即有

$$\sum h_{理} = H_{BM_2} - H_{BM_1} \tag{2.8}$$

2. 闭合水准路线

如图2.16(b)所示，从一个已知水准点BM_3出发，沿环线上各待定点1、2、3、4、5进行水准测量，最后仍回到原水准点BM_3上，这种水准测量路线称为闭合水准路线。理论上，各测站所测高差之和应等于零，即有

$$\sum h_{理} = 0 \tag{2.9}$$

3. 支水准路线

如图2.16(c)所示，从一个已知水准点BM_4出发，沿各待定点1、2进行水准测量，既不闭合又不附合到已知点上，这种水准测量路线称为支水准路线。支水准路线应进行往返观测。

$$\sum h_{往} + \sum h_{返} = 0 \tag{2.10}$$

当待测点与已知水准点相距较远或高差很大时，用连续水准测量的方法，才能测算出待定水准点的高程。如图 2.17 所示，以水准路线截取其中一段为例进行说明，连续水准测量的观测程序如下：

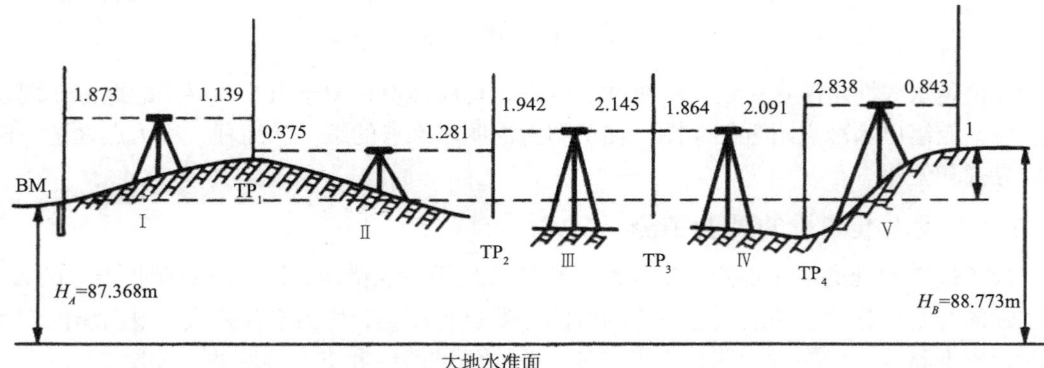

图 2.17　水准路线的施测

已知水准点为 BM_1 点，待测水准点为 1 点，在距 BM_1 点适当距离处选定转点 TP_1，在 BM_1 与 TP_1 两点上分别竖立水准尺；在距 BM_1 和 TP_1 大致中线Ⅰ处安置水准仪，粗略整平，后视 BM_1 点上的水准尺，精确整平，读取水准尺读数为 1.873m，记入表 2.1 内；旋转望远镜，前视 TP_1 点上的水准尺，再次精确整平，读取水准尺读数为 1.139m，记入表 2.1 内。完成第一测站工作后，前视点 TP_1 上的水准尺不动，将 BM_1 点上的水准尺移到 TP_2 点，并将仪器移至点 TP_1 与 TP_2 大致中线Ⅱ处，按照上述方法重复操作，逐站施测直至待测点 1。

表 2.1　水准测量手簿

日期________　　仪器________　　观测者________

天气________　　地点________　　记录者________

测站	测点	水准尺读数/m		高差/m		高程/m	备注
		后视读数(a)	前视读数(b)	+	−		
Ⅰ	BM_1	1.873		0.734		87.368	高程已知
	TP_1		1.139				
Ⅱ	TP_1	0.375			0.906		
	TP_2		1.281				
Ⅲ	TP_2	1.942			0.203		
	TP_3		2.145				
Ⅳ	TP_3	1.864			0.227		
	TP_4		2.091				
Ⅴ	TP_4	2.838		1.995			
	1		0.843			88.773	
计算检核	$\sum$	8.892	7.499	2.729	1.336		
	$\sum a-\sum b$	+1.393		+1.393			

2.3.3　水准测量的检核及精度要求

水准测量的检核有三种，分别为计算检核、测站检核和成果检核。

1. 计算检核

由图 2.17 可知，BM_1 点到 1 点的高差等于各转点之间高差之和，也等于后视读数之和减去前视读数之和。

$$h_{AB}=\sum h_i=\sum a_i-\sum b_i \tag{2.11}$$

所以式(2.11)可作为计算检核，检查在内业计算上是否正确，如表 2.1 所示。需强调的是，计算检核并不能检核观测和记录是否正确。

2. 测站检核

在进行连续水准测量时，为了能及时发现观测过程中读数是否准确，需采取测站检核的方法加以解决。测站检核的常用方法有两次仪器高法和双面尺法。

1) *两次仪器高法*

在测站上用两次不同仪器高度的水平视线(改变仪器高度应在 10cm 以上)来测定两点间的高差，理论上两次测得的高差应相等。但如果两次高差观测值不相等，而差值在容许值(如等外水准测量容许值为 ± 6mm)以内，则取其平均值作为最后结果，否则应重测。

2) *双面尺法*

在测站上同时读取双面水准尺的黑面和红面读数，分别计算前、后视尺的黑面读数之高差和前、后视尺红面读数之高差，这两个高差之差应小于某一限值来进行检核。需要注意的是，由于一对水准尺红面零点注记分别为 4.687m 和 4.787m，因此，前、后视尺红面读数之高差与理论高差相差 ± 0.1m。

3. 成果检核

测站检核只能检核一个测站上是否存在误差或误差是否超限，但还不能保证整条水准路线的观测高差没有错误或观测精度符合要求。受温度、风力、大气折光等外界条件引起的误差和仪器本身的误差影响，虽然每个测站的观测成果符合要求，但对整条水准路线累积的结果将可能超过容许限差。因此，还必须进行整条水准路线的成果检核。成果检核的方法随着水准测量路线布设形式的不同而不同。

1) 附合水准路线的成果检核

如图 2.16(a)所示，附合水准路线各段测得的高差总和$\sum h_{测}$应等于两个已知水准点之间的理论高差$h_{理}$。但由于测量误差的影响，实测高差总和与其理论值之间有一个差值，这个差值称为附合水准路线的高差闭合差f_h：

$$f_h = \sum h_{测} - h_{理} = \sum h_{测} - (H_{终} - H_{始}) \tag{2.12}$$

各种测量规范对不同等级的水准测量规定了高差闭合差的容许值。例如，我国《城市测量规范》规定，在图根水准测量中，各路线高差闭合差的容许值：

$$\begin{aligned} &\text{平坦地区：} \quad f_{h容} = \pm 40\sqrt{L}(\text{mm}) \\ &\text{起伏地区：} \quad f_{h容} = \pm 12\sqrt{n}(\text{mm}) \end{aligned} \tag{2.13}$$

式中，L为水准路线的长度，以km为单位；n为水准测量路线的总测站数。

当$|f_h| \leqslant |f_{h容}|$时，测量成果合格，否则应查明原因，重新观测。

2) 闭合水准路线的成果检核

如图 2.16(b)所示，闭合水准路线测得的高差总和$\sum h_{测}$应等于零，受测量误差的影响，使得实测高差总和$\sum h_{测}$不等于零，其差值称为闭合水准路线的高差闭合差f_h：

$$f_h = \sum h_{测} \tag{2.14}$$

闭合水准路线的成果检核方法与附合水准路线相同，其高差闭合差也不应超过其容许值。

3) 支水准路线的成果检核

通过往、返观测，得到往返高差的总和$\sum h_{往}$和$\sum h_{返}$，理论上两者数值应相等，符号相反，但由于测量误差的影响，两者之间产生一个差值，这个差值称为支水准路线的高差闭合差f_h：

$$f_h = \sum h_{往} + \sum h_{返} \tag{2.15}$$

2.4 水准测量成果的内业计算

水准测量外业工作结束后需进行内业计算，其目的是调整整条水准路线的高差闭合差及计算各待定点的高程。计算之前应首先检查外业手簿中各项观测数据是否符合要求，高差计算是否正确，确保数据正确后，在计算表中依次填写点名、各观测数据和已知数据。具体内业计算步骤如下。

2.4.1　高差闭合差的计算和检核

结合实际布设的水准路线，利用式(2.12)和式(2.14)计算水准路线的高差闭合差 f_h，同时利用式(2.13)计算高差闭合差容许值 $f_{h容}$，需满足 $|f_h| \leqslant |f_{h容}|$。

2.4.2　高差闭合差的调整

高差闭合差的调整原则是将闭合差按距离或测站数成正比例反符号分配的原则进行，即

$$\begin{aligned} &\text{按距离平差：} \quad v_i = -\frac{f_h}{\sum L_i} \times L_i \\ &\text{按测站数平差：} \quad v_i = -\frac{f_h}{\sum n_i} \times n_i \end{aligned} \tag{2.16}$$

式中，v_i 为第 i 测段高差改正数；L_i 为第 i 测段路线长度；n_i 为第 i 测段测站数。

高差闭合差分配完成后，需要进行高差改正数的计算检核，即高差改正数的总和应等于高差闭合差的相反数：

$$\sum v_i = -f_h \tag{2.17}$$

2.4.3　计算改正后的高差

各测段实测高差加上相应的改正数，得到改正后的高差：

$$h_i' = h_i + v_i \tag{2.18}$$

式中，h_i' 为改正后的高差；h_i 为观测高差。

改正后高差计算完成后，需要进行改正后高差计算检核，即改正后高差总和应等于观测高差总和加上改正数总和：

$$\sum h_i' = \sum h_i + \sum v_i \tag{2.19}$$

2.4.4　计算待定点的高程

利用改正后的高差，从已知点的高程开始逐一计算各待定点的高程：

$$H_{i+1} = H_i + h_i' \tag{2.20}$$

各待定点高程计算完成后，需要进行最后的计算检核，即最后一待定点高程加上最后一段改后高差应等于终点。

2.4.5　水准测量成果整理实例

1. 附合水准路线

如图 2.18 所示，BM_A 和 BM_B 为已知水准点，H_{BM_A}=89.613m，H_{BM_B}=93.668m，用普通水准测量的方法测定 P_1、P_2、P_3 三个水准点的高程，各水准点间的高差及千米数均标注在图中，求各待测点的高程。附合水准路线闭合差调整如表 2.2 所示。

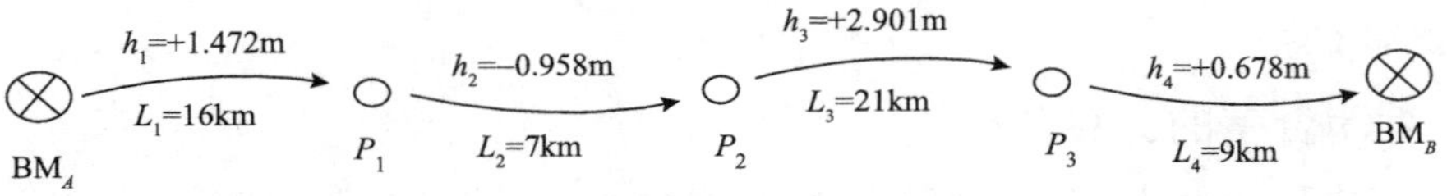

BM_A　h_1=+1.472m　L_1=16km　P_1　h_2=−0.958m　L_2=7km　P_2　h_3=+2.901m　L_3=21km　P_3　h_4=+0.678m　L_4=9km　BM_B

图 2.18　附合水准路线数据

表 2.2　附合水准路线闭合差调整表

点号	千米数/km	观测高差/m	改正数/mm	改正后高差/m	高程/m	备注
BM_A					89.613	
	16	+1.472	−12	+1.460		
P_1					91.073	
	7	−0.958	−5	−0.963		
P_2					90.110	
	21	+2.901	−15	+2.886		
P_3					92.996	
	9	+0.678	−6	+0.672		
BM_B					93.668	
Σ	53	+4.093	−38	+4.055		
辅助计算	$f_h=\sum h_{测}-(H_{终}-H_{始})=+38\text{mm}$　$f_{h容}=\pm40\sqrt{L}=\pm291\text{mm}$　$\lvert f_h\rvert<\lvert f_{h容}\rvert$					

2. 闭合水准路线

如图 2.19 所示，BM_A为已知水准点，H_{BM_A}=169.247m，用普通水准测量的方法测定 P_1、P_2、P_3三个水准点的高程，各水准点间的高差及测站数均标注在图中，求各待测点的高程。闭合水准测量高差调整如表 2.3 所示。

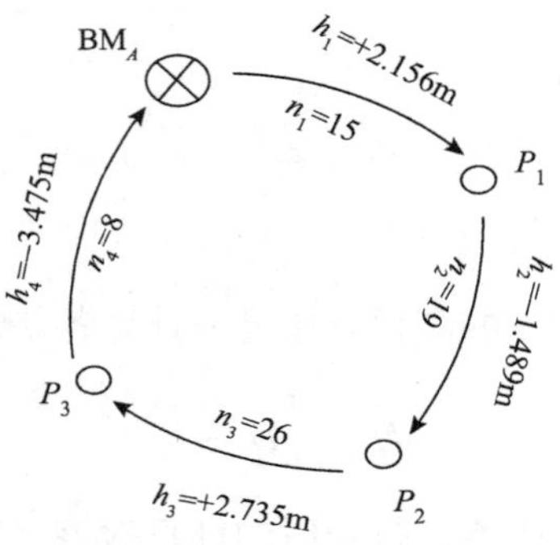

图 2.19　闭合水准路线数据

表 2.3　闭合水准测量高差调整表

点号	测站数	观测高差/m	改正数/mm	改正后高差/m	高程/m	备注
BM_A					169.247	
	15	+2.156	+14	+2.170		
P_1					171.417	

续表

点号	测站数	观测高差/m	改正数/mm	改正后高差/m	高程/m	备注
P_1					171.417	
	19	−1.489	+18	−1.471		
P_2					169.946	
	26	+2.735	+25	+2.760		
P_3					172.706	
	8	−3.467	+8	−3.459		
BM_A					169.247	
Σ	68	−0.065	+65	0		
辅助计算	$f_h = \sum h_{测} = -65\text{mm}$　$f_{h容} = \pm 12\sqrt{N} = \pm 99\text{mm}$　$\lvert f_h \rvert \leqslant \lvert f_{h容} \rvert$					

2.5 微倾式水准仪的检验与校正

微倾式水准仪的轴线应满足三项几何关系，但仪器使用时间过长或者是在搬运过程中出现震动和碰撞等，会造成各轴线之间的关系发生变化，将影响测量成果的质量。因此，在仪器使用之前，需对其进行检验与校正工作。

2.5.1 水准仪轴线应满足的条件

如图 2.20 所示，水准仪的主要轴线有望远镜的视准轴 CC、管水准器轴 LL、圆水准器轴 $L'L'$ 和仪器的竖轴 VV。水准仪的轴线应该满足下列三个主要条件：①圆水准器轴应平行于仪器竖轴（$L'L' /\!/ VV$）。当圆水准器泡居中时，圆水准器轴 $L'L'$ 处于竖直位置，则仪器竖轴 VV 也处于竖直位置。这样，仪器转动到任何方向，管水准器的气泡都不至于偏差太大。②十字丝分划板的横丝应垂直于仪器竖轴，当此条件满足时，可不必仅用十字丝的交点，而用交点附近的横丝读数，这样可提高观测速度。③管水准器轴应平行于望远镜视准轴（$LL /\!/ CC$）。当管水准气泡居中时，管水准器轴处于水平位置，这说明视准轴也处于水平位置。此时，通过水准仪能进行水平视线观测。此条件是水准仪应满足的主要条件。

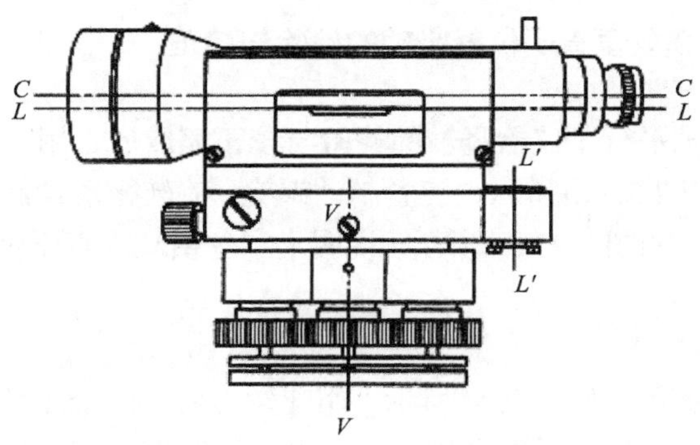

图 2.20 水准仪的轴线关系

2.5.2 水准仪的检验与校正

1. 圆水准器轴平行于仪器竖轴的检验与校正

1) 检验

安置仪器后，旋转脚螺旋，使圆水准气泡居中。将望远镜绕竖轴旋转 180°，若圆水准气泡仍然居中，表明圆水准器轴平行于仪器竖轴；若气泡中心偏离圆水准器的零点，如图 2.21 (a) 和 (b) 所示，则说明圆水准器轴不平行仪器竖轴，需要校正。

2) 校正

如图 2.21 (c) 和 (d) 所示，旋转脚螺旋使气泡中心向圆水准器的零点移动偏距的一半，然后使用校正针拨动圆水准器的三个校正螺钉，如图 2.22 所示，使气泡中心移动到圆水准器的零点，将望远镜再绕竖轴旋转 180°，如果气泡中心与圆水准器的零点重合，则校正完毕，否则还需要重复前面的校正工作。

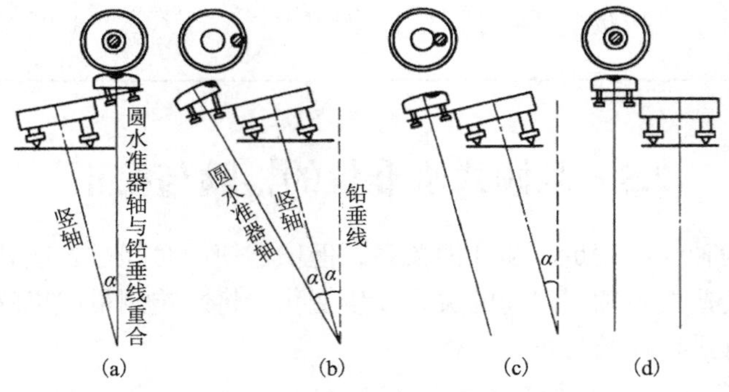

图 2.21 圆水准器的检验与校正

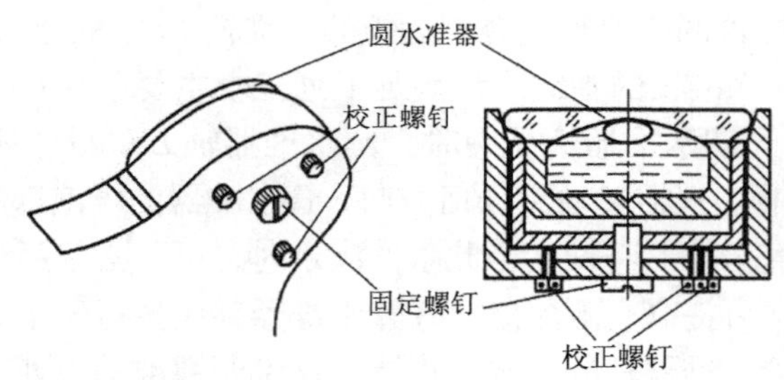

图 2.22 圆水准器的校正螺钉

2. 十字丝分划板的横丝垂直于仪器竖轴的检验与校正

1) 检验

当仪器的圆水准器轴平行于仪器竖轴的检验与校正完成后，用十字丝横丝的一端瞄准远处一清晰目标点 P，如图 2.23 (a) 所示，旋紧制动螺旋，旋转微动螺旋转动望远镜，如果标志点 P 始终在横丝上移动，如图 2.23 (b) 所示，说明十字丝横丝垂直于竖轴；如图 2.23 (c) 和 (d) 所示，则需要校正。

2) 校正

旋下十字丝分划板护罩，如图 2.24 所示，用螺丝刀松开四个压环螺钉，按横丝倾斜的反方向转动十字丝组件进行校正。反复操作，直到 P 点始终在横丝上移动，则表示横丝已经水平，最后拧紧四个压环螺钉，盖好护罩。

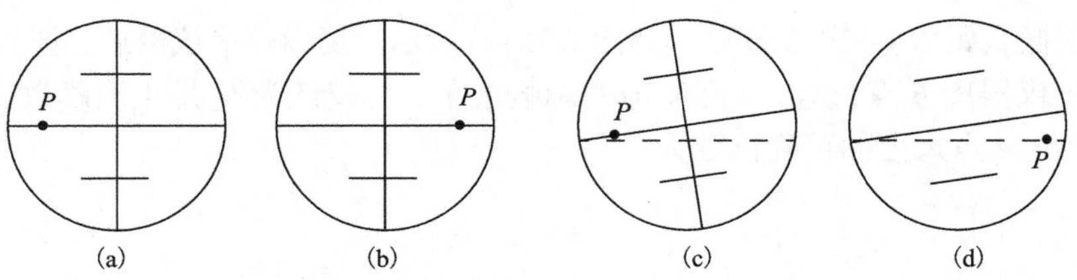

图 2.23　十字丝横丝垂直于仪器竖轴的检验

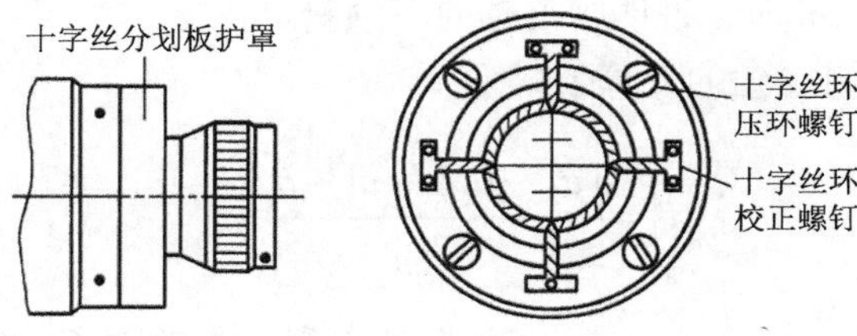

图 2.24　十字丝的校正装置

3. 管水准器轴平行于望远镜的视准轴的检验与校正

如果管水准器轴不平行于望远镜的视准轴，则两轴存在一个夹角，称为仪器 i 角。i 角影响产生的读数误差称为 i 角误差。

1) 检验

如图 2.25(a)所示，在平坦地面上选定相距 80～100m 的 A、B 两点，并在该两点上打入木桩或放置尺垫作标志。在 A、B 两点上竖立水准尺，将水准仪安置在两点连线中线位置，采用变动仪器高法或双面尺法测出 A、B 两点的高差，若两次测得的高差之差不超过 3 mm，则取其平均值作为最后结果 h_{AB}。由于仪器距两把水准标尺的距离相等，所以，i 角引起的前、后尺的读数误差 x 相等，A、B 两点的高差为

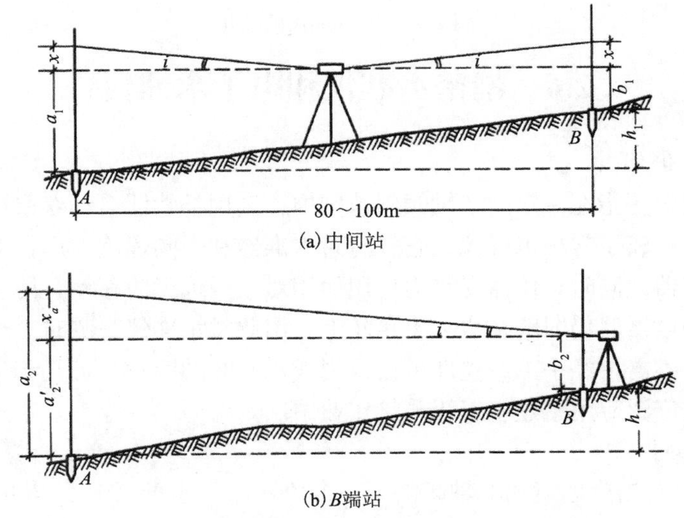

图 2.25　管水准器的检验

$$h_{AB} = (a_1 - x) - (b_1 - x) = a_1 - b_1 \tag{2.21}$$

由式(2.21)可知，i 角误差相互抵消，所以由 a_1 和 b_1 计算出的高差 h_{AB} 是正确高差。

将水准仪搬到距 B 点 2～3 m 处，如图 2.25(b)所示。精确整平仪器后，读取 B 点尺上的读数 b_2，由于仪器离 B 点很近，i 角对 b_2 的影响很小，可以认为 b_2 是正确读数。根据正确高差 h_{AB} 可以求出 A 点尺上的正确读数为

$$a_2' = h_{AB} + b_2 \tag{2.22}$$

设 A 点尺上的实际读数为 a_2，若 $a_2' = a_2$，说明两轴线满足平行关系。当 $a_2 > a_2'$ 时，说明视准轴向上倾斜；当 $a_2 < a_2'$ 时，说明视准轴向下倾斜。

由图 2.25(b)可以写出 i 角的计算公式为

$$i'' = \frac{(a_2 - b_2) - (a_1 - b_1)}{S_{AB}} \rho'' \tag{2.23}$$

式中，ρ'' 为弧度的秒值，$\rho'' = 206265$；S_{AB} 为 A 点到 B 点的距离，单位为 m。

《规范》规定，用于三四等水准测量的水准仪，其 i 角不得大于 20″。否则，需要校正。

2)校正

旋转微倾螺旋，使十字丝横丝对准 A 点尺上的正确读数 a_2' 处，此时，视准轴已处于水平位置，而管水准气泡必然偏离中心位置。如图 2.26 所示，用校正针拨动管水准器一端的上、下两个校正螺丝，使气泡的两个影像符合。《规范》规定，在水准测量作业开始的第一周内应每天测定一次 i 角，i 角稳定后可每隔 15 天测定一次。

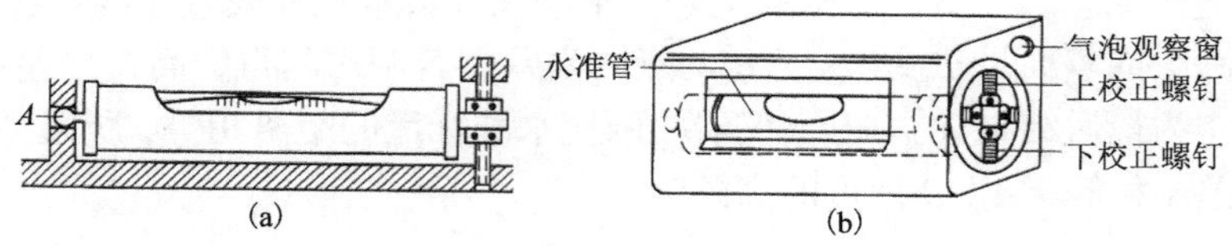

图 2.26　管水准器的校正

2.6　精密水准仪和电子水准仪

2.6.1　自动安平水准仪

自动安平水准仪是指在一定的竖轴倾斜范围内，利用补偿器自动获取视线水平时水准标尺读数的水准仪。相较于常规水准仪，它没有管水准器和微倾螺旋，用自动安平补偿器代替管状水准器，在仪器微倾时补偿器受重力作用而相对于望远镜筒移动，使视线水平时标尺上的正确读数通过补偿器后仍旧落在水平十字丝上。用此类水准仪观测时，当圆水准器气泡居中仪器放平之后，不需再经手工调整即可读得视线水平时的读数。近几年来，国产 DSZ3 级自动安平水准仪已广泛应用于建筑工程测量作业中。

1. 自动安平原理

如图 2.27 所示，当望远镜视准轴倾斜了一个角 α 时，水准尺上 a_0 点过物镜光心 O 所形成的水平视线不再通过十字丝中心 Z，而是在离 Z 距离 L 的 A 点处，此时：

$$L = f\alpha \tag{2.24}$$

式中，f 为物镜的等效焦距；α 为视准轴倾斜的角度。

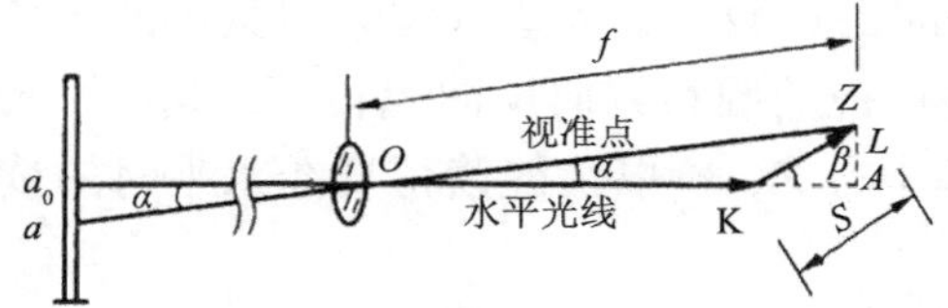

图 2.27 自动安平水准仪原理

若在距十字丝分划板 S 处，安装一个补偿器 K，能使水平视线偏转 β 角，并刚好通过十字丝中心 Z，则

$$L = S\beta = f\alpha \tag{2.25}$$

有了补偿器 K，微小倾斜了的视准轴，十字丝中心 Z 仍能读出视线水平时的读数 a_0，从而达到自动补偿的目的。

2. 自动安平补偿器

图 2.28 是 DSZ3 自动安平水准仪的内部光路结构示意图。它采用的是悬吊式补偿装置，借助重力进行自动补偿。补偿器设置在调焦透镜和十字丝分划板之间，主要由屋脊棱镜、直角棱镜和空气阻尼器构成。屋脊棱镜固定在望远镜筒内，在屋脊棱镜的下方，用两对交叉的金属丝吊挂着两个直角棱镜，直角棱镜在重力的作用下，可在一定范围内摆动，下方空气阻尼器的作用是使直角棱镜迅速停止摆动而处于静止状态。

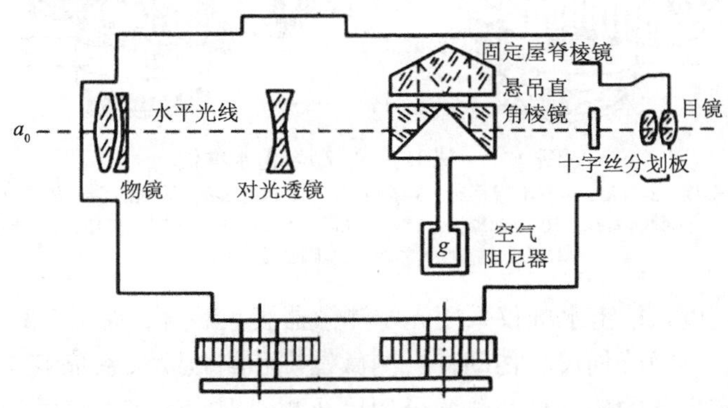

图 2.28 自动安平水准仪的内部光路结构

如图 2.29 所示，水准尺的读数 a_0 随着水平视线进入望远镜后，通过补偿器到达十字丝的

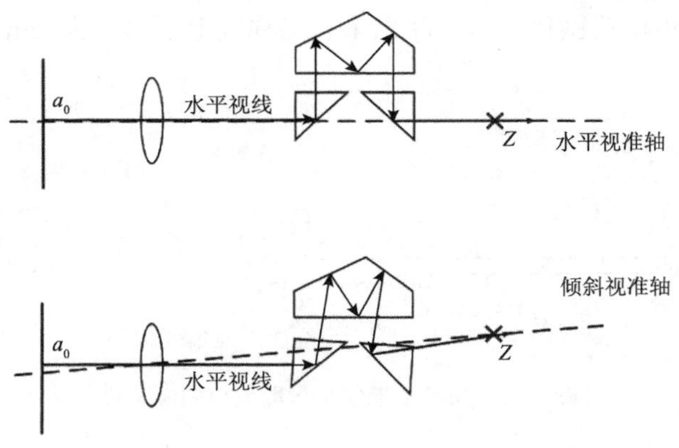

图 2.29 DSZ3 补偿原理

中心 Z，从而读得视线水平时的读数 a_0。当望远镜倾斜微小的 α 角时，悬吊的两个直角棱镜在重力作用下，相对于望远镜的倾斜方向反向偏转了 α 角，原水平视线通过偏转后的直角棱镜的反射，到达十字丝中心 Z，所以仍能读得视线水平时的读数 a_0，从而达到补偿的目的。

2.6.2　精密水准仪

精密水准仪主要用于国家一二等水准测量和高精度的工程测量中，如建筑物和构筑物的沉降观测、大型桥梁工程的施工测量及大型精密设备安装的水平基准测量等。精密水准仪具有如下几个特点：①望远镜放大倍率较大，分辨率较高。《规范》要求 DS1 型精密水准仪不小于 38 倍，DS05 型不小于 40 倍。②水准管分划值较小，一般为 10″/2mm。③望远镜的孔径大、亮度高。④仪器结构稳定，受温度变化的影响小。⑤使用平板玻璃测微器读数，可直接读取 0.1mm 或 0.05mm。

1. 精密水准仪的构造与测微结构

精密水准仪也是由望远镜、水准器和基座三部分组成。图 2.30 所示为徕卡新 N3 型微倾式精密水准仪的构造，其每千米往返高差中数的中误差为 ± 0.3mm。

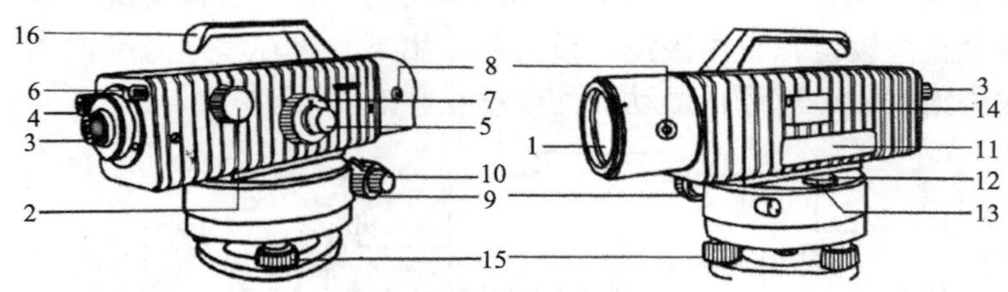

图 2.30　徕卡新 N3 型精密水准仪

1-物镜；2-物镜调焦螺旋；3-目镜；4-气泡观察窗；5-微倾螺旋；6-微倾螺旋行程指示器；7-平行玻璃板测微螺旋；8-平行玻璃板旋转轴；9-制动螺旋；10-微动螺旋；11-管水准器照明窗口；12-圆水准器；13-圆水准器校正螺丝；14-圆水准器观察装置；15-脚螺旋；16-手柄

为了提高读数精度，精密水准仪采用光学测微器读数装置，如图 2.31 所示。光学测微器主要由平行玻璃板、测微分划尺、传动杆、测微螺旋和测微读数系统组成。平行玻璃板装在物镜前面，它通过有齿条的传动杆与测微分划尺及测微螺旋连接。测微分划尺上刻有 100 个分划，其最小分划值为 0.1mm 或 0.05mm，可通过测微读数显微镜读数。

当转动测微螺旋时，传动杆推动平行玻璃板前后倾斜，此时视线通过平行玻璃板产生平行移动，移动的数值可由测微尺读数反映出来。当视线上下移动为 lcm 或 0.5cm 时，测微尺恰好移动 100 格。

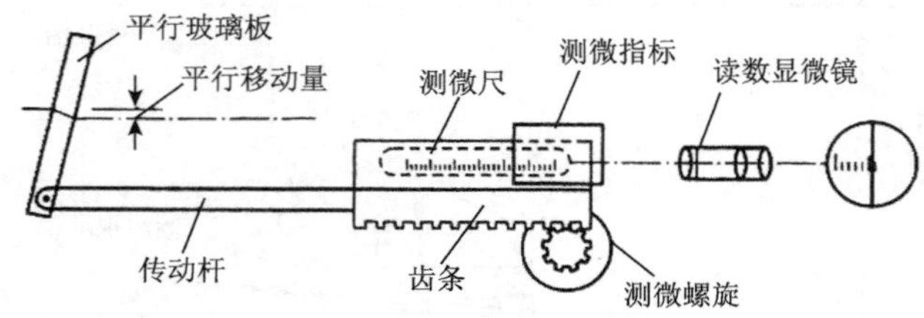

图 2.31　精密水准仪平行玻璃板测微装置

2. 精密水准尺

精密水准尺一般是在木质尺身的槽内装有一根铟瓦合金带，带上标有刻画，数字标注在木尺上。精密水准尺的分划值有两种，如图 2.32(a)所示，尺子的最小分划值为 1cm，其尺身上刻有左右两排分划，右边为基本分划，左边为辅助分划，基本分划的注记从零开始，辅助分划的注记从某一常数 K=301.55cm 开始，K 称为基辅差；如图 2.32(b)所示，尺子的最小分划为 0.5cm，其尺身上两排均为基本分划，其最小分划为 1cm，但彼此错开 5mm，所以分划的实际间隔为 5mm，尺身一侧注记米数，另一侧注记分米数。尺身标有大、小三角形，小三角形表示半分米处，大三角形表示分米的起始处。这种水准尺上的注记数字比实际长度增大了一倍，即 5cm 注记为 1dm。因此使用这种水准尺进行测量时，要将观测高差除以 2 才是实际高差。

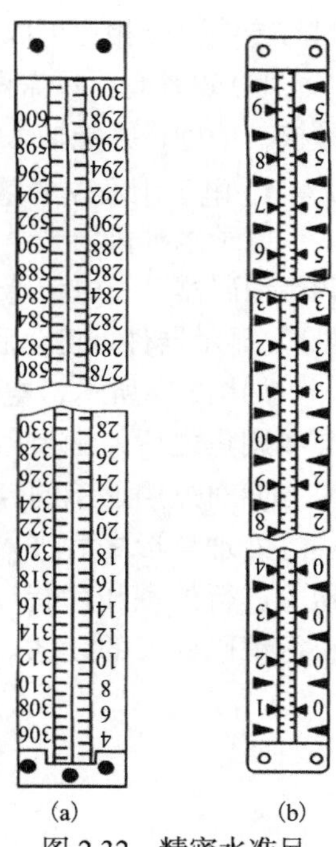

(a)　(b)

图 2.32　精密水准尺

3. 精密水准仪的操作

精密水准仪的操作方法与一般水准仪基本相同，不同之处是在仪器精平后，需要转动测微轮，使视线上、下平行移动，十字丝的楔形丝正好夹住一个整分划线。图 2.33(a)是新 N3 型水准仪的读数窗，被夹住的分划线读数为 1.57m，此时视线上下平移的距离则由测微器读数窗中读数读出，其读数为 5.55mm，所以水准尺的最终读数为 1.57 + 0.00555 = 1.57555m。

如图 2.33(b)所示，楔形丝夹住的读数为 1.69m，测微尺读数为 2.54mm，所以最终读数为 1.69254m。由于该尺注记扩大了一倍，所以实际读数是全读数除以 2，即 0.84627m。

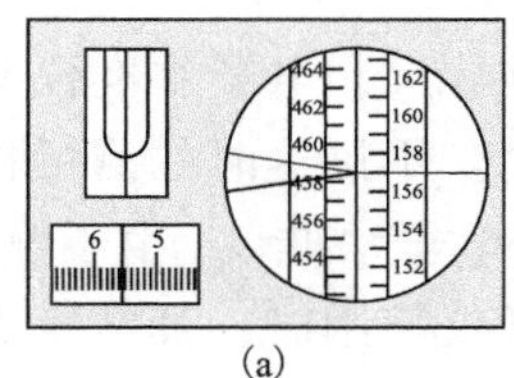

(a)

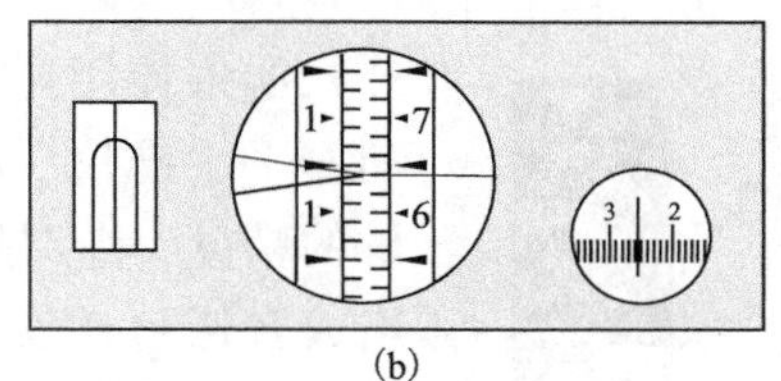

(b)

图 2.33　精密水准仪读数窗

2.6.3　电子水准仪的构造及使用

电子水准仪又称数字水准仪，是在自动安平水准仪的基础上发展起来的。它是在望远镜光路中增加了分光镜和探测器(CCD)，并采用条码标尺和图像处理电子系统构成光、机、电及信息存储与处理的一体化水准测量系统。采用普通标尺时，它又可像一般自动安平水准仪一样使用，因此投放市场后很快受到用户青睐。

与传统仪器相比，电子水准仪具有以下特点。

(1)读数客观：没有人为读数误差，不存在误记问题。

(2)精度高：视线高和视距读数都是采用大量条码分划图像经处理后取平均得出来的，因此削弱了标尺分划误差的影响。多数仪器都有进行多次读数取平均的功能，可以削弱外界条件影响，不熟练的作业人员也能进行高精度测量。

(3) 速度快：由于省去了报数、听记、现场计算的时间及人为出错的重测数量，测量时间与传统仪器相比可以节省1/3左右。

(4) 效率高：只需调焦和按键就可以自动读数，减轻了劳动强度。视距还能自动记录、检核、处理，并能输入电子计算机进行后处理，可实现内、外业一体化。

1. 电子水准仪的基本原理

电子水准仪由光学机械部分、自动安平补偿装置和电子设备组成。电子设备主要包括：调焦编码器、光电传感器、读取电子元件、单片微处理机、CSI接口(外部电源和外部存储记录)、显示器件、键盘和测量键及影像、数据处理软件等。

如图2.34所示，电子水准仪内部配置了图像识别器和图像数据处理系统，人工完成照准和调焦之后，标尺条码一方面被成像在望远镜分划板上，供测量人员进行目视观测；另一方面通过望远镜的分光镜，标尺条码又被成像在探测器上，将其转换成电信号。电信号经过处理整形之后进入模数转化系统，这样就可以输出数字信号，将数字信号送入微处理器上进行处理和存储。使用处理器将其与内存中的标准码按照一定的方式比较分析，就可获得编码标尺的读数。

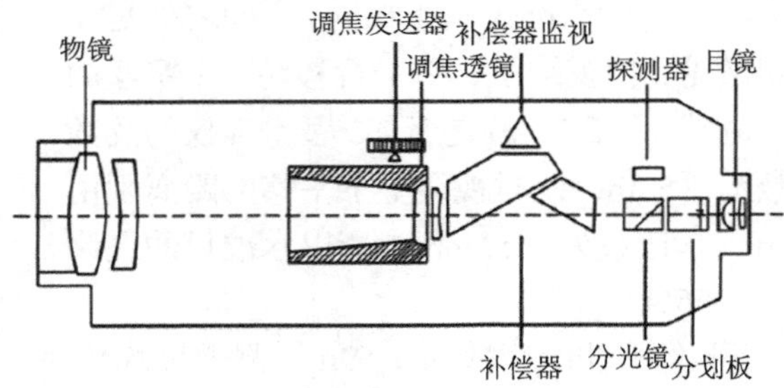

图 2.34 电子水准仪的基本构造

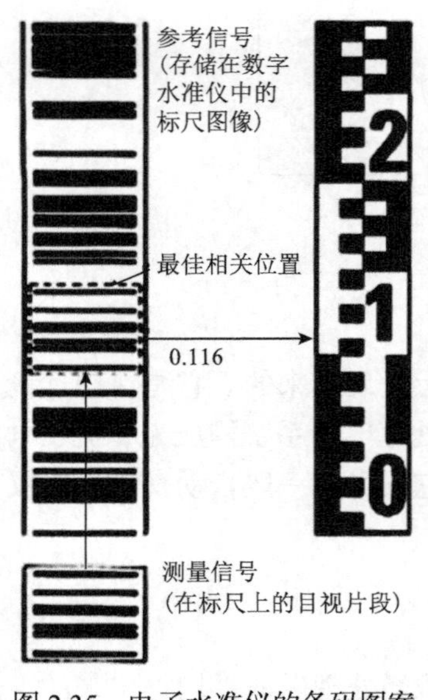

图 2.35 电子水准仪的条码图案

如果使用传统水准标尺，电子水准仪又可以像普通自动安平水准仪一样使用。不过这时的测量精度低于电子测量的精度。特别是精密电子水准仪，由于没有光学测微器，当成普通自动安平水准仪使用时，其精度更低。

2. 条码尺

电子水准仪的生产厂家很多，其拥有的仪器结构和相关的条形码编码方式不尽相同，所以条码尺不能互换使用，条码尺是一面印有条码图案，另一面印有普通标尺分划的水准标尺，如图2.35所示。标尺代码的像经过分光镜成像在行阵探测器上，分光镜将入射的光线分离成红外光部分和可见光部分。这样，一方面光的功率不会损害观测员；另一方面可以给在红外波段有最大灵敏度的行阵传感器提供足够的光强度。

3. 电子水准仪的使用

电子水准仪的粗平、瞄准等操作与普通水准仪一致。但不同品牌的电子水准仪操作程序界面略有不同，本书以徕卡 DNA03 型电子水准仪为例进行简要说明：①测量程序开始，选择相应的应用程序；②输入该应用程序所需要的全部参数；③触发测量键进行测量（图2.36）。

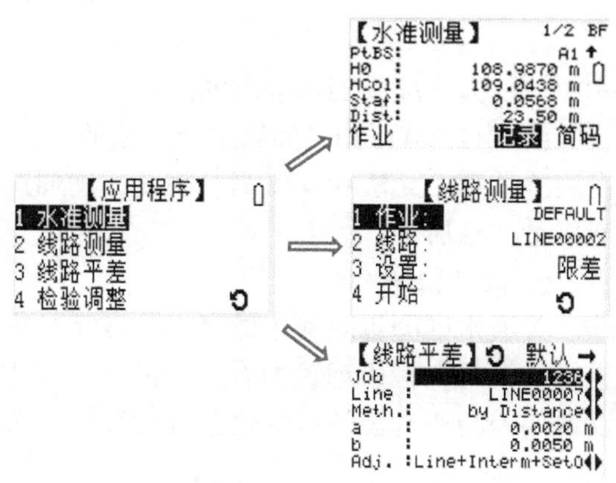

图 2.36 徕卡 DNA03 型电子水准仪操作界面

目前，电子水准仪一般都带水准测量软件，这是基于 Windows 的水准测量及平差计算、高程数据管理的配套软件，如徕卡的 LevelPak 软件就具有点位和高程管理、平差计算、报表输出、导入观测文件与高程、手工输入观测数据、水准数据检验、上载数据以供放样和数据传输等功能。

2.7 水准测量误差分析

为了提高水准测量的精度，必须分析和研究误差的来源及其影响规律，找出消除或减弱这些误差影响的措施。水准测量误差包括仪器误差、观测误差和外界条件的影响三个方面。

2.7.1 仪器误差

1. 仪器校正后的残余误差

国家水准测量规范规定，三四等水准测量使用的 DS3 水准仪的 i 角不得大于 20″。i 角引起的水准尺读数误差与仪器至标尺的距离成正比，理论上只要观测时使前、后视距相等，便可消除或减弱 i 角误差的影响。但在实际的水准测量观测中，使前、后视距完全相等是不容易做到的，因此《规范》规定，对于四等水准测量，一站的前、后视距差应小于等于 5m，任一测站的前、后视距累积差应小于等于 10 m。

2. 水准尺误差

水准尺分划不准确、尺长变化、水准尺弯曲、水准尺的使用、磨损等都会影响水准测量的精度。不同精度等级的水准测量对水准尺的要求也不同，精密水准测量须检验水准尺每米间隔平均真长与名义长度之差，《规范》规定，对于区格式木质标尺，不应大于0.5mm。水准标尺的底面与其分划零点不完全一致，其差值称为水准标尺的零点差。对于一对水准尺的零点差，可在一水准测段的观测中安排偶数个测站予以消除。

2.7.2 观测误差

1. 管水准气泡居中误差

水准测量时要求视准轴必须水平，精平仪器时，如果管水准气泡没有精确居中，将造成管水准器轴偏离水平面而引起视准轴不水平，产生观测误差。受人眼分辨力的影响，肯定存在管水准器居中误差。

设水准管的分划值为 τ''，居中误差一般为 $0.15\tau''$。当采用符合水准器时，居中精度可提高一倍。居中误差引起的读数误差与视距 D 成正比，即

$$M_\tau = \pm \frac{0.15\tau''}{2\rho''} \times D \tag{2.26}$$

式中，D 为水准仪到水准尺的距离。

由式(2.26)可知，如果水准测量的前、后视距不相等，此误差在前、后视读数就不相等，在高差计算中无法相互抵消。因此，削弱这种误差的方法只能是每次精平操作时使管水准气泡尽量严格居中。

2. 读数误差

普通水准测量观测中的毫米位数字是根据十字丝横丝在水准准尺的厘米分划内的位置进行估读的，在望远镜内看到的横丝宽度相对于厘米分划格宽度的比例决定了估读的精度。读数误差与望远镜的放大倍数和视线长有关。视线越长，读数误差越大，即

$$m_v = \frac{60''\mathrm{D}}{V\rho''} \tag{2.27}$$

式中，V 为望远镜放大率倍数。

因此，《规范》规定使用 DS3 水准仪进行四等水准测量时，视线长度不能超过 80 m。

3. 水准尺倾斜

读数时，水准尺必须竖直。如果水准尺前后倾斜，在水准仪望远镜的视场中不会察觉，但由此引起的水准尺读数总是偏大，且视线高度越高，误差就越大。基于前、后视读数中均含有此项误差，所以在高差计算中能抵消一部分。而在水准尺上安装圆水准器是保证尺子竖直的主要措施。

4. 视差

水准测量中视差的影响会给观测结果带来较大误差，因此，观测前必须反复调节目镜与物镜的调焦螺旋，使水准尺的像与十字丝平面重合，消除视差。

2.7.3　外界条件的影响

1. 仪器和尺垫下沉

仪器或水准尺安置在软土上时，容易产生下沉。采用“后—前—前—后”的观测顺序可以削弱仪器下沉的影响，采用往返观测取观测高差的中数可以削弱尺垫下沉的影响。因此，安置水准仪时要求将脚架踏实，转点竖立水准尺时将尺垫踩实。

2. 地球曲率和大气折光影响

如图 2.37 所示，在水准测量时，水平视线在尺子上的读数 b 应改算为相应水准面下的读数 b'，两者的差值 c 被称为地球曲率差。同时，地面上空气密度不均匀，使光线发生折射现象，视线不是水平，而是向下弯曲，两者之差被称为大气折光差。地球曲率差和大气折光差是同时存在的，两者对读数的共同影响可用下式计算：

$$f = 0.43\frac{D^2}{R} \tag{2.28}$$

对于地球曲率差和大气折光差，可以通过让前、后视距相等的方法进行消除。同时，水准仪的水平视线离地面越近，光线的折射就越大。因此《规范》规定，二等水准测量要求下

丝读数大于等于 0.3m。

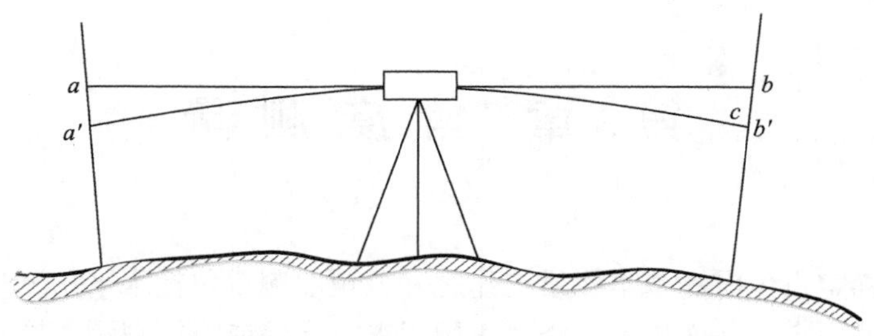

图 2.37 地球曲率和大气折光的影响

3. 温度和风力影响

当太阳光照射水准仪时，由仪器各构件受热不均匀而引起的不规则膨胀，将影响仪器轴线间的正常关系，使观测产生误差。所以在观测时，应注意为仪器撑伞遮阳。当风力超过四级时，应停止作业。

思考与练习题

1. 设 A 为后视点，高程为 92.433m，B 为前视点，当后视读数为 1.126m 时，前视读数为 1.765m，问 A、B 两点间的高差是多少？B 点的高程是多少？并绘图说明。
2. 水准仪有哪些主要轴线？它们应满足什么几何条件？
3. 何为视准轴？何为水准管轴？
4. 何为视差？它产生的原因是什么？如何消除视差？
5. 水准测量时采用前后视距相等可以消除哪些误差？
6. 什么叫水准管分划值？它的大小和整平仪器的精度有什么关系？圆水准器和管水准器各起什么作用？
7. 水准测量中有哪些检核内容？目的和方法是什么？
8. 图 2.38 所示为图根闭合水准路线的观测成果简图，请根据图中数据计算各点高程。

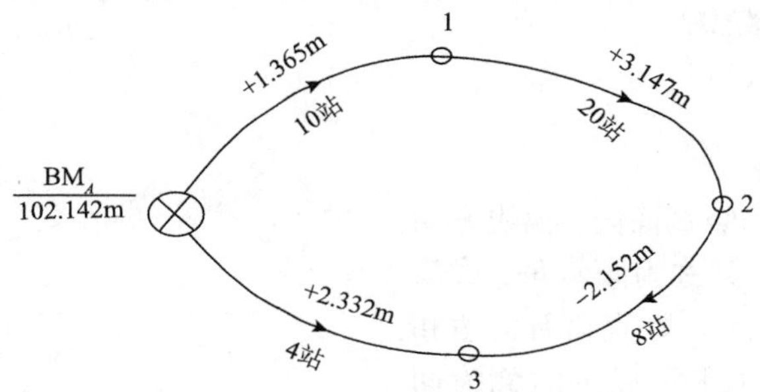

图 2.38 闭合水准路线观测成果简图

9. 安置水准仪在距 A、B 两点等距处，A 尺读数 a_1=1.320m，B 尺读数 b_1=1.116m，然后将仪器搬到 B 点近旁，B 尺读数 b_2=1.467m，A 尺读数 a_2=1.700m，AB 两点间水平距离为 80m。问题：①水准管轴是否平行于视准轴？②是否满足仪器使用要求？③若需要校正，简述其校正方法和步骤。

第 3 章　角 度 测 量

内容提要

角度测量是确定点位时的基本测量工作之一，角度测量包括水平角测量和竖直角测量。水平角用于求算地面点的平面位置，竖直角用于求算高差或将倾斜距离换算成距离。

3.1　角度测量原理

3.1.1　水平角观测原理

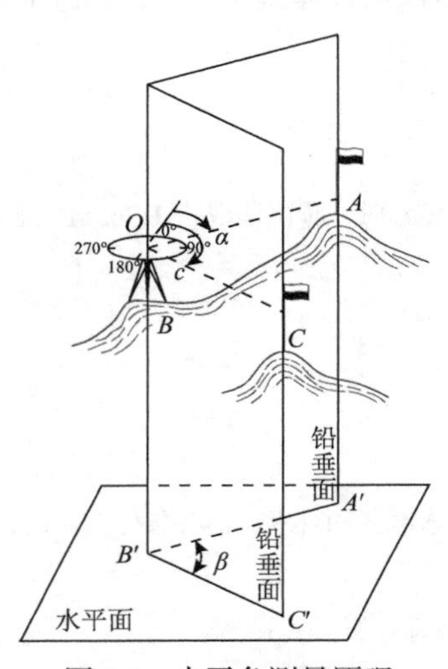

图 3.1　水平角测量原理

如图 3.1 所示，A、B、C 为地面上任意三点，将三点沿铅垂线方向投影到水平面上得到相应的 A′、B′、C′ 点，则水平线 A′B′与 A′C′的夹角即为地面 AB 与 AC 两方向线间的水平角，用“β”表示。由此可见，水平角就是地面上某点到两个目标点连线在水平面上投影的夹角，它也是过两条方向线的铅垂面所夹的两面角，其范围是 0°～360°。

为了测定水平角值，设想在角顶的铅垂线上水平放置一个带有顺时针均匀刻划的水平度盘，通过左方向 AB 和右方向 AC 各作一竖直面与水平度盘相交，在水平度盘上截取相应的左方向读数 a 和右方向读数 b，则水平角 β 即为两个读数之差，即

$$\beta = b - a \tag{3.1}$$

3.1.2　竖直角观测原理

竖直角是指在同一竖直面内，视线方向与水平线之间的夹角，又称为倾斜角，或简称为竖角，用“α”表示。竖直角有仰角和俯角之分，当视线在水平线以上时称为仰角，取“+”，角值为 0°～+90°；当视线在水平线以下时称为俯角，取“–”，角值为–90°～0°。在同一竖直面内，视线与铅垂线的天顶方向之间的夹角称为天顶角，也称为天顶距，用“Z”表示，角值为 0°～180°。显然，同一方向线的天顶距和竖直角之和等于 90°(图 3.2)。

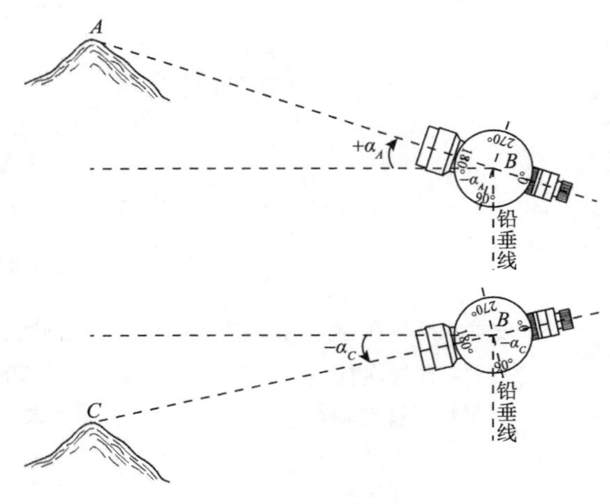

图 3.2　竖直角测量原理

为了测定竖直角，在铅垂面内垂直放置一个带有顺时针均匀刻划的竖直度盘。竖直角与水平角一样，其角值为度盘上两个方向的读数之差，不同的是，竖直角的其中一个方向是水平方向，对某种经纬仪来说，视线水平时的竖盘读数应为 0°或 90°的倍数，所以，只要瞄准目标，读出竖盘读数，即可计算出竖直角。

常用的光学经纬仪就是根据上述测角原理及其要求制成的一种测角仪器。

3.2　光学经纬仪的构造及使用

经纬仪的种类很多，但基本结构大致相同。按精度分，我国生产的经纬仪可以分为 DJ07、DJ1、DJ2、DJ6 等级别。其中，D、J 分别为“大地测量”和“经纬仪”的汉语拼音的第一个字母，07、1、2、6 分别为该经纬仪一测回方向的观测中误差，即表示该仪器所能达到的精度指标。各种等级和型号的光学经纬仪，其结构有所不同，因厂家生产而有所差异，但是它们的基本构造是大致相同的。

3.2.1　DJ6 型光学经纬仪的构造

各种型号 DJ6(简称 J6)的基本构造是大致相同的，主要由基座、度盘、照准部三部分组成，如图 3.3 所示。

1. 基座

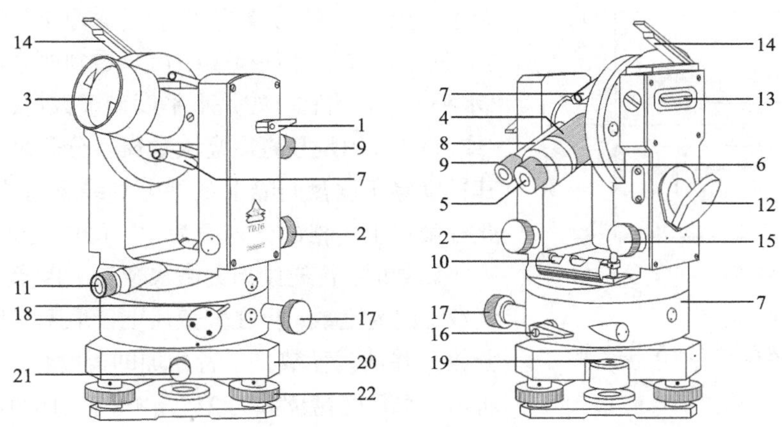

图 3.3　DJ6 光学经纬仪

1-望远镜制动螺旋；2-望远镜微动螺旋；3-物镜；4-物镜调焦螺旋；5-目镜；6-目镜调焦螺旋；7-光学瞄准器；8-度盘读数显微镜；9-度盘读数显微镜调焦螺旋；10-照准部管水准器；11-光学对中器；12-度盘照明反光镜；13-竖盘指标管水准器；14-竖盘指标管水准器观察反射镜；15-竖盘指标管水准器微动螺旋；16-水平方向制动螺旋；17-水平方向微动螺旋；18-水平度盘变换螺旋与保护卡；19-基座圆水准器；20-基座；21-轴套固定螺旋；22-脚螺旋

基座用来支承整个仪器，是仪器的底座，借助基座的中心螺旋可使经纬仪与脚架相连接。基座上有三个脚螺旋，用来整平仪器。使用仪器时，切勿松动中心螺旋，以免照准部与基座分离而坠地。

2. 度盘

度盘包括水平度盘和竖直度盘，它们都是用光学玻璃制成的圆环，周边刻有 0°～360°等间隔分划线。测角时，水平度盘不动；若需设定水平度盘读数，可通过度盘变换手轮或复测器(复测钮或复测扳手)实现。竖直度盘的刻划注记有顺时针和逆时针两种形式；它固定在横轴的一端，随望远镜一起在竖直面内转动。

3. 照准部

照准部是指水平度盘之上，能绕其旋转轴旋转的全部部件的总称。照准部主要由望远镜、支架、旋转轴、竖直制动、水平制动、微动螺旋、竖直度盘、竖盘指标管水准器、读数设备、水准器和光学对点器组成。

照准部在水平方向的转动，由水平制动、水平微动螺旋控制，其旋转轴称为仪器竖轴。照准部上的管水准器，用于精平仪器。此外，经纬仪的望远镜与横轴固连在一起，望远镜可绕仪器横轴转动，并由望远镜的竖直制动螺旋和竖直微动螺旋来控制这种转动。

3.2.2　DJ6 型光学经纬仪的读数方法

光学经纬仪的读数系统包括：度盘、光路系统及测微器。水平度盘和竖直度盘分划线通过一系列棱镜和透镜，成像于望远镜旁的读数显微镜内，观测者通过读数显微镜读取度盘上的读数。各种光学经纬仪因读数系统不同，读数方法也不一样，DJ6 型光学经纬仪的读数设备多用分微尺测微器。

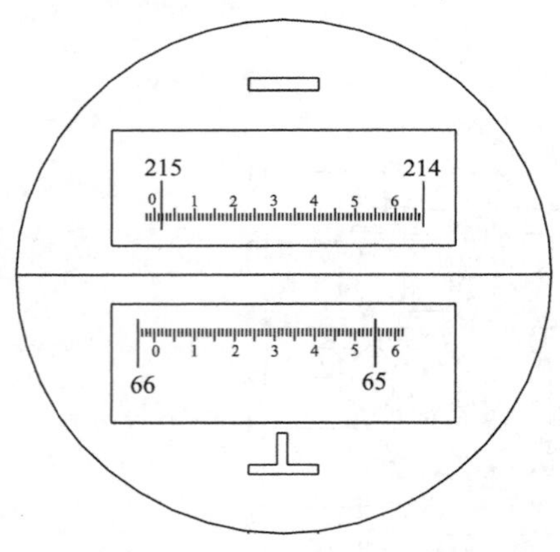

图 3.4　DJ6 型光学经纬仪读数窗

分微尺读数设备是显微镜读数窗与物镜上一个带有分微尺的分划板，度盘上的分划线(最小分划值一般为 1°)经读数显微镜物镜放大后成像于分微尺上。如图 3.4 所示，在读数显微镜中可以看到两个读数窗：注有“水平”(或“H”)的是水平度盘读数窗；注有“竖直”(或“V”)的是竖直度盘读数窗。分微尺分成 60 小格，其长度等于度盘间隔 1°的两分划线之间的影像宽度，因此分微尺上一格的分划值为 1′，可估读到 0.1，即 6″。

读数时，首先读出分微尺覆盖的度盘分划线的注记度数，记为度数，再在分微尺上读取不足度盘分划值的分数，并估读秒数，二者相加即得度盘读数。如图 3.4 所示，水平度盘读数为 $215° + 1.8' = 215°01'48''$，竖直度盘读数为 $65° + 55.3' = 65°55'18''$。

3.2.3　DJ2 型光学经纬仪

1. DJ2 型光学经纬仪的特点

与 DJ6 型光学经纬仪相比，DJ2 型光学经纬仪主要有以下特点：

(1) 轴系间结构稳定，望远镜的放大倍数较大，照准部水准管的灵敏度较高。

(2) 在 DJ2 型光学经纬仪读数显微镜中，只能看到水平度盘和竖直度盘中的一种影像，读数时，通过转动换像手轮，使读数显微镜中出现需要读数的度盘影像。

(3) DJ2 型光学经纬仪采用对径符合读数装置，相当于取度盘对径相差 180°处的两个读数的平均值，以消除偏心误差的影响，提高读数精度。

2．DJ2 型光学经纬仪的读数方法

对径符合读数装置是通过一系列棱镜和透镜的作用，将度盘相对 180°的分划线，同时反映到读数显微镜中，并分别位于一条横线的上、下方。如图 3.5 所示，右下方为分划线重合窗，右上方读数窗中上面的数字为整度值，中间凸出的小方框中的数字为整 10′数，左下方为测微尺读数窗。

测微尺刻划有 600 小格，最小分划为 1″，可估读到 0.1″，全程测微范围为 10′。测微尺的读数窗中左边注记数字为分，右边注记数字为整 10″数。读数方法如下。

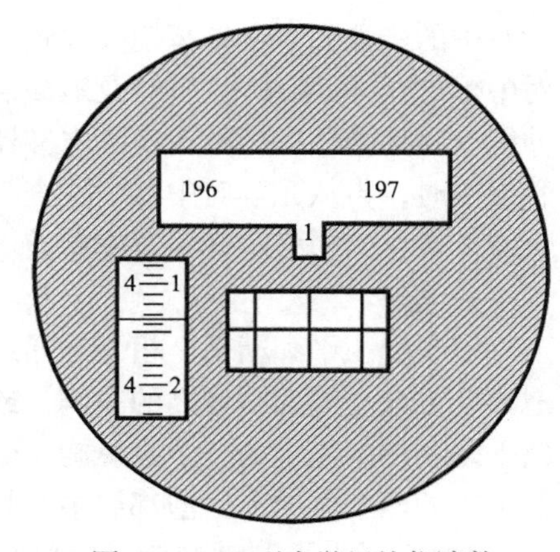

图 3.5　DJ2 型光学经纬仪读数

(1) 转动测微轮，使分划线与窗中上、下分划线精确重合，如图 3.5 所示。

(2) 在读数窗中读出度数。

(3) 在中间凸出的小方框中读出整 10′数。

(4) 在测微尺读数窗中，根据单指标线的位置，直接读出不足 10′的分数和秒数，并估读到 0.1″。

(5) 将度数、整 10′数及测微尺上读数相加，即为度盘读数。图 3.5 中所示读数为

$$197°+1\times10'+4'13.4''=197°14'13.4''$$

3.3　水平角测量

3.3.1　经纬仪的安置

经纬仪的安置包括对中和整平，对中的目的是要把仪器的纵轴安置到测站的铅垂线上；整平的目的是使经纬仪的纵轴铅垂，从而使水平度盘和横轴处于水平位置，垂直度盘位于铅垂平面内。观测包括瞄准和读数，因此经纬仪的使用可概括为对中—整平—瞄准—读数四步。

1. 对中

按观测者的身高调整好三脚架的长度，张开三脚架，使三脚架头大致水平。从箱中取出经纬仪，放到三脚架头上，一手握住经纬仪支架，一手将三脚架上的连接螺旋旋入基座底板。对中可利用垂球或光学对中器。

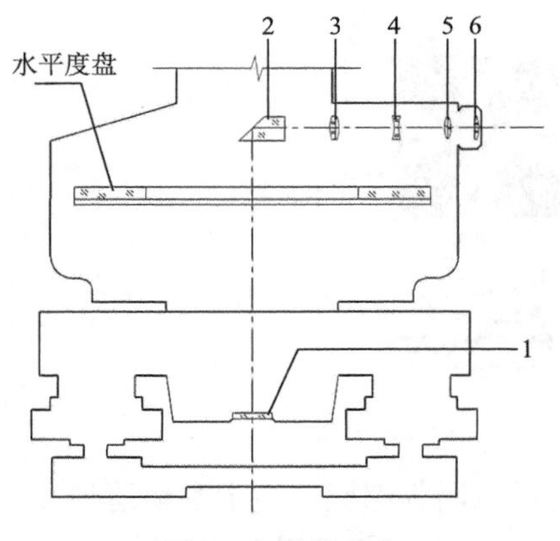

图 3.6　光学对中

(1) 垂球对中。把垂球挂在连接螺旋中心的挂钩上，调整垂球线长度，使垂球尖离地面点的高差为 1～2mm，并使垂球尖大约对准地面点，如果偏差较大，可平移三脚架；当垂球尖与地面点偏差不大时，可稍微松连接螺旋，在三脚架头上移动仪器，使垂球尖准确对准测站点，再将连接螺旋转紧。用垂球对中的误差一般可小于 3mm。

(2) 光学对中(图 3.6)。光学对中器是装在照准部的一个小望远镜，光路中装有直角棱镜，使通过仪器纵轴中心的光轴由铅垂方向折成水平方向，便于观察对中情况。光

学对中的步骤如下：三脚架头大致水平，目估初步对中；旋转光学对中器目镜调焦螺旋，使对中标志(小圆圈或十字丝)及地面点清晰；旋转脚螺旋，使地面点的像位于对中标志中心；伸缩三脚架的相应架腿，使圆水准器气泡居中；反复几次，再进行精确整平；当照准部水准管居中时，再从光学对中器中检查与地面点的对中情况，可略微旋松连接螺旋，手扶基座使仪器作微小的平移。光学对中误差可达 1mm。

2. 整平

整平分粗平和精平。粗平是通过伸缩脚架腿或旋转脚螺旋使圆水准气泡居中，圆水准气泡移动方向是脚架腿伸高的一侧，或与旋转脚螺旋的左手大拇指和右手食指运动方向一致；精平是利用基座上的三个脚螺旋，通过旋转脚螺旋使管水准气泡居中，使照准部水准管在相互垂直的两个方向上气泡都居中，具体步骤如下。

(1) 松开水平制动螺旋。转动照准部，使水准管大致平行于任意两个脚螺旋，如图 3.7(a)所示，两手同时向内(或向外)转动脚螺旋使气泡居中。气泡移动的方向与左手大拇指方向一致。

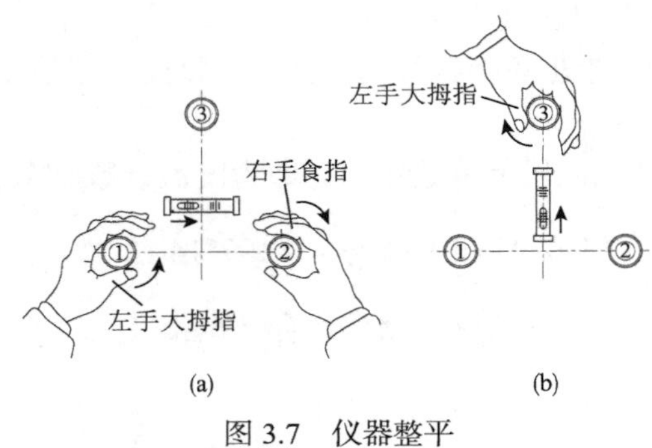

图 3.7　仪器整平

(2) 将照准部旋转 90°，如图 3.7(b)所示，旋转另一脚螺旋，使气泡居中。

按上述方法反复操作，直到照准部旋转至任何位置气泡都居中为止。整平误差一般不应大于水准管分划值一格。

3. 瞄准

角度测量时瞄准的目标一般是竖立在地面上的测钎、花杆、觇牌等(图 3.8)，用望远镜瞄准目标的方法和步骤如下。

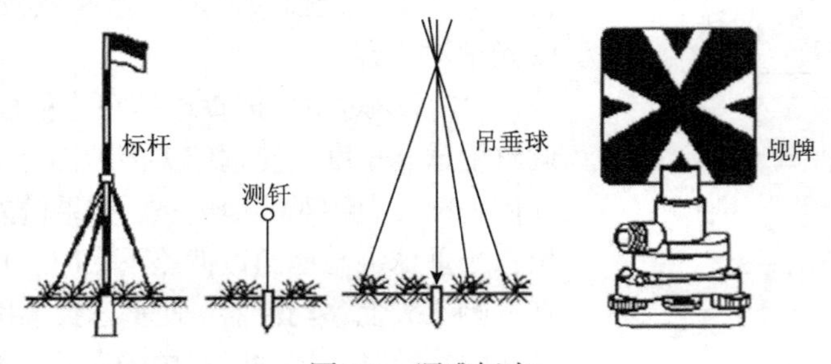

图 3.8　照准标志

(1) 将望远镜对向明亮的背景(如白墙、天空等)，转动目镜调焦螺旋，使十字丝清晰。

(2) 松开望远镜制动螺旋和水平制动螺旋，通过望远镜上的瞄准器，旋转望远镜，对准目标，然后旋紧制动螺旋。

(3)转动物镜调焦螺旋，使目标的像十分清晰，再旋转望远镜微动螺旋和水平微动螺旋，使十字丝瞄准(夹准)目标，如图3.9所示，测量水平角时用十字丝纵丝尽量对准目标底部［3.9(a)］，测量竖直角时，则用横丝切准目标图［3.9(b)］。

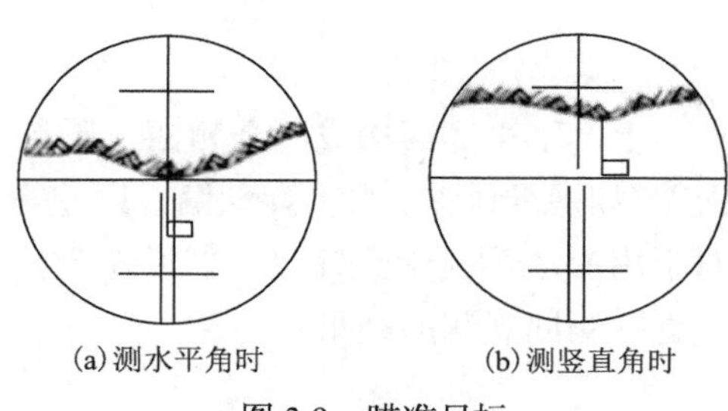

图3.9 瞄准目标

(4)消除视差左、右或上、下微移眼睛，观察目标像与十字丝之间是否有相对移动，如果存在视差，则需要重新进行物镜调焦，直至消除视差为止。

4. 读数

读数时先打开度盘照明反光镜，调整反光镜的开度和方向，使读数窗亮度适中，旋转读数显微镜的目镜使刻划线清晰，然后读数。若观测竖直角，读数前应使竖直指标水准管气泡居中后再读数。

水平角观测的方法，一般根据目标的多少和精度要求而定，常用的水平角观测方法有测回法和方向观测法两种。

3.3.2 水平角测量方法

1. 测回法

此法适用于观测由两个方向构成的单角。

如图3.10所示，在测站点O，需要测出OA、OB两方向间的水平角β，在O点安置经纬仪后，按下列步骤进行观测。

图3.10 水平角观测（测回法）

(1)将经纬仪安置在测站点O，对中、整平。

(2)使经纬仪置于盘左位置(竖盘在望远镜观测方向的左边，又称为正镜)，瞄准目标A，配置水平度盘，使其读数略大于0°，记为$a_{左}$，顺时针旋转照准部，瞄准目标B，得读数$b_{左}$；以上称为上半测回或盘左测回。盘左位置所得半测回角值为

$$\beta_{左}=b_{左}-a_{左} \tag{3.2}$$

(3)倒转望远镜成盘右位置(竖盘在望远镜观测方向的右边，又称为倒镜)，瞄准目标B，得读数$b_{右}$；按逆时针方向旋转照准部，瞄准目标A，得读数$a_{右}$，以上称为下半测回或盘右测回。盘右半测回角值为

$$\beta_{右} = b_{右} - a_{右} \tag{3.3}$$

上、下半测回构成一个测回。用盘左、盘右两个位置观测水平角，可以消除仪器的某些误差(如视准误差、水平读盘偏心误差等)对测角的影响，同时可作为观测中有无错误的检核。对于用 DJ6 型光学经纬仪，如果 $\beta_{左}$ 与 $\beta_{右}$ 的差数不大于 40″，则取盘左、盘右角值的平均值作为一测回观测的结果：

$$\beta = \frac{\beta_{左} + \beta_{右}}{2} \tag{3.4}$$

在测回法测角中，仅测一个测回可以不配置度盘起始位置，但有时为了计算方便，将起始目标的读数调至 0°00′附近。当测角精度要求较高时，需要观测多个测回，为了减小度盘分划误差的影响，各测回间应按 180°/n 的差值变换度盘起始位置，n 为测回数。表 3.1 为观测两测回，第二测回观测时，A 方向的水平度盘应配置为 90°左右。如果第二测回的半测回角差符合要求，且两测回间角值之差不超过 24″，取两测回角值的平均值作为最后结果。用 DJ6 型光学经纬仪观测时，各测回间角值的限差为±24″。表 3.1 为测回法观测记录。

表 3.1　测回法观测手簿

测站	测回数	竖盘位置	目标	水平度盘读数	半测回角值	一测回角值	各测回平均角值	备注
O	1	左	A	0°04′48″	125°20′24″	125°20′30″	125°20′27″	
			B	125°25′12″				
		右	A	180°05′00″	125°20′ 36″			
			B	305°25′36″				
	2	左	A	90°04′42″	125°20′36″	125°20′24″		
			B	215°25′18″				
		右	A	270°05′06″	125°20′12″			
			B	35°25′18″				

2. 方向观测法

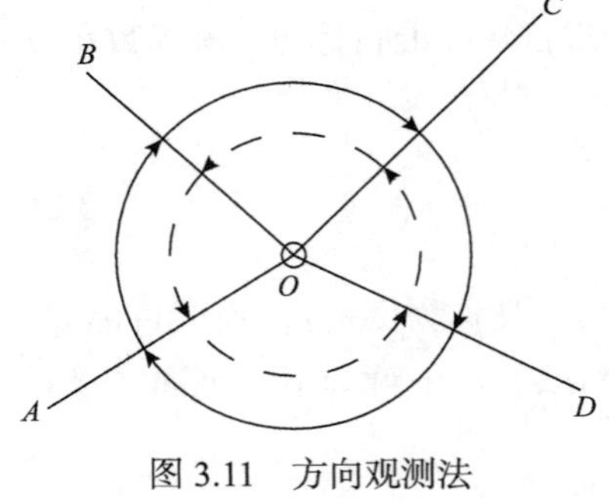

图 3.11　方向观测法

方向观测法简称方向法，又称全圆测回法，用于两个以上目标方向的水平角观测。两相邻方向的方向值之差即为该两方向间的水平角值。

1) *方向观测法操作步骤*

如图 3.11 所示，设 O 为测站点，在 A、B、C、D 四个目标中选择一个标志十分清晰的点作为零方向，现以 A 点方向为零方向，用方向观测法观测水平方向的步骤和方法如下。

(1) 将经纬仪安置在测站点 O，对中、整平。

(2) 盘左位置：大致瞄准目标 A，旋转水平度盘位置变换轮，使水平度盘读数置于 0°附近，选定一目标明显的点 A 作为起始方向(零方向)，精确瞄准目标 A，水平度盘读数为 a_1；顺时针旋转照准部，依次瞄准 B、C、D，得到相应的水平度盘读数 b、c、d；再次瞄准起始点 A，水平度盘读数为 a_2，此步骤为归零，读数 a_1 与 a_2 之差称为“半测回归零差”；对于 DJ6 型经纬仪，半测回归零差限差为±18″。若在允许范围内，取 a_1 和 a_2 的平均数。

(3) 盘右位置：倒转望远镜成盘右位置，逆时针方向转动照准部，瞄准目标 A，得水平度盘读数 a_1'；逆时针方向转动照准部，依次瞄准目标 D、C、B，得相应的读数 d'、c'、b'；再次瞄准目标 A，得读数 a_2'；a_1' 与 a_2' 之差为盘右测回的归零差，其限差规定同盘左，若在允许范围内，则取其平均值。

以上完成方向观测法一个测回的观测。方向观测法观测记录如表 3.2 所示。

当测角精度要求较高时，往往需要观测几个测回。为了减小度盘分划误差的影响，各测回间要按 180°/ n 变动水平度盘的起始位置。

2) 方向观测法的计算

(1) 归零差的计算：对起始目标，分别计算盘左两次瞄准的读数差和盘右两次瞄准的读数差，并记入表格。一旦“归零差”超限，应及时进行重测。

表 3.2 方向观测法观测手簿

测站	测回数	目标	水平度盘读数		2C	平均读数	一测回归零方向值	各测回归零平均方向值	角值
			盘左	盘右					
1	2	3	4	5	6	7	8	9	10
O	1					(0°00′34″)			
		A	0°00′54″	180°00′24″	+30″	0°00′39	0°00′00″	0°00′00″	
		B	79°27′48″	259°27′30″	+18″	79°27′39″	79°27′05″	79°26′59″	79°26′59″
		C	142°31′18″	322°31′00″	+18″	142°31′09″	142°30′35″	142°30′29″	63°03′30″
		D	288°46′30″	108°46′06″	+24″	288°46′18″	288°45′44″	288°45′47″	146°15′18″
		A	0°00′42″	180°00′18″	+24″	0°00′30″			71°14′13″
	2					(90°00′52″)			
		A	90°01′06″	270°00′48″	+18″	90°00′57″	0°00′00″		
		B	169°27′54″	349°27′36″	+18″	169°27′45″	79°26′53″		
		C	232°31′30″	42°31′00″	+30″	232°31′15″	142°30′23″		

续表

测站	测回数	目标	水平度盘读数		2C	平均读数	一测回归零方向值	各测回归零平均方向值	角值
			盘左	盘右					
1	2	3	4	5	6	7	8	9	10
O	2	*D*	18°46′48″	198°46′36″	+12″	18°46′42″	288°45′50″		
		A	90°01′00″	270°00′36″	+24″	90°00′48″			

(2) 2 倍视准误差 2 *C* 的计算：

$$2C = 盘左读数 - (盘右读数 \pm 180°)$$

各目标的 2*C* 值分别列入表 3.2 中第 6 栏。对于同一台仪器，在同一测回内，各方向的 2*C* 值应为一个定数，若有变化，其变化值不应超过表 3.3 规定的范围。

(3) 各方向平均读数的计算：

$$平均读数 = [盘左读数 + (盘右读数 \pm 180°)]/2$$

计算时，以盘左读数为准，将盘右各方向归零方向值列入第 8 栏。

(4) 各测回归零后平均方向值的计算：当一个测站观测两个或两个以上测回时，应检查同一方向值各测回的互差。互差要求见表 3.3。若检查结果符合要求，取各测回同一方向归零后的方向值的平均值作为最后结果，列入表 3.2 第 9 栏。

(5) 水平角的计算：相邻方向值之差，即为两相邻方向所夹的水平角，计算结果列入表 3.2 第 10 栏。

当需要观测的方向为三个时，除不做归零观测外，其他均与三个以上方向的观测方法相同。

方向观测法有三项限差要求，见表 3.3 中的规定。若任何一项限差超限，则应重测。

表 3.3　方向观测法的各项限差

经纬仪	半测回归零差	一测回内 2*C* 值变化范围	同一方向值各测回互差
DJ2	8″	18″	9″
DJ6	18″	—	24″

3.3.3　水平角观测的注意事项

(1) 仪器高度要和观测者的身高相适应；三脚架要踩实，仪器与脚架连接要牢固，操作仪器时不要用手扶三脚架；转动照准部和望远镜之前，应先松开制动螺旋，使用各种螺旋时用力要轻。

(2) 精确对中，特别是对短边测角，对中要求应更严格。

(3) 当观测目标间高低相差较大时，更应注意仪器整平。

(4) 照准标志要竖直，尽可能用十字丝交点瞄准标杆或测钎底部。

(5) 记录要清楚，应当场计算，发现错误，立即重测。

(6) 一测回水平角观测过程中，不得再调整照准部管水准气泡，如气泡偏离中央超过 1

格时，应重新整平与对中仪器，重新观测。

3.4　竖直角测量

3.4.1　竖直度盘的构造

图 3.12 为光学经纬仪的竖直度盘的构造示意图。竖直度盘也称为竖盘，它被固定在望远镜横轴的一端上，竖盘的平面与横轴相垂直。当望远镜瞄准目标而在竖直面内转动时，它便带动竖盘在竖直面内一起转动。

竖盘指标是与竖盘水准管联结在一起的，不随望远镜而转动。通过竖盘水准管微动螺旋，能使竖盘指标和水准管一起做微小的转动。在正常情况下，当竖盘水准管气泡居中时，竖盘指标就处于正确位置。现代经纬仪的竖盘指标利用重摆补偿原理(同自动安平水准仪)，设计制成竖盘指标自动归零，可以使垂直角观测的操作简化。

竖盘刻度通常有 0°～360°顺时针注记［图 3.13(a)］和逆时针注记［图 3.13(b)］两种形式。当视线水平，竖盘水准管气泡居中时，竖盘盘左位置竖盘指标正确读数为 90°；当视线水平且竖盘水准管气泡居中时，竖盘盘右位置竖盘指标正确读数为 270°。有些 DJ6 型光学经纬仪当视线水平且竖盘水准管气泡居中时，竖盘盘左位置竖盘指标正确读数为 0°，而盘右位置竖盘指标正确读数为 180°。使用仪器前应认真检查仪器。

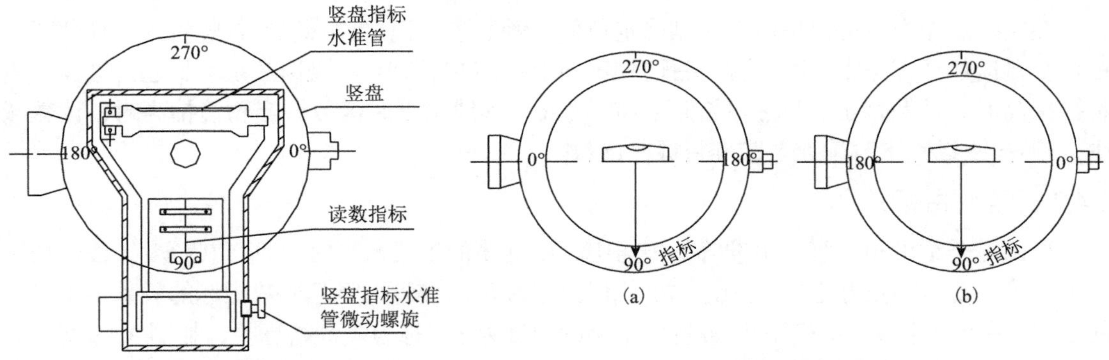

图 3.12　竖直度盘的构造

图 3.13　竖盘刻度注记形式

目前新型的光学经纬仪多采用自动归零装置取代竖盘水准管结构和功能，它能自动调整光路，使竖盘及其指标满足正确关系，仪器整平后照准目标即可读取竖盘读数。

3.4.2　竖直角的计算公式

竖盘注记不同，计算竖直角的公式也不同，本书以图 3.14 所示顺时针注记为例，加以说明。

设盘左竖直角为 $\alpha_{左}$，瞄准目标时的竖盘读数为 L：

$$\alpha_{左} = 90° - L \tag{3.5}$$

盘右竖直角为 $\alpha_{右}$，瞄准目标时的竖盘读数为 R，则竖直角的计算公式为

$$\alpha_{右} = R - 270° \tag{3.6}$$

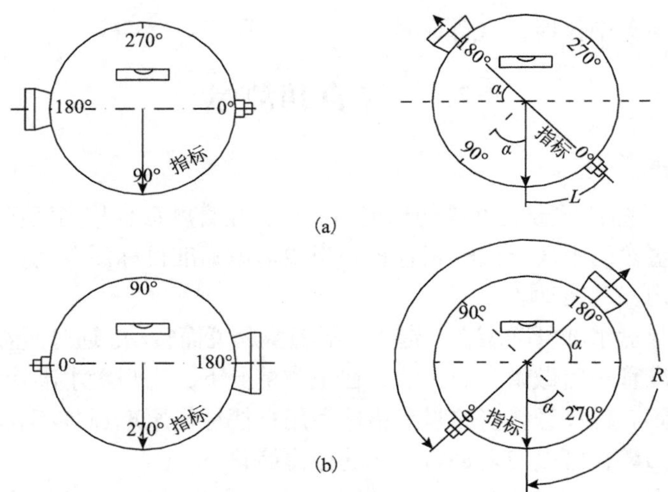

图 3.14　竖盘读数与竖直角计算

将盘左、盘右位置的两个竖直角取平均，即得竖直角 α 的计算公式：

$$\alpha=\frac{1}{2}(\alpha_{左}+\alpha_{右})=\frac{1}{2}(R-L-180°) \tag{3.7}$$

在实际工作中，可以按以下规则确定任何一种竖盘注记(盘左或盘右)竖直角计算公式。根据竖盘读数计算竖直角时，首先看清物镜向上抬高时(仰角)竖盘读数是增加还是减少，当物镜抬高时，读数增加，则 α=瞄准目标时读数 − 视线水平时读数；当物镜抬高时，读数减少，则 α=视线水平时读数 − 瞄准目标时读数。

3.4.3　竖盘指标差

从以上介绍可知：竖盘水准管气泡居中，望远镜的视线水平时(竖直角为零)，读数指标处于正确位置，即正好指向 90°或 270°，但由于竖盘水准管与竖盘读数指标的关系不正确，使视线水平时的读数与应正确读数有一个小的角度差 x，称为竖盘指标差，如图 3.15 所示。当指标偏离位置与注记方向相同时，x 为正；反之，则 x 为负。由于指标差的存在，则计算竖直角的式(3.5)在盘左时应改为

$$\alpha_{左}=90°+x-L=\alpha_{左}+x \tag{3.8}$$

在盘右时应改为

$$\alpha_{右}=R-(270°+x)=\alpha_{右}-x \tag{3.9}$$

将式(3.8)与式(3.9)联立求解可得

$$\alpha=\frac{1}{2}\left(\alpha_{左}+\alpha_{右}\right) \tag{3.10}$$

$$x=\frac{1}{2}\left(\alpha_{右}-\alpha_{左}\right)=\frac{1}{2}\left(R+L-360°\right) \tag{3.11}$$

由式(3.10)可知，通过盘左、盘右竖直角取平均值，可以消除竖盘指标差的影响，得到正确的竖直角。

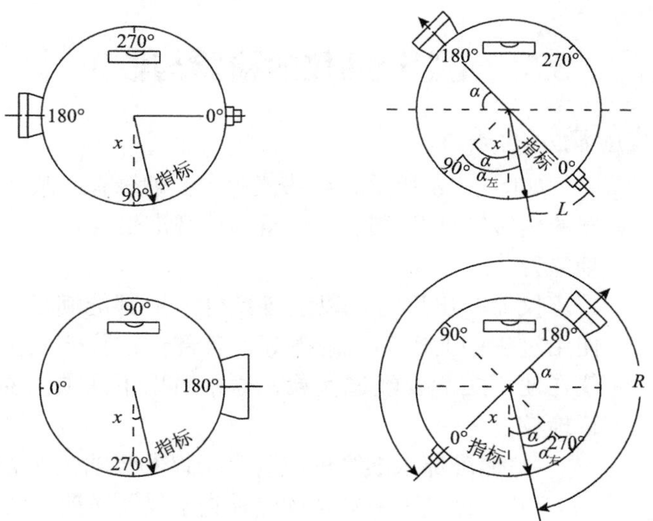

图 3.15 竖盘指标差

指标差互差可以反映观测成果的质量。用同一架仪器在某一段时间内连续观测，竖盘指标差应为固定值，但观测误差的存在，使指标差有所变化。《城市测量规范》规定对于 DJ6 型光学经纬仪，同一测站上观测不同目标的指标差变化范围的限差或同一方向各测回竖直角互差的限差为 25″。

3.4.4 竖直角测量方法

竖直角观测前应看清竖盘的注记形式，确定竖直角计算公式。

竖直角观测时，利用十字丝交点附近的横丝瞄准目标的特定位置，如标杆的顶部或标尺上的某一位置。竖直角观测的操作程序如下。

(1) 置经纬仪于测站点，经过对中、整平。

(2) 盘左位置瞄准目标，使十字丝中横丝切目标于某一位置，旋转竖盘指标水准管微动螺旋，使气泡居中，读取竖盘读数 L。

(3) 盘右位置仍瞄准该目标，方法同第(2)步，使竖盘指标水准管气泡居中后，读取竖盘读数 R。

以上盘左、盘右观测构成一个竖直角测回。

将各观测数据填入表 3.4 的竖直角观测手簿中，并按式(3.5)和式(3.6)分别计算半测回竖直角，再按式(3.7)计算出一测回竖直角。

以上盘左、盘右观测构成一竖直角测回。

表 3.4 竖直角观测手簿

测站	目标	竖盘位置	竖盘读数	半测回竖直角	指标差	一测回竖直角	备注
O	J	左	72°18′18″	+17°41′42″	+9″	+17°41′51″	270° 180° 0° x 90° 指标
		右	287°42′00″	+17°42′00″			
	K	左	96°32′18″	−6°32′18″	−15″	−6°32′33″	
		右	263°27′12″	−6°32′48″			

3.5　光学经纬仪的检验与校正

3.5.1　经纬仪轴线应满足的条件

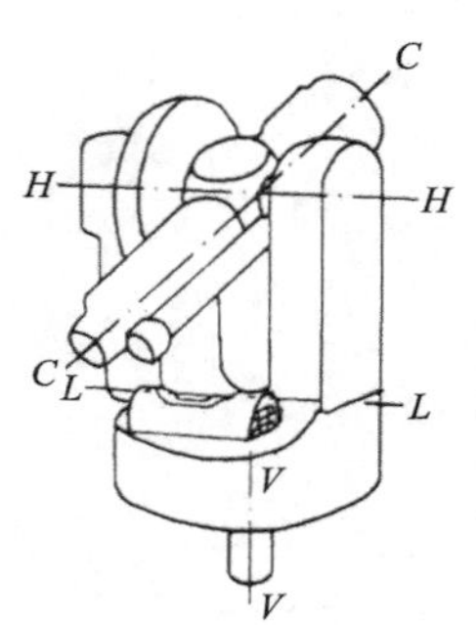

图3.16　经纬仪的轴线

如图 3.16 所示，经纬仪的主要轴线有：照准部水准管轴 *LL*、仪器的旋转轴(即竖轴) *VV*、望远镜视准轴 *CC*、望远镜的旋转轴(即横轴) *HH*。

仪器在出厂时，以上各条件一般都能满足，但由于搬运或长期使用过程中的震动、碰撞等，各部件往往会发生变化。因此，经纬仪在使用之前要经过检验，通常对以下几项主要轴线间几何关系进行检校。

(1) 照准部水准管轴应垂直于仪器竖轴，即 $LL \perp VV$。

(2) 望远镜十字丝竖丝应垂直于仪器横轴 *HH*。

(3) 望远镜视准轴应垂直于仪器横轴，即 $CC \perp HH$。

(4) 仪器横轴应垂直于仪器竖轴，即 $HH \perp VV$。

(5) 竖盘指标差为零。

(6) 光学对中器的光学垂线与仪器竖轴重合。

在经纬仪检校之前，先检查仪器、脚架各部分的性能，确认性能良好后，继续进行仪器检校。现以 DJ6 为例，介绍经纬仪的检校。

3.5.2　经纬仪的检验与校正

1. 水准管轴垂直于竖轴的检验与校正

检校的目的是使仪器满足照准部水准管轴垂直于仪器竖轴的几何条件。

1) 检验

先将仪器粗略整平，然后转动照准部使水准管平行于任意两个脚螺旋连线方向，调节这两个脚螺旋使水准管气泡居中，再将仪器旋转 180°，如果气泡仍然居中，表明条件满足，如果偏离量超过一格，需要校正。

2) 校正

如图 3.17(a) 所示，竖轴与水准管轴不垂直，偏离了 α 角。当仪器绕竖轴旋转 180°后，

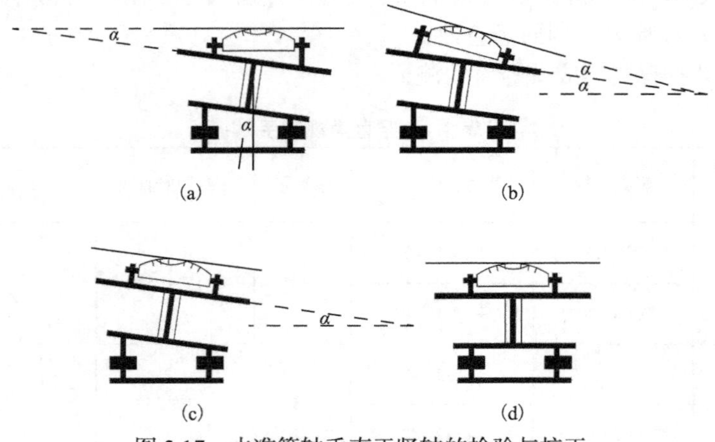

图 3.17　水准管轴垂直于竖轴的检验与校正

竖轴不垂直于水准管轴的偏角为 2α，如图 3.17(b)所示。2α 角的大小由气泡偏离的格数来度量。

校正时，转动脚螺旋，使气泡退回偏离中心位置的一半，即图 3.17（c）的位置，再用校正针调节水准管一端的校正螺丝，使气泡居中，如图 3.17（d）所示。

此项检校比较精细，需反复进行，直至仪器旋转到任意方向，气泡仍然居中，或偏离不超过一个分划格。

2. 十字丝的竖丝垂直于横轴的检验与校正

检校的目的是使仪器满足视准轴垂直于横轴的条件。

1) 检验

用十字丝竖丝的上端或下端精确对准远处一明显的目标点，固定水平制动螺旋和望远镜制动螺旋，用望远镜微动螺旋使望远镜上下作微小俯仰，如果目标点始终在竖丝上移动，说明条件满足。否则，需要校正［图 3.18(a)］。

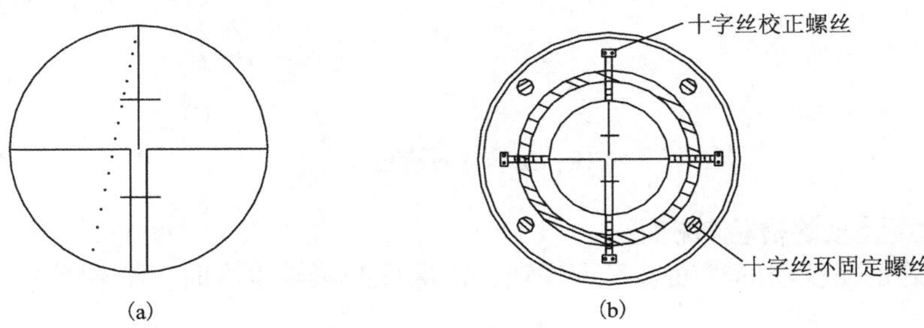

图 3.18 十字丝的检验与校正

2) 校正

卸下目镜处的十字丝环罩，如图 3.18(b)所示，微微旋松十字丝环的四个固定螺丝，转动十字丝环，直至望远镜上下俯仰时竖丝与点状目标始终重合。最后拧紧各固定螺丝，并旋上护盖。

3. 视准轴垂直于横轴的检验与校正

检校的目的是使仪器满足视准轴垂直于横轴。当横轴水平，望远镜绕横轴旋转时，其视准面应该是一个与横轴正交的铅垂面。如果两者不垂直，当望远镜绕横轴旋转时，视准轴的轨迹则是一个圆锥面。用该仪器观测同一铅垂面内不同高度的点，将有不同的水平度盘读数，从而产生误差。

1) 检验

检验时采用四分之一法。在平坦地面上选择一条长为 60～100m 的直线 AB，将经纬仪安置在 A、B 中间的 O 点处，并在 A 点设置一瞄准标志，在 B 点横置一支有毫米刻划的尺子，尺子与 OB 垂直，如图 3.19 所示。盘左瞄准 A 点，固定照准部，倒转望远镜瞄准 B 点的横尺，用竖丝在横尺上读数，设为 B_1；盘右瞄准 A 点，固定照准部，倒转望远镜，在 B 点横尺上读得 B_2。若 B_1、B_2 两点重合，说明条件满足；如两点不重合，说明视准轴不垂直横轴，并与垂直位置相差一个角度 c，称为视准轴误差或视准差。$\overline{B_1B}$ 、$\overline{B_2B}$ 分别反映了盘左、盘右的 2 倍视准差($2c$)，且盘左、盘右读数产生的视准轴符号相反，即 $\angle B_1OB_2=4c$，由此算得

$$c=\frac{\overline{B_1B_2}}{4D}\rho'' \tag{3.12}$$

式中，D 为仪器至直尺的距离，对于 DJ6 型经纬仪，当 c 值超过 60″时需校正。

2) 校正

由 B_2 点向 B_1 点量四分之一 B_1B_2 的长度，定出 B_3 点，先取下十字丝环的保护罩，再通过调节十字丝环的校正螺丝，使十字丝交点对准 B_3 点。反复检校，直至 c 值在±1′范围内为止。

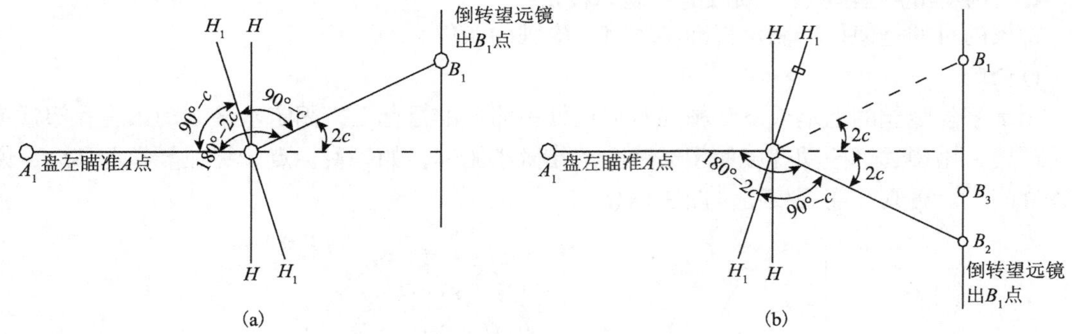

图 3.19 视准轴的检验与校正

4. 横轴垂直竖轴的检验与校正

检校的目的是使仪器的横轴垂直于竖轴，以保证当竖轴垂直时，横轴水平。

1) 检验

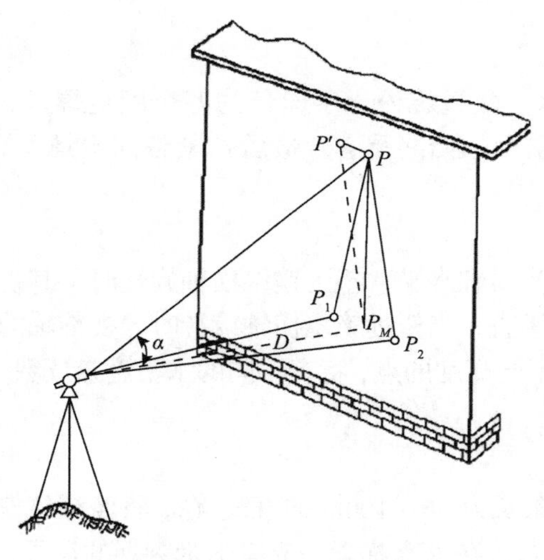

图 3.20 横轴的检验与校正

在距墙壁 15～30m 处安置经纬仪，在墙面上设置一明显的目标点 P(可事先做好贴在墙面上)，如图 3.20 所示，要求望远镜瞄准 P 点时的仰角在 30°以上。盘左位置瞄准 P 点，固定照准部，调整竖盘指标水准管气泡居中后，读竖盘读数 L，然后放平望远镜，照准墙上与仪器同高的一点 P_1，做出标志。盘右位置同样瞄准 P 点，读得竖盘读数 R，放平望远镜后在墙上与仪器同高处得出另一点 P_2，也做出标志。若 P_1、P_2 两点重合，说明条件满足。也可用带毫米刻划的横尺代替与望远镜同高时的墙上标志。若 P_1、P_2 两点不重合，则说明横轴不垂直竖轴，与垂直位置相差一个 i 角，称为横轴误差或支架差。此时望远镜瞄准同一竖直面内不同高度目标，就会得到不同的水平角读数，产生测角误差。i 角可用以下公式求得

$$i=\frac{\overline{P_1P_2}}{2D}\rho''\cot\alpha \tag{3.13}$$

式中，α 为瞄准 P 点的竖直角，通过瞄准 P 点时所得的 L 和 R 算出；D为仪器至建筑物的距离。

对于DJ6型经纬仪，i角大于20″时需校正。

2）校正

用望远镜瞄准P_1P_2的中点P_M，然后抬高望远镜，使十字丝交点上移至P'点(图3.20)，因i角的存在，此时，P'与P点必然不重合。校正横轴一端支架上的偏心环，使横轴的一端升高或降低，移动十字丝交点位置，并精确照准P点。反复检校，直至i角在±20″范围内。

由于经纬仪的横轴密封在支架内，校正技术性较高，经检验如需校正，应由仪器修理人员进行。

5. 竖盘指标差的检验与校正

检校的目的是使竖盘指标差为零。

1）检验

检验时在地面上安置好经纬仪，用盘左、盘右分别瞄准同一目标，正确读取竖盘读数L和R，并按式(3.7)和式(3.11)分别计算出竖直角α和指标差x。当x值超出±1′范围时，应加以校正。

2）校正

盘右位置，照准原目标，调节竖盘指标水准管微动螺旋，使竖盘读数对准正确读数$R_{正}$：

$$R_{正}=R-x \tag{3.14}$$

此时，竖盘指标水准管气泡不居中，用针拨动竖盘指标水准管校正螺丝，使气泡居中。反复检校，直至指标差在±1′以内。

6. 光学对中器的检验与校正

检校的目的是使光学对中器的视准轴与仪器竖轴重合。

1）检验

光学对中器由目镜、分划板、物镜和直角棱镜组成，如图3.21所示。检验时，将仪器架于一般工作高度，严格整平仪器，在脚架的中央地面放置一张白纸，在白纸上画一“十”字形的标志A。移动白纸，使对中器视场中的小圆圈中心对准标志，将照准部在水平方向旋转180°，如果小圆圈中心偏离标志A，而得到另外一点A'，则说明对中器的视准轴没有与仪器的纵轴相重合，需要校正。

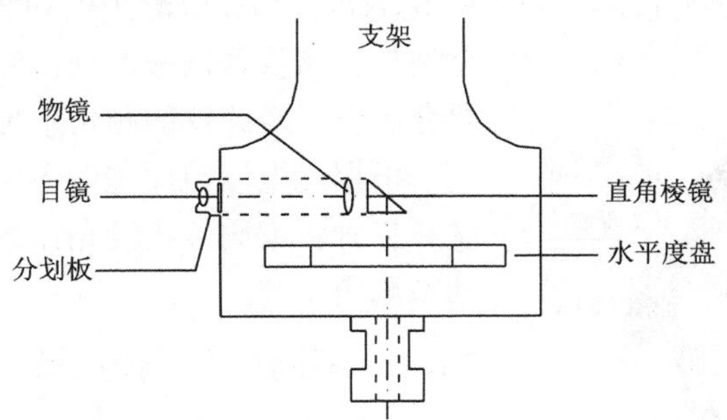

图3.21 光学对中器的结构

2）校正

定出A与A'两点的中点O，调节对中器的校正螺丝移动小圆圈中心，直至小圆圈中心与O点重合。光学对中器上可以校正的部件随仪器的类型而异，有的校正转向直角棱镜，有的校正分划板，有的两者均可校正，工作时视具体情况而定。

经纬仪的各项检校均需反复进行，直至满足应具备的条件，但要使仪器完全满足理论上的要求是相当困难的。在实际检校中，一般只要求达到实际作业所需要的精度，这样必然存在仪器的残余误差。不过通过采用合理的观测方法，大部分残余误差是可以相互抵消的。

3.6　电子经纬仪

电子经纬仪问世于 20 世纪 60 年代末，80 年代初出现商品化的电子经纬仪，它为测量工作自动化而研制。电子经纬仪在结构及外观上与光学经纬仪类似，主要区别在于其读数系统。电子经纬仪利用光电转换原理和微处理器自动测量度盘的读数并液晶显示，如将其与电子手簿连接，可以自动储存测量结果。各种品牌电子经纬仪的构造基本相同，图 3.22 为南方测绘仪器公司生产的 ET-02 电子经纬仪。

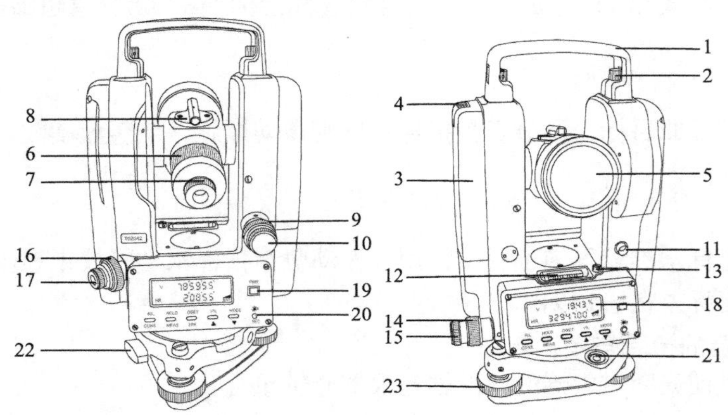

图 3.22　ET-02 电子经纬仪

1-手柄；2-手柄固定螺丝；3-电池盒；4-电池盒按钮；5-物镜；6-物镜调焦螺旋；7-目镜调焦螺旋；8-光学瞄准器；9-望远镜制动螺旋；10-望远镜微动螺旋；11-光电测距仪数据接口；12-管水准器；13-管水准器校正螺丝；14-水平制动螺旋；15-水平微动螺旋；16-光学对中器物镜调焦螺旋；17-光学对中器目镜调焦螺旋；18-显示窗；19-电源开关键；20-显示窗照明开关键；21-圆水准器；22-轴套锁定钮；23-脚螺旋

电子经纬仪的出现大大降低了测量外业强度，同时提高了观测精度，具有方便、快捷、精确等优点。因为电子经纬仪能进行自动化测角，与光电测距仪和数字记录器组合后，即成全站仪，该仪器已成为地面测量的主要仪器。本节主要介绍电子经纬仪的测角系统。

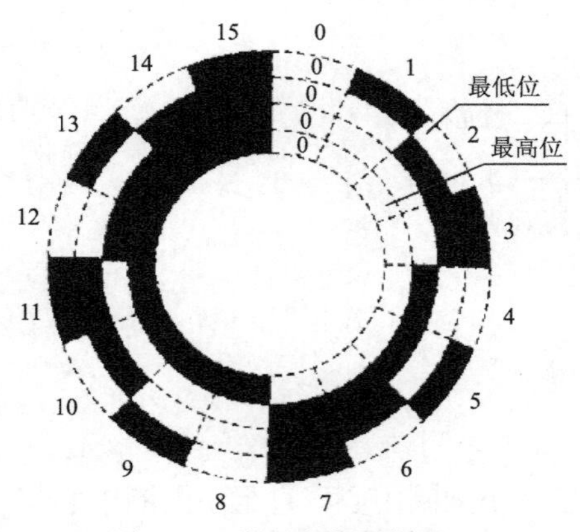

图 3.23　编码度盘测角原理

根据光电读数原理的不同，电子经纬仪的测角系统有三种：编码度盘测角系统、光栅度盘测角系统和动态测角系统。

3.6.1　编码度盘测角系统

编码度盘读数系统由编码度盘和电子读数头组成。

在玻璃圆盘上刻划几个同心圆带，每一个环带表示一位二进制编码，称为码道(图 3.23)。如果再将全圆划成若干扇区，则每个扇形区有几个梯形，如果每个梯形分别以"亮"和"黑"表示"0"和"1"的信号，沿度盘径向由里向外，各区间可用 4 位二进制数表示。因为度盘直径有限，码道越多，靠近度盘中心的扇形间隔越小，又缺乏使用意义，所以一般将度盘刻成适当的码道，再利用测微装置来达到细分角值的目的。

利用这样一种度盘测量角度，关键在于识别照准方向所在的区间。例如，已知角度的起始方向在区间 1 内，某照准方向在区间 8 内，则中间所隔 6 个区间所对应的角度值即为该角角值。

3.6.2 光栅度盘测角系统

如图 3.24(a)所示，在玻璃圆盘的径向，均匀地按一定的密度刻划有交替的透明与不透明的辐射状条纹，条纹与间隙的宽度均为 a，这就构成了光栅度盘。光栅度盘系统由主光栅、指示光栅，以及设置在光栅盘上、下对应位置上的发光二极管和接收二极管及相关电子电路组成。指示光栅和发光二极管、接收二级管固连一体，测角时不随照准部转动，主光栅则与照准部固连，测角时随照准部转动。使用时通过安置在光栅度盘上下的发光二极管和接收二极管，使光栅的刻线不透光，缝隙透光，即可把光信号转换为电信号。当发光二极管和接收二极管随照准部相对于光栅度盘转动时，由计数器计出转动所累计的栅距数，就可得到转动的角度值。因为光栅度盘是累计计数的，所以通常称这种系统为增量式读数系统。

在 80mm 直径的度盘上刻线密度已经达到 50 线/mm，而栅距的分划值仍很大(为 1′43″)，为了提高测角精度，还必须细分，分成几十至上千等分。因为栅距太小，细分和计数都不易准确，所以在光栅测角系统中都采用了莫尔条纹技术，借以将栅距放大，再细分和计数。

莫尔条纹的产生：指示光栅是一小块与主光栅栅距相同、栅线与主光栅栅线成一微小夹角 θ 的光栅，测角过程中，随着照准部的转动，光线透过产生相对运动的主光栅和指示光栅时，产生一组明暗相间的光学图案，如图 3.24(b)所示。通过莫尔条纹，即可使栅距 d 放大至 w。

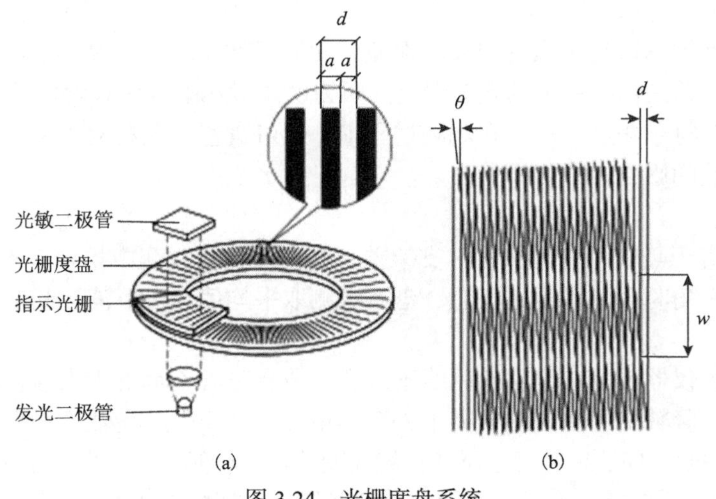

图 3.24 光栅度盘系统

3.6.3 动态测角系统

动态测角系统是一种通过光栅盘自动旋转，从而测定固定探测器与活动探测器间角值的测角系统，如图 3.25 所示。玻璃圆环度盘刻有 1024 个分划，每一分划由一对黑、白条纹组成，黑的不透光，白的透光，相当于栅线和缝隙，两条分划条纹间的角距为 $\varPhi_0$。

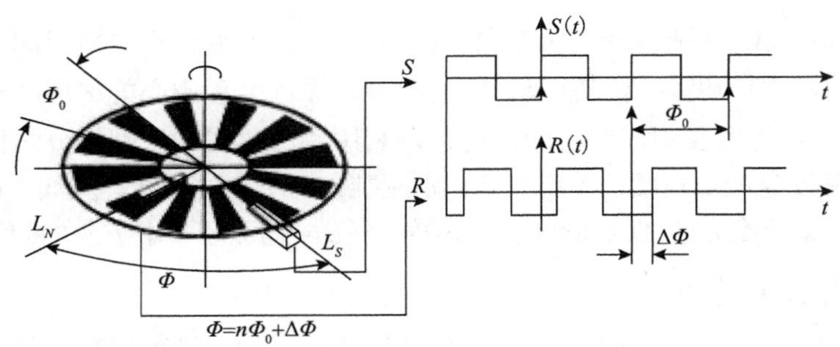

图 3.25　动态测角系统

测角过程中，固定光栏 L_S 的作用相当于光学度盘的零分划，活动光栏 L_R 在度盘内侧，相当于光学度盘的指标线。当望远镜瞄准目标后，L_R 将随照准部停留在某一位置上，此位置就是目标方向线通过的位置，它与固定探测器 L_S 的夹角即为要测的角度值。

3.7　角度测量误差分析

使用经纬仪进行角度测量，存在许多误差。研究这些误差的成因、性质及影响规律，从而采取一定的观测方法，将有助于减小这些误差的影响，提高测量成果的质量。角度测量的误差来源包括三个方面，经纬仪本身误差、观测误差和外界条件的影响。

3.7.1　仪器误差

仪器误差的来源有两方面：一方面是仪器检校不完善，如视准轴不垂直于横轴，以及横轴不垂直于竖轴等；另一方面是仪器制造加工不完善，如度盘偏心差、度盘刻划误差等。这些误差影响可以通过适当的观测方法和相应的措施加以消除或减弱。

1) 视准轴误差

由望远镜视准轴不垂直于横轴引起的误差，又称视准差。尽管仪器进行了检校，但校正不可能绝对完善，总是存在一定的残余误差。因为误差对水平方向观测值的影响值为 $2c$，且盘左、盘右观测时符号相反，所以在观测过程中，通过盘左、盘右两个位置观测取平均值，可以消除此项误差的影响。

2) 横轴误差

由横轴不垂直于竖轴引起的，又称支架差。盘左、盘右观测中均含有支架差 i，且方向相反。所以测水平角时，同样通过盘左、盘右观测取平均值，可以消除此项误差的影响。

3) 竖轴误差

竖轴误差是由仪器竖轴与测站铅垂线不重合，或者竖轴不垂直于水准管轴、水准管轴整平不完善引起的。竖轴与铅垂方向偏离了一个小角度，从而引起横轴不水平，这种误差的大小随望远镜瞄准不同方向、横轴处于不同位置而变化。竖轴倾斜的方向与正、倒镜观测无关，因此此项误差不能用盘左盘右取平均值的方法来消除。在实际工作中应特别注意仪器的整平。

4) 竖盘指标差

竖盘指标差是由竖盘指标线位置不正确引起的，可能是由竖盘指标水准管没有整平或检校的残余误差引起的。因此，测竖直角时，一定要调节竖盘水准管。若此法还不能消除这个误差，可采用盘左、盘右观测取平均值方法来消除指标差的影响。有补偿装置的仪器可减小该项误差的影响，其残余误差仍可用盘左、盘右观测予以消除。

5) 度盘偏心差和照准部偏心差

度盘偏心差分为水平度盘偏心差和竖直度盘偏心差。水平度盘偏心差和照准部偏心差是由照准部旋转中心与水平度盘分划中心不重合引起的。如图 3.26 所示，设 O 为水平度盘刻划中心，O_1 为照准部旋转中心，两个中心不重合，此时仪器瞄准目标 A 和 B 的实际读数为 M_1' 和 N_1'。由图可知，M_1' 和 N_1' 比正确读数 M_1 和 N_1 分别多出了 δ_a 和 δ_b，显然度盘不同位置上的读数，其偏心读数误差是不同的。

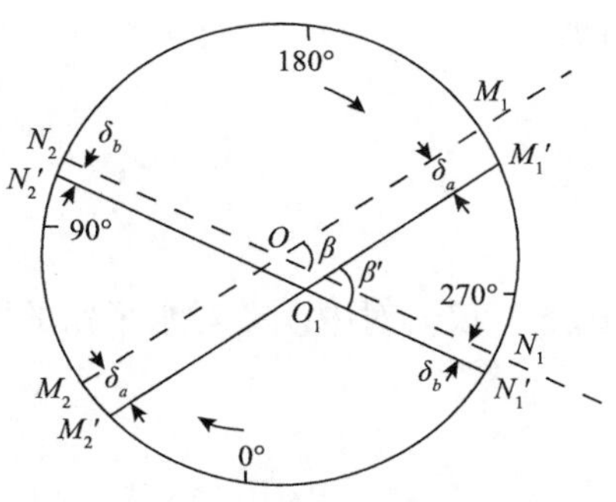

图 3.26　照准部偏心差的影响

瞄准目标 A 和 B 的正确水平读数应为

$$M_1 = M_1' - \delta_a\text{，}\quad N_1 = N_1' - \delta_b$$

相应正确的水平角应为

$$\begin{aligned}\beta &= N_1 - M_1 \\ &= (N_1' - \delta_b) - (M_1' - \delta_a) \\ &= (N_1' - M_1') - (\delta_a - \delta_b) \\ &= \beta' + (\delta_a - \delta_b)\end{aligned}$$

由图 3.26 可以看出，偏心差在水平度盘对径方向上的读数的影响恰好大小相等而符号相反，如目标 A 对径方向两个读数为 $M_1 = M_1' - \delta_a$，$M_2 = M_2' + \delta_a$。因此，采用对径方向读数取平均值方法可减小水平度盘偏心差和照准部偏心差引起的误差。对于 DJ6，可采用同一方向盘左、盘右位置读数的平均值的方法。

竖直度盘偏心差是竖直度盘圆心与仪器横轴的中心线不重合带来的。该项误差对竖直角测量的影响较小，可忽略不计，但在高精度测量中需要考虑。

6) 度盘刻划误差

该误差是由仪器加工不完善引起的，在目前的加工工艺下，这项误差一般很小。在观测水平角时，多个测回之间按一定方式变换度盘起始位置的读数，可以有效地削弱度盘刻划误差的影响。

3.7.2　观测误差

1) 仪器对中误差

测角度时，若仪器中心与测站点不在同一条铅垂线上，就称为对中误差，又称测站偏心误差。

如图 3.27 所示，设 B 为测站点，A、C 为两目标点。由于仪器存在对中误差，仪器中心偏至 B'，设偏离量 BB' 为 e，即偏心距。β 为无对中误差时的正确角度，β' 为有对中误差时的实测角度。设 $\angle AB'B$ 为 θ，测站 B 至 A、C 的距离分别为 S_1、S_2。由对中误差所引起的角度偏差为

$$\beta = \beta' + (\varepsilon_1 + \varepsilon_2) \tag{3.15}$$

而

$$\varepsilon_1 \approx \frac{e \cdot \sin\theta}{S_1}\rho''$$

$$\varepsilon_2 \approx -\frac{e \cdot \sin(\beta' + \theta)}{S_2}\rho''$$

因此，仪器对中误差对水平角的影响为 ε

$$\varepsilon = \varepsilon_1 + \varepsilon_2 = e\rho''\left[\frac{\sin\theta}{S_1} - \frac{\sin(\beta' + \theta)}{S_2}\right] \tag{3.16}$$

由式(3.16)可知，仪器对中误差对水平角观测的影响与下列因素有关：①与偏心距 e 成正比；②与边长成反比，边越短，误差越大；③与水平角的大小有关，θ、$\beta' - \theta$ 越接近 90°，误差越大。

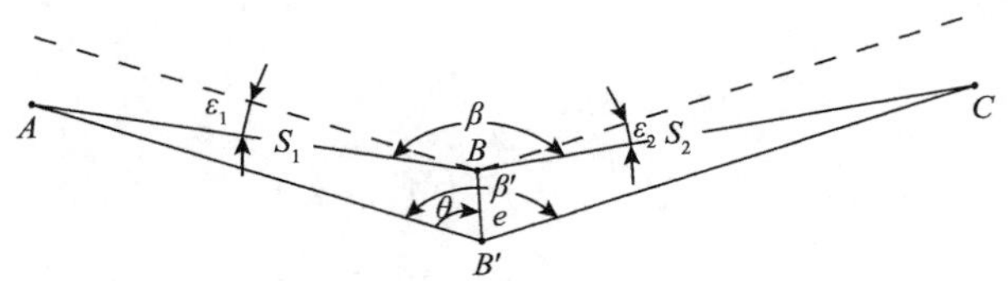

图 3.27　仪器对中误差影响

当 e=3mm，θ=90°，$\beta = 180°$，$S_1 = S_2 = 100\text{ m}$ 时，由对中误差引起的角度偏差为

$$\varepsilon = \frac{3 \times 206265''}{100000} \times 2 = 12.4''$$

因为对中误差不能通过观测方法予以消除，所以在测量水平角时，对中应认真仔细，对于短边、钝角更要注意对中。

2) 目标偏心误差

测量水平角时，若放置在目标点上的标杆倾斜，且望远镜无法瞄准其底部时，将使照准点偏离地面目标而产生目标偏心误差；当使用棱镜时，棱镜中心不在测站的铅垂线上，也会产生该项误差。

如图 3.28 所示，B 为测站点，A 为目标点。若立在 A 点的标杆是倾斜的，在水平角观测中，因瞄准标杆的顶部，则投影位置由 A 偏离至 A'，产生偏心距 e_1，所引起的角度误差为

$$\gamma = \frac{e_1\rho''}{S}\sin\theta_1 \tag{3.17}$$

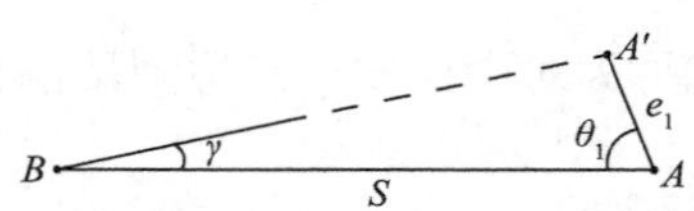

图 3.28　目标偏心误差的影响

由式(3.17)可知，γ 与偏心距 e 成正比，与距离 S 成反比。偏心距的方向直接影响 γ 的大小，当 θ=90°时，γ 最大。

当 e=10mm，S=50m，θ=90°时，目标偏心引起的角度误差为

$$\Delta\beta = \frac{10 \times 206265''}{50000} = 41.3''$$

可见，目标偏心差对水平角的影响不能忽视，当目标较近时，影响更大。因此，在竖立标杆或其他照准标志时，应尽量使标志竖直，观测时，应尽量瞄准目标的底部；当目标较近时，可在测站点上悬吊垂球线作为照准目标；也可在目标点上安置带有基座的三脚架，用光学对中器严格对中后，将专用标牌插入基座轴套作为照准标志。

3) 仪器整平误差

水平角观测时必须保持水平度盘水平、竖轴竖直。若气泡不居中，导致竖轴倾斜而引起的角度误差，不能通过改变观测方法来消除。因此，在观测过程中，应特别注意仪器的整平。在同一测回内，若气泡偏离超过 1 格，应重新整平仪器，并重新观测该测回。

4) 照准误差

测角时，人的眼睛通过望远镜瞄准目标产生的误差，称为照准误差。望远镜照准误差一般用下式计算：

$$m_V = \pm \frac{60''}{V} \tag{3.18}$$

式中，V 为望远镜的放大率。

照准误差除取决于望远镜的放大率以外，还与人眼的分辨能力，目标的形状、大小、颜色、亮度和清晰度等有关。因此，在水平角观测时，除适当选择经纬仪外，还应尽量选择适宜的标志、有利的气候条件和观测时间，以削弱照准误差的影响。

5) 读数误差

读数误差与读数设备、照明情况及观测者的习惯和经验有关。一般认为，对 DJ6 型经纬仪最大估读误差不超过±6″，对 DJ2 型经纬仪一般不超过±1″。观测中必须仔细操作，照明亮度均匀，调好读数显微镜焦距，准确估读，否则，误差将会较大。

3.7.3 外界条件的影响

外界环境的影响比较复杂，一般难以由人力来控制。外界条件对测角的主要影响有：①土质、车辆的震动会影响仪器的稳定；②大风可使仪器和标杆不稳定，雾汽会使目标成像模糊；③温度变化会引起视准轴位置变化，烈日曝晒可使三脚架发生扭转，影响仪器的整平；④大气折光变化导致视线产生偏折等。

以上这些影响都会给角度测量带来误差。因此，应选择目标成像清晰稳定的有利观测条件，尽量避免不利因素，使其对角度测量的影响降到最低限度。例如，选择微风多云、空气清晰度好的条件观测，观测视线应避免从建筑物旁、冒烟的烟囱上面和近水面的空间通过。

思考与练习题

1. 何为水平角？何为竖直角?它们的取值范围是多少？
2. 经纬仪主要由哪几部分组成?经纬仪上有哪些制动螺旋和微动螺旋?它们各起什么作用?
3. 经纬仪安置包括哪两个内容?目的是什么？
4. 试述用测回法和方向观测法测量水平角的操作步骤及各项限差要求。
5. 何为指标差？如何在测量中消除竖盘指标差？
6. 试整理水平角观测记录，完成表 3.5。

表 3.5　水平角观测记录

测站	竖盘位置	目标	水平度盘读数	半测回角值	一测回角值	备注
O	左	A	0°20′06″			A B O
		B	63°33′24″			
	右	A	180°19′54″			
		B	243°33′24″			

7. 经纬仪有哪几条主要轴线？它们应满足什么条件？
8. 用经纬仪瞄准同一竖直视准面内不同高度的两点，水平度盘上的读数是否相同？此时在竖直角度盘上的两读数差是否就是竖直角？为什么？
9. 用经纬仪观测水平角和竖直角时，采用盘左、盘右观测，取平均值可以消除哪些误差的影响?
10. 试整理竖直角观测记录，完成表 3.6。

表 3.6　竖直角观测记录

测站	目标	竖盘位置	竖盘读数	半测回竖直角	指标差	一测回竖直角	备注
O	A	左	75°30′06″				270° 180° 0° 90°
		右	284°30′06″				
	B	左	82°00′24″				
		右	277°59′30″				

第 4 章　距离测量与全站仪

内容提要

距离测量是测量的基本工作之一，其目的是测量两点间直线长度，如水平距离、倾斜距离、垂直距离等。按所用仪器、工具的不同，测量距离的方法有钢尺量距、电磁波测距和光学视距法测距等，本章主要介绍钢尺量距的一般方法，简述光电测距的原理和全站仪的基本功能。

4.1　钢 尺 量 距

4.1.1　距离丈量的工具

1）钢尺

钢尺也称为钢卷尺，是用钢制成的带状尺，尺面宽10～15mm，厚度约0.4mm，长度通常有20m、30m、50m等几种。如图4.1所示，钢尺有卷放在塑料或金属尺架内的，也有卷放在圆形尺盒内的。钢尺的基本分划通常为厘米（cm），在每厘米、每分米和每米处均印有数字注记；也有钢尺在尺端第一分米内刻有毫米（mm）分划，或者全部以毫米作为基本分划，此两种钢尺用于较精密的距离丈量。

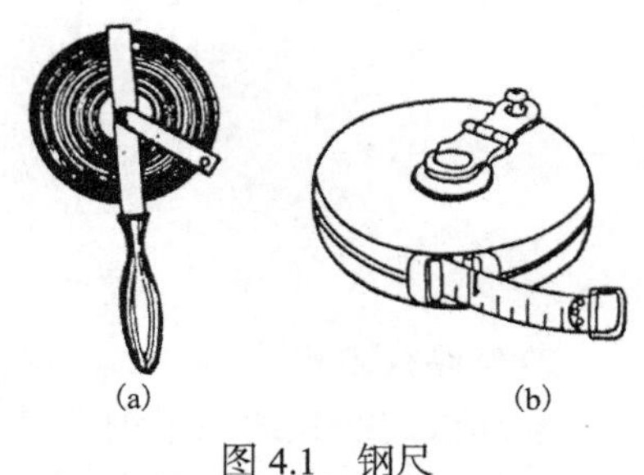

图 4.1　钢尺

根据尺面零点位置的不同，钢尺分为端点尺和刻线尺两种。端点尺以尺的最外端作为尺的零点，尺身没有标出零刻线，如图4.2（a）所示；刻线尺以尺前段的零刻线作为尺的零点，如图4.2（b）所示。

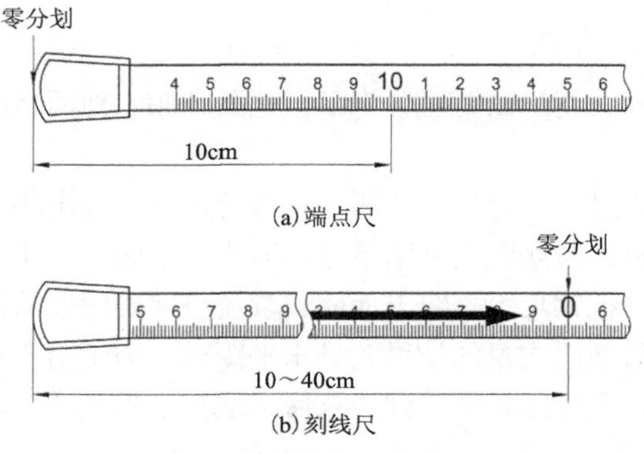

图 4.2　刻线尺和端点尺

2）辅助工具

采用钢尺进行量距时，除了必备的钢尺以外，还需其他一些辅助工具，包括测钎、标杆、垂球等；进行精密量距还需要弹簧秤、温度计和尺夹。测钎、标杆用于标定尺段和直线定线；

垂球用于在不平坦地面量距时将钢尺的端点垂直投影到地面；弹簧秤用于对钢尺施加规定的拉力；温度计用于在钢尺量距时测定现场环境的温度，以便对钢尺丈量的距离施加温度改正；尺夹安装在钢尺末端，以便持尺员稳定钢尺，提高读数准确性。

4.1.2　直线定线

当地面两点的距离超过钢尺的长度时，用钢尺不能一次量完，这就需要在两点间的直线方向上标定若干个分段点，便于钢尺分段丈量，这项工作称为直线定线。直线定线可采用目测定线和经纬仪定线两种方法。

1) 目测定线

目测定线是适用于钢尺量距的一般方法。如图 4.3 所示，设 A、B 为地面上待测距离的两点且相互通视，要在 AB 的连线上标出 1、2 等分段点。先在 A 、B 点上竖标杆，甲站在 A 点标杆处，指挥乙左右移动标杆，直到甲从 A 点后方看到 A、2、B 三根标杆位于同一直线上为止。同法可以定出直线上的其他点。两点间定线，通常应由远到近，即先定 1 点，再定 2 点。

图 4.3　目测定线

2) 经纬仪定线

经纬仪定线是适用于钢尺量距的精密方法。设 A、B 为地面上待测距离的两点且相互通视，甲在 A 点安置经纬仪并对中整平，乙将一根标杆立于 B 点，然后甲操作经纬仪瞄准标杆，拧紧水平制动螺旋，松开望远镜制动螺旋，使通过望远镜十字丝的视线能在 AB 连线上移动，而后指挥乙持标杆至点 1 附近并左右移动标杆，直至标杆与望远镜十字丝竖丝重合时定下 1 点的位置。同法可以定出直线上的其他点。

4.1.3　钢尺量距的一般方法

根据地面坡度的不同，钢尺量距可分为平坦地面和倾斜地面量距两种方法。

1. 平坦地面的量距

量距工作一般由两人进行。首先对待测直线进行定线，标出各测段端点的位置，然后由两个司尺员进行逐段丈量，各测段丈量结果之和即为所求距离。丈量过程中，前后两个司尺员必须同时拉紧钢尺，并把钢尺上刻线与地面测段端点精确对准从而读取度数。

在平坦地面，钢尺沿地面丈量的结果就是水平距离。为了防止量距时发生错误和提高量距精度，需要往返量距。当量距精度达到要求后，取往返量距的平均值作为最后量距结果。通常量距精度用相对较差 K 来衡量，即

$$K=\frac{\left|D_{往}-D_{返}\right|}{\overline{D}} \tag{4.1}$$

式中，$D_{往}$、$D_{返}$分别为往测和返测的距离值；$\overline{D}$为往返测得的平均值。在计算相对误差时，通常将分子化为 1 的分式。相对误差的分母越大，说明量距的精度越高。对于图根导线，钢尺往返量距的相对误差一般不大于 1/3000。

例如，*A*、*B* 的往测距离为 162.73m，返测距离为 162.78m，则相对误差 *K* 为

$$K = \frac{|162.73 - 162.78|}{162.755} \approx \frac{1}{3700} < \frac{1}{3000} \tag{4.2}$$

2. 倾斜地面的量距

1) 平量法

沿倾斜地面量距，当地势起伏不大时，可将钢尺水平拉直丈量。如图 4.4 所示，丈量由 *A* 点向 *B* 点进行，甲立于 *A* 点，指挥乙将尺拉在 *AB* 连线上。甲将尺的零段对准 *A* 点，乙将尺抬高，并由第三人在尺旁目估使钢尺保持水平，然后用垂球将尺段的末端投影到地面上，插上测钎。若地面倾斜较大，将钢尺抬平较为困难时，可将一个尺段分成几个小段来平量，如图中的 *ij* 段。

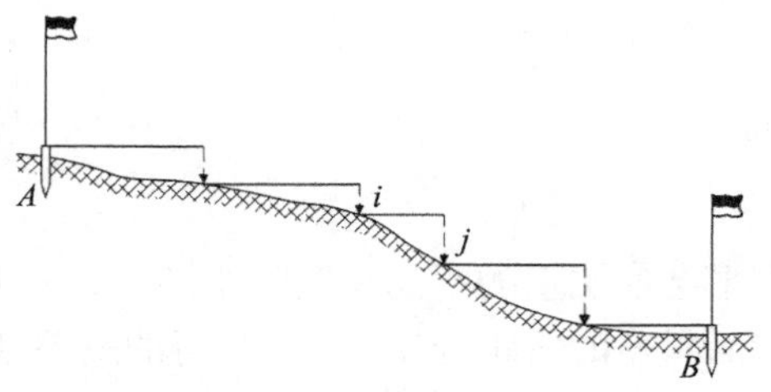

图 4.4　平量法量距示意图

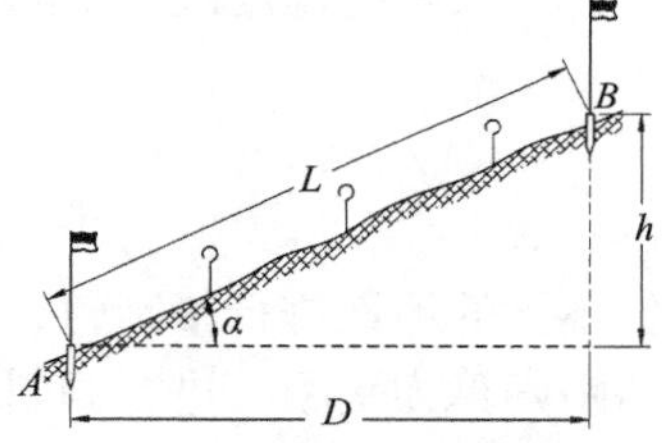

图 4.5　斜量法量距示意图

2) 斜量法

如果倾斜地面的坡度较大而且坡度较均匀，可采用斜量法量距。如图 4.5 所示，沿斜坡直接丈量出 *AB* 的斜距 *L*，再测出 *A*、*B* 两点间高差或 *A* 到 *B* 的仰角 *α*，则可按下式求得 *A*、*B* 两点间的水平距离 *D*：

$$D = S\cos\alpha = \sqrt{L^2 - h^2} \tag{4.3}$$

4.1.4　钢尺量距的精密方法

用一般方法量距，其相对误差只能达到 1/5000～1/1000，当要求量距的相对误差更小时，如 1/40000～1/10000，就应使用精密方法丈量。

钢尺精密方法量距的主要工具有钢尺、弹簧秤、温度计、尺夹等。对于较精密的钢尺，在制造时就规定了标准拉力和温度，如在尺前端刻有“30m，20℃，10kg”字样，表明钢尺检定时的温度为 20℃，标准拉力为 10kg，长度为 30m。精密量距所使用的钢尺必须经过检定，并得到其检定的尺长方程式。钢尺的尺长方程式是指在一定的拉力下，以温度 *t* 为变量的函数式来表示尺长，其一般形式为

$$l_t = l_0 + \Delta l + \alpha(t - t_0)l_0 \tag{4.4}$$

式中，l_t为钢尺在温度 *t*(℃)时的实际长度(m)；l_0为钢尺的名义长度(m)；Δl为钢尺整尺段

在检定温度 t 时的尺长改正数(m)；α 为钢尺的线膨胀系数，其值约为 1.15×10^{-5}～1.25×10^{-5}m/℃；t_0 为钢尺检定时的温度；t 为距离丈量时的温度(℃)。

1) 尺长改正

由于钢尺的名义长度 l_0 与实际长度 l' 不符而产生尺长误差。每根钢尺在作业前都要经过检定并求得尺长方程式，因此，每根钢尺的尺长改正数是已知的。在标准拉力、标准温度下经过检定的钢尺，整尺段的改正数为

$$\Delta l = l' - l_0$$

如果丈量的距离为 l，则该段距离的尺长改正数为

$$\Delta l_d = \frac{\Delta l}{l_0} l \tag{4.5}$$

2) 温度改正

钢尺长度受到温度的影响而产生伸缩。当量距时的温度 t 与钢尺检定时的标准温度 t_0 不一致时，要进行量距的温度改正，其改正公式为

$$\Delta l_t = \alpha(t - t_0) l \tag{4.6}$$

3) 倾斜改正

在高低不平的地面进行量距时，由于钢尺不水平会使丈量的距离比实际距离大，此时要把测得的斜距归算为平距，进行倾斜改正。设沿地面量得的斜距为 l，根据测得的高差 h 换算为平距 D，其改正公式为

$$\Delta l_h = D - l = \sqrt{(l^2 - h^2)} - l \tag{4.7}$$

当高差不大时，h 比 l 小得多，此时倾斜改正可按下式计算：

$$\Delta l_h = -\frac{h^2}{2l} \tag{4.8}$$

综上所述，若实际测得的距离为 l，经过以上三项改正，即可得到地面两点间的水平距离：

$$D = l + \Delta l_d + \Delta l_t + \Delta l_h \tag{4.9}$$

4.1.5　钢尺量距的误差分析

影响钢尺量距精度的因素很多，主要有定线误差、尺长误差、温度测定误差、钢尺倾斜误差、拉力误差、钢尺对准误差、读数误差等。

此外，钢尺在使用过程中还应注意以下几个方面：①钢尺易生锈。工作结束后，应用软布擦去尺上的泥和水，涂上机油，以防生锈。②钢尺易折断。如果钢尺出现卷曲，切不可用力硬拉。③在行人和车辆多的地区量距时，要有专人保护，严防钢尺被车辆碾压而折断。④不准将钢尺沿地面拖拉，以免磨损尺面刻画线。⑤收卷钢尺时，应按顺时针方向转动钢尺摇柄，切不可逆转，以免折断钢尺。

4.2　电磁波测距

距离测量若采用钢尺丈量，虽然可满足一定的精度要求，但是效率低、劳动强度大、受地形条件限制，尤其在山区、河谷或者沼泽等地区，丈量工作非常困难。若采用视距法量距，虽然测量简单、受地形条件限制较小，但是测程较短、测量精度较低。电磁波测距(eectro-magnetic distance measuring，EDM)具有测程远、精度高、作业速度快等优点，克服了前两种测距方法的不足。

电磁波测距是利用电磁波(光波或微波)作为载波传输测距信号，以测量两点间距离的一种方法。目前全站仪采用电磁波测距的方式。

4.2.1　电磁波测距概述

电磁波测距仪的种类较多，也有不同的分类方法：按所采用的载波划分为微波测距仪、激光测距仪和红外测距仪，后两者又统称为光电测距仪；按测程划分为短程测距仪(测程＜5km)、中程测距仪(测程为 5～15km)和远程测距仪(测程＞15km)；按测量精度划分为Ⅰ级($m_D \leqslant 5$mm)、Ⅱ级(5mm $\leqslant m_D \leqslant$ 15mm)和Ⅲ级($m_D \geqslant$ 15mm)；按基本功能可划分为专用型、半站型和全站型。

测距仪的标称精度一般标示为 $a + b \times 10^{-6} \times D$，$a$ 为固定误差，单位为 mm；b 为与测程 D(单位为 km)成正比的误差，称为比例误差。

20 世纪 80 年代以来，红外测距仪得到迅速发展。本节主要介绍光电测距仪的基本原理和测距方法。

4.2.2　光电测距仪的基本原理

如图 4.6 所示，光电测距仪通过测量光波在待测距离 D 上往、返传播一次所需要的时间 t_{2D}，可得到待测距离 D：

$$D = \frac{1}{2} C t_{2D} \tag{4.10}$$

式中，$C = \dfrac{C_0}{n}$，为光波在大气中的传播速度，其中，C_0 为光波在真空中的传播速度，迄今为止，人类所测得的精确值为 299792458m/s±1.2m/s；n 为大气折射率，它是光的波长 λ、

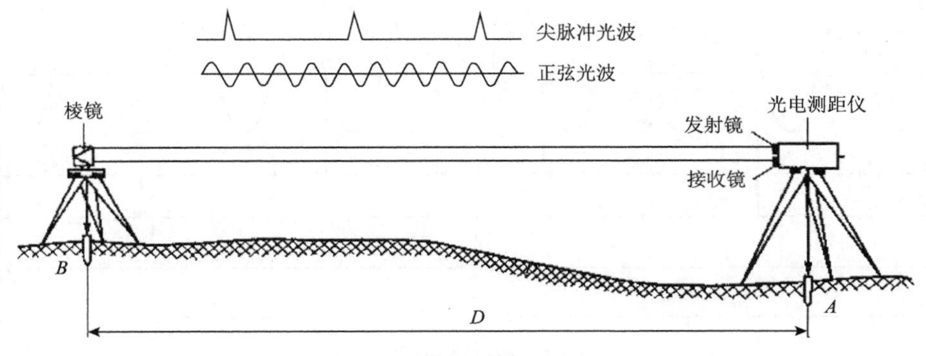

图 4.6　光电测距原理图

大气温度 t 和气压 p 的函数，即

$$n = f(\lambda, t, p) \tag{4.11}$$

因为 $n \geqslant 1$，所以 $C \leqslant C_0$，即光波在大气中的传播速度小于其在真空中的传播速度。

对于一台光电测距仪来说，其波长 λ 为常数，由式(4.11)可知，影响光速的大气折射率 n 随大气的温度 t、气压 p 的变化而变化，因此在光电测距过程中，需要实时测定现场的大气温度和气压，对所测距离施加气象改正。

根据光波在待测距离 D 上往、返一次传播时间 t_{2D} 的不同，光电测距仪可分为脉冲式和相位式两种。

1) 脉冲式光电测距仪

脉冲式光电测距仪是通过直接测定光脉冲在测线上往返传播的时间求得距离。测定 A、B 两点间的距离 D 时，在待测距离一端安置测距仪，另一端安放反光镜，如图 4.6 所示。测距仪发出光脉冲，经反光镜反射后回到测距仪。若能测定光在距离 D 上往返传播的时间，即测定发射光脉冲与接收光脉冲的时间间隔 t_{2D}，则两点间的距离为

$$D = \frac{1}{2}\frac{C_0}{n}t_{2D} \tag{4.12}$$

此公式为脉冲法测距公式。由公式可知，用这种方法测定距离的精度取决于时间间隔 t_{2D} 的量测精度。

若要达到 ±1cm 的测距精度，时间量测精度应达到 6.7×10^{11}s，这对电子元件的性能要求很高。因此一般脉冲法测距常用于激光雷达、微波雷达等远距离测距上，其测距精度为 0.5～1m。20 世纪 90 年代，实现了将测线上往返的时间延迟 t_{2D} 变成电信号，对一个精密电容进行充电，同时记录充电次数，然后用电容放电来测定 t_{2D}，其测量精度也可达到毫米级。

2) 相位式光电测距仪

相位式光电测距仪是将发射光波的光强调制成正弦波的形式，通过测量正弦光波在待测距离上往返传播的相位移来解算距离。图 4.7 是将返程的正弦波以棱镜站 B 点为中心对称展开后的图形。正弦光波振荡一个周期的相位移为 2π，设发射的正弦光波经过 $2D$ 距离后的相位移为 φ，则 φ 可以分解为 N 个 2π 整数周期和不足一个整数周期相位移 $\Delta\varphi$，即有

$$\varphi = 2\pi N + \Delta\varphi \tag{4.13}$$

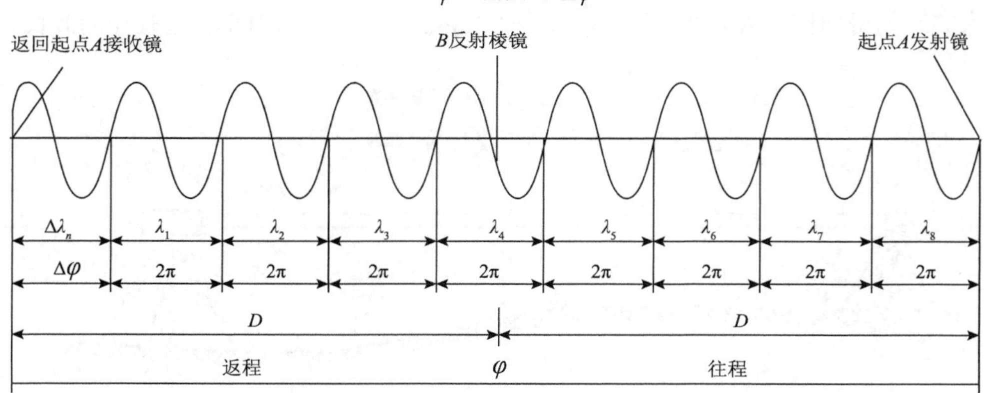

图 4.7　相位法测距原理图

另外，设正弦光波的振荡频率为 f，由于频率的定义是一秒振荡的次数，振荡一次的相位移为 2π，则正弦光波经过 t_{2D} 后振荡的相位移为

$$\varphi = 2\pi f t_{2D} \tag{4.14}$$

由式(4.13)和式(4.14)可以求出 t_{2D}：

$$t_{2D} = \frac{2\pi N + \Delta\varphi}{2\pi f} = \frac{1}{f}(N + \Delta N) \tag{4.15}$$

式中，N 为相位变化的整数或者调制光波的整波长数；$\Delta N = t_{2D} = \frac{\Delta\varphi}{2\pi}$，$\Delta\varphi$ 为不是一个整周期的相位变化尾数，$0 < \Delta N < 1$。将式(4.15)代入式(4.10)得

$$D = \frac{C}{2f}(N + \Delta N) = \frac{\lambda}{2}(N + \Delta N) \tag{4.16}$$

式中，$\frac{\lambda}{2}$ 为正弦波的半波长，若令 $u = \frac{\lambda}{2}$，则

$$D = u(N + \Delta N) \tag{4.17}$$

u 称为测距仪的测尺。式(4.17)即相位法测距的基本公式，其实质相当于用一把长度为 u 的尺子来丈量待测距离。

在相位式测距仪中，一般只能测出 $\Delta\varphi$，而无法测出其整周数 N，此时会使待测距离产生多值问题。因此，需要确定整周数 N 值。

由式(4.17)可知，当测尺大于待测距离 D 时，N=0，此时即可求出待测距离，即 $D = u\Delta N$。由此可见，为了增大单值解的测程，必须采用较长测尺 u，即采用较低的调制频率 f。

由于 $u = \frac{\lambda}{2} = \frac{c}{2f}$，取 $c=3\times10^5$km/s，可求出测尺长度与相应的测尺频率，具体结果见表 4.1。随着测尺长度的增加，仪器的测相误差对测距误差的影响将随之增大。因此，为了解决增大测程和提高测距精度之间的矛盾，可采用一组测尺同时测距，长测尺(粗测尺)用以增大测程，短测尺(精测尺)用以提高精度，从而解决距离的多值问题。

表 4.1　测尺频率、长度及误差关系

测尺频率/kHz	15×10^3	1.5×10^3	15×10^3	15×10^3	15×10^3
测尺长度/m	10	100	1×10^3	10×10^3	100×10^3
精度/cm	1	10	1000	10 000	100 000

4.2.3　光电测距成果整理

1) 仪器加常数、乘常数改正

仪器加常数是仪器内光路等效发射面、接收面和仪器中心不一致，以及棱镜等效反射面和棱镜安置中心不一致造成的；仪器乘常数是仪器的振荡频率发生变化造成的。仪器加常数

改正与距离无关，仪器乘常数改正与距离成正比。目前实用的测距仪都具有设置仪器常数并自动改正的功能。使用仪器前，应预先设置常数，但使用过程中不能改变，只有当仪器经专业检定部门检定，得出新的常数后，才能重新设置常数。

2)气象改正

因为光的传播速度受到大气状态(温度 t、气压 p、湿度 e)的影响，而仪器是按标准温度和标准气压设计制造的。实际测量时的温度、气压与标准环境是有差别的，这样会使测距结果产生系统误差。所以，测距时应测定现场环境温度和气压，利用仪器厂家提供的气象改正公式进行改正计算。目前，测距仪都具有设置气象参数并自动改正的功能，因此测距时只需将所测气象参数输入测距仪中即可。有的测距仪还具有自动测定气象参数并加以改正的功能。

3)改正后的平距、高差计算

测距仪观测的斜距经过加、乘常数改正和气象改正后，得到改正后的斜距 S。

A、B 两点间的平距 D 和两点上测距仪与棱镜的高差 h'是斜距在水平和垂直方向的分量。由经纬仪测定斜距方向的垂直角为 α，有

$$\begin{aligned} D &= S\cos\alpha \\ h' &= S\sin\alpha \\ h &= h' + i - v \end{aligned} \tag{4.18}$$

其中，h 为 A、B 两点的高差；i 和 v 分别为仪器高和棱镜高。

4.2.4 光电测距的误差分析

将 $C = C_0 / n$ 代入式(4.16)，得

$$D = \frac{C_0}{2fn}(N + \Delta N) + K \tag{4.19}$$

式中，K 为测距仪的加常数，它是通过将测距仪安置在标准基线长度上进行比测，经回归统计计算求得的。由公式可知，待测距离 D 的误差来源于 C_0、f、n、ΔN 和 K。由误差传播定律可知：

$$m^2{}_D = \left(\frac{m^2{}_{C_0}}{C^2{}_0} + \frac{m^2{}_n}{n^2} + \frac{m^2{}_f}{f^2}\right)D^2 + \frac{\lambda^2{}_{精}}{4}m^2{}_{\Delta N} + m^2{}_K \tag{4.20}$$

由式(4.20)可知，C_0、f、n 的误差与待测距离成正比，称为比例误差；ΔN 和 K 与距离无关，称为固定误差。上式可缩写为

$$m^2{}_D = A^2 + B^2D^2 \tag{4.21}$$

其中，A 为固定误差；B 为比例误差。也可写为常用的经验公式：

$$m_D = \pm(a + b \cdot D) \tag{4.22}$$

下面对式(4.20)中各项误差的来源进行简要分析。

1) 真空光速测定误差 m_{C_0}

真空光速测定误差 $m_{C_0}=\pm1.2\text{m/s}$，其相对误差为

$$\frac{m_{C_0}}{C_0}=\frac{1.2}{299792458}=4.003\times10^{-9}\approx0.004\times10^{-6}$$

可以看出，真空光速测定误差对于测距的影响是每千米产生 0.004mm 的比例误差，可以忽略不计。

2) 精测尺调制频率误差 m_f

目前，国内外厂商生产的红外测距仪的精测尺调制频率的相对误差 m_f/f 一般为 $1\times10^{-6}\sim5\times10^{-6}$，对测距的影响是每千米产生 1～5mm 的比例误差。但是仪器在使用中，电子元件的老化和外部环境温度的变化，都会使设计频率发生漂移，这就需要对测距仪进行检定，求出其比例改正数对所测距离进行改正。也可以应用高精度野外便携式频率计，在测距的同时测定仪器的精测尺调制频率对所测距离进行实时改正。

3) 气象参数误差 m_n

大气折射率主要是大气温度 t 和大气压力 p 的函数。严格地说，计算大气折射率 n 所用的气象参数 t、p 应该是测距光波沿线的积分平均值，但由于在实践中难以实现，一般是在测距的同时测定测站和镜站的 t、p，并取平均来代替其积分值。由此引起的折射率误差称为气象代表性误差。实验表明，选择阴天、有微风的天气测距时，气象代表性误差较小。

4) 测相误差 $m_{\Delta N}$

测相误差包括自动数字测相系统的误差、测距信号在大气传输中的信噪比误差等。前者取决于测距仪的性能和精度，后者与测距时的自然环境有关，如空气的透明程度、干扰因素的多少、视线离地面及障碍物的远近等。

5) 仪器对中误差

光电测距是测定测距仪中心至棱镜中心的距离，因此，仪器对中误差包括测距仪的对中误差和棱镜的对中误差。用经过校准的光学对中器对中，此项误差一般不大于 3mm。

4.3 全 站 仪

全站仪是全站型电子速测仪的简称，它是集电子经纬仪、光电测距仪和微处理器于一体的三维坐标测量系统。目前的全站仪都能同时观测角度和距离，能存储测量结果，并能进行大气改正、仪器误差改正和数据处理，有丰富的应用程序，如数据采集、施工放样、偏心观测、悬高测量、面积测量、后方交会等。全站仪正朝着测量机器人的方向发展，有些自动化程度高的全站仪还具有自动瞄准、免棱镜测距及自动跟踪功能。

4.3.1 全站仪的结构

全站仪的外形与电子经纬仪类似，图 4.8 为全站仪的各部件名称。全站仪包括光电测角系统、光电测距系统、双轴液体补偿装置和微处理器。

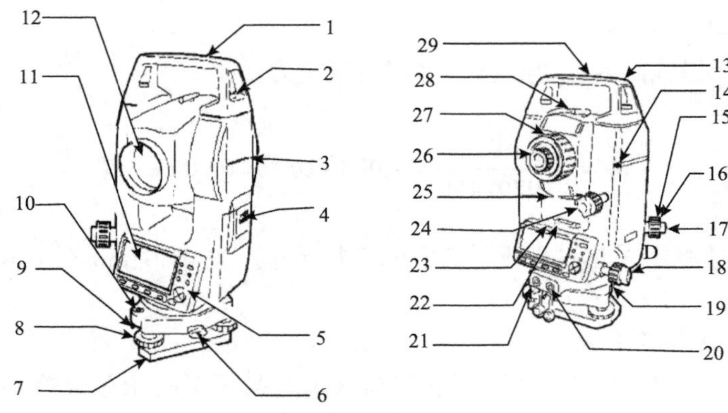

图 4.8　全站仪的部件名称

1-提柄；2-固紧螺丝；3-仪器高标志；4-电池护盖；5-操作面板；6-三角基座制动控制杆；7-底板；8-脚螺旋；9-圆水准器校正螺丝；10-圆水准器；11-显示窗；12-物镜；13-管式罗盘插口；14-无线遥控键盘感应位置；15-光学对中器调焦环；16-光学对中器分划板护盖；17-光学对中器目镜；18-水平制动钮；19-水平微动手轮；20-数据输入输出插口；21-外接电源插口；22-照准部水准器；23-照准部水准器校正螺丝；24-垂直制动钮；25-垂直微动手轮；26-望远镜目镜；27-望远镜调焦环；28-粗照准器；29-仪器中心标志

1) 望远镜

目前，全站仪基本上采用望远镜光轴(视准轴)和测距光轴完全同轴的光学系统，如图 4.9 所示。全站仪光学及机械部分操作与电子经纬仪相同，照准目标后能同时测定方向与距离。

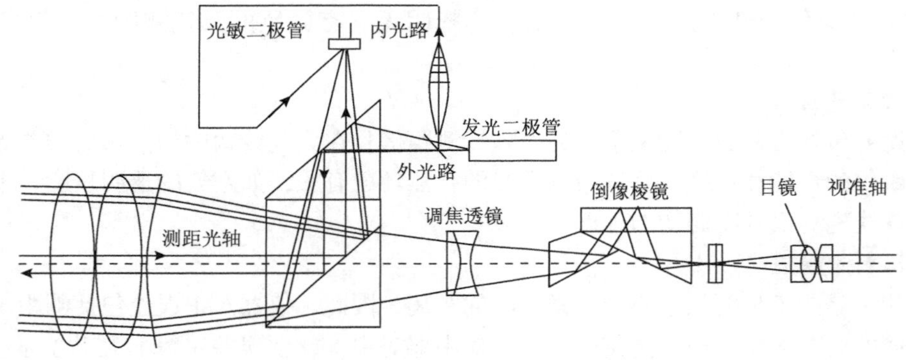

图 4.9　全站仪望远镜光路图

2) 双轴液体补偿装置

经纬仪照准部的整平可使竖轴铅直，但受气泡灵敏度和作业的限制，仪器的精确整平有一定困难，从而会引起竖轴误差，而且竖轴误差对角度的影响无法通过盘左、盘右取平均来消除。因此，一些较高精度的全站仪都装有双轴液体补偿器(竖轴倾斜自动补偿器)，以自动补偿竖轴倾斜对观测角度的影响。双轴液体补偿器补偿范围一般在 3′以内。

3) 微处理器

微处理器是全站仪的核心部件，如同计算机 CPU，由它来控制和处理电子测角、测距的信号，控制各项固定参数，如温度、气压等信息的输入、输出，还由它进行设置观测误差的改正、有关数据的实时处理及自动记录数据或控制电子手簿等。微处理器通过键盘和显示器指挥全站仪有条不紊地进行光电测量工作。

4.3.2　全站仪的基本功能及使用

全站仪的功能很多，它是通过显示屏和操作键盘来实现的。不同型号的全站仪其外观、结构、键盘设计、操作步骤都会有所不同。下面仅就全站仪的一般操作使用和测量原理进行介绍。

1. 角度测量

开机设置读数指标后，利用菜单调取或快捷键方式进入角度测量模式。

1) 水平角右角、左角的设置

全站仪可以根据测量需要，进行水平角左角、右角的设置。水平角右角，即仪器右旋角，从上往下看水平度盘，水平读数顺时针增大；水平角左角，即仪器左旋角，水平读数逆时针增大。在测角模式下，利用切换按键可进行右角、左角交替切换。通常使用右角模式观测。

2) 水平度盘读数的设置

全站仪具有水平度盘自动置零和任意角度设置的功能，任意水平读数设置有两种方法。

(1) 通过锁定水平读数进行设置。先转动照准部，使水平读数接近要设置的读数；再用水平微动螺旋旋转至所需的水平读数；然后按锁定键，使水平读数锁定不变，转动照准部照准目标；最后解锁完成水平读数设置。

(2) 通过键盘输入进行设置。先照准目标，再按设角键，按提示输入所要的水平读数。在测角模式下，可进行角度复测、垂直角与百分度(坡度)切换、天顶距与高度角切换等。

3) 角度测量模式

确认在角度测量模式下，水平角可以切换至天顶距、竖角、坡度等。角度测量的基本操作方法和步骤与电子经纬仪类似。当瞄准某一目标，并进行水平度盘置零或方位角设置后，转动照准部瞄准另一目标时，屏幕所显示的水平角值即为它们之间的水平夹角或该目标的方位角。

2. 距离测量

距离测量可分为三种测量模式，即精测模式、粗测模式和跟踪模式。一般情况下用精测模式观测，最小显示单位为 1mm，测量时间约 2.5s，粗测模式最小显示单位为 10mm，测量时间约 0.7s。跟踪模式用于观测移动目标，最小显示单位为 10mm，测量时间约 0.3s。

在距离测量前，必须先进行测距模式、温度、大气压、棱镜常数等设置，然后照准反射棱镜中心，按相应的测量距离键，显示内容包括斜距(SD)、平距(HD)和高差(VD)。

3. 坐标测量

在坐标测量之前必须将全站仪进行定向，具体操作如下：①在坐标测量模式下，输入测站点坐标。若测量三维坐标，还必须输入仪器高及棱镜高。②输入后视点坐标或方位角。③照准后视点(定向点)，设定测站点到定向点的水平度盘读数，完成全站仪的定向。

定向工作完成后，就可进行点位坐标测量。照准立于待测点位的棱镜，按坐标测量键开始测量，显示待测点坐标(N，E，Z)，即(X，Y，H)。

4. 放样测量

放样测量用于在实地上测设出所要求的点位。在放样过程中，通过对瞄准点的角度、距离或坐标的测量，仪器将显示出测量值与设计值之差以指导放样。根据所显示的差值移动棱镜，直到与设计距离的差值为 0。放样测量包括坐标放样、角度放样和距离放样。

5. 数据采集

利用全站仪进行野外数据采集是目前广泛使用的一种方法。操作步骤如下：①选择数据采集文件名，使其所采集数据存储在该文件中。②选择坐标数据文件，以调用测站坐标数据及后视坐标数据。③设置测站点，量取仪器高、输入测站点号及坐标。④设置后视定向点坐标或定向角，通过测量后视点进行定向。⑤设置待测点的棱镜高，开始采集、存储数据。

6. 存储管理

在存储管理模式下，可以对仪器内存中的数据进行以下操作：①显示内存状态。显示已存储的测量数据文件、坐标数据文件和数据的量。②查找数据。查阅记录数据，即可查阅测量数据、坐标数据和编码库。③文件管理。删除文件／编辑文件名／查阅文件中的数据。④输入坐标。将控制点或放样点坐标数据输入并存入坐标数据文件。⑤删除坐标。删除坐标数据文件中的坐标数据。⑥输入编码。将编码数据输入并存入编码库文件。⑦数据传送。计算机与全站仪内存之间的测量数据、坐标数据或编码库数据相互传送。⑧初始化。用于内存初始化。

7. 数据通信

数据通信是把数据的处理和传输合为一体，实现数字信息的接收、存储、处理和传输，并对信息流加以控制、校验和管理的一种通信形式。全站仪的数据通信是指全站仪与计算机(包括 PDA)之间的数据传输与处理。

目前，全站仪的数据通信主要采用的技术有串行通信技术和蓝牙技术。由于全站仪的通信端口、数据存储方式及数据接收端软件等的不同，全站仪的数据通信有多种方式，目前最为常用的通信接口方式采用串行接口，将全站仪与计算机连接，完成相应参数设置，打开专用传输程序，即可进行数据通信。这里的专用传输程序，包括仪器自带程序、成图软件中的数据通信模块等。也有些仪器厂商生产的全站仪中应用蓝牙无线通信技术，支持与数据采集器、遥控测量指挥系统等之间的蓝牙无线通信。

4.4 直线定向

要确定地面上两点之间的相对位置，除了量测两点之间的水平距离外，还必须确定该直线与标准方向之间的水平夹角，这项工作称为直线定向。

4.4.1 标准方向的种类

测量工作中常用的标准方向有 3 种。

1) 真子午线方向

如图 4.10 所示，地表任意一点 P 与地球自转轴所组成的平面与地球表面的交线称为过 P 点的真子午线，真子午线在 P 点的切线方向，称为 P 点的真子午线方向。地表任一点的真子午线方向可以用天文测量方法或者陀螺经纬仪来测定。

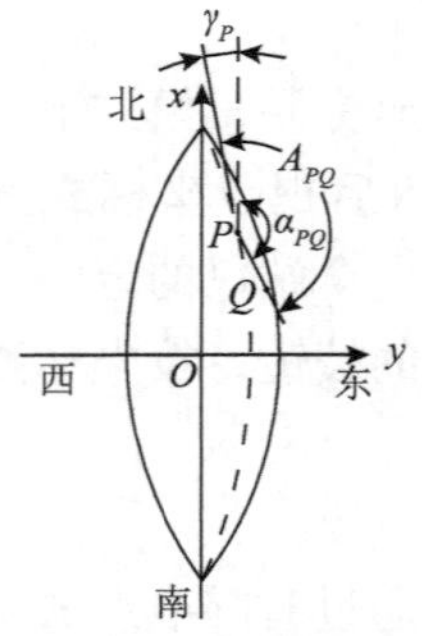

图 4.10　真方位角与坐标方位角关系图

2) 磁子午线方向

地表任意一点 P 与地球磁场南北极所组成的平面与地球表面的交线称为过 P 点的磁子午线。磁子午线在 P 点的切线称为 P 点的磁子午线方向。地表任一点的磁子午线方向可以用罗盘仪测定。在 P 点安置罗盘，磁针水平自由静止时其轴线所指的方向即为 P 点的磁子午线方向。

3) 坐标纵轴方向

过地表任一点 P 与其所在的高斯平面直角坐标系或者假定坐标系的坐标纵轴平行的直线称为 P 点的坐标纵轴方向。在同一投影带中，各点的坐标纵轴方向是相互平行的。

4.4.2　直线方向的表示方法

1. 表示方法

测量工作中常用方位角来表示直线的方向。从直线起点的标准方向北端起，顺时针至直线的水平夹角，称为该直线的方位角，其取值是 0°～360°。不同的标准方向所对应的方位角分别称为真方位角(用 A 表示)、磁方位角(用 A_m 表示)和坐标方位角(用 α 表示)。利用 3 个标准方向，可以对地表任一直线 PQ 定义 3 个方位角。

(1) 真方位角。由过 P 点的真子午线方向的北端起，顺时针到 PQ 的水平夹角，称为 PQ 的真子午线方位角，用 A_{PQ} 表示。

(2) 磁方位角。由过 P 点的磁子午线方向的北端起，顺时针到 PQ 的水平夹角，称为 PQ 的磁子午线方位角，用 $A_{m_{PQ}}$ 表示。

(3) 坐标方位角。由过 P 点的坐标纵轴方向的北端起，顺时针到 PQ 的水平夹角，称为 PQ 的坐标方位角，用 α_{PQ} 表示。

2. 三种方位角之间的关系

1) 真方位角与磁方位角之间的关系

由于地球的南北极与地球磁场的南北极不重合，过地表任一点 P 的真子午线方向与磁子午线方向也不重合，两者间的水平夹角称为磁偏角，用 δ_P 表示，其正负的定义为：以真子午线方向北端为基准，磁子午线方向北端偏东，$\delta_P > 0$，偏西则 $\delta_P < 0$，有

$$A_{PQ} = A_{m_{PQ}} + \delta_P \tag{4.23}$$

地球的磁场是不断变化的，磁北极以每年约 10km 的速度向地理北极移动。由于磁极的变化，磁偏角也在变化。地球上磁偏角的大小不是固定不变的，而是因地而异的。此外，罗盘仪还会受到地磁场及磁暴、磁力异常等的影响。因此，磁方位角一般用于精度要求较低、定向困难的地区(如林区)的测量，在大地测量中一般使用真方位角。

2) 真方位角与坐标方位角之间的关系

如图 4.10 所示，在高斯平面直角坐标系中，过其内任一点 P 的真子午线是收敛于地球旋转轴南北两极的曲线。所以，只要 P 点不在赤道上，其真子午线方向与坐标纵轴方向就不重合，两者间的水平夹角称为子午线收敛角，用 γ_P 表示，其正负的定义为：以真子午线方向北端为基准，坐标纵轴方向北端偏东，$\gamma_P > 0$，偏西则 $\gamma_P < 0$。图 4.10 中，$\gamma_P > 0$，由图可得

$$A_{PQ} = \alpha_{PQ} + \gamma_P \tag{4.24}$$

其中，P 点的子午线收敛角可以按下列公式计算：

$$\gamma_P = (L_P - L_0)\sin B_P \tag{4.25}$$

式中，L_0 为 P 点所在中央子午线的经度；L_P、B_P 为 P 点的大地经度、纬度。

3) 坐标方位角与磁方位角之间的关系

由式(4.24)和式(4.25)可得

$$\alpha_{PQ} = A_{m_{PQ}} + \delta_P - \gamma_P \tag{4.26}$$

4.4.3　坐标方位角的计算

1) 正、反坐标方位角

正、反坐标方位角是一个相对概念，如果称 α_{AB} 为正方位角，则 α_{BA} 就是 α_{AB} 的反方位角，反之亦然。由图 4.11 可知，正、反坐标方位角的关系为

$$\alpha_{BA} = \alpha_{AB} + 180°$$

通用关系为

$$\alpha_{BA} = \alpha_{AB} \pm 180° \tag{4.27}$$

公式等号右边正负号的取号规律为：当 $\alpha_{AB} < 180°$ 时取正号，$\alpha_{AB} > 180°$ 取负号。这样可以确保求得的反坐标方位角满足坐标方位角的取值范围(0～360°)。

2) 坐标方位角的推算

在实际工作中并不需要测定每条直线的坐标方位角，而是通过与已知坐标方位角的直线联测推算出各条直线的坐标方位角。

已知直线 AB 边的坐标方位角 α_{AB}，用经纬仪观测了水平角 β，求 $B1$ 边的坐标方位角 α_{B1}。如图 4.12 中虚线所示，分别过 A、B 点作 x 轴的平行线，根据坐标方位角的定义及图中的几何关系可知：

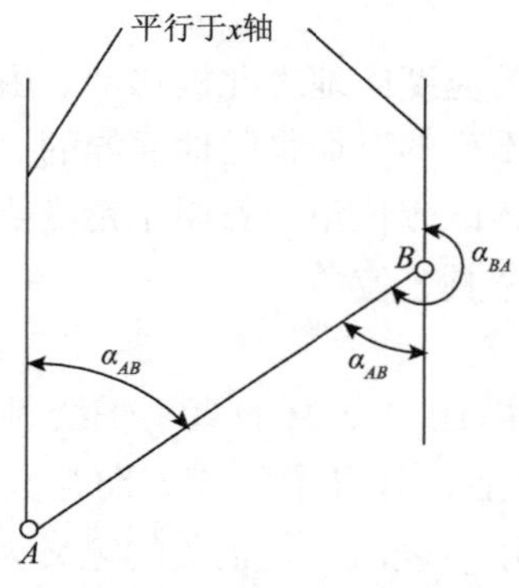

图 4.11　正、反坐标方位角的关系

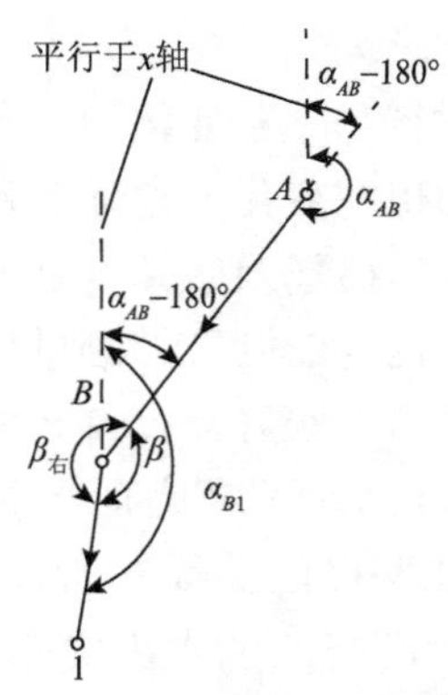

图 4.12　坐标方位角的推算

$$\alpha_{B1} = \alpha_{AB} + \beta - 180° \tag{4.28}$$

由于观测的水平角β位于坐标方位角推算线路$A \to B \to 1$的左边，所以称β角相对于上述推算线路为左角；反之，如果观测的角度位于线路右边，则称为推算线路的右角，用$\beta_{右}$表示。显然，

$$\beta = 360° - \beta_{右} \tag{4.29}$$

将式(4.29)代入式(4.27)中，可得

$$\alpha_{B1} = \alpha_{AB} - \beta_{右} + 180° \tag{4.30}$$

式(4.28)和式(4.30)即为方位角推算公式。由此可以写出方位角推算公式的通用公式：

$$\alpha_{前} = \alpha_{后} \pm \beta \pm 180° \tag{4.31}$$

其中，当β为左角时，其前面的符号为正；β为右角时，其前面的符号为负，可记为“左加右减”。计算结果确保满足方位角的取值范围(0～360°)。

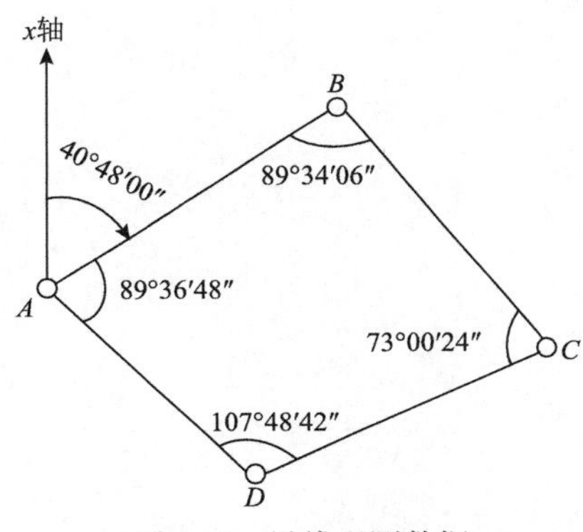

图 4.13　导线观测数据

例：已知起始边AB的坐标方位角为40°48′00″，观测角度如图 4.13 所示，试求多边形各边BC、CD、DA的坐标方位角。

解：由题意可知，计算方位角的线路为$A \to B \to C \to D \to A$，因此观测角度变成前进方向的右角，由式(4.31)可得

$$\alpha_{BC} = 40°48'00'' - 89°34'06'' + 180° = 131°13'54''$$

$$\alpha_{CD} = 131°13'54'' - 73°00'24'' + 180° = 238°13'30''$$

$$\alpha_{DA} = 238°13'30'' - 107°48'42'' + 180° = 310°24'48''$$

检核：

$$\alpha_{AB} = 310°24'48'' - 89°36'48'' - 180° = 40°48'00''$$

思考与练习题

1. 简述用钢尺在平坦地面量距的步骤。
2. 用钢尺量距时，会产生哪些误差？
3. 衡量距离测量的精度为什么采用相对误差？
4. 全站仪的基本功能有哪些？全站仪主要由哪几部分组成？
5. 直线定向的目的是什么？它与直线定线有什么区别？
6. 标准方向有哪几种，它们之间有什么关系？
7. 何为坐标方位角？若$\alpha_{AB} = 40°48'00''$，则α_{BA}等于多少？

8. 如图 4.14 所示，已知 $\alpha_{12} = 61°48'$，求其余各边的坐标方位角。

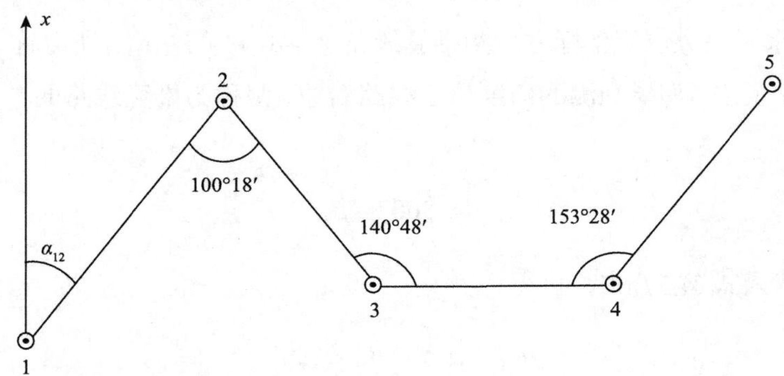

图 4.14　坐标方位角计算

第 5 章　测量误差的基本知识

内容提要

本章主要讲述测量误差的基本知识和测量数据处理的有关方法。重点内容包括：误差的分类、特性及处理方法，误差传播定律，等精度和不等精度直接观测平差的原理和方法等。

5.1　测量误差概述

5.1.1　测量与观测值

测量是人们认识自然、认识客观世界的必要手段和途径。通过一定的仪器、工具和方法对某量进行量测，称为观测，获得的数据称为观测值。

5.1.2　观测误差

测量中的被观测值，客观上都存在着一个真实值，简称真值。当对某未知量进行多次观测时，不论测量仪器多么精密，观测多么仔细，观测值之间往往存在一定的差异。这种差异实质上表现为观测值与其真值之间的差异，这种差异称为测量误差或观测误差。若观测值用 $L_i\ (i=1,2,3,\cdots,\ n)$ 表示，真值用 X 表示，则有

$$\varDelta_i = L_i - X \tag{5.1}$$

式中，$\varDelta_i$ 为观测误差，通常称为真误差，简称误差。

测量工作的实践表明，只要是观测值必然含有误差。例如，同一个人用同一台经纬仪对同一角度观测若干个测回，各测回的观测值往往互不相等；同一组人员，用同样的测距仪器和工具，对某段距离测量若干次，各次观测值也往往互不相等。又如，测量某一平面三角形的 3 个内角，其观测值之和往往不等于真值(理论值) 180°；在闭合水准路线测量中，各测段高差的观测值之和一般不等于 0。这些现象都说明观测值中不可避免地存在着观测误差。

5.1.3　观测误差的来源

测量工作是观测者使用测量仪器和工具，按一定的测量方法，在一定的外界条件下进行的。根据前面相关章节的分析可知，观测误差主要来源于以下三个方面。

1. 观测者的误差

观测者的误差是受观测者技术水平和视觉鉴别能力的局限，致使观测值产生误差。

2. 仪器误差

仪器误差是指受测量仪器构造上的缺陷和仪器本身精密度的限制，致使观测值含有的误差。

3. 外界条件的影响

外界条件的影响是指在观测过程中不断变化着的大气温度、湿度、风力、大气折光率等因素给观测值带来的误差。

通常，把观测者的视觉鉴别能力和技术水平、仪器的精密度、观测时的外界条件 3 个方面综合起来，称为观测条件。观测条件将影响观测成果的精度。

在测量工作中，人们总是希望测量误差越小越好，甚至趋近于零。但要真正做到这一点，就要使用极其精密的仪器，采用十分严密的观测方法，这样会付出很高的代价。因此，在实际生产中，应根据不同的测量目的和要求，设法将观测误差限制在与测量目的相适应的范围内。也就是说，在测量结果中允许存在一定程度的测量误差。

5.1.4　观测误差的分类

根据性质和表现形式的不同，观测误差可分为系统误差、偶然误差和粗差三类。

1) 系统误差

在一定的观测条件下对某未知量进行一系列的观测，若观测误差的符号和大小保持不变或按一定的规律变化，这种误差称为系统误差。例如，用钢尺丈量距离时，若使用没有经过鉴定的名义长度为 30m 而实际长度为 30.005m 的钢尺量距，每丈量一整尺段距离就量短了 0.005m，即产生−0.005m 的量距误差。显然，各整尺段的量距误差大小都是 0.005m，符号都是负，不能抵消，具有累积性，这就是系统误差。

由于系统误差对观测值的影响具有一定的规律性，如果能找到规律，就可以通过对观测值施加改正来消除或削弱系统误差的影响。以下是两种有效的改正方法：一是在观测方法和程序上采用必要的措施，限制或削弱系统误差的影响，如水准测量中的前、后视尽量保持相等，角度测量中采用盘左、盘右进行观测等；另一种是找出产生系统误差的原因和规律，利用公式对观测值进行必要的改正，如对距离观测值进行尺长改正、温度改正和倾斜改正，对竖直角进行指标差改正等。

2) 偶然误差

在一定的观测条件下对某未知量进行一系列观测，如果观测误差的大小和符号均呈现偶然性，即从表面现象看，误差的大小和符号没有规律性，这样的误差称为偶然误差。

产生偶然误差的原因往往是不固定的和难以控制的，如观测者的估读误差、照准误差等。不断变化着的温度、风力等外界环境也会产生偶然误差。

3) 粗差

粗差即为测量中的错误。粗差是观测者操作错误或粗心大意所造成的，如读错、记错数据、瞄错目标等，观测成果中是不允许存在的。为了杜绝粗差，在测量过程中除了认真仔细地进行操作外，还必须采取必要的检核方法来发现并剔除粗差，如水准测量中的测站检核和成果检核。

由此，误差可以表示为

$$\varDelta = \varDelta_r + \varDelta_s + \varDelta_g$$

式中，$\varDelta_r$、$\varDelta_s$ 和 $\varDelta_g$ 分别为偶然误差、系统误差和粗差。

国家颁布的各类测量规范规定：测量仪器在使用前应进行检验和校正；操作时应严格按照规范的要求进行；布设平面和高程控制网测量控制点的三维坐标时，要有一定的多余观测量。一般认为，当严格按规范要求进行测量工作时，系统误差和粗差是可以被消除或削弱到很小的。而偶然误差确是不可避免的，而且很难完全消除。在消除或大大削弱了系统误差和粗差后，偶然误差就占据了主导地位，其大小将直接影响测量成果的精度。此时可以认为 $\varDelta_s \approx 0$、$\varDelta_g \approx 0$，所以有 $\varDelta \approx \varDelta_r$。

以下凡提到误差，除作特殊说明，通常认为它只包含偶然误差，或者称真误差。所以在测量误差理论中主要讨论的是偶然误差。

5.1.5 偶然误差的特性

单个偶然误差没有规律，只有大量的偶然误差才有统计规律，因此，要分析偶然误差的统计规律，需要得到一系列的偶然误差 Δ_i 。根据式(5.1)，对某个真值已知的量进行多次重复观测才可以得到一系列偶然误差 Δ 的准确值。下面通过一个例子来对偶然误差进行统计分析，并总结其基本特性。

例： 在相同观测条件下，观测了 217 个三角形的全部内角。因为观测值中含有偶然误差，所以三角形的 3 个内角观测值之和不一定等于真值 180° 。

由式(5.1)计算 217 个三角形内角观测值之和的真误差，将 217 个真误差按每 3″为一误差区间 $d\Delta$ ，以误差值的大小及其正负号，分别统计出在各区间的正负误差个数 k 及相对个数 k/n (此处 n=217)， k/n 称为误差出现的频率，统计结果列于表 5.1。

表 5.1 误差频率分布表

误差区间	正误差 $+\Delta$			负误差 $-\Delta$		
$d\Delta=3''$	个数 k	频率 k/n	$k/(n\cdot d\Delta)$	个数 k	频率 k/n	$k/(n\cdot d\Delta)$
0~3	30	0.138	0.0460	29	0.134	0.0447
3~6	21	0.097	0.0323	20	0.092	0.0307
6~9	15	0.069	0.0230	18	0.083	0.0277
9~12	14	0.065	0.0217	16	0.073	0.0243
12~15	12	0.055	0.0183	10	0.046	0.0153
15~18	8	0.037	0.0123	8	0.037	0.0123
18~21	5	0.023	0.0077	6	0.028	0.0093
21~24	2	0.009	0.0030	2	0.009	0.0030
24~27	1	0.005	0.0017	0	0	0
>27	0	0	0	0	0	0
合计	108	0.498	0.1660	109	0.502	0.1673

从表 5.1 可以看出，该组误差的分布表现出如下规律：小误差比大误差出现的频率高，绝对值相等的正、负误差出现的个数和频率相近，最大误差不超过 27″。

通过统计大量的实验结果，总结出偶然误差具有以下统计特性。

特性 1：在一定观测条件下的有限次观测中，偶然误差的绝对值不超过一定的限值。

特性 2：绝对值较小的误差出现的频率高，绝对值较大的误差出现的频率低。

特性 3：绝对值相等的正、负误差出现的频率大致相等。

特性 4：当观测次数无限增多时，偶然误差平均值的极限为 0，即

$$\lim_{n\to\infty}\frac{\Delta_1+\Delta_2+\cdots+\Delta_n}{n}=\lim_{n\to\infty}\frac{[\Delta]}{n}=0 \tag{5.2}$$

式中， $[\Delta]$ 为测量误差的代数和，即 $[\Delta]=\Sigma\Delta_n$ ； n 为观测角的个数。

可以设想，如果对三角形作更多次的观测，即 $n\to\infty$ ，同时将误差区间 $d\Delta$ 无限缩小，那么图 5.1 中的细长状矩形的顶边形成的折线将变成一条光滑的曲线，称为误差分布曲线，

其函数式为

$$y = f(\Delta) = \frac{1}{\sqrt{2\pi}\sigma} \cdot e^{-\frac{\Delta^2}{2\sigma^2}} \tag{5.3}$$

式中，π 为圆周率；e为自然对数的底；σ 为误差分布的标准差。

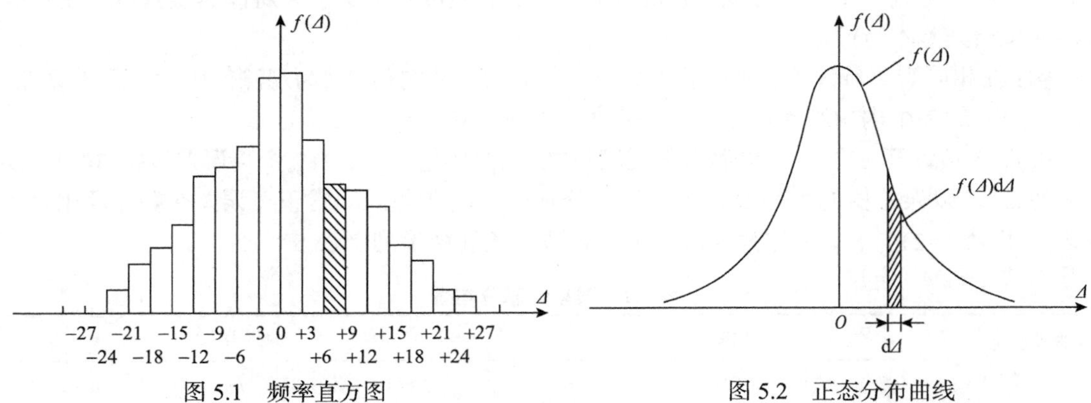

图 5.1　频率直方图　　图 5.2　正态分布曲线

图 5.2 为正态分布曲线（或高斯曲线）。正态分布曲线上任一点的纵坐标 y 均为横坐标 Δ 的函数。标准差 σ 的大小可以反映观测精度的高低，其公式为

$$\sigma = \pm \lim_{n \to \infty} \sqrt{\frac{[\Delta^2]}{n}} \tag{5.4}$$

由于曲线 $f(\Delta)$、横轴及直线 $\Delta = \pm\sigma$ 所围成的多边形的面积是固定值，所以当 σ 越小，曲线将越陡峭，即误差分布越密集在小误差区域；反之，曲线将越平缓，误差分布比较分散。由此可见，标准差 σ 的大小表征了误差扩散的特征。

例如，在两组不同观测条件下进行的观测，标准差分别为 σ_1、σ_2，且 $\sigma_1 < \sigma_2$，如图 5.3(b)所示。第一组的标准差比较小，其曲线陡峭，表明观测值的误差集中在小误差范围；而第二组的曲线比较平缓，误差分布比较分散。因此，可以得出第一组观测精度高于第二组观测精度的结论。

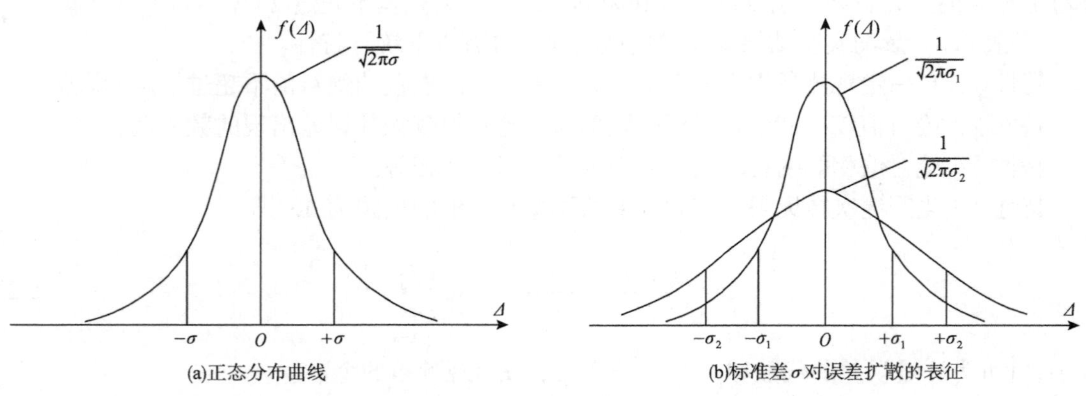

图 5.3　正态分布曲线

由此可见，观测精度的好坏可以在误差曲线的形态上充分反映出来，而曲线的形态又可以通过其特征值——标准差 σ 来进行描述。

5.2　衡量观测值精度的标准

在测量工作中，常用精确度来评价观测成果的优劣。精确度是准确度与精密度的总称。准确度主要取决于系统误差的大小；精密度主要取决于偶然误差的分布。对基本不包含系统误差，而主要含有偶然误差的观测值，通常用精密度来评价其观测质量的高低，精密度简称精度。

为了评定测量成果的精度，以便确定其是否符合要求，必须建立衡量精度的统一标准。衡量精度的标准有很多种，这里主要介绍以下几种。

5.2.1　方差及中误差

测量误差 Δ 是数学期望值为零且服从正态分布的随机变量，根据数理统计原理，有以下公式：

$$E(\Delta)=\lim_{n\to\infty}\frac{(\Delta_1+\Delta_2+\Delta_3+\cdots+\Delta_n)}{n}=\lim_{n\to\infty}\frac{[\Delta]}{n}=0$$

$$D(\Delta)=E(\Delta^2)-[E(\Delta)]^2=\sigma^2$$

当观测列为无限多时，把上面两式结合，即 $n\to\infty$ 时：

$$D(\Delta)=\sigma^2=E(\Delta^2)=\lim_{n\to\infty}\frac{[\Delta^2]}{n} \tag{5.5}$$

在测量的过程中，对观测对象的观测，只能得到有限次的观测列，则上式变为

$$\hat{D}(\Delta)=\hat{\sigma}^2=E(\Delta^2)=\frac{[\Delta^2]}{n} \tag{5.6}$$

式中，$\hat{\sigma}$ 为 σ 的估值；$[\Delta^2]=\Delta_1^2+\Delta_2^2+\Delta_3^2+\cdots+\Delta_n^2$。

在实际测量中，取 σ 的估值 $\hat{\sigma}$ 为衡量误差的标准，用 m 表示，称为中误差，它能客观地评定观测值的精度，按式(5.6)的形式，中误差定义为

$$m=\pm\sqrt{\frac{[\Delta_1^2+\Delta_2^2+\Delta_3^2+\cdots+\Delta_n^2]}{n}}=\pm\sqrt{\frac{[\Delta\Delta]}{n}} \tag{5.7}$$

式中，Δ 为真误差；n 为观测次数。

5.2.2　极限误差(容许误差)

由偶然误差的特性 1 可知，在一定的观测条件下，偶然误差的绝对值不会超过一定的限值，这个限值就是极限误差。极限误差也称为容许误差，用 $m_{容}$ 表示。在学过的内容中，$f_{h容}$、$f_{\beta容}$ 都是 $m_{容}$ 的表达形式。

根据区间估计的理论，若真误差 Δ 落在 $[-m,+m]$ 内的概率为

$$P\left|-m<\Delta<+m\right|=\frac{1}{\sigma\sqrt{2\pi}}\int_{-m}^{+m}\mathrm{e}^{-\frac{\Delta^2}{2\sigma^2}}\mathrm{d}\Delta=0.683$$

同理，落在 $[-2m,+2m]$、$[-3m,+3m]$ 内的概率分别为

$$P\left|-2m<\Delta<+2m\right|=\frac{1}{\sigma\sqrt{2\pi}}\int_{-2m}^{+2m}\mathrm{e}^{-\frac{\Delta^2}{2\sigma^2}}\mathrm{d}\Delta=0.955$$

$$P\left|-3m<\Delta<+3m\right|=\frac{1}{\sigma\sqrt{2\pi}}\int_{-3m}^{+3m}\mathrm{e}^{-\frac{\Delta^2}{2\sigma^2}}\mathrm{d}\Delta=0.997$$

从上式可以看出，在 Δ 误差群中超出 $2m$ 的 Δ 只占 5%；超出 $3m$ 的 Δ 仅占 0.3%。大量的真误差在 2 倍或 3 倍中误差之内。事实说明，一般情况下的有限次观测中，超出 2 倍中误差(或超出 3 倍中误差)观测值的可能性很小，几乎可以说是不可能的。那么，正常条件下有限次观测中有超出 $2m$ 或者 $3m$ 的观测值，可认为是含有粗差的不正常观测值。为了防止这种不正常观测值的影响，取 $m_{容}=2m$（或$m_{容}=3m$）作为一种限值，对超出 $m_{容}$ 的观测值采取剔除的措施，由此可见，$m_{容}$ 能起到发现和限制粗差，保证观测质量的作用。

5.2.3　相对误差

在精度的评定中，误差有绝对误差和相对误差之分。中误差和极限误差都是绝对误差。用绝对误差有时还不能反映观测结果的精度。例如，测量长度分别为 50m 和 100m 的两段距离，中误差均为 $\pm0.01\text{m}$。若用中误差的大小来评定其精度，就会得出两段距离测量精度相同的错误结论。实际上，距离测量的误差与长度成正比，距离越长，误差的积累越大。为此，引入以绝对误差的绝对值与相对观测值之比，并将分子化为 1，分母取整数，作为精度评定标准，称为相对误差，即

$$K=\frac{|m|}{D}=\frac{1}{\dfrac{D}{|m|}} \tag{5.8}$$

式中，m 为距离 D 的中误差；K 为相对中误差。

在上例中，$K_1=\dfrac{0.01}{50}=\dfrac{1}{5000}$，$K_2=\dfrac{0.01}{100}=\dfrac{1}{10000}$，用相对误差来衡量，就很容易看出，后者比前者精度高。

在一般距离丈量中，并不知道其真值，所以上式的中误差采用往返测量结果的较差，距离采用往返测量结果的中数，所得结果 K 为较差率。较差率也是真误差的相对误差，称为相对真误差。相对误差是个无量纲的数值。

还有一点需要注意，当要衡量经纬仪测角精度时，只能用中误差而不能用相对误差作为精度的衡量指标，因为测角误差与角度的大小是没有关系的。

5.3　误差传播定律

前面已经叙述了衡量一组等精度观测值的精度指标。但在实际测量工作中，很多未知量是不可能或者不便于直接观测的，需要通过其他直接(独立)观测值，按一定的函数关系计算求得，这种观测值称为间接观测值。例如，高差 $h=a-b$ ，$D=s\cdot\cos\alpha$ 等，h 、D 都不是直接观测值，而是直接观测值的函数。由于观测值带有误差，随之其函数也产生误差，这种阐明直接观测值与其函数之间误差关系的规律，称为误差传播定律。在测量中，误差传播定律广泛用来计算和评定观测值函数的精度。

构造一般函数式为

$$Z=F\left(x_1,x_2,x_3,\cdots,\ x_n\right) \tag{5.9}$$

式中，x_n 为独立观测值；Z 为非直接观测的未知量；F 为函数关系。已知 x_i 的中误差分别为 m_i ,求 Z 的中误差。设观测值 x_i 的近似值为 x_i^0 ，则根据多维泰勒级数公式把函数 $Z=F\left(x_1,x_2,x_3,\cdots,\ x_n\right)$ 在点 x_i^0 处展开：

$$\begin{aligned}Z=&F\left(x_1^0,x_2^0,x_3^0,\cdots,\ x_n^0\right)+\left(\frac{\partial F}{\partial x_1}\right)_0\left(x_1-x_1^0\right)+\left(\frac{\partial F}{\partial x_2}\right)_0\left(x_2-x_2^0\right)\\&+\cdots+\left(\frac{\partial F}{\partial x_n}\right)_0\left(x_n-x_n^0\right)+\text{二次以上项}\end{aligned}$$

由于直接观测值的真误差是一个微小量，二次以上项就更小，因此可忽略不计。对上式进行移项，并用 $\varDelta_i=x_i-x_i^0$ 代替相应各项，得

$$\varDelta Z=\left(\frac{\partial F}{\partial x_1}\right)_0\varDelta_1+\left(\frac{\partial F}{\partial x_2}\right)_0\varDelta_2+\cdots+\left(\frac{\partial F}{\partial x_n}\right)_0\varDelta_n \tag{5.10}$$

式中，$\left(\frac{\partial F}{\partial x_i}\right)_0$ 为函数对各个变量所取的偏导数，并以近似值 x_i^0 代入后所得的结果，表现为常数。

令 $f_i=\left(\frac{\partial F}{\partial x_i}\right)_0$ ，则上式可以写成

$$\varDelta Z=f_1\varDelta_1+f_2\varDelta_2+\cdots+f_n\varDelta_n$$

这样就将一般函数化成了线性函数式。

设对观测量进行了 k 次观测，每个观测量的真误差为 x_i^k ，所以根据上式就有

$$\begin{aligned}\varDelta Z^1&=f_1\varDelta_1^1+f_2\varDelta_2^1+\cdots+f_n\varDelta_n^1\\\varDelta Z^2&=f_1\varDelta_1^2+f_2\varDelta_2^2+\cdots+f_n\varDelta_n^2\\&\ \ \vdots\\\varDelta Z^k&=f_1\varDelta_1^k+f_2\varDelta_2^k+\cdots+f_n\varDelta_n^k\end{aligned}$$

对上列每一式两边取平方，然后对所有式进行求和，再除以观测次数 k 得

$$\frac{[\varDelta Z\varDelta Z]}{k}=f_1^2\frac{[\varDelta_1\varDelta_1]}{k}+f_2^2\frac{[\varDelta_2\varDelta_2]}{k}+\cdots+f_n^2\frac{[\varDelta_n\varDelta_n]}{k}+2\sum_{i=1}^{n}\sum_{\substack{j=1\\ i\neq j}}^{n} f_i f_j\frac{[\varDelta_i\varDelta_j]}{k}$$

由于 $\varDelta_i$ 为偶然误差，则 $\varDelta_i\varDelta_j$ 也为偶然误差。对上式两边取极限，令 $k\to\infty$，则根据偶然误差的特性 4，上式最后一项为零，即

$$\lim_{n\to\infty}\frac{[\varDelta_i\varDelta_j]}{k}=0$$

则有

$$\sigma_Z^2=f_1^2\sigma_1^2+f_2^2\sigma_2^2+\cdots+f_n^2\sigma_n^2$$

当 k 为有限次数时，即

$$\sigma_i=m_i\text{，}\quad \sigma_Z=m_Z$$

则有

$$m_Z^2=f_1^2m_1^2+f_2^2m_2^2+\cdots+f_n^2m_n^2 \tag{5.11}$$

这就是一般函数的误差传播定律，利用它可以导出表 5.2 所列简单函数的误差传播定律。

表 5.2　简单函数的中误差传播公式

函数名	函数式	中误差传播公式
和差函数	$Z=X_1\pm X_2\pm\cdots\pm X_n$	$m_Z^2=m_1^2+m_2^2+\cdots+m_n^2$
倍数函数	$Z=kX$	$m_Z^2=k^2m^2$
线性函数	$Z=k_1X_1\pm k_2X_2\pm\cdots\pm k_nX_n$	$m_Z^2=k_1^2m_1^2+k_2^2m_2^2+\cdots+k_n^2m_n^2$

对于非线性函数这类函数，只能根据误差传播定律，给出应用的过程。

(1) 根据具体问题列出函数关系式：

$$Z=F(x_1,x_2,x_3,\cdots,x_n)$$

(2) 对函数各变量求取偏导数，即 $\left(\dfrac{\partial F}{\partial x_i}\right)$。

(3) 把变量的初值代入偏导数中，即 $f_1=\left(\dfrac{\partial F}{\partial x_i}\right)_0$。

(4) 应用误差传播定律求取函数的中误差，即

$$m_Z^2=f_1^2m_1^2+f_2^2m_2^2+\cdots+f_n^2m_n^2$$

误差传播定律在测绘领域应用十分广泛，利用它不仅可以求得观测值函数的中误差，还可以研究确定容许误差值及事先分析观测可能达到的精度等。下面举例说明其应用方法。

例 1：在 1∶1000 地形图上量得 a 、b 两点间的距离 d=23.4mm，m_d=0.2mm。求 A 、B 两点间的实地水平距离 S 及其中误差 m_S 。

解：由比例尺的定义得

$$S = kd = 1000 \times 23.4 / 1000 = 23.4\text{m}$$

根据表 5.2 中倍数函数的误差传播公式得

$$m_S = km_d = 1000 \times 0.2 / 1000 = 0.2\text{m}$$

距离结果可以写成 $S = 23.4\text{m} \pm 0.2\text{m}$ 。

例 2：设在三角形 ABC 中，直接观测了 $\angle A$ 、$\angle B$ ，其中误差相应为 $m_A = \pm 3''$ ，$m_B = \pm 4''$ 。求由 $\angle A$ 、 $\angle B$ 计算 $\angle C$ 值的中误差。

解：函数关系式为

$$\angle C = 180^\circ - \angle A - \angle B$$

对上式微分

$$f_1 = \left(\frac{\partial \angle C}{\partial \angle B}\right)_0 = -1 \qquad f_2 = \left(\frac{\partial \angle C}{\partial \angle A}\right)_0 = -1$$

则根据误差传播定律得

$$m_C^2 = f_1^2 m_A^2 + f_2^2 m_B^2 = 9 + 16 = 25$$

所以

$$m_C = \pm 5''$$

例 3：设有一函数关系 $h = D\tan\alpha$ 。已知：$D = 120.25\text{m} \pm 0.05\text{m}$ ，$\alpha = 12^\circ 47' \pm 0.5'$ ，求 h 及其中误差。

解：

$$h = D\tan\alpha = 120.25\tan 12^\circ 47' = 27.28\text{m}$$

求偏导数：

$$f_1 = \frac{\partial h}{\partial D} = \tan\alpha = 0.2269$$

$$f_2 = \left(\frac{\partial h}{\partial D}\right)_0 = D\sec^2\alpha\Big|_0 = 120.25 \times \sec^2 12^\circ 47' = 126.44$$

则

$$\begin{aligned} m_h^2 &= f_1^2 m_D^2 + \frac{f_2^2 m_\alpha^2}{\rho^2} = (0.2269)^2 \times (0.05)^2 + \frac{(126.44)^2 \times (0.5')^2}{(3438')^2} \\ &= 4.66 \times 10^{-4}\,\text{m}^2 \end{aligned}$$

所以

$$m_h = \pm 0.002\text{m}$$

最后结果写为

$$h = 27.28\text{m} \pm 0.002\text{m}$$

例 4：设在 A、B 两点用水准仪设了 n 个测站，其中第 i 个测站测得的高差为 h，则 A、B 两点之间的高差为

$$h = h_1 + h_2 + \cdots + h_n$$

设各测站观测的高差是等精度的独立观测值，其中误差均为 $m_{站}$，则由误差传播定律知，A、B 两点间的高差中误差为

$$m_h^2 = m_{站}^2 + m_{站}^2 + \cdots + m_{站}^2 = n m_{站}^2$$

即

$$m_h = \pm m_{站} \sqrt{n}$$

若水准路线是在地形平坦的地区进行的，前、后两立尺点间的距离大致相等并设为 l。设 A、B 点间的距离为 L，则两点间的测站数 $n = \dfrac{L}{l}$，代入上式

$$m_h = \pm m_{站} \sqrt{\frac{L}{l}}$$

如 $L = 1\text{km}$，l 以千米为单位，代入上式后，即得 1km 路线长的高差中误差 $m_{千米}$：

$$m_{千米} = \pm m_{站} \sqrt{\frac{1}{l}}$$

当 A、B 的距离为 L 千米时，A、B 两点间的高差中误差 m_h，按误差传播定律应为

$$m_h = \pm m_{千米} \sqrt{L}$$

若水准测量进行了往返测量，最后观测结果为往返测量高差值取中数 $\bar{h}$，则

$$m_{\bar{h}} = \pm \frac{m_h}{\sqrt{2}} = \pm \sqrt{L} \cdot \frac{m_{千米}}{\sqrt{2}}$$

设 $\dfrac{m_{千米}}{\sqrt{2}} = \overline{m}_{千米}$，称为 1km 往返测高差中数的中误差，则

$$m_{\bar{h}} = \pm \sqrt{L} \cdot \overline{m}_{千米} \tag{5.12}$$

由以上分析可以看出，根据式(5.12)，当各测站高差的观测精度相同时，水准测量高差中误差与测站数的平方根成正比；由此可知，当各测站距离大致相等时，水准测量高差中误

差与距离的平方根成正比。

例 5：试用误差传播定律分析测回法(仪器为 DJ6 光学经纬仪)测量水平角的精度。

解：(1)测角中误差。DJ6 光学经纬仪一测回方向中误差为 ± 6″，而一测回角值为两个方向值之差，所以一测回角值的中误差为

$$m_\beta = \pm m_{方}\sqrt{2} = \pm\sqrt{2}\times 6'' = \pm 8.5''$$

(2)测回之间较差的容许值。测回法测角时，各测回之间的较差的中误差应为基础值的中误差，根据误差传播定律，差值的中误差 $m_{\Delta\beta}$ 为

$$m_{\Delta\beta} = \pm m_\beta\sqrt{2} \tag{5.13}$$

若以 3 倍中误差为容许误差，则各测回之间角值互差的容许值为

$$\varDelta_{容} = 3\sqrt{2}\left|m_\beta\right| = 3\sqrt{2}\times 8.5'' = 35.7'' \approx 40''$$

所以规定，DJ6 光学经纬仪用测回法测角时，各测回角值之差不得大于 40″。

5.4　等精度直接观测平差

在自然界中，任何单个未知量(如某一角度、某一长度等)的真值都是无法确知的，只有通过重复观测，才能对其真值做出可靠的估计。在测量实践中，重复测量还可以提高观测成果的精度，同时能发现和消除粗差。

重复测量形成了多余观测，加之测量值必然含有误差，这就产生了观测值之间的矛盾。为了消除这种矛盾，就必须依据一定的数据处理准则，采用适当的计算方法，对有矛盾的观测值加以必要而又合理的调整，给以适当的改正，从而求得观测量的最佳估值，同时对观测值进行质量评估。这一数据处理的过程称作“测量平差”。

在相同观测条件下进行的观测称为等精度观测，所得到的观测值称为等精度观测值。如果观测所使用的仪器精度不同，或观测方法不同，或外界条件差别较大，不同观测条件下所获得的观测值称为不等精度观测值。

对一个未知量的直接观测值进行平差，称为直接观测平差。根据观测条件，有等精度直接观测平差和不等精度直接观测平差。平差的目的是得到未知量最可靠估计值(最接近其真值)，称为“最或是值”或“最或然值”。

5.4.1　最或是值的计算

在等精度直接观测平差中，观测值的算术平均值就是未知量的最或是值。

设对某未知量进行了 n 次等精度观测，其观测值为 l_1，l_2，…，l_n，该量的真值为 X，各观测值的真误差为 $\varDelta_1$，$\varDelta_2$，…，$\varDelta_n$。由于真值 X 无法确知，测量上取 n 次观测值的算术平均值为最或是值 L，以代替真值，即

$$L = \frac{l_1 + l_2 + \cdots + l_n}{n} = \frac{[L]}{n}$$

观测值与最或是值之差，称为“观测值的改正数”，用符号v_i来表示：

$$v_i = L - l_i \qquad (i = 1,2,3,\cdots,\ n) \tag{5.14}$$

将n个观测值的改正数相加得

$$[v] = nL - [l] = 0 \tag{5.15}$$

即改正数的总和为0。式(5.15)可以作为计算检核，若v_i值计算无误，其总和必然为0。

5.4.2 评定精度

1) 观测值中误差

因为独立观测值中单个未知量的真值X是无法确知的，所以真误差$\varDelta$也是未知的，因此不能直接应用式(5.7)求得中误差。但可以根据有限个等精度观测值l_i求出最或是值L后，再按式(5.14)计算观测值的改正数，用改正数v_i计算观测值的中误差。其公式推导如下：

对未知量进行n次等精度观测，得观测值l_1，l_2，…，l_n，则真误差

$$\varDelta_i = l_i - X \quad (i = 1,2,3,\cdots,\ n) \tag{5.16}$$

将式(5.14)与式(5.16)相加得

$$\varDelta_i + v_i = L - X \qquad (i = 1,2,3,\cdots,\ n) \tag{5.17}$$

令$\delta = L - X$，则

$$\varDelta_i = \delta - v_i \qquad (i = 1,2,3,\cdots,\ n) \tag{5.18}$$

对式(5.18)两端取平方和，即

$$[\varDelta\varDelta] = [vv] - 2[v]\delta + n\delta^2 \tag{5.19}$$

因$[v]=0$，则$[\varDelta\varDelta] = [vv] + n\delta^2$，而

$$\begin{aligned}
\delta^2 &= (L - X)^2 \\
&= \left(\frac{[l]}{n} - X\right)^2 \\
&= \frac{1}{n^2}\left[(l_1 - X) + (l_2 - X) + \cdots + (l_n - X)\right]^2 \\
&= \frac{1}{n^2}(\varDelta_1 + \varDelta_2 + \cdots + \varDelta_n)^2 \\
&= \frac{1}{n^2}(\varDelta_1^2 + \varDelta_2^2 + \varDelta_3^2 + \cdots + \varDelta_n^2 + 2\varDelta_1\varDelta_2 + 2\varDelta_1\varDelta_3 + \cdots) \\
&= \frac{[\varDelta^2]}{n^2} + \frac{2}{n^2}\sum_{i=1}^{n}\sum_{\substack{j=1 \\ j\neq i}}^{n}(\varDelta_i\varDelta_j)
\end{aligned}$$

因为$\Delta_1,\Delta_2,\cdots,\Delta_n$是彼此独立的偶然误差，所以$\Delta_i\Delta_j$也具有偶然误差的性质。根据偶然误差特性 4，当$n\to\infty$时，上式等号右边的第二项趋近于 0，因此有

$$\delta^2=\frac{\left[\Delta^2\right]}{n^2}$$

将其代入式(5.19)，顾及$[v]=0$，且等式两边除以n，于是有

$$\frac{[\Delta\Delta]}{n}=\frac{[vv]}{n}+\frac{[\Delta\Delta]}{n^2}$$

根据中误差的定义，可以得到以改正数表示的中误差为

$$m=\pm\sqrt{\frac{[vv]}{n-1}} \tag{5.20}$$

式(5.20)即为等精度观测值改正数计算中误差的公式，称为贝塞尔公式。

例 6：对某角进行了 5 次等精度观测，观测结果列于表 5.3。试求其观测值的中误差及最或是值的中误差。

表 5.3　观测值中误差计算表

观测值	v	v^2
$l_1=35°18'28''$	3	9
$l_2=35°18'25''$	+0	0
$l_3=35°18'26''$	−1	1
$l_4=35°18'22''$	+3	9
$l_5=35°18'24''$	+1	1
$x=\frac{[l]}{5}=35°18'25''$	$[v]=0$	$[vv]=20$

解：观测值的中误差为

$$m=\pm\sqrt{\frac{[vv]}{n-1}}=\pm\sqrt{\frac{20}{5-1}}=\pm2.2''$$

2) 最或是值的中误差

设对某未知量进行n次等精度观测，观测值为l_1，l_2，…，l_n，误差为m。最或是值L的中误差M的计算公式推导如下：

$$X=\frac{[l]}{n}=\frac{1}{n}l_1+\frac{1}{n}l_2+\cdots+\frac{1}{n}l_n \tag{5.21}$$

根据误差传播定律，有

$$M=\sqrt{\left(\frac{1}{n}\right)^2 m^2+\left(\frac{1}{n}\right)^2 m^2+\cdots+\left(\frac{1}{n}\right)^2 m^2} \tag{5.22}$$

所以，最或是值的中误差为

$$M=\pm\frac{m}{\sqrt{n}} \tag{5.23}$$

或

$$M=\pm\sqrt{\frac{[vv]}{n(n-1)}} \tag{5.24}$$

例 7：计算例 6 的最或是值的中误差。

解：根据式(5.23)得

$$M=\pm\frac{m}{\sqrt{n}}=\pm\frac{2.2''}{\sqrt{5}}=\pm1.0''$$

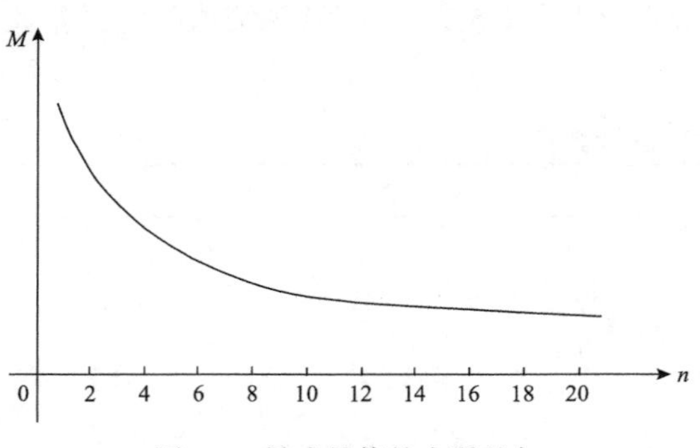

图 5.4　最或是值的中误差与观测次数的关系曲线

从式(5.23)可以看出，最或是值的中误差与观测次数的平方根成反比，因此增加观测次数可以提高最或是值的精度。当观测值的中误差 $m=1$ 时，最或是值的中误差 M 与观测次数 n 的关系如图 5.4 所示。由图可以看出，当 n 增加时，M 减小。当观测次数 n 达到一定数值后(如 $n=10$)，再增加观测次数，工作量增加，但提高精度的效果并不明显。所以不能单纯以增加观测次数来提高测量成果的精度，应设法提高观测值本身的精度，如使用精度较高的仪器、提高技术水平、在良好的外界条件下进行观测等。

5.5　不等精度直接观测平差

在对某一未知量进行不等精度观测时，各观测值则具有不同的可靠性。因此，在求未知量的最可靠估值时，就不能像等精度观测那样简单地取算术平均值，因为较可靠的观测值对测量结果的影响较大。

不等精度观测值的可靠性，可用一个比值来表示，这个比值称为观测值的“权”。观测值的精度越高，其权越大。例如，对某一未知量进行了两组多次观测，各次观测值精度相同。设第一组观测了 4 次，其观测值为 l_{11}、l_{12}、l_{13}、l_{14}；第二组观测了 3 次，观测值为 l_{21}、l_{22}、l_{23}。则各组算术平均值为

$$L_1=\frac{l_{11}+l_{12}+l_{13}+l_{14}}{4}\text{，}\quad L_2=\frac{l_{21}+l_{22}+l_{23}}{3}$$

显然，算术平均值 L_1、L_2 是不等精度的。根据全部观测为等精度观测，则未知量的最

或是值为

$$L=\frac{[l]}{n}=\frac{(l_{11}+l_{12}+l_{13}+l_{14})+(l_{21}+l_{22}+l_{23})}{7}$$

上式可写成

$$L=\frac{4L_1+3L_2}{4+3} \tag{5.25}$$

从不等精度观测平差的观点来看，观测值 L_1 是 4 次观测值的平均值，L_2 是 3 次观测值的平均值，L_1 和 L_2 的可靠性不一样，可取 4、3 为其相应的“权”，以表示 L_1 和 L_2 可靠程度的差别。

5.5.1　权与中误差的关系

一定的观测条件下，必然对应着一个确定的误差分布，同时对应着一个确定的中误差。观测值的中误差越小，其值越可靠，权就越大。因此，可以根据中误差来定义观测值的权。

设 n 个不等精度观测值的中误差分别为 m_1，m_2，…，m_n，则权可以用下式来定义：

$$p_i=\frac{\lambda}{m_i^2}\quad(i=1,2,3,\cdots,\ n) \tag{5.26}$$

式中，λ 为任意正数。

前面所举的例子，l_{11}、l_{12}、l_{13}、l_{14} 和 l_{21}、l_{22}、l_{23} 是等精度观测值。设观测值的中误差为 m，则根据式(5.23)可得

$$m_{L_1}=\frac{m}{\sqrt{4}},\quad m_{L_2}=\frac{m}{\sqrt{3}}$$

将 m_{L_1} 和 m_{L_2} 分别代入式(5.26)中得

$$p_1=\frac{\lambda}{m_{L_1}^2},\quad p_2=\frac{\lambda}{m_{L_2}^2}$$

若取 $\lambda=m^2$，则 L_1、L_2 的权分别为 $p_1=4$，$p_2=3$。

例 8：设分别以不等精度观测某角度，各观测值的中误差分别为 $m_1=2.0''$，$m_2=3.0''$，$m_3=6.0''$。求各观测值的权。

解：由式(5.26)可得

$$p_1=\frac{\lambda}{m_1^2}=\frac{\lambda}{4}\ ,\quad p_2=\frac{\lambda}{m_2^2}=\frac{\lambda}{9}\ ,\quad p_3=\frac{\lambda}{m_3^2}=\frac{\lambda}{36}$$

若取 $\lambda=4$，则 $p_1=1$，$p_2=4/9$，$p_3=1/9$。若取 $\lambda=36$，则 $p_1=9$，$p_2=4$，$p_3=1$。

显然，选择适当的 λ 值，可以使权成为便于计算的数值。

例 9：对某一角度进行了 n 个测回的观测，求其最或是值的权。

解：设一测回角度观测值的中误差为 m，由式(5.23)知：最或是值的中误差为 $M=\pm\frac{m}{\sqrt{n}}$，根据权的定义并设 $\lambda=m^2$，则一测回观测值的权为

$$p=\frac{\lambda}{m^2}=1$$

最或是值的权为

$$p=\frac{\lambda}{\frac{m^2}{n}}=\frac{m^2}{\frac{m^2}{n}}=n$$

由上例可知，若取一测回角度观测值的权为 1，则 n 个测回观测值的最或是值的权为 n，即角度测量的权与其测回数成正比。在不等精度观测中引入“权”的概念，可以建立各观测值之间的精度比值，以便更合理地处理观测数据。

设每一个测回观测值的中误差为 m，其权为 p_0，当取 $\lambda=m^2$ 时，则有

$$p_0=\frac{\lambda}{m^2}=1$$

等于 1 的权称为单位权。权等于 1 的观测值的中误差称为单位权中误差，一般用 μ 表示。对于中误差为 m_i 的观测值，其权 p_i 为

$$p_i=\frac{\mu^2}{m_i^2} \tag{5.27}$$

由上式可得出观测值或观测值函数的中误差的另一种表达式，即

$$m_i=\pm\mu\sqrt{\frac{1}{p_i}} \tag{5.28}$$

5.5.2　加权平均值及其中误差

对同一未知量进行了 n 次不等精度观测，观测值为 l_1，l_2，…，l_n，其对应的权为 p_1，p_2，…，p_n，则加权平均值 L 为不等精度观测值的最或是值，计算公式为

$$L=\frac{[pl]}{p}=\frac{p_1}{[p]}l_1+\frac{p_2}{[p]}l_2+\cdots+\frac{p_n}{[p]}l_n \tag{5.29}$$

校核计算式为

$$[pv]=0 \tag{5.30}$$

其中，$v_i=l_i-L$，为观测值的改正数。

下面计算加权平均值的中误差 M_L。

由式(5.29)，根据误差传播定律，可得 L 的中误差 M_L 为

$$M_L^2 = \frac{1}{[p]^2}\left(p_1^2 m_1^2 + p_2^2 m_2^2 + \cdots + p_n^2 m_n^2\right) \tag{5.31}$$

式中，m_1，m_2，…，m_n 为 l_1，l_2，…，l_n 的中误差。

由式(5.28)知，$p_1 m_1^2 = p_2 m_2^2 = \cdots = p_n m_n^2 = \mu^2$，所以有

$$M_L^2 = \frac{1}{[p]^2}\left(p_1^2 \mu^2 + p_2^2 \mu^2 + \cdots + p_n^2 \mu^2\right) = \frac{\mu^2}{[p]} \tag{5.32}$$

应用等精度观测值中误差的推导方法，可推导出单位权中误差的计算公式，即

$$\mu = \pm\sqrt{\frac{[pvv]}{n-1}} \tag{5.33}$$

则加权平均值的中误差 M_L 为

$$M_L = \pm\sqrt{\frac{[pvv]}{(n-1)[p]}} \tag{5.34}$$

例 10：在水准测量中，从 3 个已知高程点 A、B、C 出发，测量 E 点的三个高程观测值，l_i 为各水准路线的长度，求 E 点高程的算术平均值及其中误差(图 5.5)。

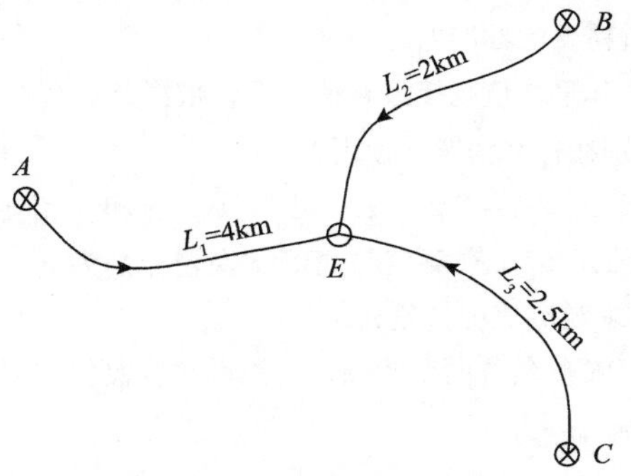

图 5.5　水准路线网

解：取各水准路线长度 l_i 的倒数乘以 C 为权，并令 $C=1$，计算如表 5.4 所示。

表 5.4　带权平均值及中误差的计算

测段	高程观测值/m	水准路线长度 l_i / km	权 $p_i = \frac{1}{l_i}$	v	pvv
AE	42.347	4.0	0.25	−17.0	71.4
BE	42.320	2.0	0.50	10.0	50.0
CE	42.332	2.5	0.40	−2.0	1.6
Σ			1.15		123.0

E 点高程的算术平均值为

$$H_E = \frac{0.25 \times 42.347 + 0.50 \times 42.320 + 0.40 \times 42.332}{0.25 + 0.50 + 0.40} = 42.330\text{m}$$

单位权观测值中误差为

$$\mu = \pm\sqrt{\frac{[pvv]}{n-1}} = \pm\sqrt{\frac{123.0}{3-1}} = \pm 7.8\text{mm}$$

算术平均值中误差为

$$M_L = \pm\frac{\mu}{\sqrt{[p]}} = \pm\frac{7.8}{\sqrt{1.15}} = \pm 7.3\text{mm}$$

思考与练习题

1. 如何检验测量误差的存在？产生误差的原因是什么？
2. 什么是系统误差、偶然误差、粗差。
3. 系统误差有何特点?它对测量结果产生什么影响?如何预防和减少系统误差对观测成果的影响？
4. 写出真误差的表达式，偶然误差能否消除?它有何特性?
5. 说明精度与观测条件的关系。何为等精度观测?何为不等精度观测?
6. 写出中误差、相对误差的定义式，理解极限误差取值两倍中误差的理论根据。
7. 在测角中用正倒镜观测，水准测量中使前后视距相等，这些规定都能消除什么误差？
8. 为什么中误差能作为衡量精度的标准？
9. 为什么说观测次数越多，其平均值越接近真值？理论依据是什么？
10. 绝对误差和相对误差分别在什么情况下使用？
11. 有函数 $X = z_1 + z_2$，其中 $z_1 = x + 2y$，$z_2 = 2x - y$，x 和 y 相互独立，且 $m_x = m_y = m$，求 m_X。
12. 观测某一已知长度的边长，5 个观测值与之的真误差分别为 $\Delta_1 = 4\text{mm}$、$\Delta_2 = 5\text{mm}$、$\Delta_3 = 9\text{mm}$、$\Delta_4 = 3\text{mm}$、$\Delta_5 = 7\text{mm}$。求观测值中误差 m。
13. 等精度观测五边形 $ABCDE$ 内角各两个测回，一测回角观测值中误差 $m_\beta = \pm 40''$，试求：
    (1) 五边形角度闭合差的中误差；
    (2) 若使角度闭合差的中误差不超过 $\pm 50''$，需观测几个测回？
14. $\triangle ABC$ 中，测得 $\angle A = 30°00'42'' \pm 3''$，$\angle B = 60°10'00'' \pm 4''$，试计算 $\angle C$ 及其中误差 m。
15. 测得一长方形的两条边分别为 15m 和 20m，中误差分别为±0.012m 和±0.015m，求长方形的面积及其中误差。
16. 水准路线 A、B 两点之间的水准测量有 9 个测站，若每个测站的高差中误差为 3mm，求：
    (1) A 至 B 往测的高差中误差；
    (2) A 至 B 往返测的高差平均值中误差。

第 6 章　小区域控制测量

内容提要

本章主要介绍平面控制测量和高程控制测量的基本原理和方法，叙述了导线测量的外业测量方法和内业计算，对交会定点、三四等水准测量和三角高程测量等原理和方法进行了阐述。

6.1　控制测量概述

测量误差的产生是不可避免的，且误差具有传递和积累的性质。因此，测量工作必须遵循“从整体到局部，先控制后碎部，由高级到低级”的原则，以防止误差积累，提高测量精度。

在测量工作实施时，按照相应的测量技术规范，首先在整个测区范围内，选定一些具有控制意义的地面点，这些点构成具有一定图形强度的几何图形，形成整个测区的框架，然后用精确的测量手段进行观测，通过计算确定出这些点的平面位置和高程。利用这些点可以测定其他地面点的点位或进行施工放样。这些有控制意义的点称为控制点；由控制点构成的几何图形称为控制网；对控制网进行布设、观测、推算控制点坐标等工作称为控制测量。

在传统的控制测量工作中，控制测量分为平面控制测量和高程控制测量两种。平面控制网和高程控制网通常分别布设。平面控制网通常采用三角测量法、导线测量法、三边测量法和边角同测等常规方法建立。高程控制网主要通过水准测量的方法建立。根据所控制的范围，控制测量又可分为国家控制测量、城市控制测量和小区域控制测量等。国家平面控制网和国家高程控制网，总称国家基本控制网。国家基本控制网提供全国统一的空间定位基准。工程建设项目面积相对较小，因此测量一般将面积小于 $10km^2$ 的项目定义为小区域，在此范围内进行的控制测量工作称为小区域控制测量。

在现代测量工作中，GPS 控制测量是平面控制测量的主要方法之一。按照国家标准《全球定位系统（GPS）测量规范》(GB/T 18314—2009)，我国将 GPS 测量按精度划分为 A、B、C、D、E 5 个等级，其中，A 级 GPS 控制网由卫星定位连续运行基准站(CORS)构成，用于建立国家一等大地控制网，进行全球性的地球动力学研究、地壳形变测量和卫星精密定轨测量；B 级 GPS 控制测量主要用于建立国家二等大地控制网，建立地方或城市坐标基准框架、区域性的地球动力学研究、地壳形变测量、局部形变监测和各种精密工程测量；C 级 GPS 控制测量用于建立三等大地控制网，以及区域、城市及工程测量的基本控制网；D 级 GPS 控制测量用于建立四等大地控制网，以及中小城镇的控制测量，地籍、房产等测图、物探、勘测、建筑施工等控制测量；E 级 GPS 控制网测量用于测图、物探、勘测、建筑施工等控制测量。

6.1.1　国家平面控制网

国家平面控制网布设的基本原则为“分级布网，逐级加密；应具有足够的精度；应具有足够的密度；应采用统一的方式”，一共分为一等、二等、三等、四等四个等级，传统的布网方式包括三角网、导线网、三边网、边角网等。

将已知点和待定点通过三角形的形式进行连接，并观测所有三角形内角的测量方法称为三角测量，所构成的网型称为三角网，如图 6.1 所示。将已知点和待定点通过直线进行连接，并观测所有直线边长及相邻边所构成的夹角的测量方法称为导线测量，如图 6.2 所示，多条导线相互交叉所构成的网型称为导线网。

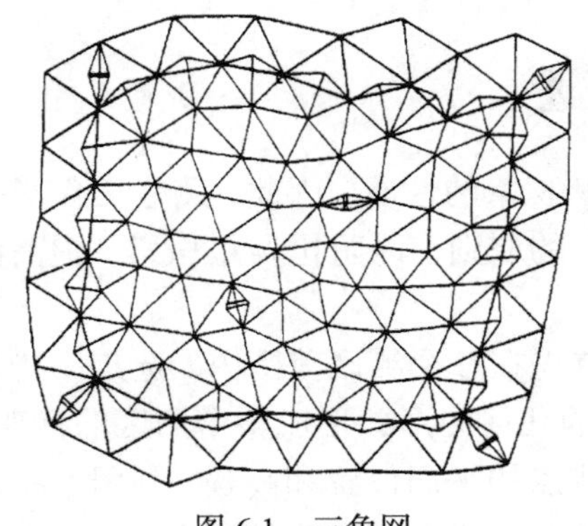

图 6.1　三角网

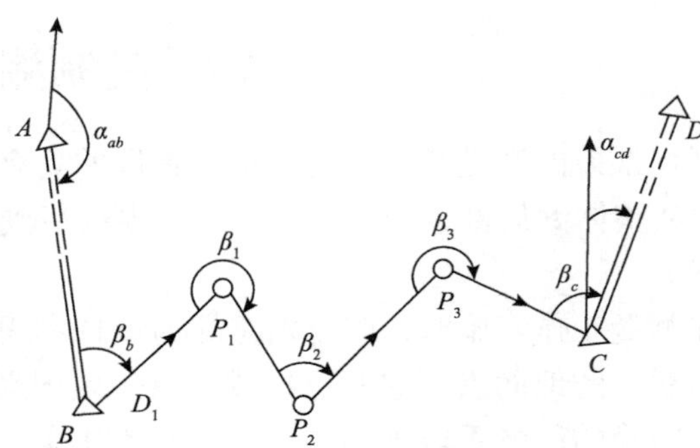

图 6.2　导线

国家平面控制网的布设方案是，首先在全国范围内建立一等三角锁作为国家平面控制网的骨干，然后用二等三角网布设于一等三角锁环内，作为国家平面控制网的全面基础，再用三四等三角网逐级加密。三角测量具有覆盖面广、精度高、检核条件多等优点。由于测绘仪器、技术方法的限制，我国早期的平面控制网主要采用三角测量的形式，只有西部比较偏僻的地区采用了少量的导线测量。三角测量的主要技术指标如表 6.1 所示。

表 6.1　三角测量的主要技术指标

等级	平均边长/km	测角中误差/(″)	起始边边长相对中误差	最弱边边长相对中误差	三角形闭合差/(″)	测回数		
						DJ1	DJ2	DJ3
二等	9	± 1.0	1/250000	1/120000	± 3.5	12	—	-
三等	4.5	± 1.8	1/150000	1/70000	± 7.0	6	9	-
四等	2	± 2.5	1/100000	1/40000	± 9.0	4	6	-
一级	1	± 5.0	1/40000	1/20000	± 15.0	—	2	4
二级	0.5	± 10.0	1/20000	1/10000	± 30.0	—	1	2

6.1.2　城市平面控制网

为了满足城市地形测图和城市施工放样的需要，建立了为城市测量提供基础控制的控制网，称为城市控制网。它是按照城市范围的大小，在国家控制网的基础上布设而成的不同等级的城市控制网。城市平面控制网应与国家三角网联测，联测有困难的应在测区中央采用

GPS 定位。

一般，一个城市只应建立一个与国家坐标系统相联系、相对独立和统一的城市平面坐标系统。城市坐标系统的选择应以投影长度变形值不大于 2.5cm/km 为原则，并根据城市地理位置和平均高程具体情况而定。当投影长度变形值不大于 2.5cm/km 时，宜采用统一的高斯正形投影 3°带平面直角坐标系统。当投影长度变形值大于 2.5cm/km 时，采用高斯投影 3°带，投影面为测区抵偿高程面或测区平均高程面的平面直角坐标系统；或采用任意带，投影面为 1985 国家高程基准面的平面直角坐标系统。面积小于 25km^2 的城镇，可不经投影，采用独立坐标系统。

城市平面控制网布设的形式有 GPS 网、三角网和导线网等，按精度等级的不同，平面控制网精度等级的规定是，三角形网依次为二等、三等、四等和一级、二级；导线及导线网依次为三等、四等和一级、二级、三级；卫星定位测量控制网依次为二等、三等、四等和一级、二级。电磁波测距导线的主要技术指标如表 6.2 所示。

表 6.2 电磁波测距导线的主要技术指标

等级	测图比例尺	导线长度/km	平均边长/m	测距中误差/mm	测角中误差/(″)	角度闭合差/(″)	导线全长相对闭合差
三等		14	3000	≤±20	≤±1.8	$\leqslant \pm 3.6\sqrt{n}$	≤1/55000
四等		9	1500	≤±18	≤±2.5	$\leqslant \pm 5\sqrt{n}$	≤1/35000
一级		4	500	≤±15	≤±5	$\leqslant \pm 10\sqrt{n}$	≤1/15000
二级		2.4	250	≤±15	≤±8	$\leqslant \pm 16\sqrt{n}$	≤1/10000
三级		1.2	100	≤±15	≤±12	$\leqslant \pm 24\sqrt{n}$	≤1/5000
图根	1∶500	0.9	80		≤±20	$\leqslant \pm 40\sqrt{n}$ n 为测站数	≤1/4000
	1∶1000	1.8	150				
	1∶2000	3	250				

6.1.3 图根控制网

在城镇和小区域内，直接为测图而建立的控制网称为图根控制网，其控制点称为图根点。图根控制网的建立一般应在城市各级控制网下布设图根控制网。对于独立测区，也可建立测区独立平面控制网。

图根平面控制和高程控制测量，可同时进行，也可分别施测。图根平面控制可采用三角网或图根导线，施测方法采用极坐标法、边角交会法和 GPS 测量等。图根高程控制在国家四等水准网下直接布设，方法可采用图根水准、三角高程测量和 GPS 测量。因为图根控制网专为测图而作，所以图根点的密度和精度需要满足测图要求。表 6.3 是对平坦开阔地区图根点密度的规定。对山区或特别困难的地区，图根点的密度可适当增大。

表 6.3 开阔地区图根点的密度

测图比例尺	1∶500	1∶1000	1∶2000	1∶5000
图根点个数/25km^2	150	50	15	5
每幅图图根点个数	9-10	12	15	20

6.2 导线测量

6.2.1 导线的布设形式

导线是建立小区域平面控制测量的最主要也是最常用的形式，障碍物比较密集的城市和林区应用更为方便，另外在公路、铁路等线状工程中也有着广泛的用途。根据测区实际情况和技术要求，单一导线可布设成以下三种形式。

1. 闭合导线

起闭于同一个已知点的导线，称为闭合导线，如图 6.3 (a) 所示，导线从已知点 B 和已知方向 BA 出发，经过 P_1、P_2、P_3、P_4 点，最后返回到起点 B，形成一个闭合多边形。

2. 附合导线

布设在两个不同的已知点之间的导线，称为附合导线，如图 6.3 (b) 所示，导线从已知点 B 和已知方向 BA 出发，经过 P_1、P_2、P_3 点，最后附合到另一已知点 C 和已知方向 CD。

3. 支导线

从一已知点和一已知方向出发，既不闭合也不附合，称为支导线，如图 6.3 (c) 所示。由于没有检核条件，所以，只限于在图根导线中使用，且其点数一般不超过 3 个。

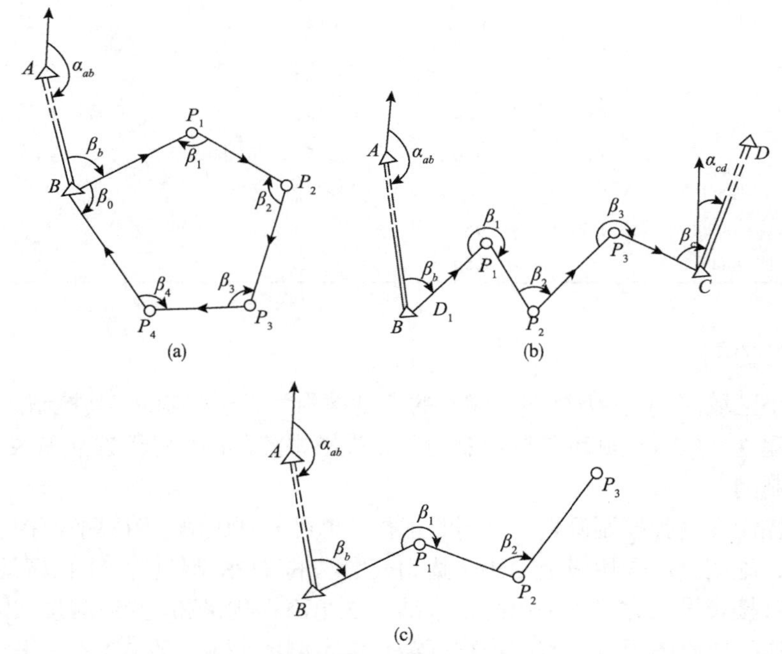

图 6.3　导线的布设形式

6.2.2 导线测量的外业工作

导线测量的外业工作包括踏勘选点、边长测量、角度测量和导线定向等几项工作。

1. 踏勘选点

在踏勘选点之前，应先到有关部门收集测区原有地形图及控制点的成果等资料，然后在地形图上进行导线布设路线的初步设计，最后按照设计方案到实地进行踏勘选点。导线点在选择时应注意以下事项：①相邻点间应通视良好，以便测角和量边；②应选择在土质坚实处，便于保存；③应选择在地势较高、视野开阔处，便于测绘周围的地物和地貌；④导线边应大致相等，相邻边比例最大不超过 1/3；⑤导线点应均匀分布于整个测区，并且密度要适中。

2. 边长测量

导线边长可用电磁波测距仪测定，测量时要同时观测竖直角，供倾斜改正之用。若用钢尺测量，应使用检定过的钢尺，并应往返测量，一般情况下相对误差不应低于 1/3000。

3. 角度测量

相邻导线边所构成的水平角可分为左角或右角。在导线的角度测量中，附合导线一般多观测导线前进方向左侧的夹角(即左角)，闭合导线一般多观测闭合环的内角。角度应采用测回法观测，对于图根导线，若用 DJ6 型经纬仪观测，则测回较差应不大于 ±40″。

4. 导线定向

导线定向又称导线的连接测量，其目的是使新测导线与高等级控制点进行连接，以获得边长、方位角和坐标等必要的起算数据。导线边与已知边之间的水平角和边长称为连接角和连接边，如图 6.3 (b) 中的 β_b 和 D_1 等。连接测量所使用的仪器、方法和精度要求与导线测量完全相同。

6.2.3　导线测量内业计算

导线测量内业计算的目的是计算各待定导线点的平面坐标。在计算之前应全面检查导线测量外业记录的正确性、成果的规范性和准确性等。检查合格后，即可按照一定的比例尺绘制导线计算略图，并将已知数据和观测数据标于图中，如图 6.4 所示。

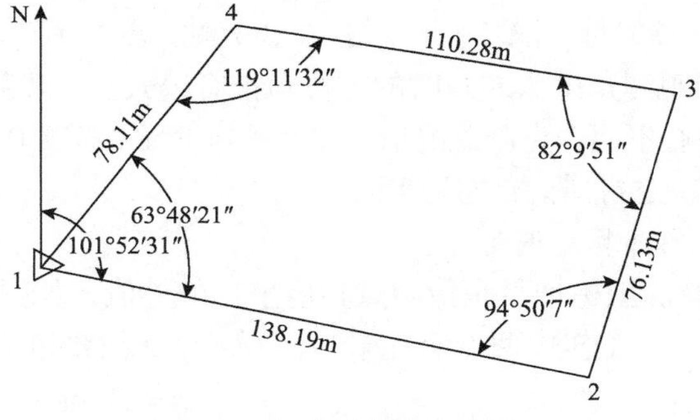

图 6.4　闭合导线计算略图

1. 闭合导线内业计算

1) 角度闭合差的计算与调整

(1) 角度闭合差的计算。根据闭合多边形的几何特性，若闭合导线的观测角数为 n，则其内角和理论值应为

$$\sum \beta_{理} = (n-2) \times 180° \tag{6.1}$$

式中，$\sum$ 表示求和；n 为测角个数。

由于测量存在不可避免的误差，所以闭合导线内角和的实测值$\sum\beta_{测}$与理论值$\sum\beta_{理}$往往不等，两者的差值即角度闭合差f_β：

$$f_\beta=\sum\beta_{测}-\sum\beta_{理}=\sum\beta_{测}-(n-2)\times180° \tag{6.2}$$

(2) 角度闭合差的调整。不同等级导线的角度闭合差允许值不同，对于图根电磁波测距导线角度闭合差的容许值$f_{\beta容}=\pm40''\sqrt{n}$。若$f_\beta\leqslant f_{\beta容}$，说明角度测量精度合格。由于每个角的观测精度相同，所以在误差分配时，采用误差反号平均分配的原则将角度闭合差分配到每个观测角中，即

$$v_i=-\frac{f_\beta}{n} \tag{6.3}$$

计算检核 1：$\sum v=-f_\beta$

求得改正数后，应计算改正后的角值，以便在形式上消除角度闭合差的影响。

$$\beta_{改}=\beta_{测}+v \tag{6.4}$$

计算检核 2：$\sum\beta_{改}=\sum\beta_{理}=(n-2)\times180°$

2) 坐标方位角的推算

根据起始边坐标方位角及改正后的各导线角，可推算导线各边的坐标方位角，其通用公式为

$$\alpha_{后}=\alpha_{前}+\beta_{改}\pm180° \tag{6.5}$$

式中，$\alpha_{后}$为导线前进方向后方边的方位角；$\alpha_{前}$为导线前进方向前方边的方位角；±取决于前两项的和，当和大于 180°时，取“－”，小于 180°时，取“＋”。

以上所介绍的是当观测角度为左角时的方位角推算公式。当观测角度为右角时，推算原理相同，但表达方式略有不同，为避免混淆，此处不再介绍，需要时用 360°减去右角，换算为相应的左角，再用式(6.5)计算方位角即可。

3) 坐标增量闭合差的计算与调整

(1) 坐标增量的计算。坐标增量是指两点相应坐标的差值，如图 6.5 所示。因为在测量工作中两点坐标未知，所以坐标增量可采用如下公式求得

$$\begin{cases}\Delta x=D\cos\alpha\\ \Delta y=D\sin\alpha\end{cases} \tag{6.6}$$

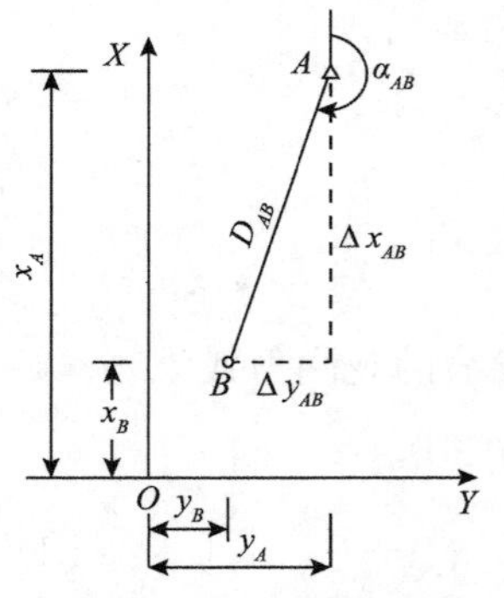

图 6.5　坐标增量示意图

式中，Δx为纵坐标增量；Δy为横坐标增量；D为两点间水平距离；α为边长的方位角。

(2) 坐标增量闭合差的计算。坐标增量闭合差就是同一条导线所有边坐标增量代数和的实测值与理论值之差。虽然角度误差已经经过分配，但分配的结果不可能和真实数值完全相同，而且边长测量的误差也会对坐标增量产生影响，所以坐标增量的实测值和理论值也会不同，其计算公式为

$$\begin{cases} f_x = \sum \Delta x_{测} - \sum \Delta x_{理} \\ f_y = \sum \Delta y_{测} - \sum \Delta y_{理} \end{cases} \tag{6.7}$$

式中，f_x 为纵坐标增量闭合差；f_y 为横坐标增量闭合差。

因为闭合导线的起终点相同，所以对于闭合导线来说，坐标增量闭合差的理论值为零，如图 6.6 所示，即

$$\begin{cases} f_x = \sum \Delta x_{测} \\ f_y = \sum \Delta y_{测} \end{cases} \tag{6.8}$$

坐标增量闭合差的存在，致使推算得出的起始点位置与已知点不重合，而产生绝对误差 f，称为导线全长闭合差。如图 6.7 所示，其计算方法为

$$f = \sqrt{f_x^{\ 2} + f_y^{\ 2}} \tag{6.9}$$

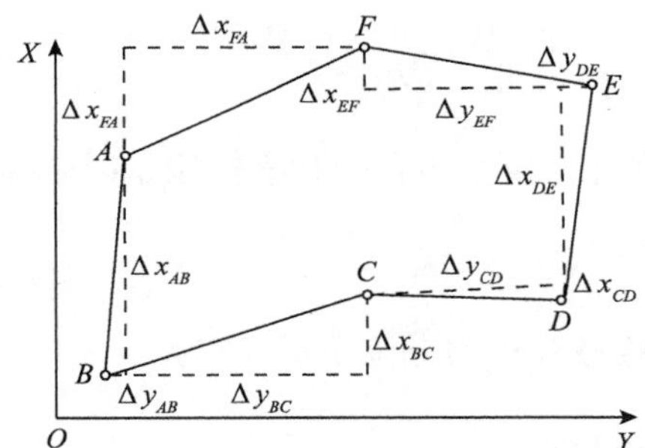

图 6.6　坐标增量闭合差示意图

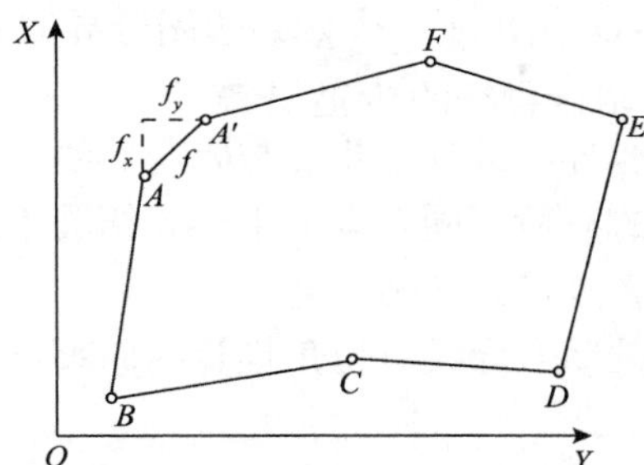

图 6.7　导线全长闭合差示意图

由第 5 章的知识可知，在与长度相关的观测量中，绝对误差不能准确地衡量精度的好坏，所以在导线测量中，以导线全长闭合差除以导线全长 $\sum D$，并化为分子为 1 的分数来表示导线精度，称为导线全长相对闭合差 K：

$$K = \frac{f}{\sum D} = \frac{1}{\frac{\sum D}{f}} \tag{6.10}$$

不同等级导线的全长相对闭合差允许值不同，对于图根导线要求 K 值不大于 1/3000。

(3) 坐标增量闭合差的调整。当导线全长相对闭合差在容许范围以内时，即可对其进行分配调整。分配的原则为，将误差反号按边长成比例分配，其误差改正数计算公式为

$$\begin{cases} V_{\Delta x_i} = -\dfrac{f_x}{\sum D} \cdot D_i \\ V_{\Delta y_i} = -\dfrac{f_y}{\sum D} \cdot D_i \end{cases} \tag{6.11}$$

式中，$V_{\Delta x_i}$ 为纵坐标增量闭合差改正数；$V_{\Delta y_i}$ 为横坐标增量闭合差改正数。

计算检核 3：$\sum V_{\Delta x_i} = -f_x, \sum V_{\Delta y_i} = -f_y$

利用改正数计算改正后的坐标增量：

$$\begin{cases} \Delta x_{改} = \Delta x_{测} + V_{\Delta x} \\ \Delta y_{改} = \Delta y_{测} + V_{\Delta y} \end{cases} \tag{6.12}$$

计算检核 4：$\sum \Delta x_{改_i} = \sum \Delta x_{改} = 0$

4) 导线点坐标计算

根据起始点坐标和改正后的坐标增量即可依次计算各导线点的坐标，具体公式为

$$\begin{cases} x_{前} = x_{后} + \Delta x_{改} \\ y_{前} = y_{后} + \Delta y_{改} \end{cases} \tag{6.13}$$

计算检核 5：$x_{起} = x_{终} + \Delta x_{改}, y_{起} = y_{终} + \Delta y_{改}$

表 6.4 给出了一个四条边闭合导线的算例。

2. 附合导线的内业计算

附合导线的计算步骤与闭合导线完全相同，仅在计算角度闭合差和坐标增量闭合差时的计算公式有所不同，以下主要介绍其不同点。

1) 角度闭合差的计算

根据闭合导线方位角推算的原理可知，附合导线最终边的方位角 $\alpha'_{终}$ 应为

$$\alpha'_{终} = \alpha_{起} + \sum \beta_{测} - n \times 180^{\circ} \tag{6.14}$$

又由于水平角观测误差的存在，最终边的推算方位角和已知值 $\alpha_{终}$ 必然不等，从而产生角度闭合差：

$$f_{\beta} = \alpha'_{终} - \alpha_{终} = \alpha_{起} + \sum \beta_{测} - n \times 180^{\circ} - \alpha_{终} \tag{6.15}$$

2) 坐标增量闭合差的计算

因为附合导线各边坐标增量的代数和的理论值不再为零，而为

$$\begin{cases} \sum \Delta x_{理} = x_{终} - x_{始} \\ \sum \Delta y_{理} = y_{终} - y_{始} \end{cases} \tag{6.16}$$

所以，坐标增量闭合差的计算公式应调整为

$$\begin{cases} f_x = \sum \Delta x_{测} - \sum \Delta x_{理} = \sum \Delta x_{测} - \left(x_{终} - x_{始}\right) \\ f_y = \sum \Delta y_{测} - \sum \Delta y_{理} = \sum \Delta y_{测} - \left(y_{终} - y_{始}\right) \end{cases} \tag{6.17}$$

其他内业计算步骤和方法与闭合导线完全相同，不再赘述。

附合导线内业计算例题见表 6.5。

表 6.4　闭合导线计算表

点号	观测角	V_β	改正后观测角	坐标方位角	边长/m	坐标增量 Δx /m	v_x/cm	Δy /m	v_y/cm	改正后坐标增量/m $\Delta x'$	$\Delta y'$	坐标/m x	y	测站
1	2	3	4	5	6	7	8	9	10	11	12	13	14	15
1												1000	1000	1
				101°52′31″	138.09	−28.42	+2	135.13	+5	−28.40	135.18			
2	94°50′07″	+2″	94°50′09″									971.60	1135.18	2
				16°42′40″	76.13	72.91	+1	21.89	+3	72.92	21.92			
3	82°09′51″	+2″	82°09′53″									1044.52	1157.10	3
				278°52′33″	110.28	17.02	+1	−108.96	+4	17.03	−108.92			
4	119°11′32″	+2″	119°11′34″									1061.55	1048.18	4
				218°04′07″	78.19	−61.56	+1	−48.21	+3	−61.55	−48.18			
1	63°48′21″	+3″	63°48′24″									1000	1000	1
				101°52′31″										
2														2
Σ	359°59′51″	+9″	360°00′00″		402.69	−0.05	+5	−0.15	+15					
备注	$f_\beta=\sum\beta_i-360°=-9''\leqslant 40\sqrt{n}=80''$, $v_\beta=-\frac{f_\beta}{n}=+9''$, $f=\sqrt{f_x^2+f_y^2}=15.8\text{cm}$, $k=\frac{1}{\sum D_i/f}=\frac{1}{2548}<\frac{1}{2000}$													

表 6.5　附合导线计算表

点号	观测角	V_β	改正后观测角	坐标方位角	边长/m	坐标增量 Δx /m	坐标增量 v_x/cm	坐标增量 Δy /m	坐标增量 v_y/cm	改正后坐标增量/m Δx′	改正后坐标增量/m Δy′	坐标/m x	坐标/m y	点号
1	2	3	4	5	6	7	8	9	10	11	12	13	14	1
A														A
				43°17′12″										
B	179°46′24″	−8″	179°46′16″									1230.88	673.45	B
				43°03′28″	124.08	+90.66	−2	+84.71	+2	+90.64	+84.73			
5	181°37′30″	−8″	181°37′22″									1321.52	758.18	5
				44°40′50″	164.10	+116.68	−2	+115.39	+3	+116.66	+115.42			
6	166°16′00″	−8″	166°15′52″									1438.18	873.60	6
				30°56′42″	208.53	+178.85	−2	+107.23	+3	+178.83	+107.26			
7	178°47′00″	−8″	178°46′52″									1617.01	980.86	7
				29°43′34″	94.18	+81.79	−1	+46.70	+2	+81.78	+46.72			
8	155°05′30″	−8″	155°05′22″									1698.79	1027.58	8
				4°48′56″	147.44	+146.92	−2	+12.38	+2	+146.90	+12.40			
C	179°27′12″	−8″	179°27′04″									1845.69	1039.98	C
				4°16′00″										
D														D
Σ	1040°59′36″	−48″	1040°58′48″		738.33	614.90	−9	+366.41	+12	614.81	366.53			

备注

$$f_\beta = \alpha_{起} + \sum\beta_{左} - \alpha_{终} - n\cdot 180° = +48'' < f_{\beta容} = \pm 40\sqrt{n} = \pm 97''$$

$$f_x = x_{起} + \sum\Delta x - x_{终} = +0.09\text{m} = +9\text{cm},\ f_y = y_{起} + \sum\Delta y - y_{终} = -0.12\text{m} = -12\text{cm}$$

$$f_s = \sqrt{f_x^2 + f_y^2} = 0.15\text{m}\qquad K = \frac{f_s}{\sum D} = \frac{0.15\text{m}}{738.33\text{m}} = \frac{1}{4900} < K_{容} = 1/2000$$

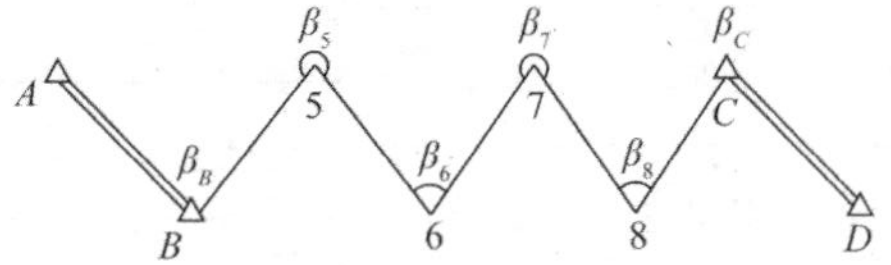

6.2.4　导线错误的检查方法

由于客观因素的限制，测量不但存在着不可避免的误差，而且在观测成果中也有可能存在错误。如果在导线内业的计算过程中发现角度闭合差或导线全长闭合差超过允许限度，则应先检查外业原始观测记录、内业计算及已知数据抄录是否存在错误，如果都没有问题，则说明外业测量过程中存在错误，此时应到现场返工重测。为避免重复劳动，在去现场前如能判断出可能发生的错误之处，则可以避免全部返工，从而提高工作效率。

1. 角度错误的查找方法

若为闭合导线，可按边长和转折角，用一定的比例尺绘出导线略图，如图 6.8 (a) 所示，若过闭合差 AA' 中点作垂线，则通过或接近通过该垂线的导线点(如图中 C 点)发生错误的可能性较大。

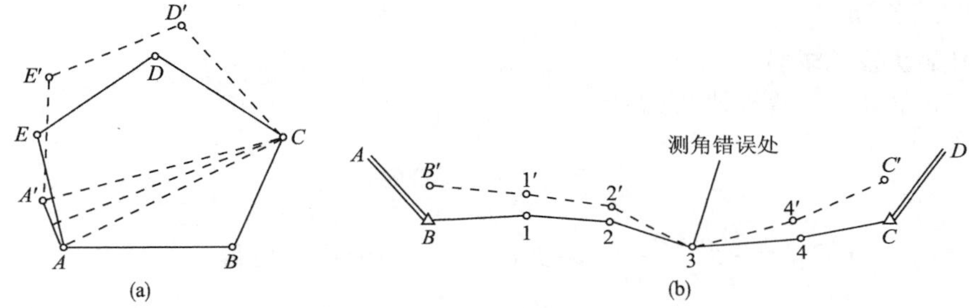

图 6.8　角度错误检查方法

若为附合导线，如图 6.8 (b) 所示，先将两端四个已知点展绘在图上，然后分别自两端按边长和角度绘出两条导线，则在两条导线相交处或最接近处发生错误的可能性较大。

2. 距离错误的查找方法

如果角度闭合差已经合格，而导线全长相对闭合差超过允许限度，此时可利用纵、横向闭合差计算闭合差的方位角，即

$$\alpha_f = \arctan\frac{f_y}{f_x} \tag{6.18}$$

比较各边坐标方位角，哪条边方位角与之接近，则说明该边距离测量错误的可能性较大，如图 6.9 中的 2—3 边。此方法同样适合于闭合导线。

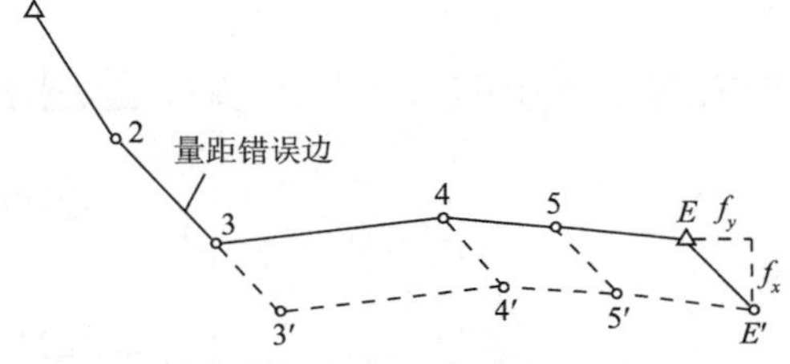

图 6.9　距离测量错误查找方法

以上方法仅适用于导线中只有一处角度测量或距离测量错误的情况，若有多处错误，情况会变得很复杂，使用以上方法很难找到错误所在。实际工作中一条导线同时出现多处错误的可能性很小，所以利用以上方法基本可以找到测量错误所在之处。

6.3 交 会 定 点

当测量范围内控制点的数量无法满足测图或施工放样的要求，但所缺的控制点数量又不多(如仅需要 2～3 个)时，若采用导线测量的方式加密则会造成时间的浪费及成本的增加。交会定点的方法则非常适用于需加密的控制点数量不多时，常用的交会定点方法包括角度前方交会、后方交会及距离交会等。

6.3.1 前方交会

如图 6.10 所示，分别在 A、B 上设站，观测水平角 α 、β ，然后利用 A、B 的已知数据和观测数据求算待定点 P 坐标的过程及方法称为角度前方交会，简称前方交会。解算可以通过以下两种方法完成。

1. 利用余切公式求解

由图 6.10 及坐标计算原理可知：

$$x_P = x_A + D_{AP}\cos\alpha_{AP} \tag{6.19}$$

式中，$\alpha_{AP}=\alpha_{AB}-\alpha, D_{AP}=\dfrac{D_{AB}\sin\beta}{\sin(\alpha+\beta)}$，将其代入式(6.19)中，可得

$$\begin{aligned}
x_P &= x_A + \frac{D_{AB}\sin\beta\cos(\alpha_{AB}-\alpha)}{\sin(\alpha+\beta)} \\
&= x_A + \frac{D_{AB}\sin\beta(\cos\alpha_{AB}\cos\alpha+\sin\alpha_{AB}\sin\alpha)/\sin\alpha\sin\beta}{(\sin\alpha\cos\beta+\cos\alpha\sin\beta)/\sin\alpha\sin\beta} \\
&= x_A + \frac{D_{AB}\cos\alpha_{AB}\cot\alpha+D_{AB}\sin\alpha_{AB}}{\cot\beta+\cot\alpha} \\
&= \frac{x_A\cot\beta+x_B\cot\alpha+(y_B-y_A)}{\cot\beta+\cot\alpha}
\end{aligned} \tag{6.20}$$

同理可得

$$y_P = \frac{y_A\cot\beta+y_B\cot\alpha+(x_A-x_B)}{\cot\beta+\cot\alpha} \tag{6.21}$$

即前方交会利用余切公式计算待定点坐标的公式为

$$\begin{cases}
x_P = \dfrac{x_A\cot\beta+x_B\cot\alpha+(y_B-y_A)}{\cot\beta+\cot\alpha} \\
y_P = \dfrac{y_A\cot\beta+y_B\cot\alpha+(x_A-x_B)}{\cot\beta+\cot\alpha}
\end{cases} \tag{6.22}$$

交会点的精度除与观测条件有关外，还与图形结构相关，所以在确定 P 点位置时，要使交会角 α 、β 的角值在 30°～180°，避免过大或过小角值的出现。一般为避免粗差的产生，前方交会时通常利用三个已知点交会，组成如图 6.11 所示的图形，以增加检核条件。

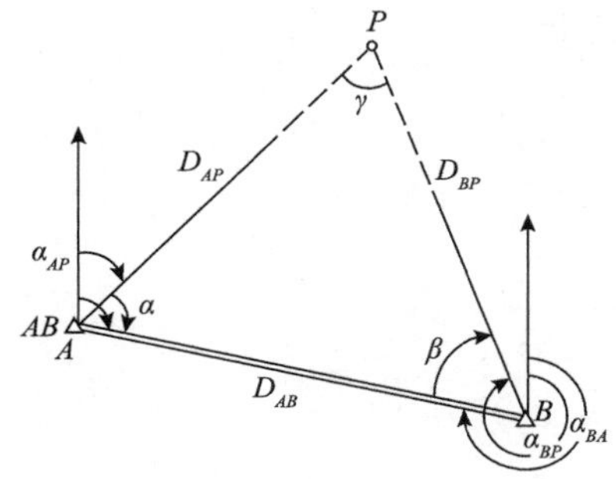

图 6.10　前方交会

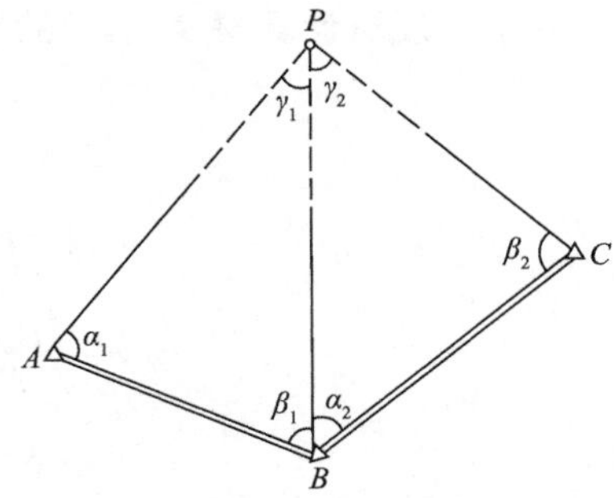

图 6.11　带检核条件的前方交会

2. 利用坐标正反算公式求解

如图 6.10 所示，利用坐标正反算公式求算的步骤如下。

(1) 根据已知点 A、B 坐标反算边长与方位角：

$$D_{AB}=\sqrt{(x_B-x_A)^2+(y_B-y_A)^2}$$

$$\alpha_{AB}=\arctan\frac{y_B-y_A}{x_B-x_A}$$

(2) 计算 AP、BP 的边长与方位角：

$$\alpha_{AP}=\alpha_{AB}-\alpha$$

$$\alpha_{BP}=\alpha_{BA}+\beta$$

$$D_{AP}=\frac{D_{AB}\sin\beta}{\sin\gamma}$$

$$D_{BP}=\frac{D_{AB}\sin\alpha}{\sin\gamma}$$

$$\gamma=180^\circ-(\alpha+\beta)$$

(3) 由 A 以坐标正算的方法计算 P 点坐标：

$$\Delta x_{AP}=D_{AP}\cos\alpha_{AP}$$

$$\Delta y_{AP}=D_{AP}\sin\alpha_{AP}$$

$$x_P=x_A+\Delta x_{AP}$$

$$y_P=y_A+\Delta y_{AP}$$

同理，可以算得由 B 计算的 P 点坐标，作为检核。

6.3.2　后方交会

如图 6.12 所示，在待定点 P 上安置仪器，对三个已知点 A、B、C 分别观测，获得三个方向间的夹角，最后计算 P 点坐标的过程和方法称为角度后方交会，简称后方交会。后方交会的优点是外业工作量少。计算待定点坐标的方法较多，在此仅介绍前面论及的余切公式法。

1. 利用坐标反算计算 *AB*、*AC* 的坐标方位角和边长

$$a=\sqrt{(x_B-x_A)^2+(y_B-y_A)^2}$$

$$\alpha_{AB}=\arctan\frac{y_B-y_A}{x_B-x_A}$$

$$c=\sqrt{(x_C-x_A)^2+(y_C-y_A)^2}$$

$$\alpha_{AC}=\arctan\frac{y_C-y_A}{x_C-x_A}$$

2. 计算 α_1,β_2

由图 6.16 可知：$\alpha_{BC}-\alpha_{BA}=\alpha_2+\beta_1$

因为 $\alpha_1+\beta_1+\gamma_1+\alpha_2+\beta_2+\gamma_2=360^\circ$，所以 $\alpha_1+\beta_2=360^\circ-(\beta_1+\gamma_1+\alpha_2+\gamma_2)$，即

$$\beta_2=\theta-\alpha_1 \tag{6.23}$$

根据正弦定理可知：

$$\frac{a\sin\alpha_1}{\sin\gamma_1}=\frac{c\sin\beta_2}{\sin\gamma_2}=\frac{c\sin(\theta-\alpha_1)}{\sin\gamma_2}$$

$$\sin(\theta-\alpha_1)=\frac{a\sin\alpha_1}{c\sin\gamma_1}$$

整理后可得

$$\tan\alpha_1=\frac{a\sin\gamma_2}{c\sin\gamma_1\sin\theta}+\cot\theta \tag{6.24}$$

对式(6.23)和式(6.24)联合求解，即可得出 α_1,β_2 的大小。

3. 计算 α_2,β_1

由图 6.12 可知：

$$\alpha_2=180^\circ-(\beta_2+\gamma_2)$$

$$\beta_1=180^\circ-(\alpha_1+\gamma_1)$$

可通过 $\alpha_2+\beta_1$ 与 $\alpha_{BC}-\alpha_{BA}$ 是否相等作为检核。

4. 利用余切公式(6.22)计算 *P* 点坐标

为避免粗差，一般应联测第 4 个已知方向，γ_3 与 $\alpha_{PD}-\alpha_{PA}$ 是否相等作为检核。

5. 后方交会的危险圆

三个已知点所构成三角形的外接圆称为待定点的危险圆(图 6.13)，因为待定点处于危险圆上的任意位置均无解。在实际工作中，待定点处于危险圆上的可能性很小，可即使处于危险圆附近，计算得出的待定点坐标仍会有很大的误差。因此规范规定，在选点时，交会角 γ_1，γ_2 与固定角 B 不应在 160°～180°。

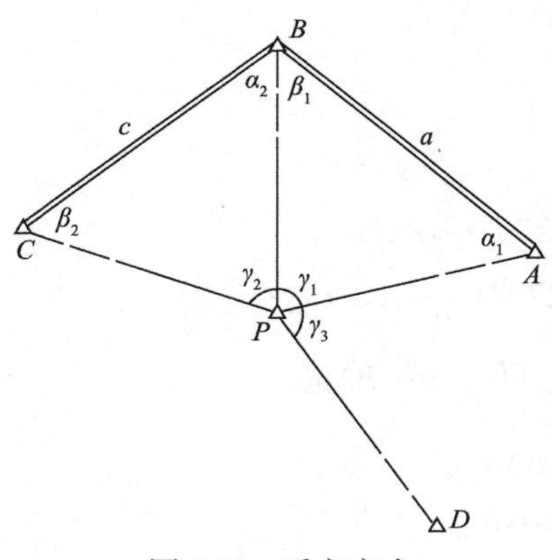

图 6.12 后方交会

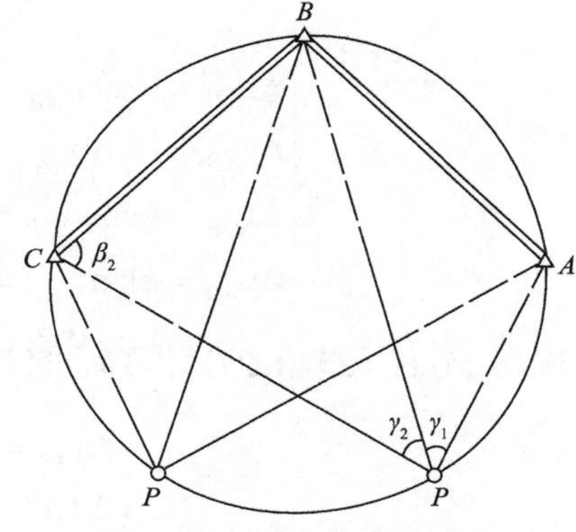

图 6.13 后方交会的危险圆

6.3.3 距离交会

通过测量 AP、BP 的距离，利用已知数据求算待定点坐标的过程与方法称为距离交会(图 6.14)。因为角度测量的工作量较大，所以当距离测量容易时距离交会的方法更为方便。

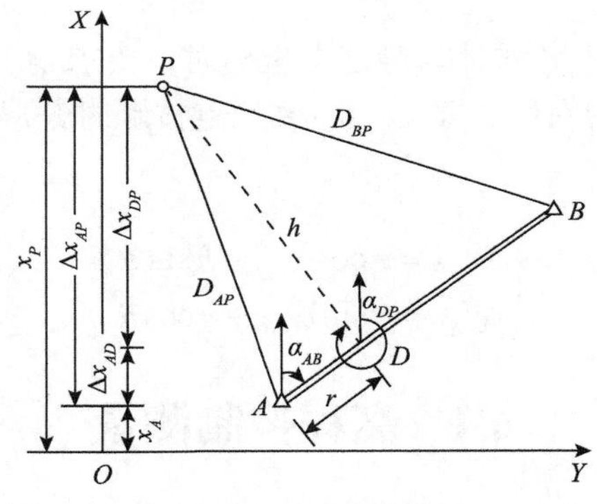

图 6.14 距离交会

根据数学原理，通过图 6.14 可知：

$$
\begin{aligned}
&\cos A=\frac{D_{AB}^2+D_{AP}^2-D_{BP}^2}{2D_{AB}D_{AP}}\\
&r=D_{AP}\cos A=\frac{1}{2D_{AB}}(D_{AB}^2+D_{AP}^2-D_{BP}^2)\\
&h=\sqrt{D_{AP}^2-r^2}
\end{aligned}
\tag{6.25}
$$

又

$$
\begin{aligned}
&\alpha_{DP}=\alpha_{AB}+270^\circ\\
&\Delta x_{AP}=\Delta x_{AD}+\Delta x_{DP}\\
&\Delta y_{AP}=\Delta y_{AD}+\Delta y_{DP}
\end{aligned}
\tag{6.26}
$$

而

$$\begin{cases}\Delta x_{AD} = r\cos\alpha_{AB} \\ \Delta y_{AD} = r\sin\alpha_{AB} \\ \Delta x_{DP} = h\cos\alpha_{DP} = h\cos(\alpha_{AB} + 270^{\circ}) = h\sin\alpha_{AB} \\ \Delta y_{AD} = h\sin\alpha_{DP} = h\sin(\alpha_{AB} + 270^{\circ}) = -h\cos\alpha_{AB}\end{cases} \tag{6.27}$$

将式(6.25)代入式(6.27)计算后再代入式(6.26)，可得坐标增量：

$$\begin{cases}\Delta x_{AP} = r\cos\alpha_{AB} + h\sin\alpha_{AB} \\ \Delta y_{AP} = r\sin\alpha_{AB} - h\cos\alpha_{AB}\end{cases} \tag{6.28}$$

最后，待定点坐标可由下式计算：

$$\begin{cases}x_P = x_A + \Delta x_{AP} \\ y_P = y_A + \Delta y_{AP}\end{cases} \tag{6.29}$$

计算得出待定点坐标后，可以通过反算两点间距离并与实测值相比较的方法对成果进行检核。

需要注意的是，利用以上各式计算待定点坐标时，要求 A、B、P 三点按逆时针进行编号。若待定点位于线段 AB 的右侧，即 A、B、P 三点按顺时针形式编号构成了三角形，此时坐标增量的计算公式应写为

$$\begin{cases}\Delta x_{AP} = r\cos\alpha_{AB} - h\sin\alpha_{AB} \\ \Delta y_{AP} = r\sin\alpha_{AB} + h\cos\alpha_{AB}\end{cases} \tag{6.30}$$

6.4 高程控制测量

6.4.1 国家高程控制网

国家高程控制网的布设原则与平面控制网相同，也分为了一等、二等、三等、四等四个等级，测量手段主要包括水准测量和三角高程测量两种。从已知水准点出发，利用水准测量的方法测定各待定水准点高程的工作称为水准测量，多条水准路线相互交叉便构成了水准网，也称高程控制网(图 6.15)。

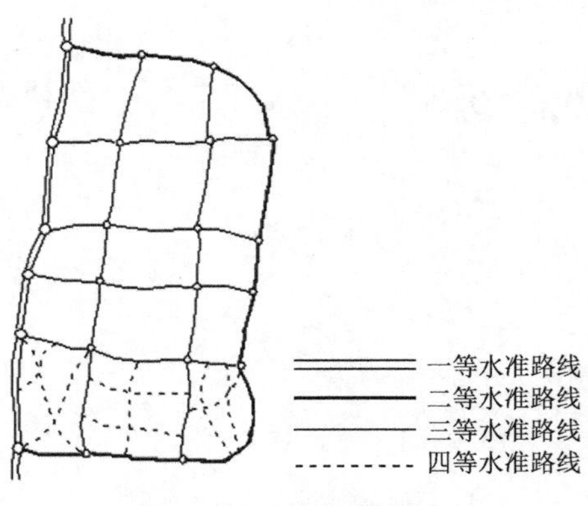

图 6.15 国家高程控制网

国家高程控制网的布设方案是，首先在全国范围内，由水准原点出发布设一等水准网，这是国家高程控制网的骨干，也为地壳和地面垂直运动监测提供数据；二等水准网布设于一等水准环网内，是国家高程控制网的基础，一等、二等水准测量称为精密水准测量。三等、四等水准测量是在一等、二等水准点的基础上进一步加密而得的，其目的是满足城市和工程建设的需要。

6.4.2　城市高程控制网

城市高程控制网的布设主要采用水准测量的方法建立。城市水准测量的等级分为二等、三等、四等。城市首级高程控制网可布设成二等或三等水准网，用三等或四等水准网进一步加密控制，四等以下可布设直接为测绘大比例尺地形图用的图根水准网。一个城市只应建立一个统一的高程系统。城市高程控制网的高程系统，应采用 1985 国家高程基准或沿用 1956 年黄海高程系。城市各等水准测量的主要技术要求见表 6.6。

表 6.6　水准测量的主要技术指标

等级	每千米高差中误差/mm	附合路线长度/km	水准仪的级别	水准尺	往返较差或路线闭合差/mm	
					平原	山区
一	±1	—	DS05	铟瓦	$\pm 2\sqrt{L}$	
二	±2	400	DS1	铟瓦	$\pm 4\sqrt{L}$	
三	±6	45	DS3	双面	$\pm 12\sqrt{L}$	$\pm 15\sqrt{L}$
四	±10	15	DS3	双面	$\pm 20\sqrt{L}$	$\pm 25\sqrt{L}$

6.4.3　图根高程控制

图根高程控制可采用图根水准测量、电磁波测距三角高程方法。平原或丘陵地区的四等以下等级高程测量，可采用 GPS 拟合高程测量方法。图根水准测量起算点的精度，不应低于四等水准高程点。图根水准测量的主要技术要求见表 6.7。电磁波测距三角高程测量，宜在平面控制点的基础上布设成三角高程网或高程导线。《工程测量规范》(GB 50026—2007)要求，垂直角对向观测时，当直觇完成后应即刻迁站进行返觇测量。

表 6.7　图根水准测量的主要技术要求

每千米高差全中误差/mm	符合路线长度/km	水准仪型号	视线长度/m	观测次数		往返较差、环线闭合差/mm	
				附合或闭合路线	支水准路线	平地	山地
20	≤5	DS3	≤100	往 1 次	往返各 1 次	$\pm 40\sqrt{L}$	$\pm 12\sqrt{n}$

6.5　三等、四等水准测量

6.5.1　基本要求

(1) 需采用双面水准尺完成。

(2) 水准点应埋设在坚固稳定的地方，并距离施工区域 25m 以外。

(3) 水准点间距视工程建设需要而定，一般为 1～2km。在地质岩层发生变化及桥梁、隧道处应增设水准点。

(4) 若施工周期较长，在北方，水准点应埋在冻土层以下，在南方则要经过一个雨季后才可以观测。

(5) 需以偶数站达到待测点。

6.5.2 观测方法

三等、四等水准测量应在通视良好、成像清晰稳定的条件下进行观测，双面尺的黑红面均需要读数。在一个测站上的观测次序为“后—前—前—后”，或称为“黑—黑—红—红”。具体的观测方法为：

(1) 照准后视水准尺黑面，读取下、上、中丝的三丝读数①、②、③，并记录在手簿中。

(2) 照准前视水准尺黑面，按同样方法读取下、上、中三丝读数④、⑤、⑥。

(3) 照准前视水准尺红面，读取中丝读数⑦。

(4) 照准后视水准尺红面，读取中丝读数⑧。

6.5.3 记录、计算与检核

将上面读取的①～⑧水准尺读数按照要求记录在表 6.8 中，然后完成以下计算工作(注意：这些计算工作必须在野外观测的同时进行)。

1) 计算视距

利用视距测量原理，根据上下丝读数即可计算前、后视线长度。

后视视距：⑨=(① − ②) × 100

前视视距：⑩=(④ − ⑤) × 100

本站视距差：⑪=⑨ − ⑩

首站至本站累计视距差：⑫=上站⑫ + 本站⑪

以⑪、⑫的数值不超过规范的规定作为检核。

2) 计算同一根尺黑、红面读数差

前视尺：⑬=④ + K − ⑦

后视尺：⑭=③ + K − ⑧

以⑬、⑭的数值不超过规范的规定作为检核。

3) 计算高差

黑面高差：⑮=③ − ④

红面高差：⑯=⑧ − ⑦

黑红面高差之差：⑰=⑮ − ⑯ ± 0.100=⑭ − ⑬

以⑰的数值是否超过规范的规定作为检核，若在限差之内，则取平均值作为该站的最后高差⑱：⑱=(⑮ − ⑯ ± 0.100)/2

每页的检核：

∑⑮ = ∑③ − ∑④

∑⑯ = ∑⑧ − ∑⑦

当测站数为偶数时：∑⑱=$\frac{1}{2}$∑ (⑮ + ⑯)

当测站数为奇数时：∑⑱=$\frac{1}{2}$∑ (⑮ + ⑯ ± 0.100)

视距差检核：∑⑨ − ∑⑩=本段末站⑫ − 前段末站⑫

本段总视距=∑⑨ + ∑⑩

三等、四等水准测量的记录表格及示例见表 6.8。

表 6.8　三等、四等水准测量记录表

测站编号	点号	后尺 上丝 下丝 后视距 视距差	前尺 上丝 下丝 前视距 $\sum d$	方向及尺号	水准尺读数 黑面	水准尺读数 红面	K+黑－红	平均高差/m	备注
		① ② ⑨ ⑪	⑤ ⑥ ⑩ ⑫	后 前 后－前	③ ④ ⑮	⑧ ⑦ ⑯	⑭ ⑬ ⑰	⑱	K_1=4.787 K_2=4.687
1	BM_3～ZD_1	1.671 0.948 72.3 +2.2	2.398 1.697 70.1 +2.2	后 $_2$ 前 $_1$ 后－前	1.309 2.047 −0.738	5.998 6.834 −0.836	−2 0 −2	−0.7370	
2	ZD_1～ZD_2	1.877 1.252 62.5 +0.1	1.622 0.998 62.4 +2.3	后 $_1$ 前 $_2$ 后－前	1.565 1.308 +0.257	6.352 5.994 +0.358	0 +1 −1	+0.2575	
3	ZD_2～ZD_3	2.389 1.731 65.8 +0.5	1.657 1.004 65.3 +2.8	后 $_2$ 前 $_1$ 后－前	2.059 1.328 +0.731	6.746 6.116 +0.630	0 −1 +1	0.7305	
4	ZD_3～B	1.246 0.542 70.4 −0.4	1.851 1.143 70.8 +2.4	后 $_1$ 前 $_2$ 后－前	0.894 1.497 −0.603	5.680 6.183 −0.503	+1 +1 0	−0.6030	
每页检核	$\sum$(9)=271.0　$\sum$(15)=−0.353=$\sum$(3)－$\sum$(4)=5.827－6.180=－0.353 －$\sum$(10)=268.6　$\sum$(16)=−0.351=$\sum$(8)－$\sum$(7)=24.776.25.127=－0.351 =2.4　$\sum$(18)=−0.352=$\sum$[(15)+(16)]/2=－0.352 =末站(12)　总视距=539.6m								

三等、四等水准测量的主要技术指标和各项限差见表 6.9 和表 6.10。

表 6.9　各等水准测量主要技术要求　(单位：mm)

等级	每千米高差中数中误差（全中误差）	测段、区段、路线往返测高差不符值	附合路线或环线闭合差 平原、丘陵	附合路线或环线闭合差 山区
三等	≤±6	≤±12 $\sqrt{R}$	≤±12 $\sqrt{L}$	≤±15 $\sqrt{L}$
四等	≤±10	≤±20 $\sqrt{R}$	≤±20 $\sqrt{L}$	≤±25 $\sqrt{L}$

注：R 为测段、区段或路线长度；L 为附合线路或环线长度，均以 km 计。

表 6.10　每站观测的限差要求

等级	标尺类型	仪器类型	视线长度/m	前后视距差/m	任一测站上前后视距累计差/m	基辅分划或红黑面读数差/mm	基辅分划或红黑面高差之差/mm
三等	双面	DS3	≤65	≤3.0	≤6.0	2	3
	铟瓦	DS1、DS05	≤80				

续表

等级	标尺类型	仪器类型	视线长度/m	前后视距差/m	任一测站上前后视距累计差/m	基辅分划或红黑面读数差/mm	基辅分划或红黑面高差之差/mm
四等	双面	DS3	≤80	≤5.0	≤10.0	3	5
	铟瓦	DS1	≤100				

6.5.4. 成果计算

三等、四等水准测量的成果计算方法与第 2 章水准测量中介绍的方法相同。当测区范围较大时，需布设多条水准路线。此时，为使各水准点的高程精度均匀，需将各条水准路线连在一起，构成统一的水准网，按照严密平差的方法进行计算。

6.6 三角高程测量

水准测量虽然精度高，但是当控制点位于建筑物顶部或在山区测定控制点的高程时，由于地形高低起伏比较大，若用水准测量不但精度难以保证，而且速度慢、困难大，此时可采用三角高程测量的方法完成。随着电磁波测距技术的发展，目前在一定的条件下，电磁波测距三角高程测量的精度已经完全可以达到四等水准测量的要求。

1. 三角高程测量原理

三角高程测量是根据两点间的水平距离（或倾斜距离）和竖直角计算两点间的高差。如图 6.16 所示，已知 A 点的高程为 H_A，欲求 B 点高程 H_B。

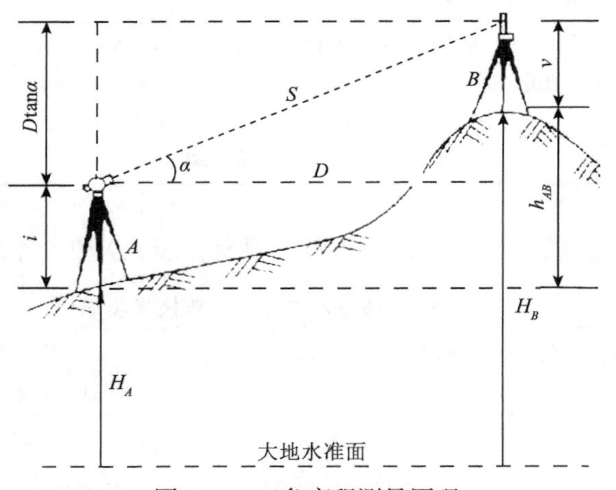

图 6.16 三角高程测量原理

置经纬仪（或全站仪）于 A 点，量取仪器高 i，在 B 点安置觇标（或反光镜），量取觇标高 v，测定垂直角 α 和 A、B 两点之间的平距 D（或斜距 S）。则 A、B 两点间的高差计算公式为

$$h_{AB} = D \cdot \tan\alpha + i - v \tag{6.31}$$

或

$$h_{AB} = S \cdot \sin\alpha + i - v \tag{6.32}$$

B 点高程的计算公式为

$$H_B = H_A + h_{AB} \tag{6.33}$$

当两点间距离大于 400m 时，应考虑地球曲率和大气折光对高差的影响，其值为球差改正 f_1 和气差改正 f_2，两者合在一起称为球气差改正 f：

$$f = f_1 + f_2 = (1-K)\frac{D^2}{2R} = 0.43\frac{D^2}{R} \tag{6.34}$$

式中，K 为当地大气折光系数；R 为地球半径。

三角高程测量，一般应进行往、返观测(对向观测)，取其平均值作为所测两点间的最后高差，对向观测可以削弱地球曲率差和大气折光差的影响。表 6.11 列出了 1km 内不同距离的球气差改正数的大小。

表 6.11　不同距离的球气差改正数

D/km	0.1	0.2	0.3	0.4	0.5	0.6	0.7	0.8	0.9	1
f/cm	0	0	1	1	2	2	3	4	6	7

2. 三角高程测量的观测与计算

1) 三角高程测量的观测

(1) 在测站点安置经纬仪或全站仪，量取仪器高 i，在目标点上安置觇标或反光镜，量取觇标高 v。

(2) 用望远镜中丝照准觇标或反光镜中心，观测竖直角，竖直角观测的具体技术指标见表 6.12。

(3) 利用几何量距方法测量两点间水平距离，或利用电磁波测距仪测量两点间倾斜距离，有关技术要求见《城市测量规范》。

表 6.12　竖直角测回数及限差

等级 / 仪器 / 项目	四等和一、二级小三角		一、二、三级导线	
	DJ2	DJ6	DJ2	DJ6
测回数	2	4	1	2
各测回竖直角互差限差	15″	25″	15″	25″

2) 三角高程测量的计算

三角高程测量往返测后，经球气差改正后的高差之差应不大于 0.1D(D 为边长，以千米为单位)。同时，三角高程测量路线应组成闭合或附合路线，以便于检核。三角高程路线的高差闭合差容许值的计算公式为

$$f_{h容} = \pm 0.05\sqrt{\sum D^2} \tag{6.35}$$

如果 $f_h < f_{h容}$，则将闭合差按照与边长呈正比分配给各高差，再按调整后的高差推算各点高程。三角高程测量的计算一般在表 6.13 所示的表格中进行。

表 6.13　三角高程测量计算表

起算点	A	
待定点	B	
往返测	往	返
平距 D/m	341.230	341.233
竖直角 α	+14°06′30″	−13°19′00″
$D\tan\alpha$	85.764	−80.769
仪器高 i/m	1.310	1.430
觇标高 v/m	3.800	3.930
两差改正 f/m	0.008	0.008
高差 h/m	+83.281	−83.261
往返平均高差 $\bar{h}$/m	+83.272	

思考与练习题

1. 地形测量和各种工程测量为什么要先进行控制测量？控制测量分为哪几种？
2. 建立平面和高程控制网的方法有哪些？各有何优缺点？
3. 何为导线？导线的布设形式有几种？
4. 附合导线和闭合导线的内业计算有哪些不同？
5. 某闭合导线如图 6.17 所示，已知数据和观测数据列入图中。试用表格计算导线点 B、C、D 的坐标。

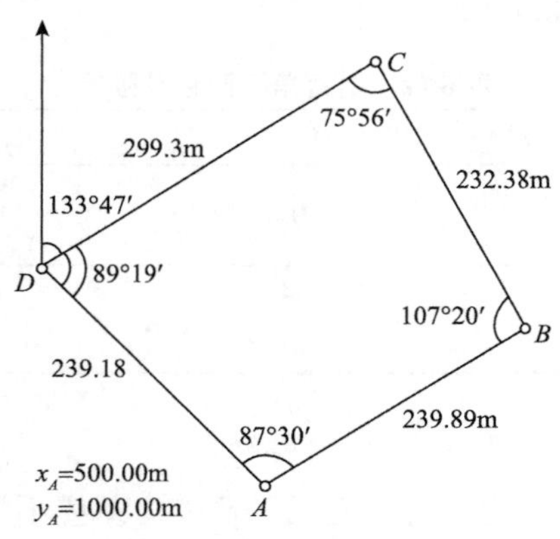

图 6.17　某闭合导线

6. 某附合导线如图 6.18 所示，已知数据和观测数据列入图中。试用表格计算导线点 1、2、3、4 的坐标。

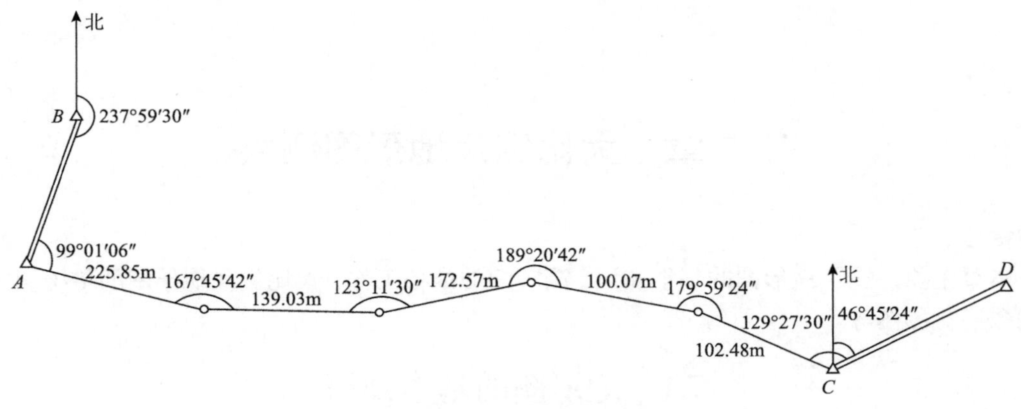

图 6.18　某附合导线

7. 已知 A 点高程为 39.830m，现用三角高程测量方法进行了直、返觇观测，观测数据列入表 6.14 中。已知 AB 的水平距离为 581.380m，试求 B 点的高程。

表 6.14　三角高程计算表

测站	目标	竖直角	仪器高/m	觇标高/m
A	*B*	11°38′30″	1.440	2.500
B	*A*	−11°24′00″	1.490	3.000

第 7 章　大比例尺地形图测绘

内容提要

本章主要讲述了地形图的基本知识，测图前的准备工作，大比例尺地形图的传统测绘方法和数字化测图等。

7.1　地形图的基本知识

7.1.1　地形图概述

地球表面的构成错综复杂，有自然形成的地貌，如高山、丘陵、平原、江、河、湖、海等，还有各种人为地貌，如人工建筑物、沟、渠等，这些统称为地形。习惯上把地形分为地物和地貌两大类。地物是指地面上有明显轮廓的，自然形成的物体或人工建造的建筑物、构筑物，如房屋、道路、水系等。地貌是指地面高低起伏变化的自然形态，如高山、丘陵、平原、洼地等。

当测区范围较小时，可将地面上的各种地物、地貌沿铅垂方向投影到同一水平面上，再按一定的比例缩小绘制成图。图上仅表示地物平面位置的图，称为平面图或地物图。图上既表示地物的平面分布状况，又用特定的符号表示地貌起伏情况的图，称为地形图。

地形图客观地反映了地物和地貌的变化情况，给分析、研究和处理问题带来了许多方便。因此，在经济、国防等各种工程建设中，都需要利用地形图进行规划、设计、施工及竣工管理。

各种地物和地貌采用各种专门的符号和注记表示在地形图上。为了使全国采用统一的符号，国家测绘地理信息局制定并颁发了各种比例尺的地形图图式，供测图、读图和用图时使用。

地形图的内容相当丰富，下面分别介绍地形图的比例尺、图名、图号、图廓及地物和地貌在地形图上的表示方法。

7.1.2　地形图的比例尺

地形图上任意线段的长度 d 与它所代表的地面上的实际水平长度 D 之比，称为地形图的比例尺。常见的比例尺有两种：数字比例尺和图示比例尺。

1. 数字比例尺

用分子为 1 的分数式来表示的比例尺，称为数字比例尺，即

$$\frac{d}{D}=\frac{1}{M} \tag{7.1}$$

或写成 1∶M。式中，M 为比例尺分母，表示缩小的倍数。M 越大，比值越小，比例尺越小，图上表示的地物地貌越简化；相反，M 越小，比值越大，比例尺越大，图上表示的地物地貌越详尽。

2. 图示比例尺

为了便于应用，以及避免由图纸伸缩而引起的误差，通常在图上绘制图示比例尺，最常见的图示比例尺为直线比例尺。图 7.1 为 1∶1000 的图示比例尺，在两条平行线上分成若干个 2cm 长的线段，称为比例尺的基本单位；最左端的一个基本单位细分成 10 等分，每等分相当于实地 2m，每一基本单位相当于实地 20m。图示比例尺上所注记的数字表示以米为单位的实际距离。图示比例尺除直观、方便外，还有一个突出的特点就是比例尺随图纸一起产生伸缩变形，避免了数字比例尺因图纸变形而影响在图上量算的准确性。

20　0　20　40

1∶1000

图 7.1　图示比例尺

地形图按比例尺大小分为大比例尺地形图、中比例尺地形图、小比例尺地形图三类。不同比例尺的地形图有不同的用途。大比例尺地形图多用于各种工程建设的规划和设计，为国防和经济建设等服务的多属中小比例尺地图。通常将 1∶100 万、1∶50 万、1∶20 万、1∶10 万的地形图称为小比例尺地形图； 1∶5 万、1∶2.5 万、1∶1 万的地形图称为中比例尺地形图； 1∶5000、1∶2000、1∶1000 和 1∶500 的地形图称为大比例尺地形图。

正常情况下，人眼能分辨的图上最小距离为 0.1mm，因此一般在图上量度或者实地测图描绘时，就只能达到图上 0.1mm 的精确性。把图上 0.1mm 所表示的实地水平距离 ，称为比例尺精度。可以看出，比例尺越大，其比例尺精度也越高。

不同比例尺的精度见表 7.1。

表 7.1　比例尺精度

比例尺	1∶500	1∶1000	1∶2000	1∶5000	1∶10000
比例尺精度/m	0.05	0.1	0.2	0.5	1.0

根据比例尺精度，可以确定测图时测量实地距离应准确的程度，例如，在测 1∶1000 地形图时，比例尺精度为 0.1m，测图时量距的精度只需 0.1m，因为若量得再精细，小于 0.1m 的距离在图上是无法表示出来的。反之，当确定了需要在地图上表示地物的最短距离后，根据比例尺的精度，就可以确定测图的比例尺。例如，某项工程建设，要求在图上能反映地面上 10cm 的精度，则采用的比例尺不得小于 $\frac{0.1\text{mm}}{0.1\text{m}}=\frac{1}{1000}$。

从表 7.1 可以看出：比例尺越大，表示地形变化的情况越详细，精度也越高；比例尺越小，表示地形变化的情况越粗略，精度也越低。然而随着比例尺的增大，测图的工作量及所耗费的财力会成倍地增加。因此，在各类工程中，究竟选用何种比例尺测图，要从工程规划、施工实际情况需要的精度出发，合理地选择利用比例尺，而不应盲目追求更大比例尺的地形图。

7.1.3　地形图符号

地形是地物和地貌的总称。地形图符号也分为地物符号和地貌符号。

1. 地物符号

地面上的地物，如房屋、道路、河流、森林、湖泊等，其类别、形状和大小及其地图上的位置，都是用规定的符号来表示的，如表 7.2 所示。根据地物的大小及描绘方法的不同，地物符号分为以下几类。

表 7.2　地物符号

编号	符号名称	图例	编号	符号名称	图例
1	三角点	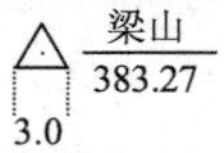 梁山 383.27 3.0	12	小三角点	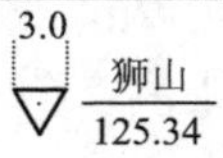 3.0 狮山 125.34
2	导线点	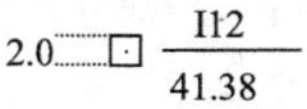 2.0 I12 41.38	13	水准点	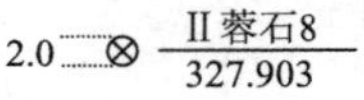 2.0 II蓉石8 327.903
3	普通房屋	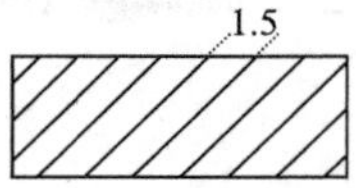 1.5	14	高压线	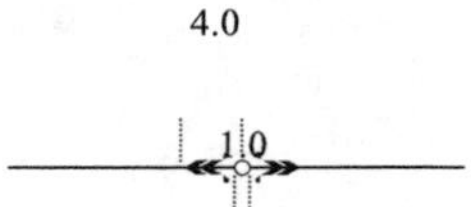 4.0 1.0
4	水池	 水	15	低压线	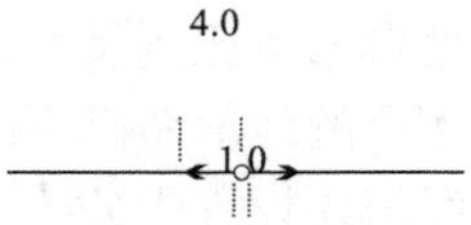 4.0 1.0
5	村庄	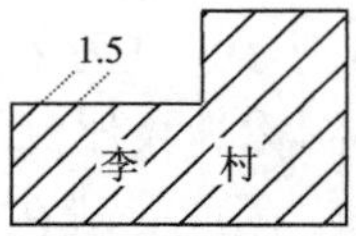 1.5 李 村	16	通信线	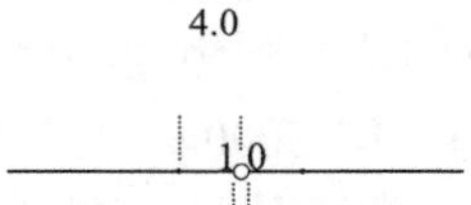 4.0 1.0
6	学校	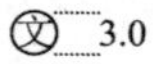 文 3.0	17	砖石及混凝土围墙	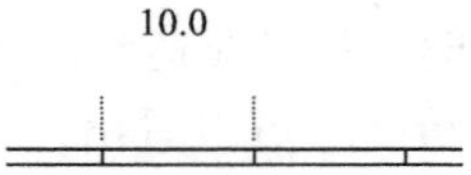 10.0
7	医院	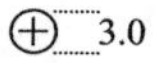 3.0	18	土墙	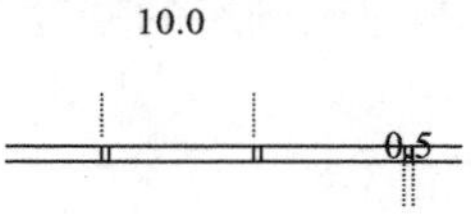 10.0 0.5
8	工厂	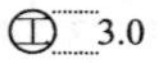 工 3.0	19	等高线	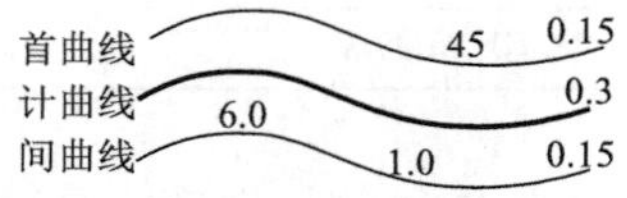 首曲线 45 0.15 计曲线 6.0 0.3 间曲线 1.0 0.15
9	坟地	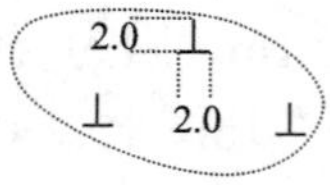 2.0 2.0	20	梯田坎	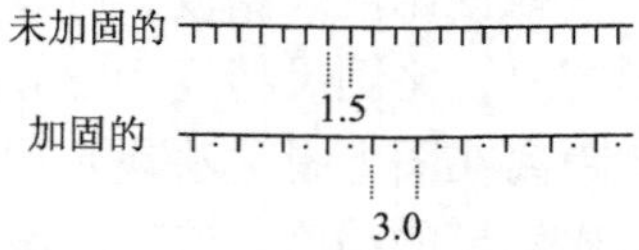 未加固的 加固的 1.5 3.0
10	宝塔	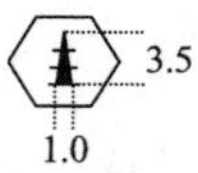 3.5 1.0	21	垄	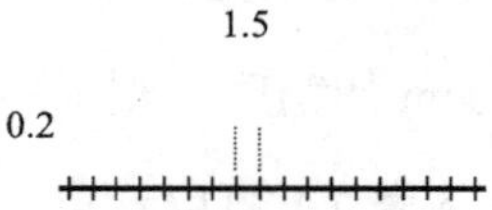 1.5 0.2
11	水塔	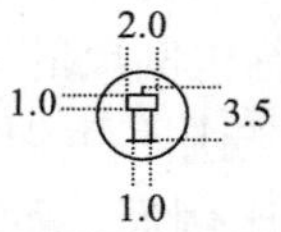 2.0 1.0 3.5 1.0	22	独立树	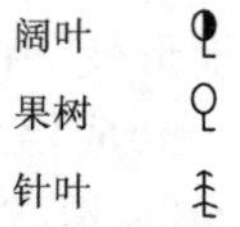 阔叶 果树 针叶

1) 比例符号

对于轮廓较大的地物，如房屋、运动场、湖泊、森林、田地等，凡能按测图比例尺把它们的形状、大小和位置缩绘在图上的，称为比例符号。这类符号一般用实线或点线表示出地物的轮廓特征。

2) 非比例符号

对于轮廓较小的地物，或无法将其形状和大小按测图比例尺缩绘到图上的地物，如三角点、水准点、独立树、里程碑、水井和钻孔等，则采用一种统一规格、概括形象特征的象征性符号表示，称为非比例符号。这类符号只表示地物的中心位置，不表示地物的形状和大小。

3) 半比例符号

对于一些呈带状延伸地物，如河流、道路、通信线、管道、垣栅等，其长度可按测图比例尺缩绘，而宽度无法按比例表示的符号称为半比例符号，这类符号一般表示地物的中心位置，但是城墙和垣栅等，其准确位置在其符号的底线上。

4) 地物注记

有些地物除用相应的符号表示外，对于地物的性质、名称等还需要用文字或数字加以注记和说明，称为地物注记，如工厂、村庄的名称，房屋的层数，河流的名称、流向、深度，控制点的点号、高程等。

需要指出的是，比例符号与半比例符号的使用界限是相对的。例如，公路、铁路等地物，在 1∶500～1∶2000 比例尺地形图上是用比例符号绘出的，但在小于等于 1∶5000 比例尺的地形图上是按半比例符号绘出的。同样的情况也出现在比例符号与非比例符号之间。总之，测图比例尺越大，用比例符号描绘的地物越多；比例尺越小，用非比例符号表示的地物越多。

2. 地貌符号

地貌是指地面高低起伏的自然形态。

地貌形态多种多样，对于一个地区可按其起伏的变化分为以下四种地形类型：地势起伏小，地面倾斜角一般在 2°以下，比高一般不超过 20m 的，称为平地；地面高低变化大，倾斜角一般在 2°～6°，比高不超过 150m 的，称为丘陵地；高低变化悬殊，倾斜角一般为 6°～25°，比高在 150m 以上的，称为山地；绝大多数倾斜角超过 25°的，称为高山地。

图上表示地貌的方法有多种，对于大、中比例尺地形图主要采用等高线法。对于特殊地貌将采用特殊符号表示。

1) 等高线

等高线是地面相邻等高点相连接的闭合曲线。一簇等高线，在图上不仅能表达地面起伏变化的形态，还具有一定的立体感。如图 7.2 所示，设有一座小山头的山顶被水恰好淹没时的水面高程为 150m，水位每退 5m，则坡面与水面的交线即为一条闭合的等高线，其相应高程为 145m、140m、135m。将地面各交线垂直投影在水平面上，按一定比例尺缩小，从而得到一簇表现山头形状、大小、位置及它起伏变化的等高线。

相邻等高线之间的高差 h，称为等高距或等高线间隔，在同一幅地形图上，等高距是相同的，相邻等高线间的水平距离 d，称为等高线平距。由图 7.2 可知，d 越大，表示地面坡度越缓，反之越陡。坡度与平距成反比。

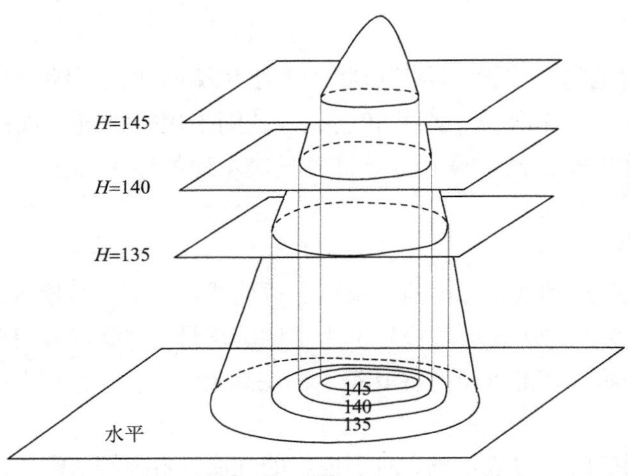

图 7.2　等高线原理

用等高线表示地貌，等高距选择过大，就不能精确显示地貌；反之，选择过小，等高线密集，会失去图面的清晰度。因此，应根据地形和比例尺参照表 7.3 选用等高距。

表 7.3　地形图的基本等高距

地形类别	比例尺				备注
	1∶500	1∶1000	1∶2000	1∶5000	
平地	0.5m	0.5m	1m	2m	等高距为 0.5m 时，特征点高程可注至厘米，其余均为注至分米
丘陵	0.5m	1m	2m	5m	
山地	1m	1m	2m	5m	

按表 7.3 选定的等高距称为基本等高距，同一幅图只能采用一种基本等高距。等高线的高程应为基本等高距的整倍数。按基本等高距描绘的等高线称首曲线，用细实线描绘；为了读图方便，高程为 5 倍基本等高距的等高线用粗实线描绘并注记高程，称为计曲线；在基本等高线不能反映出地面局部地貌的变化时，用二分之一基本等高距以长虚线加密的等高线，称为间曲线；为表示更加细小的变化，用四分之一基本等高距以短虚线加密的等高线，称为助曲线。

根据等高线的原理和典型地貌的等高线，可得出等高线的特性：

(1) 同一条等高线上的点，其高程必相等。

(2) 等高线均是闭合曲线，如不在本图幅内闭合，则必在图外闭合，所以等高线必须延伸到图幅边缘。

(3) 除在悬崖或绝壁处外，等高线在图上不能相交或重合。

(4) 等高线的平距小，表示坡度陡，平距大则坡度缓，平距相等则坡度相等，平距与坡度成反比。

(5) 等高线和山脊线、山谷线成正交。

(6) 等高线不能在图内中断，但遇道路、房屋、河流等地物符号和注记处可以局部中断。

2) 特殊地貌符号

特殊地貌包括冲沟、地裂、陡崖、滑坡等复杂的地表类型。这些复杂的地表类型不能用等高线清楚地表示时，需要用特殊符号来表示并按规定加以注记。例如，冲沟是由于地面长期被雨水急流冲蚀而形成的大小沟壑，沟坡较缓的宽大冲沟可用等高线表示，较陡的冲沟需按地形图符号来表示；如图 7.3 (a) 所示；地裂是地壳运动引起的地裂或采掘矿物后的采空区塌陷造成的地壳裂缝，如图 7.3 (b) 所示；陡崖是坡度在 70° 以上天然形成的陡峭崖壁，有石质和土质之分，图 7.3 (c) 是石质陡崖的表示符号。滑坡是受地下水或地表水的影响在重力作用下向下滑动的斜坡，如图 7.3 (d) 所示。

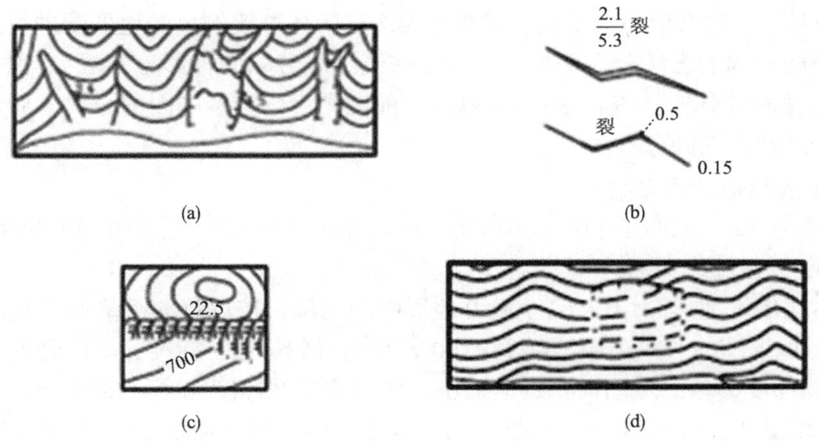

(a)　(b)　(c)　(d)

图 7.3　特殊地貌符号

7.1.4　图廓及注记

为了图纸管理和使用的方便，在地形图的图框外有许多注记，如图号、图名、接图表、图廓、坐标格网、三北方向线等。

1. 图名和图号

图名就是本幅图的名称，常用本图幅内最著名的地名、村庄或厂矿企业的名称来命名。图号即图的编号，每幅图上标注编号可确定本幅地形图所在的位置。图名和图号标在北图廓上方的中央。

2. 接图表

接图表说明本图幅与相邻图幅的关系，供索取相邻图幅时使用。通常是中间一格画有斜线的代表本图幅，四邻分别注明相应的图号或图名，并绘注在图廓的左上方。此外，除了接图表外，有些地形图还把相邻图幅的图号分别注在东、西、南、北图廓线中间，进一步表明与四邻图幅的相互关系。

3. 图廓和坐标格网

图廓是图幅四周的范围线，它有内图廓和外图廓之分。内图廓是地形图分幅时的坐标格网或经纬线。外图廓是距内图廓以外一定距离绘制的加粗平行线，仅起装饰作用。在内图廓外四角处注有坐标值，并在内图廓线内侧，每隔 10cm 绘有 5mm 的短线，表示坐标格网线的位置。在图幅内绘有每隔 10cm 的坐标格网交叉点。

内图廓以内的内容是地形图的主体信息，包括坐标格网或经纬网、地物符号、地貌符号和注记。比例尺大于 1∶10 万时只绘制坐标格网。

外图廓以外的内容是为了充分反映地形图特性和用图的方便而布置在外图廓以外的各

种说明、注记，统称为说明资料。在外图廓以外，还有一些内容，如图示比例尺、三北方向、坡度尺等，是为了便于在地形图上进行量算而设置的各种图解，称为量图图解。

在内、外图廓间注记坐标格网线的坐标，或图廓角点的经纬度。在内图廓和分度带之间的注记为高斯平面直角坐标系的坐标值(以公里为单位)，由此形成该平面直角坐标系的公里格网。

7.1.5　地形图的分幅与编号

为便于测绘、管理和使用地形图，需要将大面积的各种比例尺的地形图进行统一的分幅和编号。地形图分幅的方法分为两类：一类是按经纬线分幅的梯形分幅法(又称为国际分幅法)；另一类是按坐标格网分幅的矩形分幅法。前者用于国家基本图的分幅，后者则用于工程建设大比例尺地形图的分幅。

1. 地形图的梯形分幅和编号

我国 1992 年 12 月发布了《国家基本比例尺地形图分幅和编号》(GB/T13989-92)的国家标准，自 1993 年 3 月起实施。

我国基本比例尺地形图均以 1∶100 万地形图为基础，按规定的经差和纬差划分图幅。

1∶100 万地形图的分幅采用国际 1∶100 万地图分幅标准。标准分幅的经差是 6°、纬差是 4°。因为随纬度的增高地图面积迅速缩小，所以规定在纬度 60°～76°双幅合并，即每幅图经差 12°，纬差 4°。在纬度 76°～88°由四幅合并，即每幅图经差 24°，纬差 4°。纬度 88°以上单独为一幅。我国处于纬度 60°以下，所以没有合幅的问题。

1∶100 万地形图的编号为从赤道起，每 4°为一行，至北(南)纬 88°，总共为 22 行，依次用英文字母 A，B，C，…，V 表示其相应的行号，行号前分别冠以 N 和 S，区别北半球和南半球(我国地处北半球，图号前的 N 全部省略)。从 180°经线算起，自西向东每 6°为一列，将全球分为 60 列，依次用 1，2，3，…，60 来表示。“行号-列号”相结合即为该图幅的编号。例如，北京某地为 116°24′20″E，39°56′30″N，则所在的 1∶100 万比例尺的图号为 J50，如图 7.4 所示。

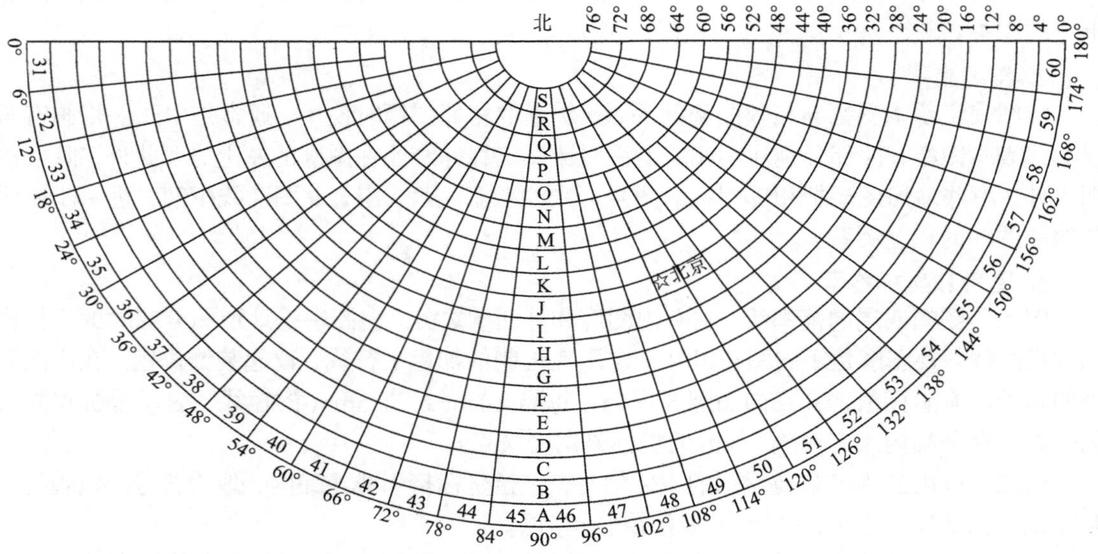

图 7.4　北半球东侧 1∶100 万地形图的国际分幅与编号

每幅 1∶100 万地形图划分为 2 行 2 列，共 4 幅 1∶50 万地形图，每幅 1∶50 万地形图的分幅为经差 3°、纬差 2°。

每幅 1∶100 万地形图划分为 4 行 4 列，共 16 幅 1∶25 万地形图，每幅 1∶25 万地形图的分幅为经差 1°30′、纬差 1° 。

每幅 1∶100 万地形图划分为 12 行 12 列，共 144 幅 1∶10 万地形图，每幅 1∶10 万地形图的分幅为经差 30′、纬差 20′。

每幅 1∶100 万地形图划分为 24 行 24 列，共 576 幅 1∶5 万地形图，每幅 1∶5 万地形图的分幅为经差 15′、纬差 10′。

每幅 1∶100 万地形图划分为 48 行 48 列，共 2304 幅 1∶2.5 万地形图，每幅 1∶2.5 万地形图的分幅为经差 7′30″、纬差 5′。

每幅 1∶100 万地形图划分为 96 行 96 列，共 9216 幅 1∶1 万地形图，每幅 1∶1 万地形图的分幅为经差 3′45″、纬差 2′30″。

每幅 1∶100 万地形图划分为 192 行 192 列，共 36864 幅 1∶5000 地形图，每幅 1∶5000 地形图的分幅为经差 1′52.5″、纬差 1′15″。

1∶50 万～1∶5000 地形图的编号均以 1∶100 万地形图编号为基础，采用行列式编号方法。将 1∶100 万地形图按所含各比例尺地形图的经差和纬差划分成若干行和列，行从上到下、列从左到右按顺序分别用阿拉伯数字(数字码)编号。图幅编号的行、列代码均采用三位十进制数表示，不足三位时补 0，取行号在前、列号在后的排列形式标记，加在 1∶100 万图幅的图号之后。

1∶50 万～1∶5000 比例尺地形图的编号均由五个元素 10 位代码构成，即 1∶100 万图的行号(字符码) 1 位，列号(数字码) 2 位，比例尺代码(字符) 1 位，该图幅的行号(数字码) 3 位，列号(数字码) 3 位。

为了使各种比例尺不致混淆，分别采用不同的英文字符作为各种比例尺的代码，见表 7.4。

表 7.4 我国基本比例尺代码

比例尺	1∶50 万	1∶25 万	1∶10 万	1∶5 万	1∶2.5 万	1∶1 万	1∶5000
代码	B	C	D	E	F	G	H

2. 地形图的矩形分幅和编号

为了满足工程设计、施工及资源与行政管理的需要所测绘的 1∶500、1∶1000、1∶2000 和小区域 1∶5000 比例尺的地形图，采用矩形分幅。

图幅一般为 50cm × 50cm 或 40cm × 50cm，以纵横坐标的整千米整百米数作为图幅的分界线。50cm × 50cm 图幅最常用。

一幅 1∶5000 的地形图分成四幅 1∶2000 的图；一幅 1∶2000 的地形图分成四幅 1∶1000 的地形图；一幅 1∶1000 的地形图分成四幅 1∶500 的地形图。

各种比例尺地形图的图幅大小见表 7.5。

表 7.5　矩形分幅及面积

比例尺	50 × 40 分幅		50 × 50 分幅	
	图幅大小/(cm × cm)	实地面积/(km × km)	图幅大小/(cm × cm)	实地面积/(km × km)
1：5000	50 × 40	5	50 × 50	6.25
1：2000	50 × 40	0.8	50 × 50	1
1：1000	50 × 40	0.2	50 × 50	0.25
1：500	50 × 40	0.05	50 × 50	0.0625

矩形图幅的编号，一般采用该图幅西南角的 x 坐标和 y 坐标以千米为单位，之间用连字符连接。例如，比例尺为 1：5000 的一幅地图，其西南角坐标为 x=3810.0km，y=25.5km，其编号为 3810.0-25.5。编号时，1：5000 地形图，坐标取至 1km；1：2000、1：1000 地形图，坐标取至 0.1km；1：500 地形图，坐标取至 0.01km。对于小面积测图，还可以采用其他方法进行编号。例如，按行列式或按自然序数法编号。对于较大测区，测区内有多种测图比例尺时，应进行系统编号。

有时在某些测区，根据用户要求，需要测绘几种不同比例的地形图。在这种情况下，为便于地形图的测绘管理、图形拼接、编绘、存档管理与应用，应以最小比例尺的矩形分幅地形图为基础，进行地形图的分幅与编号。例如，测区内要分别测绘 1：500、1：1000、1：2000、1：5000 比例尺的地形图(可能不完全重叠)，则应以 1：5000 比例尺的地形图为基础，进行 1：2000 和大于 1：2000 地形图的分幅与编号。

如图 7.5 所示，1：5000 图幅的西南角坐标为 x=4400km，y=38km，其编号为 4400-38。1：2000 图幅的编号是在 1：5000 图幅编号后面加上罗马数字Ⅰ、Ⅱ、Ⅲ或Ⅳ，如右上角一幅图(横纹)的图号为 4400-37.Ⅱ；1：1000 图幅的编号是在 1：2000 图幅编号后面加罗马数字，如右上角一幅图(方格纹)的图号为 4400-37.Ⅱ-Ⅱ；1：500 图幅的编号是在 1：1000 图幅编号后面加罗马数字，如右上角一幅图(斜格纹)的图号为 4400-37.Ⅱ-Ⅱ-Ⅱ。

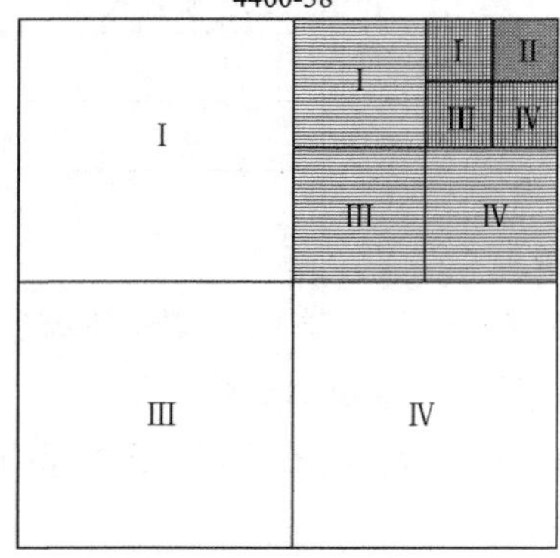

图 7.5　1：5000～1：500 地形图分幅与编号

7.2　大比例尺地形图的传统测绘方法

地形测绘的实质就是把反映实地地形信息的地物和地貌采集出来，并用各种分辨率的平面图、三维图乃至地形沙盘等形式反映出来，其中大比例尺地形图在工程实践中应用非常广泛。下面介绍传统方法测绘大比例尺地形图的基本内容。

7.2.1　测图前的准备工作

大比例尺地形图的测绘有多种方法，从测量方式上来说，包括手工几何测绘法和数字电子测绘法；从使用的仪器上来说，包括光学经纬仪视距法、全站仪坐标法及 GPS-RTK 坐标法；从绘图平台上来说，包括平板仪测绘及电子平板测绘等。本节仅介绍采用经纬仪测绘法测绘大比例尺地形图的方法。这是传统地形图测绘的最基本方法。

测图前应首先根据测区范围、测图比例尺等指标，在测区范围布设相应等级的控制点及图根控制点。然后进行室内的准备工作，包括仪器、图纸及其他用具的准备。

1. 图纸的准备

图纸既可以是绘图用纸质图纸，也可以是绘图用聚酯薄膜。其中，聚酯薄膜经高温处理后，具有伸缩率小、不怕水的特点而被测绘部门大多采用，但聚酯薄膜易折易燃，应予以注意，且聚酯薄膜分光面和毛面，绘图时应选择毛面。

2. 绘制坐标格网

图纸选好后，应绘制坐标格网。大比例尺地形图坐标格网长宽是 10cm 间隔。坐标格网可用专用尺或仪器绘制，也可以用直尺绘制。当用直尺绘制时，可沿图纸四角绘两条对角线，以交点为圆心，在对角线上量取等边长 4 点 A 、B 、C 、D ，并连接 AB 、BC 、CD 、DA ，如图 7.6(a)所示。在这四条边上以 10cm 为间隔，相对应地量取并作标记，对应的标记相连接，便绘好了直角坐标格网。坐标格网线粗不应超过 0.1mm。坐标格网绘好后，应检验其精度，其中各正方形边长与理论值不应超过 0.2mm，各正方形对角线长度与理论值不超过 0.3mm，如超限，则应重新绘制。

3. 展绘控制点

展绘控制点前，首先确定本幅图的图幅位置，并将坐标格网对应的坐标值标在图廓线外侧。如图 7.6(b)所示，西南角坐标格网值为 x=1000.0m，y=500.0m。某控制点的坐标为 X_3=1075.25m，Y_3=552.32m，则在相应方格内量取坐标值中不足 50m 的部分，即 25.25m 和 2.32m，并作标记 a、b、c、d。ab 相连，cd 相连，其交点即为控制点，并按图式规定进行标注。要求图上量得控制点间距离与利用控制点算得距离的差值不应超过图上 0.3mm，否则应检查原因并重新展绘。

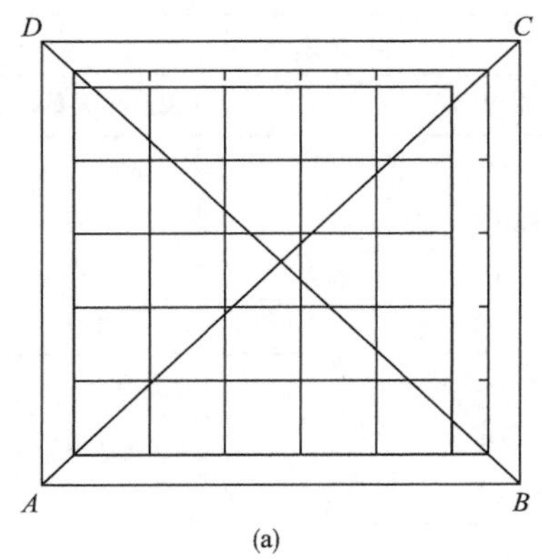

(a)

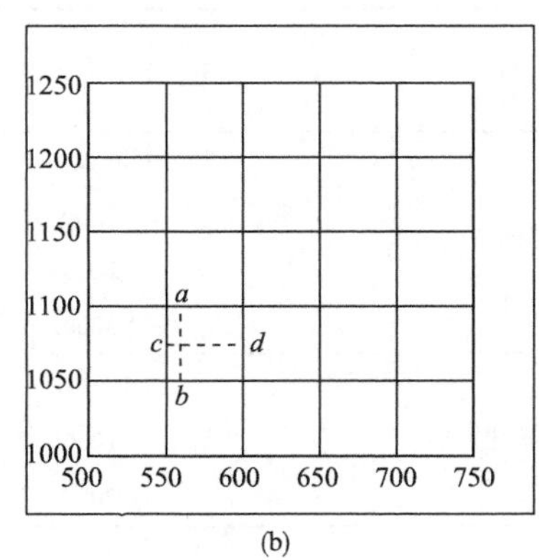

(b)

图 7.6　绘制坐标格网及展绘控点

7.2.2　经纬仪测绘法测量碎部点

用经纬仪法测绘地形图时，所要测量的地形点称为碎部点。碎部点又称地形特征点，它能够用离散的方式表达连续的地物或地貌形态，包括位置、大小、形状等。例如，房屋拐角点就能表示房屋的位置和大小，因而是特征点。因此，测图时对于特征点的选择，将会直接决定地形图测绘的效果和效率，因而在野外碎部点的选择非常重要。

1. 碎部点的选择

碎部点的选择应根据地形图中地物、地貌的综合取舍原则，以及特征点的选择方式而定，图 7.7 为某一区域特征点(立尺处)分布。

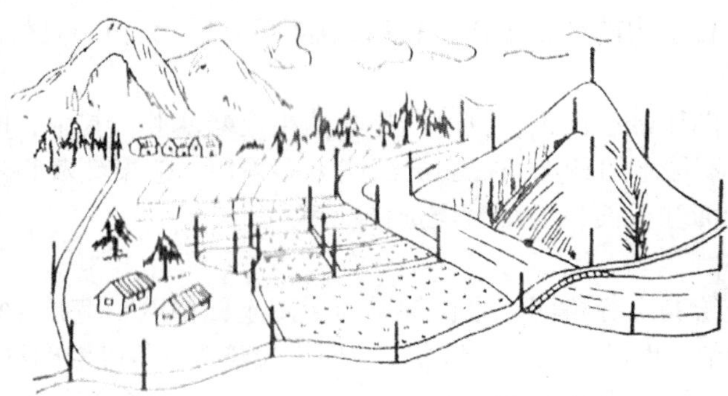

图 7.7　某区域特征点分布

(1) 地物、地貌的综合取舍，主要视测图比例尺而定。对于特殊用途的图，则应按用图单位的要求进行取舍。对于普通地形图的取舍应参看有关的测图规范，并按图的用途进行综合取舍。对于大比例尺地形图的测绘而言，规定当建筑物凹凸大于图上 0.4mm 时要绘出，小于 0.4mm 则按直线绘出，而一般房屋可按 0.6mm 的规定进行取舍。

(2) 地物的类型可分成三种，即点状、线状和面状地物。对于重要的点状类地物要一一测量，并展绘到图上，如控制点、路灯、水井、变压器等。对于线状类地物，应测量起始点、转折点、弯曲处、交叉点等，如道路、水系、输电线路、管线等。对于面状类地物，如建筑物、植被区域等，应测量其外轮廓线及地物界线等，并按规定符号标注内容。测量碎部点时，视距长度规定如表 7.6 所示。测量时，碎部点间距不宜过密，如过密将影响测量进度。

表 7.6　碎部点测量视距限值

测区	比例尺	最大视距/m	
		主要地物点	地貌点和次要地物点
平坦地区	1∶500	60	100
	1∶1000	100	150
	1∶2000	180	250
	1∶5000	300	350
城建区	1∶500	50(量距)	70
	1∶1000	80	120
	1∶2000	120	200

2. 碎部点测量

碎部点测量方法很多，如极坐标法、直角坐标法、角度与距离组合交会法等，其中用经纬仪法测量碎部点的原理是，测量测站点到碎部点的水平距离及方向值，便可计算出碎部点的平面坐标。如图 7.8(a)所示，有已知控制点 A 和 B，当需要测定房角点 1、2 时，将经纬仪安置在控制点 A 上，测量两控制点 A、B 连线与测站点到房角点 1 之间的水平角度 β，并用视距法计算出测站点到房角点 1 的水平距离，便可用式(7.2)确定点 1 的位置：

$$\begin{cases} x_1 = x_A + \Delta x_{A1} = x_A + D\cos\alpha_{A1} \\ y_1 = y_A + \Delta y_{A1} = y_A + D\sin\alpha_{A1} \\ \alpha_{A1} = \alpha_{AB} + \beta \end{cases} \tag{7.2}$$

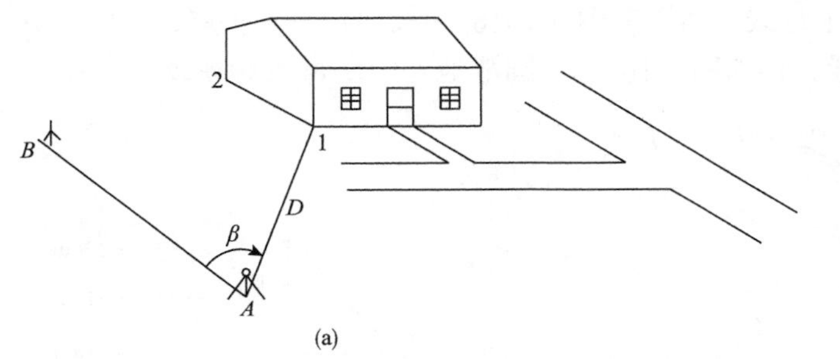

(a)

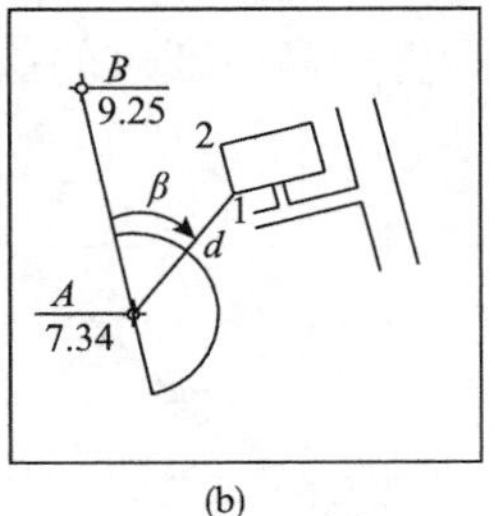

(b)

图 7.8　经纬仪法测量碎部点原理

同理，按照视距测量方法测定出 1 的高程。野外测图时，在经纬仪旁架上图板，并按比例尺沿此方向线量取相应图上的水平距离，便可得到点 1 在图上的位置 1，并注明高程，如图 7.8(b)所示，并继续测量下一个房角点 2。

因此，一个测站经纬仪测绘的具体步骤可以概括如下。

(1)在测站点上，即控制点上安置经纬仪，并量取仪器高。

(2)利用盘左精确瞄准某一已知方向，通常是图上的另一已知控制点相对应的地面控制点，并设置水平度盘读数为 0°00′00″。

(3)立尺员将水准尺立到地物、地貌的特征点上。立尺员的立尺过程称为跑尺。

(4)观测员瞄准水准尺，并先读取上中下丝读数，或者直接读取上下丝尺间隔读数和中丝读数，然后读取水平度盘读数和竖直度盘读数，水平度盘读数可以只读取到分。

(5)记录员将观测数据记录下来，对特殊地物、地貌应加以注解说明，并用视距测量公式计算水平距离和高差。

(6)绘图员将碎部点的位置展绘到图纸上，需要时在其右侧注明高程。测量一定量碎部点后，应再次瞄准已知方向，检查水平度盘读数是否正确。

原则上地物、地貌应在现场边测边绘，因为碎部点只用盘左测一次，自身无法检核，只能靠绘出的图形检验测量的对错与准确程度。当需要与相邻图幅拼接时，应测出图廓线外 5mm。

7.2.3　大比例尺地形图的绘制

在野外进行地形图测绘时，应边测边绘地形图，然后在室内经过拼接、整饰、检查、清绘等一系列程序。地形图符合规范规定或用图单位要求后，才算最终完成了一幅地形图的测绘工作。具体工作如下。

1. 等高线的勾绘

地形图中的地物可以按照地形图图式的规定进行绘制。等高线既可以人工勾绘，也可以由计算机自动绘制。其原理是在已测得的碎部点间，按比例内插等高线。如图 7.9 (a) 所示，认为两碎部点是特征点，即坡度变化处，两碎部点间是平缓的，则对照图 7.9 (b) 可以按式 (7.3) 计算出两碎部点间应内插的等高线数和位置：

$$AC = \frac{AB \times (H_A - H_B)}{(H_A - H_C)} \tag{7.3}$$

当人工勾绘时，可以采用图解法，也可以采用目估法，通常采用目估法，如图 7.10 所示，首先在图 7.10 (a) 中勾出地性线，然后在图 7.10 (b) 中按照“去头去尾，中间平分”的原则，找到整等高线通过的位置，再如图 7.10 (c) 中圆滑地勾绘出每条等高线。

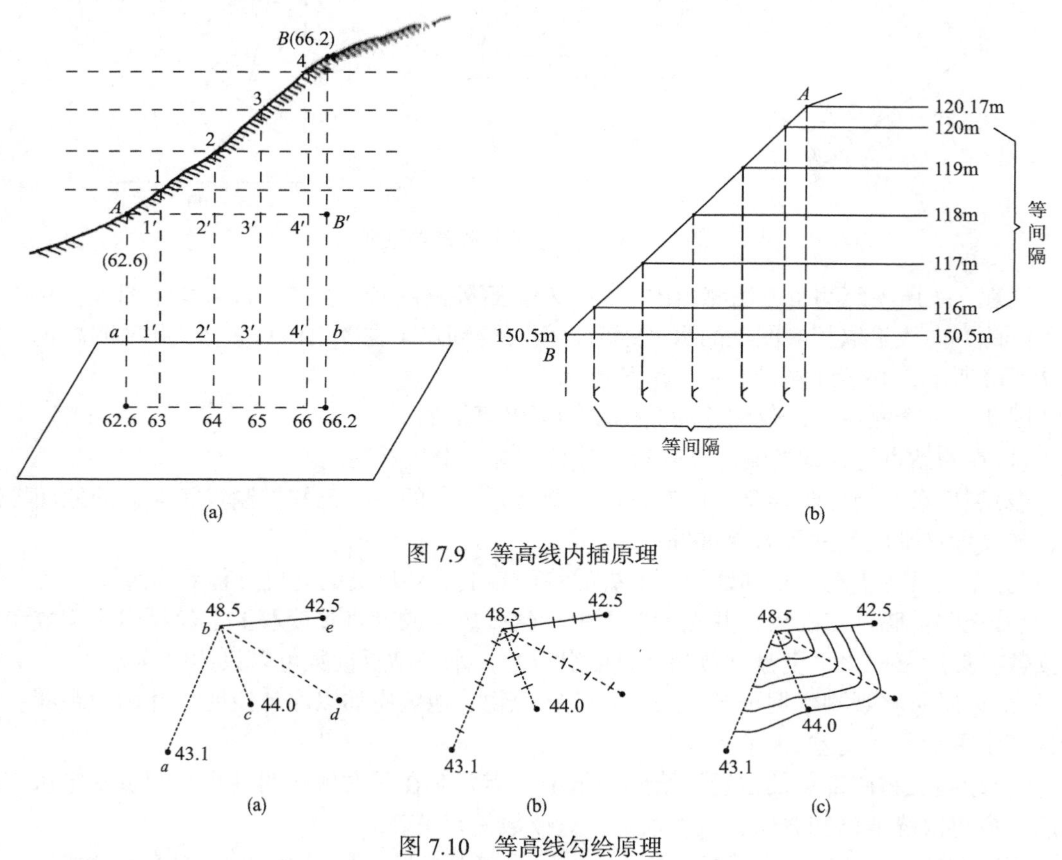

(a)　　(b)

图 7.9　等高线内插原理

(a)　　(b)　　(c)

图 7.10　等高线勾绘原理

因此，当地貌非常复杂时，不可能将所有坡度变化处一一测量，这需要在实地根据地貌，加上一定量的碎部点，并用目估法进行。采用目估法勾绘等高线需要积累一定经验，一般先用虚线绘出山脊线、山谷线等地性线，再沿这些线内插等高线通过点，并勾绘加粗等高线。在加粗等高线上应注明等高线所代表的高程注记，方向指向山头。

2. 地形图的拼接

当大区域地形图需要分幅测绘时，两张相邻地形图间地物、地貌应相吻合，即各种地物线、等高线能够连接起来。

由于测量时的误差和其他各种原因，相邻图廓线两侧的内容不能相衔接，如图 7.11 所示，当误差在限差之内时应进行修正。修正的方法是利用宽 5～6cm 的透明纸覆盖到需要接边的一幅图的图廓线上，并用铅笔描绘图廓线、坐标格网线、图廓线内 2cm 之内的地物、地貌线，然后，将透明纸与另一图幅的图廓线及坐标格网对齐，当偏差小于规定后，取两图幅地形线的平均值作为各自修正后的地形线。透明纸也称接边纸，必须予以保存。

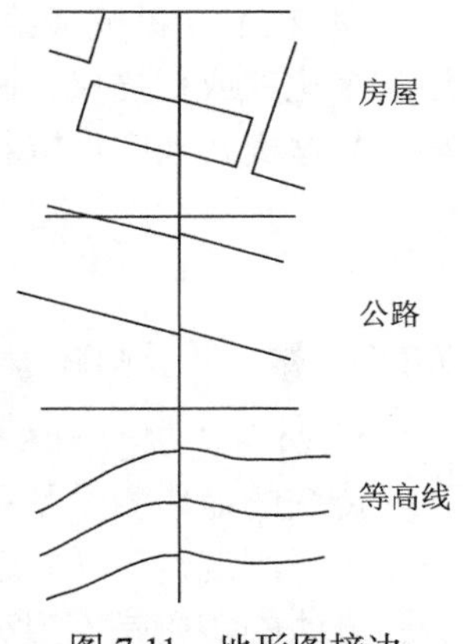

图 7.11 地形图接边

碎部点测量时，地物点定位中误差、等高线高程中误差规定如表 7.7 所示。要求拼接时的偏差不应超过相应规定值的 $2\sqrt{2}$ 倍。

表 7.7 大比例尺地形图测量误差限值

地区	地物点定位中误差/mm		等高线高程中误差(等高距)		
	主要地物	次要地物	坡度 0°～6°	坡度 6°～15°	坡度 15°以上
一般地区	0.6	0.8	1/3	1/2	1
城建区	0.4	0.6	1/3	1/2	1

3. 地形图的检查及验收

地形图野外测绘工作结束，经初步整饰和接边之后，应进行检查，包括自检和验收单位的检查。在送交验收单位前应先进行自检，自检可采用巡视和设站测量相结合的方式。具体检查内容如下。

1) 室内检查

室内检查的内容包括：控制点的布设状况和精度、原始观测数据、计算数据及成果的检查。然后对图面进行检查，包括坐标格网的展绘、控制点的展绘及精度、测站点的密度、地物的描绘是否符合规范、等高线的描绘是否合理正确、图边的拼接是否正确、各类符号及线条的描绘是否美观和工整、各类资料是否齐全等。

2) 室外检查

室外检查是到现场对照实地进行检查。它包括：

(1) 巡视检查。在测区，利用原图与实地进行对照，检查地物、地貌的描绘是否与实际地物、地貌相符合，是否有遗漏等。当发现问题后，要进行记录与描绘，以便补测或重测时参考。

(2) 仪器设站检查。室内检查和巡视检查发现问题，或为了检验地形图的精度，可到现场设站测量若干地物、地貌点，并与原图进行对照检查，偏差不应超过规定值的两倍。对于发现的问题应进行修正，当发现问题严重时应重测。

4. 地形图的整饰与清绘

地形图检查结束后，应对所绘铅笔图进行整饰与清绘，内容包括：

(1) 擦掉多余的线和注记符号。

(2) 图中所有地物、地貌均应按地形图图式中的规定进行描绘，包括线条的粗细和光滑度、文字与注记符号的位置、大小和朝向等。

(3) 图廓线、坐标格网、图名、图号、比例尺、坐标系统、施测单位、测图方法、测绘日期等均应按规定进行描绘。

(4) 在上述铅笔清绘的基础上进行着墨清绘，着墨清绘分为单色和多色清绘。也可以利用数字化仪或扫描仪，制作数字地形图与 GIS 数据。最后将所有与测绘地形图相关的文字资料、数据资料和图形资料进行整理并送交相关部门或用图单位。

7.3　大比例尺数字化测图

7.3.1　数字化测图与全站仪数字化测图

1. 数字化测图的概念

传统的地形测量是利用测量仪器对地球表面局部区域内的各种地物、地貌特征点的空间位置进行测定，并以一定的比例尺按图示符号绘制在图纸上，即通常所称的白纸测图。这种测图方法的实质是模拟法或图解法测图，在测图过程中将测得的各类观测值——数字值用模拟方法转化为图形，在这种转化过程中受缩距、刺点、绘图、图纸伸缩变形等因素的影响数据精度会大大降低，而且工序多、劳动强度大、质量管理难。在当今的信息时代一纸之图已难承载诸多图形信息，变更、修测也极不方便，已难以适应当前数字化时代经济建设的需要。

随着科学技术的进步，光电技术和计算机技术在测绘领域中迅猛发展，电子经纬仪、电子水准仪、光电测距仪、全站仪、双频 GPS 接收机(RTK)等先进测量仪器应用得到广泛普及，进一步促进了地形测量向自动化和数字化方向发展，数字化测图技术在小区域、大比例尺的地形测绘中逐渐占据首要地位。数字化测图是利用电子全站仪、GPS 接收机或其他测量仪器在野外进行数字化地形数据采集，在成图软件的支持下，通过计算机加工处理，获得数字地形图的方法。地面数字化测图的成果是可供计算机处理的、远距离传输的、多用户共享的，以数字形式储存在计算机存储介质上的数字地形图；或通过绘图仪或打印机输出的，以图纸为载体的地形图。

2. 数字化测图的发展

大比例尺地面数字化测图是 20 世纪 70 年代随着电子全站仪问世而发展起来的。全站仪数字化测图的发展过程大体上可分为两个阶段：第一阶段主要利用全站仪采集数据，电子手簿记录，同时人工绘制标注测点点号的草图，到室内将测量数据直接由记录器传输到计算机，再由人工按草图编辑图形文件，并键入计算机自动成图，经人机交互编辑修改，最终生成数字地形图，由绘图仪绘制地形图。第二阶段仍采用野外测记模式，但成图软件有实质性的进展：一是开发了智能化的外业数据采集软件；二是计算机成图软件能直接对接收的地形信息数据进行处理。

20 世纪 90 年代出现的 GPS (全球定位系统) 载波相位差分技术，又称实时动态定位技术 (real time kinetic，RTK)，能够实时提供测点在指定坐标系的三维坐标成果，在 20km 测程内可达到厘米级的测量精度。可以预料，GPS 数字化测图系统将在开阔地区成为地面数字化测图的主要方法。

目前，全站仪与 GPS 相结合的数字化测图方法已得到广泛应用。数字化测图使地形图测绘实现了数字化、自动化，改变了传统的手工作业模式，其实质是一种全解析机助测图方法。与传统的图解法测图相比，它具有自动化程度高、精度高、不受图幅限制、便于使用管理等特点。地面数字化测图已成为获取大比例尺数字地形图、各类地理信息系统及为保持其现势性所进行的空间数据更新的主要方法。但野外数字化测图方法毕竟是一种人工小规模作业模式，作业时间长，费用高，且受到一定作业半径的限制，不适宜对小比例尺大面积区域的数字测图及更新。对于大区域的小比例尺地形图测绘更多的是使用数字摄影测量与遥感测图的方法。

3. 全站仪数字化测图的原理及方法

全站仪是由电子经纬仪、红外测距仪和微处理器组成的一种新型测量仪器，可在一个测站上同时完成测角和测距工作，并能自动计算出待定点的坐标和高程，而且能存储一定数量的观测数据。全站仪可通过传输接口把野外采集的数据与计算机、绘图仪连接起来，再配以数据处理软件和绘图软件，实现测图的自动化。

全站仪数字化测图的原理与经纬仪测绘法相同，属于极坐标法测量碎部点。在一图根控制点上安置仪器测量碎部点方向与零方向(后视方向)之间的水平角和测站点至碎部点的距离及竖直角，并将观测数据存入存储器。外业工作结束后，通过输出设备与计算机交互通信，使测量数据直接传入计算机，进行计算、编辑和绘图。这样，不仅提高了野外测量的工作效率，而且可以实现整个测量作业的高度自动化。

7.3.2　大比例尺数字化测图的作业模式

作业模式是数字化测图内、外业作业方法、接口方式和流程的总称。然而，因为数字化测图的不同作业方法的特点主要体现在野外数据采集阶段，所以其作业模式主要根据数据采集的方法进行划分。目前大比例尺数字化测图主要是使用全站仪、掌上电脑和 GPS RTK 等测量仪器，在野外实地采集地形图全部要素信息，以电子数字形式记录测量数据，再经过计算机的进一步处理，生成数字地形图。与白纸测图不同，数字化测图在外业采集时，必须在工作现场采集和记录测点的连接关系及地形实体的地理属性。

按照使用的仪器和数据的记录方式来划分，野外数据采集的作业模式主要包括三种作业模式：草图法数字测记模式、电子平板测绘模式和 GPS RTK 测绘模式。

1. 草图法数字测记模式

数字测记模式是一种野外测记、室内成图的数字测图方法。使用的仪器是带内存的全站仪，将野外采集的数据按一定的编码方式直接记录于全站仪的内存中，同时绘制工作草图并标注测点点号，到室内再通过通信电缆将数据传输到计算机，结合工作草图利用数字化成图软件对数据进行处理，再经人机交互编辑形成数字地图。这种作业模式的特点是精度高、内外业分工明确，操作过程简单，成图效率较高。

数字化测图需对各地物特征点按一定的规则赋予编码。按数字测记模式采集数据时，通常根据是否在采集时输入确定特征点间相互关系的编码将数据采集分为有码作业和无码作业两种方式。

有码作业是用约定的编码表示地形实体的地理属性和测点的几何关系，野外测量时，除将碎部点的坐标数据记录在全站仪的内存中，还需将对应的编码人工输入全站仪内存，最后与测量数据一起传入计算机，数字化成图软件通过对编码的处理就能自动生成数字地形图。对于地形复杂的区域，需绘制简易工作草图以备内业处理后图形检查和图形编辑时参考。如果测站观测人员观测经验丰富，且能熟练地使用相应数字化成图系统的编码方法，采用有码作业的方式具有作业效率高，内业工作量较小，成图方便等特点，但该方法需要记忆和输入编码，对人员素质要求较高，作业难度较大，成图过程不够直观，特别是出现错误时难以发现与纠正，因此实际作业中很少使用。

无码作业是用草图来描述地形实体的地理属性和测点的几何关系，野外测量时，仅将碎部点的坐标和点号数据记录在全站仪的内存中，在工作草图上绘制相应的比较详尽的测点点号、测点间的连接关系和地物实体的属性，在内业工作中，再将草图上的信息与全站仪内存中的测量数据传入计算机进行联合处理。无码作业采集数据比较方便、可靠，这是目前大多数数字化成图系统和作业单位的首选作业方式。同时，由于无码作业将属性和连接关系的采集放在测站进行，一方面可以使采集工作比较直观，另一方面可以减轻测站观测人员的压力。

2. 电子平板测绘模式

电子平板通常是指安装有数字化测图软件的笔记本电脑。电子平板测绘模式是一种基本上将所有工作都放在外业完成的数字成图方法，该模式用安装有数字化测图软件的笔记本电脑或掌上电脑作为电子平板，通过电缆与全站仪进行数据通信，记录数据，现场加入地理属性和测点间的连接关系后直接成图，实现了数据采集、数据处理、图形编辑现场同步完成。这种作业模式的特点是精度高，野外测绘时进行实时显示和现场编辑成图，实现了“所见即所测”，从而具有较高的可靠性。但电子平板是一种基本上将所有工作放在外业完成的数字化成图方法，导致外业工作量成倍增加，存在作业速度慢且对作业人员技术要求高的缺点。但对于地形较为复杂的区域来说，电子平板作业模式还是具有较大优势的。随着笔记本电脑的轻巧化及掌上电脑的发展，电子平板作业模式也越来越普遍。

目前利用掌上电脑开发的野外采集成图软件，充分发挥了传统电子手簿的优点，并加入了实用的图形绘制与编辑功能，具有完整的图式符号库，独立地物、线状地物、面状地物都可以在屏幕上绘出，基本具备了电子平板的主要功能。利用掌上电脑和测图软件中的图形符号能够直接测绘地形图，不需要记忆和输入编码，能够完成大部分的成图工作，最后将数据文件传入计算机，经过少量编辑处理即可生成数字化地形图。掌上电脑体积较小，虽然便于携带，但显示屏幕范围有限，在图形显示方面还不能满足用户的需要。

3. GPS RTK 测绘模式

随着 RTK 技术的不断发展和价格越来越低的 RTK 系列化产品的不断出现，GPS 数字测图系统已经进入实用阶段，并逐步在开阔地区取代全站仪进行数字测图。GPS RTK 测绘模式是利用 GPS RTK 技术快速测出碎部点的位置绘制地形图。用 RTK 进行碎部测量时，在测区的一个高点(一般为已知点)上安置好 GPS 基准站并输入必要的已知数据(基准点坐标、参考点坐标等)，将流动站测杆立在地形特征点上，输入特征编码，通过数据链将基准站观测值及站坐标信息一起发给流动站的 GPS 接收机。流动站不仅有来自参考站的数据，还直接接收 GPS 卫星发射的数据。观测数据组成相位差分观测值，进行实时处理，实时给出碎部点的定位结果。测完一个区域后回到室内，由专业的软件处理后就可以输出所要求的地形图。

采用 RTK 进行地形图测绘可以不进行图根控制而直接根据分布在测区的一些基准点进行各碎部点的测量。这种测量可全天候进行，并且可多个流动站同时进行碎部测量，效率可以成倍提高。RTK 测量不要求点间通视，也不受基准站和流动站之间的地物影响，设一基准站后可在半径 10km 内采集任意碎部点(在能观测到四颗以上 GPS 卫星的前提下)。另外，RTK 作业模式与电子平板测图系统连接，可以实现一步数字测图，这将显著提高开阔区域野外测图的可靠性和劳动生产率。

7.3.3　大比例尺数字化测图的基本作业过程

大比例尺数字化测图的工作过程主要有：野外数据采集、数据处理、图形编辑和图形输出。野外数据采集是计算机绘图的基础，这一工作主要在外业期间完成。内业进行数据处理，在人机交互方式下进行图形编辑，生成绘图文件，由绘图仪或打印机绘制地形图。本节结合南方测绘地形地籍软件 CASS7.0 介绍草图法数字化测图的主要作业过程。

1. 野外数据采集

数据采集的目的是获取数字化成图所必需的数据信息，包括描述地形图实体的空间位置和形状所必需的点的坐标和连接方式，以及地形图实体的地理属性。采用草图法进行野外数据采集时，用全站仪采集碎部点坐标并按照点号存储在全站仪的内存卡中，现场绘制草图来描述测点间的连接关系和实体的地理属性，再转入内业工作将数据传入计算机中结合草图进行图形的编辑与处理。

草图法进行野外数据采集时，一个作业小组可配备测站 1 人，镜站 1～3 人，领尺员 2 人；所需设备包括带内存的全站仪一台，反射棱镜及棱镜杆 1～3 套，对讲机 2～4 部，以及绘草图所用的纸笔和记录板等工具。如图 7.12 所示，根据地形情况，镜站可用单人或多人，领尺员负责画草图和室内成图，是核心成员。需要注意的是领尺员必须与测站人员保持良好的通信联系(可通过对讲机)，使草图上的点号与手簿上的点号一致。

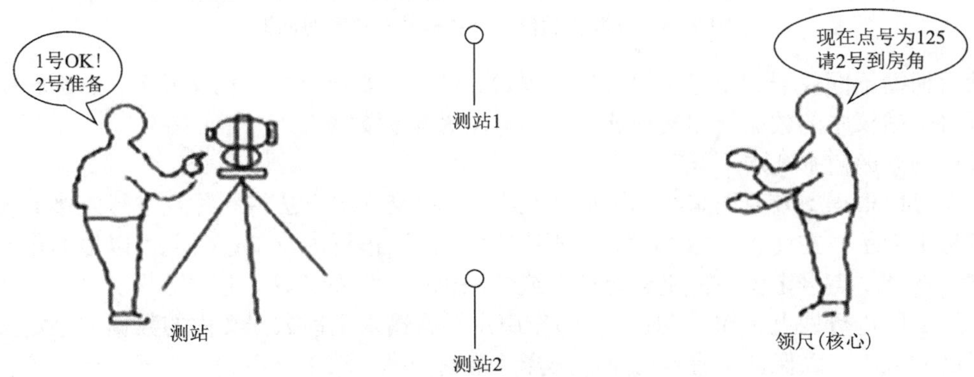

图 7.12　一小组作业人员配备情况示意图

碎部点的采集工作可采用极坐标法，作业步骤如下。

(1) 准备工作。准备作业所用的仪器设备及工具，并将已知点数据输入全站仪中。

(2) 建站。由测站人员在控制点上架立仪器，对中，整平。开机并选择作业文件，输入测站点号、坐标和仪器高，然后瞄准定向点，输入定向点点号和坐标完成建站工作。

(3) 观测和记录。负责立镜的人员在碎部点架设棱镜，读取棱镜高，由测站人员将其输入全站仪，照准棱镜进行测量并将测得的坐标存储于全站仪中。由领尺员通过绘制草图的方法记录所测内容及与其他碎部点的连接关系。

(4) 迁站。当前测站所能测得点全部测完后进行迁站，继续下一个测站的工作直至完成整个测区的地形数据采集。

2. 数据处理

外业工作完成之后，就可以转入内业工作。数据处理包括数据预处理、地物点的图形处理和地貌点的等高线处理。

1) 数据的预处理

作为数字地形图编辑成图的第一步，首先要将野外采集的观测数据传输到计算机中。通过通信电缆将全站仪与计算机连接好，在计算机上打开南方测绘的地形地籍软件CASS7.0，将鼠标移动至“数据”菜单项，选择“读取全站仪数据”，出现读取全站仪数据的对话框，如图 7.13 所示。

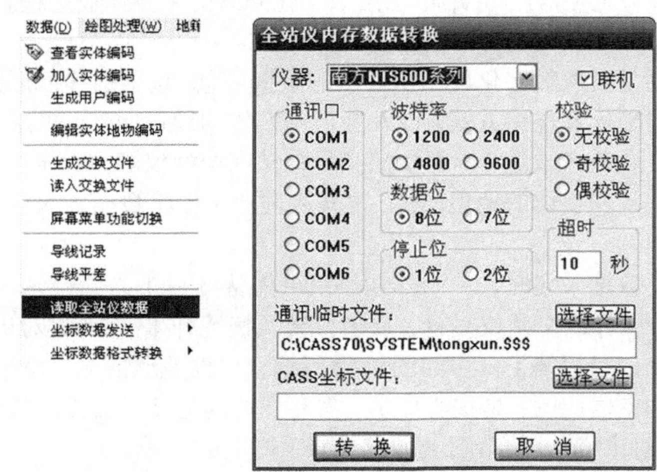

图 7.13　读取全站仪内存数据的菜单和对话框

然后根据不同仪器的型号设置好通信参数，再选取要保存的数据文件名，点击转换按钮后即可将全站仪中的数据导出转换成标准的 CASS 坐标数据。

2) 地物点的图形处理

下面可以根据室外草图来绘制平面图，采用人机交互的方法将地物点进行连接或者用相应的符号来表示。在 CASS7.0 软件中利用“草图法”进行内业工作时，可以根据作业方式的不同，选择“点号定位”“坐标定位”或“编码引导”的方法。以“点号定位”法为例，首先定显示区进行展点工作。定显示区的作用是根据输入坐标数据文件的数据大小定义屏幕显示区域的大小，以保证所有点可见。选择“绘图处理”菜单项下的“定显示区”项，在随后出现的对话框中输入碎部点坐标数据文件名，如图 7.14 所示，就可以将碎部点数据读入

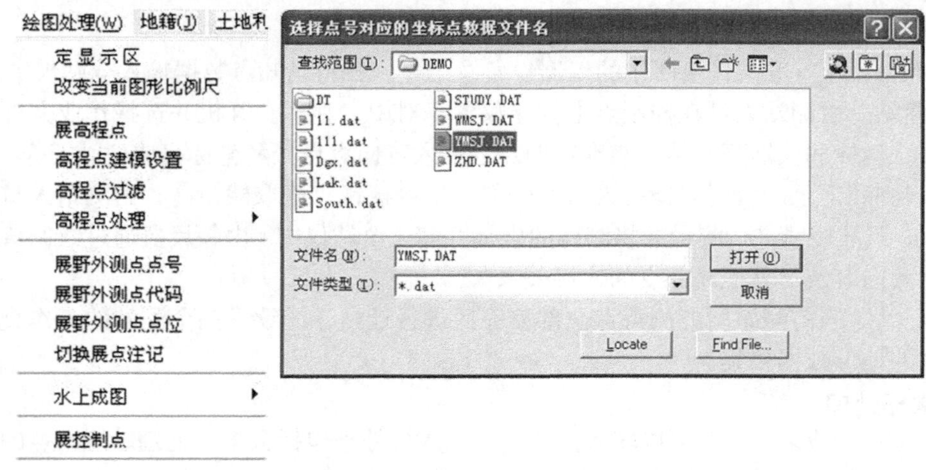

图 7.14　选择测点点号定位成图的菜单和对话框

软件中。选择“绘图处理”菜单项下的“展点”项下的“野外测点点号”项，并输入对应的坐标数据文件名，便可在屏幕展出野外测点的点号。

接下来根据野外作业时绘制的草图，移动鼠标至屏幕右侧菜单区选择相应的地形图图式符号，然后在屏幕中将所有的地物绘制出来。如图 7.15 所示，由 33、34、35 号点连成一间普通房屋。选择右侧菜单“居民地/一般房屋”，系统便弹出如图 7.16 所示的对话框。再选择“四点房屋”对应的图标按照命令提示行输入对应的比例尺、点号，就可以将 33、34、35 号点连成一间普通房屋。

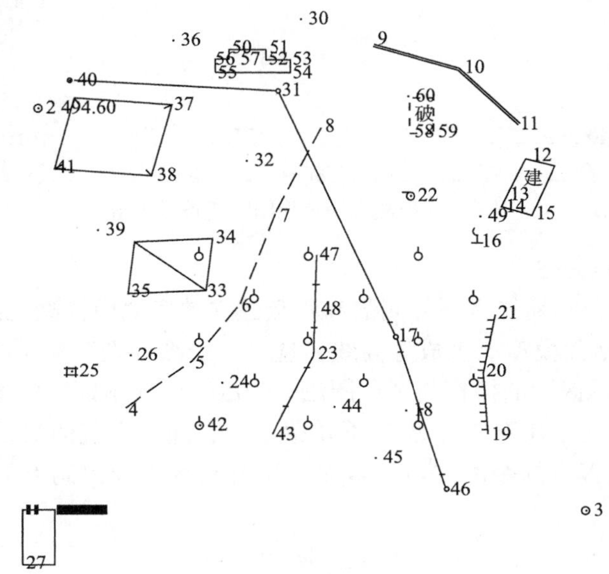

图 7.15　外业作业草图

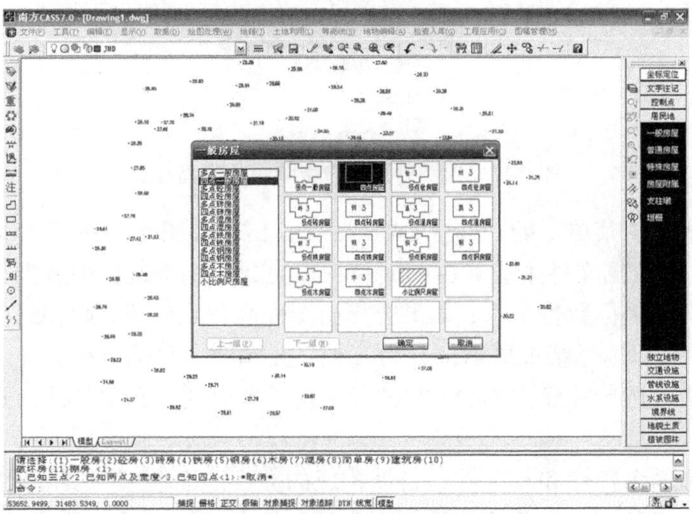

图 7.16　“居民地/一般房屋”图层图例

同样，可以按照上述的操作将所有测点用地图图式符号绘制出来，如图 7.17 所示，图中给出了部分地物。

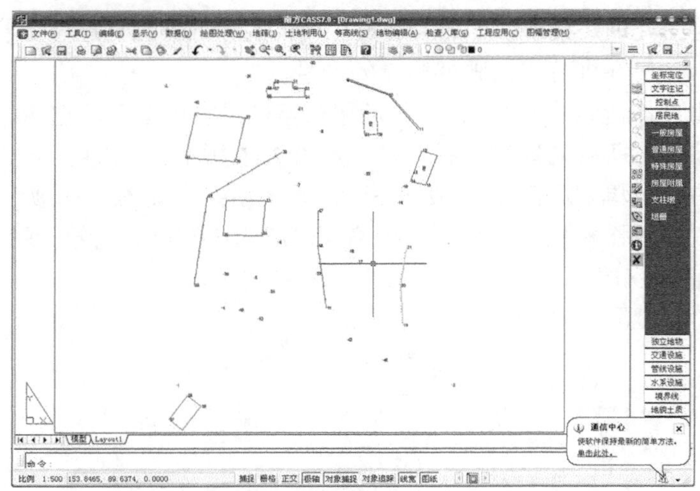

图 7.17 所测点用地形图图式符号表示

3) 地貌点的等高线处理

在绘等高线之前，必须先将野外测的高程点建立数字地面模型 (digital terrain model，DTM)，然后在数字地面模型上生成等高线。选择“绘图处理”菜单项下的“定显示区”及“展点”，“定显示区”的操作与“草图法”中的“定显示区”的操作相同。展点时可选择“展高程点”选项，如图 7.18 所示下拉菜单，在随后出现的对话框中选择高程点数据文件，输入注记高程点的距离 (米)。这时，所有高程点和控制点的高程均自动展绘到图上。

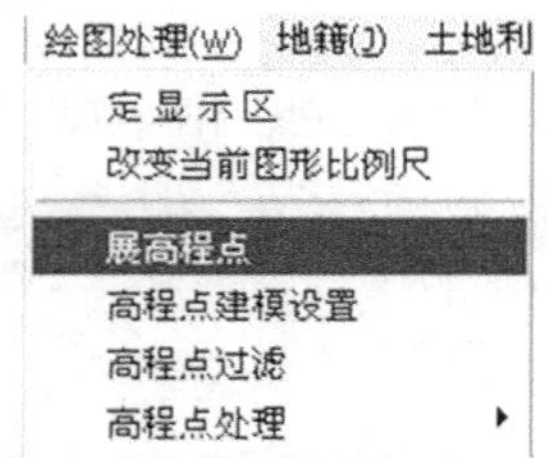

图 7.18 绘图处理下拉菜单中的展高程点

选择“等高线”项菜单下的“建立 DTM”项，出现如图 7.19 所示对话窗。首先选择建立 DTM 的方式，由数据文件生成或由图面高程点生成，如果选择由数据文件生成，则在坐标数据文件名中选择坐标数据文件；如果选择由图面高程点生成，则在绘图区选择参加建立 DTM 的高程点。然后选择结果显示，分为三种：显示建三角网结果、显示建三角网过程和不显示三角网。最后选择在建立 DTM 的过程中是否考虑陡坎和地形线。点击【确定】后即可生成三角网。

由于真实地形的多样性和复杂性，自动构成的数字地面模型与实际地貌很难完全一致，这时可以通过修改三角网来修改这些局部不合理的地方，如内插、删除三角形顶点，增加、删除、合并、分割三角形等。

选择“等高线”下拉菜单的“绘制等高线”项，弹出如图 7.20 所示对话框。

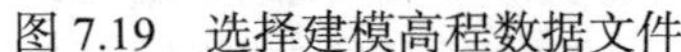

图 7.19　选择建模高程数据文件

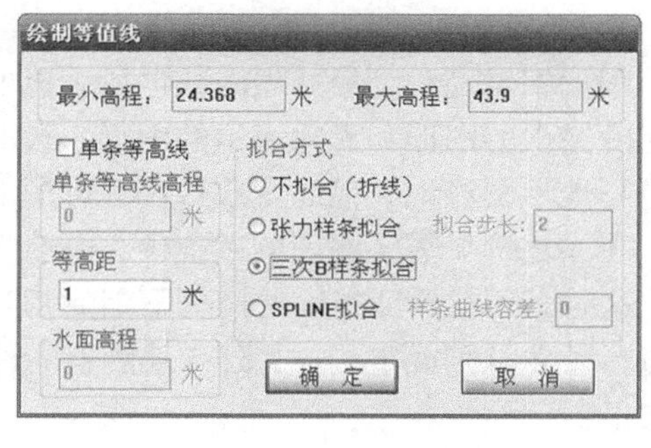

图 7.20　绘制等高线对话框

对话框中会显示参加生成 DTM 的高程点的最小高程和最大高程。如果只生成单条等高线，那么就在单条等高线高程中输入此条等高线的高程；如果生成多条等高线，则在等高距框中输入相邻两条等高线之间的等高距。最后选择等高线的拟合方式。

软件中共有四种等高线的拟合方式：①不拟合(折线)；②张力样条拟合；③三次 B 样条拟合；④SPLINE 拟合。观察等高线效果时，可输入较大等高距并选择不光滑，以加快速度。若选拟合方法②，则拟合步距以 2m 为宜，但这时生成的等高线数据量比较大，速度会稍慢。测点较密或等高线较密时，最好选择光滑方法③，也可选择不光滑，过后再用“批量拟合”功能对等高线进行拟合。选择④则用标准 SPLINE 样条曲线来绘制等高线，提示“请输入样条曲线容差”(容差是曲线偏离理论点的允许差值)可直接回车。SPLINE 线的优点在于即使其被断开后仍然是样条曲线，可以进行后续编辑修改,缺点是较选项③容易发生线条交叉现象。

当命令区显示：“绘制完成！”，便完成绘制等高线的工作，如图 7.21 所示。

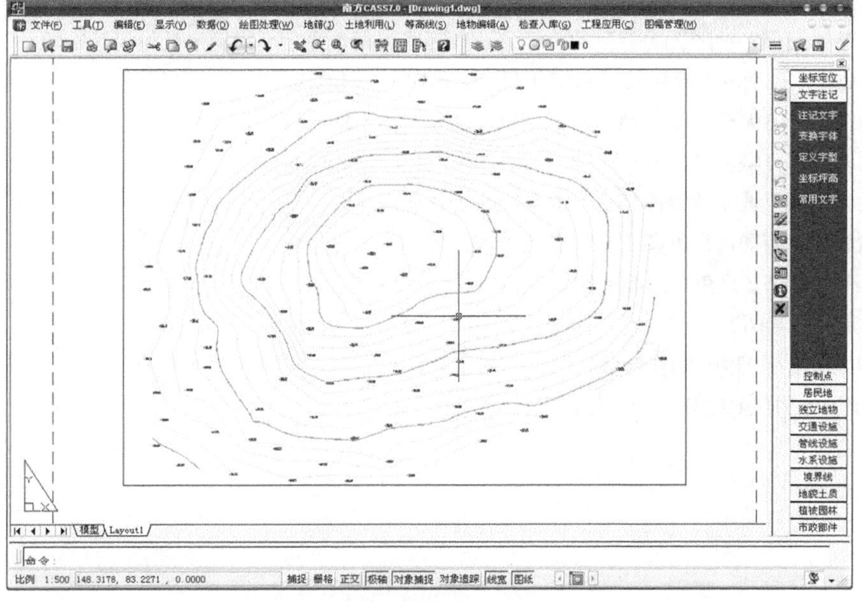

图 7.21　完成等高线绘制的地形图

还可以利用“等高线”下拉菜单中的其他菜单项进行等高线的注记、编辑与修饰。

3. 图形编辑

图形编辑是对已经处理的数据所生成的图形和地理属性进行编辑、修改的过程，主要包括删除错误的图形和无须表示的图形，修正不合理的符号表示，增添植被、土壤等配置符号及进行地形图注记，最终生成数字地形图的图形文件。

在大比例尺数字测图的过程中，由于实际地形、地物的复杂性，漏测、错测是难以避免的，这时必须在保证精度的情况下消除相互矛盾的地形、地物，对于漏测或错测的部分，及时进行外业补测或重测。另外，地图上的许多文字注记说明，如道路、河流、街道等也是很重要的。

图形编辑的另一重要用途是对大比例尺数字化地图的更新，可以借助人机交互图形编辑，根据实测坐标和实地变化情况，随时对地图的地形、地物进行增加或删除、修改等，以保证地图具有很好的现势性。对于图形的编辑，CASS7.0 软件提供“编辑”和“地物编辑”两种下拉菜单。其中，“编辑”是由 AutoCAD 提供的编辑功能：图元编辑、删除、断开、延伸、修剪、移动、旋转、比例缩放、复制、偏移拷贝。“地物编辑”是由南方测绘 CASS7.0 软件提供的对地物编辑功能：线型换向、植被填充、土质填充、批量删剪、批量缩放、窗口内的图形存盘、多边形内图形存盘。

4. 图形输出

图形输出是将已经编辑整饰好的数字地形图按照所需的比例尺、图层及图幅范围输出到所需介质上的过程，一般在绘图仪或打印机上完成。目前，图形输出也包括以某种(指定的或标准的)格式输出数据文件。CASS7.0 软件中也提供了地图的分幅、图幅的整饰等数字地图的管理功能及地图的打印输出等功能。

思考与练习题

1. 什么是地形图？
2. 什么是比例尺？地形图比例尺的表示方法有哪些？大、中、小比例尺是如何划定的？
3. 什么是比例尺精度？比例尺的精度在测绘工作中有何用途？
4. 地物符号分为哪些类型？地形图是如何表示和描述地形起伏的？
5. 简述地形图分幅的基本方法。
6. 简述大比例尺数字化测图技术设计书应包含哪些内容。
7. 简述数字化测图前期准备工作有哪些内容。
8. 简述经纬仪配合量角器测绘法的原理。
9. 什么是数字测图？
10. 数字测图的作业模式有哪几种？
11. 简述大比例尺数字化测图的作业过程。

第 8 章　地形图的应用

8.1　地形图的识读

识读地形图是对地形图内容和知识的综合了解和运用，其目的是正确有效地使用地形图，为各种工程的规划、设计提供合理准确的服务。

8.1.1　地形图图外注记识读

拿到一幅地形图，首先应了解测图日期，以此判定地形图的新旧程度和地面变化情况。对地形图的一些数学要素的了解也是读图的关键，这些数学要素包括测图比例尺、坐标系统、高程系统和基本等高距等。另外，图幅正上方注有该图的图名、图号，左上角的接图表注明了相邻图幅的名称(或图号)，若是矩形分幅，图幅四角注有直角坐标(或高斯平面直角坐标)。如图 8.1 所示，外围注记反映的信息包括：图名为沙湾屯，测图日期为 1991 年，比例尺 1∶2000，测图方法为经纬仪测图、平面坐标系统为任意直角坐标系，高程为 1985 年国家高程基准等。

除以上内容外，在中、小比例尺地形图上还绘有图示比例尺、三北方向线关系图和坡度比例尺，并标注有经纬度和梯形坐标格网。

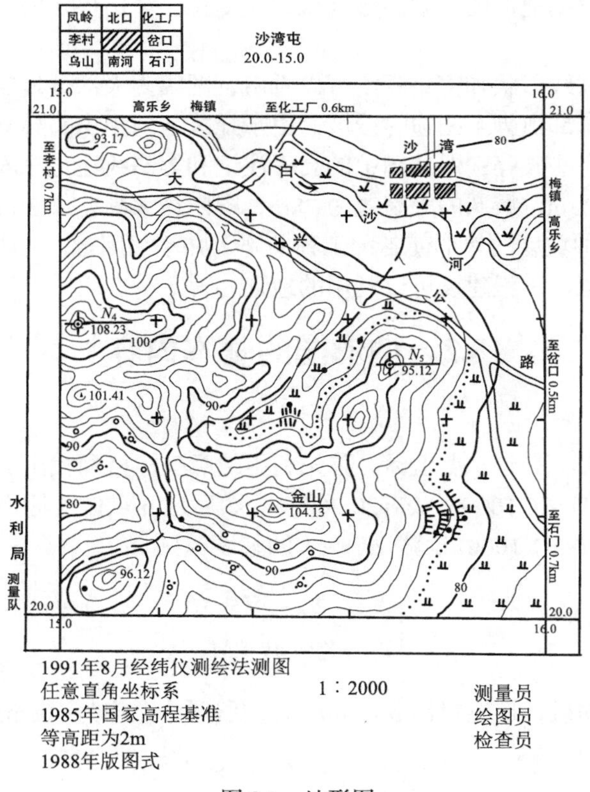

图 8.1　地形图

8.1.2　地物识读

地形图中地物是以国家测绘地理信息局颁发的《国家基本比例尺地形图图式第 1 部分：1∶500、1∶1000、1∶2000 地形图图式》(GB/T 20257.1—2007) 中规定的符号绘制，所以在读图前，应对一些常用的地物符号有所了解。大部分人工地物都建于平坦地区，而地物的核心部分是居民地，有了居民地则有电力线、通信线等相应的设施和通往的道路。因此，识读地图时以居民地为线索，即可了解一些主要地物的来龙去脉。同样以图 8.1 为例，沙湾是唯一的居民点，各级道路由沙湾向四周辐射；有贯穿东西方向的大车路，通向北图边的简易公路，还有一条乡村路向南经过白沙河徒涉场通往金山。横跨全图的大兴公路，其支线通过白沙河的公路桥向北出图，其主干线从东南出图，通往岔口和石门。

图 8.1 内另一主要地物为白沙河，自图幅西北进入本图，流经沙湾南侧，至东北出图；菜园和耕地多分布在居民地附近和地势平坦地区；森林则多生长在山区。本幅图的白沙河北岸和通过沙湾的大车路之间的植被是菜地，图幅中部的干山谷和东部的山脚平缓处都是耕地和小块梯田，自金山至西图边的北山坡分布有零星树木和灌木。不同地区的地形图有不同的特点，要在识图实践中熟悉地形图所反映的地形变化规律，从中摘取满足工程要求的地形，为工程建设服务。由于国民经济和城乡建设的迅速发展，新增地物不断出现，有时当年测绘的地形图也会落后于现实的地形变化。因此，通过地形图的识读，了解所需要的地形情况后，仍需到实地勘察对照，这样才能对所需地形有实际的了解。

8.1.3　地貌识读

地貌识读主要是根据地形图了解地形高低起伏变化，如山势走向、高差、山脊、山谷、鞍部及沟、坎等。

图 8.1 中，由等高线形状和密集程度可以看出，图幅内大部分地貌为丘陵地，东北部白沙河两岸为平坦地，东部山脚至图边为缓坡。由于丘陵地内小山头林立，山脊、山谷交错，沟壑纵横，地貌显得有些破碎；但从图中的高程注记和等高线注记来看，最高的山顶为图根点 N_4，其高程为 108.23m，最低的等高线为 78m，图内最大高差仅 30m。图内丘陵地的一般坡度为 10%左右，这种坡度的地形使各种工程的施工并不很困难。在图的中部有一宽阔的长山谷，底部很平缓，也是工程建设可以利用的地形。

8.2　地形图的基本内容

8.2.1　求点的坐标

如图 8.2 所示，欲求图上 p 点坐标。首先利用图廓坐标格网找出 p 点所在小方格的西南角坐标 X_0、Y_0，图中 X_0=30.100 m，Y_0=20.200 m。然后过 p 点作坐标格网 ab、cd 的平行线，再按测图比例尺 (1∶M=1∶1000) 量算 ak、af 的长度，则

$$\begin{cases} X_p = X_0 + af \times M \\ Y_p = Y_0 + ak \times M \end{cases} \tag{8.1a}$$

如果考虑图纸伸缩量，还应量出 ab、ad 的长度 (理论上均为 10cm)，则

$$\begin{cases} X_p = X_0 + af \times M \times ab / 10 \\ Y_p = Y_0 + ak \times M \times ad / 10 \end{cases} \tag{8.1b}$$

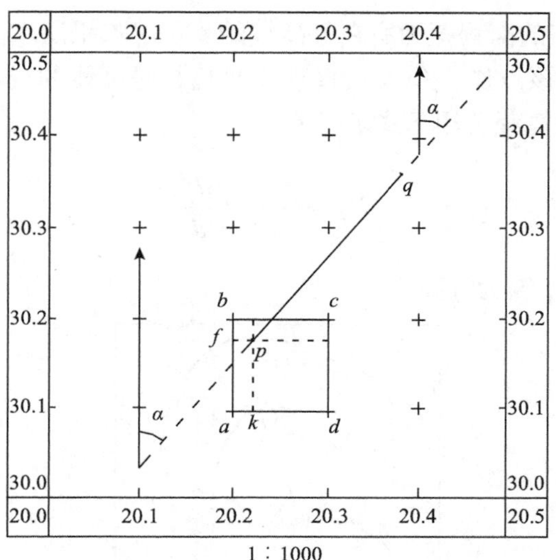

图 8.2　求点的坐标和坐标方位角

8.2.2　求两点间的水平距离

1. 图解法

在图上直接量取 *AB* 两点间的长度，然后乘以比例尺分母 *M* 即为 *AB* 的实际水平长度。也可以用卡规在图上直接卡出 *AB* 线段的长度，再与图示比例尺比量而得出其实际水平长度。

2. 解析法

当所量取的两点距离较长甚至两端点不在同幅图内的两点或者图纸伸缩较大时，一般应用此法。先分别按上述方法量算 p、q 两点的坐标，然后用下式计算出 pq 的水平距离：

$$D=\sqrt{(Y_p-Y_q)^2+(X_p-X_q)^2} \tag{8.2}$$

8.2.3　确定直线的坐标方位角

1. 图解法

采用量角器在地形图上直接量取坐标方位角。如图 8.2 所示，求 pq 的方位角 α_{pq}，首先过 p、q 两点分别作坐标纵轴的平行线，再用量角器分别量出 α_{pq}、α_{qp}，然后代入 $(\alpha_{pq}+\alpha_{qp}\pm 180)/2$ 计算得到。

2. 解析法

如图 8.2 所示，欲求出 p、q 段直线的坐标方位角，可先量算出直线两端点 A、B 的坐标，然后用下式求得坐标方位角：

$$\alpha_{pq}=\arctan\frac{y_q-y_p}{x_q-x_p} \tag{8.3}$$

8.2.4　求点的高程

1∶*M* 地形图上任意一点的高程都可以根据等高线或高程注记来确定。如图 8.3 所示，*a* 点正好在等高线上，则 a 点的高程即为所在等高线的高程。如果所求高程的点不在等高线上，如图中的 k 点，则可过该点作一条大致垂直于两相邻等高线的线段 mn，从图上量取平距 $mn=d$，$mk=d_1$，则 k 点的高程可用下式求得

$$H_k = H_m - h\frac{d_1}{d} \tag{8.4}$$

式中，H_m 为 m 点的高程；h 为等高距。

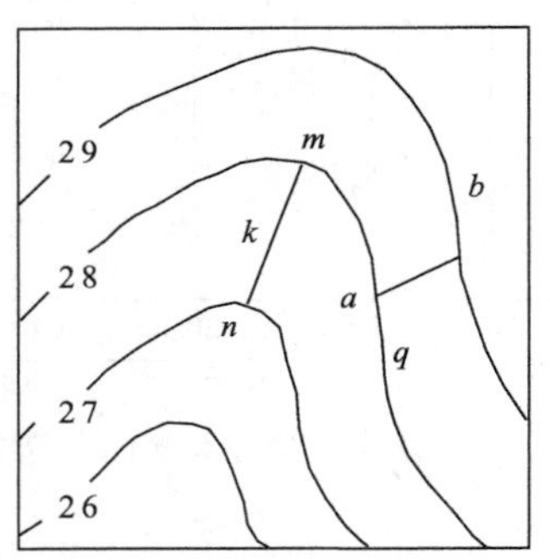

图 8.3　求点的高程和直线的坡度

8.2.5　求直线的坡度

地面两点间的高差与水平距离之比称为坡度，用 i 表示。按上述介绍的基本方法求出直线两端点的实地水平距离 D 与高差 h，则对应坡度为 $i=h/D$，坡度常用百分率(%)或千分率(‰)来表示。图 8.3 中，mn 线段坡度为 $h/(d\times M)$。

8.2.6　按坡度限值选定最短路线

道路、管线、渠道等工程设计时，常常要求路线在不超过某一坡度限值的条件下，选定一条最短路线。如图 8.4 所示，现要求从 A 点设计一条坡度不超过 8%的道路到 B 点，设计用的地形图比例尺为 1∶1000，等高距为 1 m。设计时，首先应根据坡度的定义式计算出该道路经过相邻两条等高线时允许的最短水平距离 $D=h/i=1/8\%=12.5\text{m}$，将其换算成图上距离 $d=D/1000=12.5\text{mm}$。然后从 A 点开始，以 A 点为圆心，以 $d=12.5\text{mm}$ 为半径(A 点恰好在等高线上)画弧，弧线与至 B 点方向的相邻等高线相交于点 1；再以点 1 为圆心，仍以 $d=12.5\text{mm}$ 为半径继续画弧，弧线与另一 B 点方向上的相邻等高线相交于点 2，依此类推直至 B 点，然后将 A、1、2、…、B 点相连即为一条坡度不超过 8%的最短线路。这里需要注意的是，有时在画弧线时，遇到相邻两条等高线之间的平距大于 d 时，则所画圆弧与等高线将无

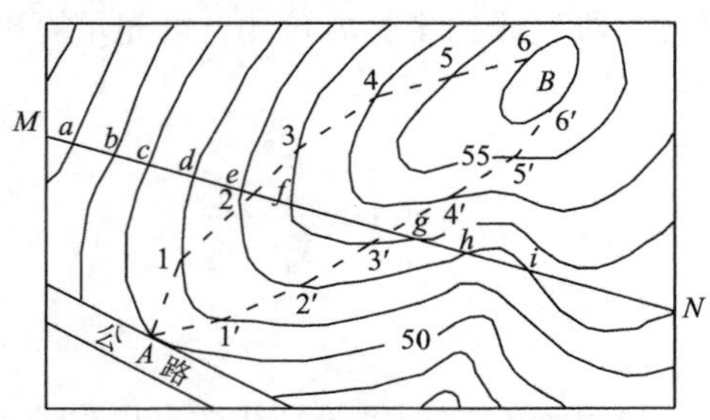

图 8.4　按坡度限值选定最短路线

交点，这说明地面坡度小于坡度限值，在这种情况下，可从圆心沿到 B 点的方向直接划线与等高线相交。

以上方法在应用时，有时会出现几条可能的最短路线情况，如图 8.4 中的最短路线 A、1′、2′、…、B，这时可综合考虑地形、地质、造价等因素，选择一条最佳路线。

8.2.7　按指定方向绘制纵断面图

纵断面图，就是过一指定方向的竖直面与地面的交线，它反映了该方向上的地面高低起伏形态。在线路工程设计中，合理地设计竖向曲线及其坡度，计算土石方填挖量，概算建筑材料的用量，都需要在地形图上沿指定方向绘制纵断面图。例如在图 8.5(a) 中，欲沿 AD 方向绘制纵断面图。首先在绘图纸或方格纸上按比例尺绘制 AD 水平线，如图 8.5(b) 所示，过 A 点作 AD 的垂线，将垂线作为高程轴线。为了使地面起伏变化明显，一般纵向比例尺比水平距离比例尺可以大 10 倍。然后将地形图上 AD 与各条等高线的交点 (a、b、c 等) 在绘图纸的 AD 水平线上相对应地标定出来，再依次将各点的高程作为纵坐标在各点的上方标出，最后用一条光滑曲线将各高程点连接起来，即得沿 AD 方向的纵断面图。要注意当断面经过山脊、山顶、山谷等特殊部位时，断面上坡度变化点 (不在等高线上) 也必须标绘在纵断面图上，其高程可按前述“求点的高程”的方法求得。

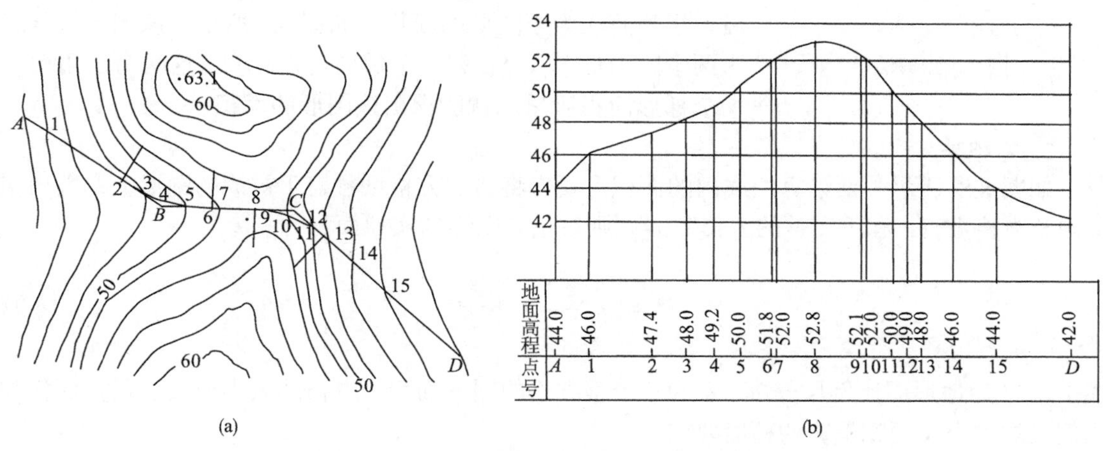

图 8.5　按指定方向绘制纵断面图

8.3　水库设计与汇水面积计算

修筑道路有时要跨越河流或山谷，这时就必须建桥梁或涵洞，兴修水库必须筑坝拦水。而桥梁、涵洞孔径的大小，水坝的设计位置与坝高，水库的蓄水量等，都要根据汇集于这个地区的水流量来确定。汇集水流量的面积称为汇水面积。

如图 8.6 所示，一条公路东西横跨山谷，需在 m 处架桥或修涵洞，其孔径大小及结构形式应根据该处的流水量而定，水流量的计算与汇水面积有关。由于雨水是沿山脊线 (又称分水线) 向山坡两侧分流的，所以汇水面积的边界线是由一系列的山脊线连接而成的。从图中可以看出，由山脊线 bc、cd、de、ef、fg、ga 与

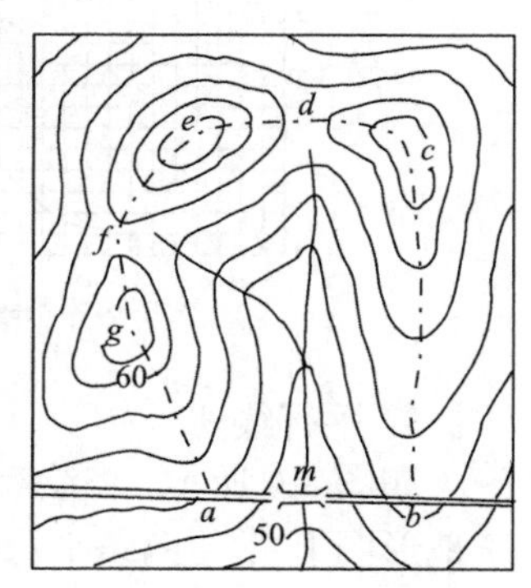

图 8.6　确定汇水面积

公路上的 ab 线段所围成的面积，就是此处的汇水面积。求出汇水面积后，再根据当地气象水文资料中的降水量，便可确定流经公路 m 处的水量，从而为桥梁或涵洞的孔径及结构的设计提供依据。

确定汇水面积的边界线时，还应注意两点：①边界线(除公路 ab 段外)应与山脊线一致，且与等高线垂直；②边界线是经过一系列的山脊线、山头和鞍部的曲线，并与河谷的指定断面(公路或水坝的中心线)闭合。

8.4　面积量算与电子求积仪

上节介绍的汇水面积，可以通过多种方法解算，同样在规划设计中，土方量计算和土地测量等工程，也需要在地形图上测定某一轮廓范围内的面积。下面介绍几种面积求算的方法。

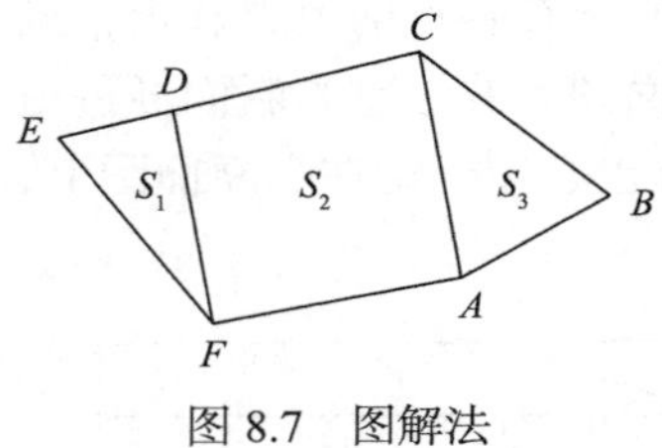

图 8.7　图解法

1. 图解法

这种方法一般应用于图形轮廓为直线的面积量算。一个不规则的图形常可分解为若干个可用几何公式求出面积的标准图形，如三角形、梯形、矩形。在分别计算出这些图形的面积后，累加而成为原图形的面积。如图 8.7 所示，该图形可分解为两个三角形(S_1、S_3)和一个梯形(S_2)，求出这两个三角形和一个梯形面积后累加就能求出该图形的面积。

2. 方格法

如图 8.8 所示，要计算曲线内的面积需要先将透明方格纸覆盖于被测的图形上，数出图形内整方格数 n_1 和不完整的方格数 n_2，则被量算图形的实地面积为

$$S=\left(n_1+\frac{1}{2}n_2\right)aM^2 \tag{8.5}$$

式中，M 为地形图比例尺分母；a 为一个整方格的图上面积。方格的大小取决于量算面积和比例尺的大小及面积量算的精度要求。

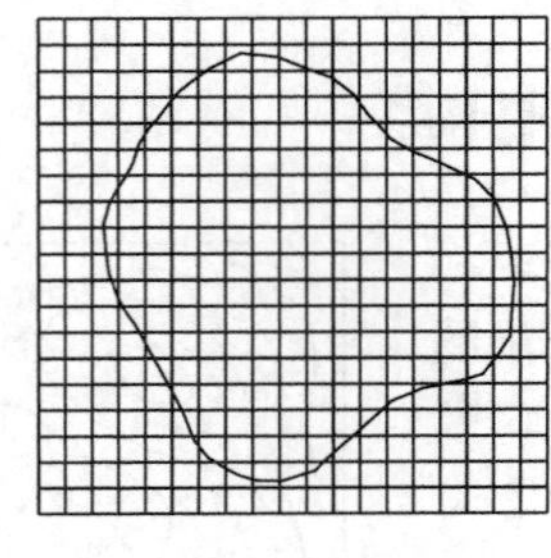
图 8.8　方格法

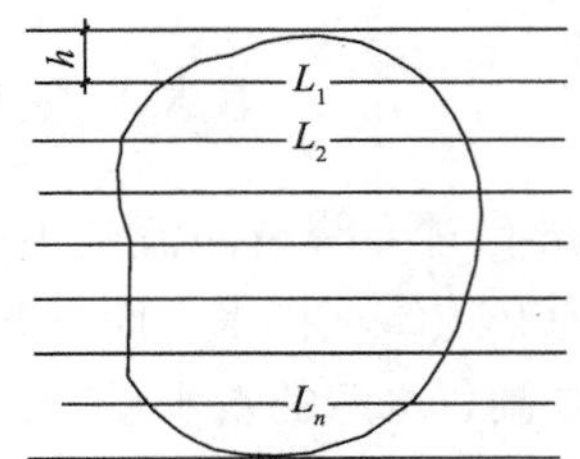

图 8.9　平行线法

3. 平行线法

如图 8.9 所示，将绘有平行线间隔为 h 的透明纸覆盖在被量测图形上(也可用铅笔直接绘于地形图上)，使两条平行线与图形边缘相交，则相邻两平行线间截割的图形面积可近似为梯形，这些梯形的高相等，而长度不同，分别为 L_1，L_2，…，L_n。各梯形的面积分别为

$$A_1 = 1/2 \cdot h \cdot (0 + L_1)$$
$$A_2 = 1/2 \cdot h \cdot (L_1 + L_2)$$
$$\vdots$$
$$A_n = 1/2 \cdot h \cdot (L_n + 0)$$

所以被量算图形的总面积 A 为

$$A = A_1 + A_2 + \cdots + A_n = h(L_1 + L_2 + \cdots + L_n) \tag{8.6}$$

平行线间隔 h 的大小由量算面积大小及量算面积精度要求不同而定。

4. 求积仪法

求积仪是一种专门用来测算面积的仪器，其使用方便、精度高，在地形图上测算不规则面积时更加灵活，速度快。求积仪分机械求积仪与电子求积仪两种。电子求积仪的精度高并能自动显示而且操作简单，因此被广泛使用，机械求积仪已逐渐淘汰。下面以图 8.10 所示的日本产 PLANIX 7 型数字求积仪为例，介绍电子求积仪的性能和使用方法。

1) PLANIX 7 数字求积仪的性能

(1) X，Y 坐标测量。

(2) 边长测量。

(3) 线长及面积测量。

(4) 对某一图形重复几次测定后，自动显示其平均值。

(5) 可自动累加几块图形面积值。

(6) 量测精度为 ± 0.2%。

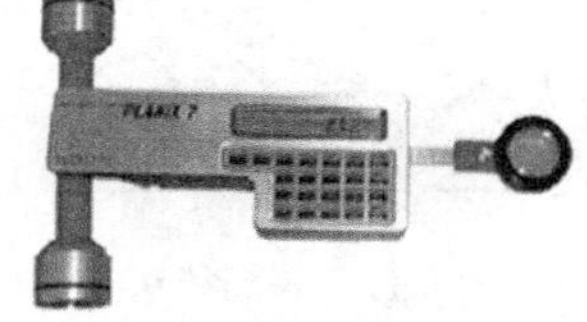

图 8.10　PLANIX7 型数字求积仪

2) 面积测定的准备工作

将地形图固定在平整的图板上。安置求积仪时，使垂直于动极轴的中线通过图形中心，然后用瞄迹放大镜沿图形的轮廓线转动一周，以检查动极轮及测轮的转动情况，必要时重新安放动极轴位置。

3) 面积测量方法

打开电源按下开关键。

设定测量面积的单位：首先选择公制单位或英制单位，然后选择面积单位。常用的公制单位有 km^2、m^2、cm^2 。

设定比例尺：设置好被测量图形的比例尺。

简单图形测量：如果被量测的图形是简单图形，可在图形的边界线上任选一点作为开始测量的起点，并与跟踪放大镜中心重合。按下“开始”键后，将跟踪放大镜的中心准确地沿着图形的边界线顺时针方向移动，最后回到起点，按下“量测”键，则所量测图形的面积显示出来。

累加测量：若需要测几个图形的面积之和，首先测量第一个图形，测完后按下“量测”键，然后将仪器的跟踪放大镜移至第二个图形的起点，再按下“量测”键继续测量，依次类推。直至测完最后一个图形，按下“量测”键，所显示的值即为这几个图形的面积之和。

平均值测量：利用本仪器对同一图形重复测量若干次时，每次测量结束后按一下“记录”

键，最后结束后按一下“记录”键，再按一下“输出”键，这样就显示出重复几次测量的面积平均值。

8.5 场地施工土方量计算

在各种工程建设的规划设计阶段，除对建筑物作合理的平面布置外，往往还要对拟建地区的原有地貌作必要的改造、平整场地，以便布置各类建筑物和排水系统，满足交通运输和敷设地下管线要求。在平整场地时，常需要利用地形图预算填挖土方的工程量。测量资料、求算对象和土方估算精度不同，方法也有多种，下面介绍 4 种常用方法。

8.5.1 等高线法

这种方法简单易求，适合场地地面起伏较大，且地形不太复杂的情况。

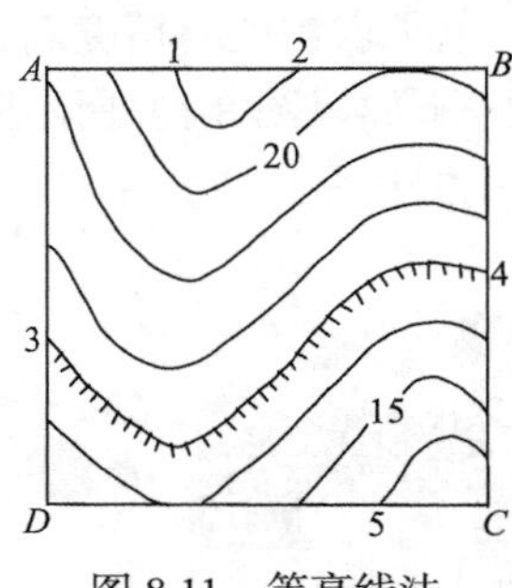

图 8.11 等高线法

如图 8.11 所示，等高距 h 为 1m，在 $ABCD$ 范围内，要求场地平整成高程为 17m 的平地，其土方量估算方法如下。

1) 绘出填挖边界线

由于场地平整后的高程为 17m(设计高程)，所以图上 17m 的等高线就是填挖边界线，高程大于 17m 的地区应挖去，小于 17m 的应填入，为此在 17m 的等高线上加绘指向填方的短线作为填挖边界线的位置。如果场地设计高程不在等高线上，可用目估法按设计高程绘出等高线，即得填挖边界线。

2) 测定相邻各条等高线所围的填挖面积

如图 8.11 所示，挖方面积 21m 包括 5 条等高线(17～21m)及与外围边框所围的 5 部分面积，而所围的填方面积包括 4 条等高线(17～14m)及与外围边框所围的 4 部分面积。面积计算可选择上节介绍的各种方法。

3) 计算填挖方量

以填挖边界线为界，用下式分别计算相邻等高线面积间的填挖方量 V_i，即

对于挖方：$$V_{\mathrm{W}_i}=\frac{1}{2}(A_K+A_{K+1})\times h \qquad (i=1\sim5,\ K=17\sim21)$$

对于填方：$$V_{\mathrm{T}_i}=\frac{1}{2}(A_K+A_{K-1})\times h \qquad (i=1\sim4,\ K=12\sim17)$$

最后将所有的填挖方量分别相加，即得总的填挖方量。

8.5.2 断面法

如图 8.12(a)所示，按设计要求，将场地 $ABDC$ 平整成由 AB 向 CD 倾斜、坡度为 2%的斜面，其土方估算方法如下。

1) 绘制倾斜面的设计等高线

按设计等高线的等高距与所用地形图等高距相同，方向与斜边垂直的原则，定出设计等高距 h=lm，根据坡度与平距的关系式，则设计等高线平距 d 应为

$$d=\frac{h}{i\times M}=\frac{1}{0.02\times1000}=0.05\mathrm{m}$$

设 A、B 的设计高程为 33m，若从 A 点开始，沿 AC 直线以 0.05m 间距可定出 32m、31m、

30m 各高程点，再过这些点分别作垂直于 AC 的直线，便绘出倾斜面上的各设计等高线，它们是一组平行线。

2) 绘出填挖边界线

连接同名高程的地形等高线与设计等高线的交点，即得填挖边界线，并用加绘短线的折线方法区别，短线指向填方。

3) 绘制断面图

首先确定断面的方向和间距；平整呈斜面时，断面方向应与设计等高线平行；平整呈水平面时，断面方向应与地形等高线垂直。断面间距应依地形复杂程度和土方估算精度而定。地形复杂或估算精度要求较高，则间距宜小，反之可大，一般可选 20～50m。本例地形不复杂，以平距 50m 作为断面间距。绘制断面图的方法基本同 8.2 节“按指定方向绘制纵断面图”，但为了方便计算填挖面积，图的纵横坐标数轴的比例尺应相同，每个断面图上还要绘出对应设计标高线图，如图 8.12(b) 中为设计标高为 32m、33m 的断面图，其中在设计标高线之上是挖方面积，之下是填方面积，面积可用 8.4 节介绍的方法测定。

4) 计算土方量

如图 8.12(a) 所示，由 AB 或 CD 开始，按下式分段计算相邻断面间的填挖量：

$$\text{对于填方：}\quad V_{T_i}=\frac{1}{2}(A_{T_1}+A_{T_2})\times l$$

$$\text{对于挖方：}\quad V_{W_i}=\frac{1}{2}(A_{W_1}+A_{W_2})\times l$$

将所有的填挖方量分别相加，即得总的填挖量。

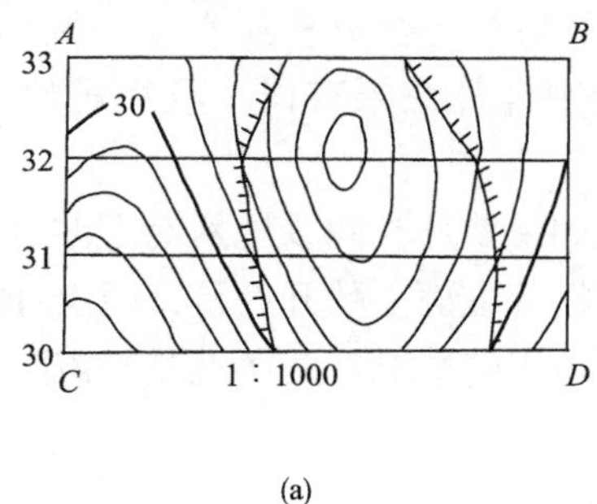

(a)

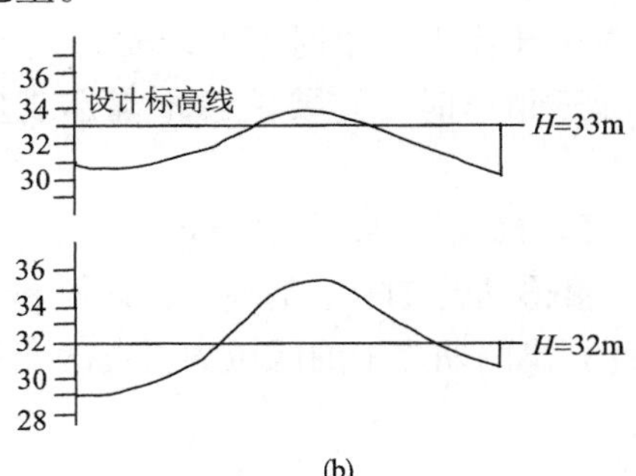

(b)

图 8.12　断面法计算土方量

本方法适合线状工程土石方量的计算，如道路断面法土方估算，但在应用时要考虑道路边坡存在的削坡土方量部分。

8.5.3　DTM 法土方计算

由 DTM 模型来计算土方量：根据实地测定的地面点坐标 (X, Y, Z) 和设计高程，通过生成三角网来计算每一个三棱锥的填挖方量，最后累计得到指定范围内填方和挖方的土方量，并绘出填挖方分界线。大部分土方计算软件都是以此方法编制的。下面结合 CASS7.0 数字成图软件介绍使用方法。

DTM 法土方计算共有 3 种：第一种是由坐标数据文件计算；第二种是依照图上高程点进

行计算；第三种是依照图上的三角网进行计算。前两种算法包含重新建立三角网的过程，第三种方法直接采用图上已有的三角形，不再重建三角网。

1）坐标数据文件计算

用鼠标点取“工程应用”菜单下“DTM 法土方计算”子菜单中的“根据坐标文件计算”，在提示选择范围线时，用复合线 SPLINE 画出所要计算土方的区域，一定要闭合，但是尽量不要拟合。因为拟合过的曲线在进行土方计算时会用折线迭代，影响计算结果的精度。

2）根据图上高程点计算

首先要展绘高程点，然后用复合线画出所要计算土方的区域，要求同 DTM 法。

例如，在 CASS5.1 中的主界面下，用鼠标点取“工程应用”菜单下“DTM 法土方计算”子菜单中的“根据图上高程点计算”提示：选择边界线用鼠标点取所画的闭合复合线。

选择高程点或控制点，此时可逐个选取要参与计算的高程点或控制点，也可拖框选择。如果键入“ALL”回车，将选取图上所有已经绘出的高程点或控制点。弹出土方计算参数设置对话框，以下操作则与坐标计算法一样。

3）根据图上的三角网计算

对已经生成的三角网进行必要的添加和删除，使结果更接近实际地形。

用鼠标点取“工程应用”菜单下“DTM 法土方计算”子菜单中的“依图上三角网计算”。

在提示驶入平场标高(米)时要输入平整的目标高程。请在图上选取三角网，用鼠标在图上选取三角形，可以逐个选取也可拉框批量选取。

回车后屏幕上显示填挖方的提示框，同时图上绘出所分析的三角网、填挖方的分界线(白色线条)。

用此方法计算土方量时不要求给定区域边界，因为系统会分析所有被选取的三角形，因此在选择三角形时一定要注意不漏选或多选，否则计算结果有误，且很难检查出问题所在。

上述计算均是基于某一指定开挖高度面的情况，如果要计算同场地两期土方量，可以分别在两期测量得到的 DTM 基础上，计算基于同一假设基准面上的开挖量，两次计算结果相减，就可计算出两期之中的区域内土方的变化情况。适用的情况是两次观测时该区域都是不规则表面。

8.5.4　方格网法

由方格网来计算土方量是根据实地测定的方格格网点及其对应地面高程，首先将方格的四个角上的高程相加，取平均值与设计高程相减；然后通过方格边长得到每个方格的面积，再用长方体的体积计算公式得到填挖方量。方格网法简便直观，易于操作，因此这一方法在实际工作中应用非常广泛，尤其可以方便地进行场地填挖平衡条件下土方估算。用方格网法算土方量，设计面可以是平面，也可以是斜面。

填挖平衡，是指场地平整时，填方量与挖方量相等，这样既不从场地外取土，也不将场地内的土运出去。如图 8.13 所示，要求将原地貌按填挖土方量平衡的原则改造成一水平场地，其填挖土方量的估算方法如下。

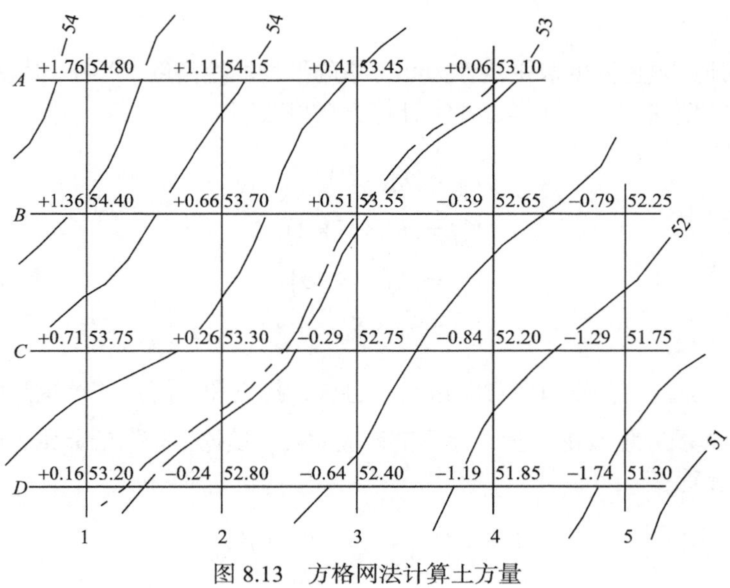

图 8.13　方格网法计算土方量

1）绘制方格网

在地形图上欲平整的场地内绘制方格网，方格网边长的大小取决于地形的复杂程度、比例尺的大小和土方量估算的精度要求。例如，当采用 1∶500 地形图估算土方量时，方格网边长通常为 10 m 或 20 m，对应方格面积 S。

2）填挖边界线

方格网绘制好后，根据前述用等高线内插高程的方法，求出各方格顶点的地面高程，并将其标注于相应顶点的右上方。

设计高程，即平整后场地的高程。先将每一方格的各顶点高程加起来取平均，得到每一方格的平均高程，然后将所有方格的平均高程相加除以方格总数，就得到设计高程 H_0，即

$$H_0 = \left(H_1 + H_2 + \cdots + H_i + \cdots + H_n\right) / n$$

式中，H_n 为每一方格的平均高程；n 为方格总数。

根据每个方格角点参与重复计算的次数，上式可改写为

$$H_0 = \left(\sum H_{角} + 2\sum H_{边} + 3\sum H_{拐} + 4\sum H_{中}\right) / 4n \tag{8.7}$$

式中，$H_{角}$ 为方格网纵横交线角点（如 A_1、A_4、B_5、D_5）的高程；$H_{边}$ 为方格网边点（如 A_2、A_3、B_1、C_1、…）的高程；$H_{拐}$ 为方格网拐点（如 B_4）的高程；$H_{中}$ 为方格网中点（如 B_2、B_3、C_2、…）的高程。将各方格顶点的高程代入式（8.7），即可计算出设计高程为 53.04m。在图 8.13 上内插出的 53.04m 等高线（图中虚线）就为满足“填挖平衡”下的填挖边界线。

3）计算填挖高度

将各方格顶点的地面高程减去设计高程，即为各方格顶点的填挖高度 h，即

$$h = 地面高程 - 设计高程$$

将 h 标注在相应顶点的左上方，h 为“+”时表示挖，h 为“–”时表示填。

4) 计算填挖方量

将各方格四顶点填挖高度取平均作为此方格的平均填挖高度，用平均填挖高度乘以方格面积即得此方格的填挖方量。同样，这种计算方法可改写为

$$V_{角} = \left(h_{角} \times S\right) / 4$$
$$V_{边} = \left(h_{边} \times S \times 2\right) / 4$$
$$V_{拐} = \left(h_{拐} \times S \times 3\right) / 4$$
$$V_{中} = h_{中} \times S$$

式中，$h_{角}$、$h_{边}$、$h_{拐}$、$h_{中}$分别为对应角点、边点、拐点和中间点的填挖高度。计算时，应按式(8.8)分别计算填方量和挖方量，计算结果应满足“填挖平衡”的原则，即总的填方量与总的挖方量大致相等：

$$V = \sum\left(V_{角} + V_{边} + V_{拐} + V_{中}\right) \tag{8.8}$$

8.6　规划设计时的用地分析

在对城市进行规划设计时，要按城市建设项目的特点、功能及对地形的要求并结合实际地形进行分析，以便充分、合理地利用和改造原有地形。规划设计要根据城市建设用地的规模、范围来选用不同比例尺的地形图。例如，在总体规划阶段，常选用 1∶1 万或 1∶5000 比例尺地形图；在详细规划阶段，为了满足建筑物总平面设计和各种配套工程设计的需要，常选用1∶1000或1∶500比例尺的地形图。规划设计的用地分析主要考虑以下几方面的问题。

8.6.1　地面坡度分析

在地形图上进行用地分析时，首先要将用地的区域划分为各种不同坡度的地段。由于地形的复杂程度不同，划分起来也有很大的难度。区域划分时只能依据图上等高线平距的大小来大致地划分，并用不同的颜色或不同的符号来表示不同坡度的地段。根据《城市用地竖向规划规范》(JJ-83-99)规定，城市主要建设用地适宜规划坡度见表 8.1。

表 8.1　城市主要建设用地适宜规划坡度

用地名称	适宜坡度	用地名称	适宜坡度
工业用地	0.2%～10%	城市道路用地	0.2%～8%
仓储用地	0.2%～10%	居住用地	0.2%～25%
铁路用地	0～2%	公共设施用地	0.2%～30%
港口用地	0.2%～5%	其他	—

8.6.2　建筑通风分析

对于山地或丘陵地带的建筑通风设计，除考虑季风的影响外，还应考虑建筑区域因地貌及温差产生的局部风的影响。某些时候，这种地方小气候对建筑通风起着主要作用，因此在山地或丘陵地域做规划设计时，风向与地形的关系是一个不容忽视的问题。

如图 8.14 所示，当风吹向小山丘时，由于地形的影响，在山丘周围会产生不同的风向变

化。整个山丘根据受风方向及形式不同可分为 6 个区。

(1) 迎风坡区：风向大致垂直于等高线，在此布置建筑物时，宜将建筑物平行或斜交等高线布置。

(2) 顺风坡区：风向大致平行于等高线，如果将建筑物垂直或斜交等高线布置，则通风良好。

(3) 背风坡区：风吹不到的坡区，可根据不同季节风向转化的具体情况，布置建筑物。

(4) 涡风区：风向是漩涡状的地方，可布置一些通风要求不高的建筑。

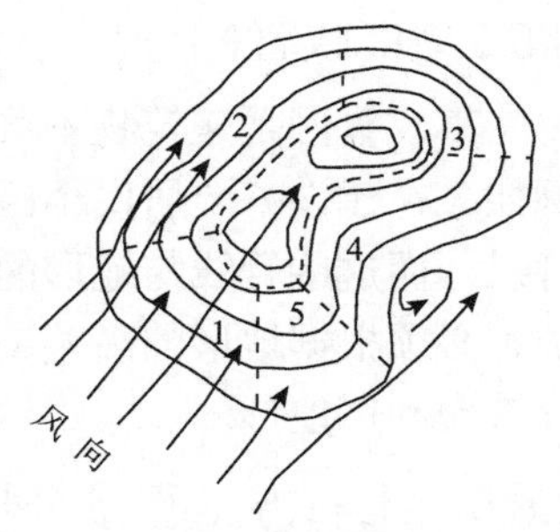

图 8.14　建筑通风分析

(5) 高压风区：迎风区与涡风区相遇的地方，该地段不宜布置高层建筑，以免产生更大的涡流。

(6) 越山风区：山顶部分风力较大，通风良好，宜建通风要求较高的建筑，如亭阁类建筑。

以上风区的划分是随不同风向和季节变化而改变的。例如，我国大部分地区，冬季以西北风为主，而夏季多为东南风。因此，建筑规划设计时应考虑主流风向。

8.6.3　建筑日照分析

建筑日照是规划建筑物布置时要考虑的一项重点内容，我国北方地区更是如此。在山区或丘陵地带，建筑日照的间距受其坡向影响较为明显。我国位于北半球，无论什么季节太阳总处于南天空，随着地理纬度的增加，太阳对室内照射角度的变化随季节变化也增大。如在我国南方，冬至日至夏至日太阳的高度角变化较小，每天的日照时间也变化较小。而北方地区冬至日至夏至日的太阳高度角变化很大，每天的日照时间差值也比较大。一般情况下，在设计建筑物时，首先要考虑冬至日建筑及山体挡光问题。合理利用地形，形成建筑高度梯次，可缩小建筑间距，节约用地，并保证住户有合理的日照时间。向阳坡布置建筑，比背阳坡节省用地。

8.6.4　交通流量分析

在进行用地分析时，除要考虑建筑日照、建筑通风等因素外，还要考虑交通情况。交通道路设计与地形的关系很大，尤其在崇山峻岭地或丘陵地进行规划设计时，应首先考虑交通网络设计。在道路和建筑物布置时，既要尽量减少土石方的工程量，节约建筑投资，又要考虑居民出行和交通方便。机动车车行道规划纵坡见表 8.2。

表 8.2　机动车车行道规划纵坡

道路类别	最小纵坡	最大纵坡	最小坡长/m
快速路	0.2%	4%	290
主干路		5%	170
次干路		6%	110
支(街坊)路		8%	60

8.6.5 市政管网分析

市政管网是建筑物不可分割的一部分，在进行规划设计时，管网设计也是一项主要工作。例如，在建设一个居民小区时，要同时设计排水、给水、暖气、供电、煤气、电视、电话等管线，而这些管线与地形的关系十分紧密，尤其是排水管网。利用水重力作用进行的排水系统，必须根据地形的高差进行设计，其他管线也涉及埋深、交叉、防冻、抗压等问题，应充分考虑利用地形。

8.6.6 土石方工程量分析

建设项目的规划设计阶段，需要确定各种建筑物、道路、管网等的平面位置、室内外标高、坡度等，这些必须依靠地形图来完成。设计好这些建筑物的平面位置和标高可以减少土(石)方工程量，而利用好地形的高低变化和自然地貌中的冲沟、坎地、台地等，不仅可以节约土地资源，还可减少建设项目的经济造价。

利用地形图进行规划设计是一门综合科学，不仅要考虑上述几方面综合因素，还应该考虑公共设施、社区服务、气候气象、雨水排放、绿化、运动、停车场等具体问题。

思考与练习题

1. 识读地形图时，应从哪几个方面进行?
2. 如何确定地形图上某直线的长度、坡度和坐标方位角?怎样检核量测坐标方位角的正确性?
3. 土石方估算有哪几种？各适合于什么条件和场地？

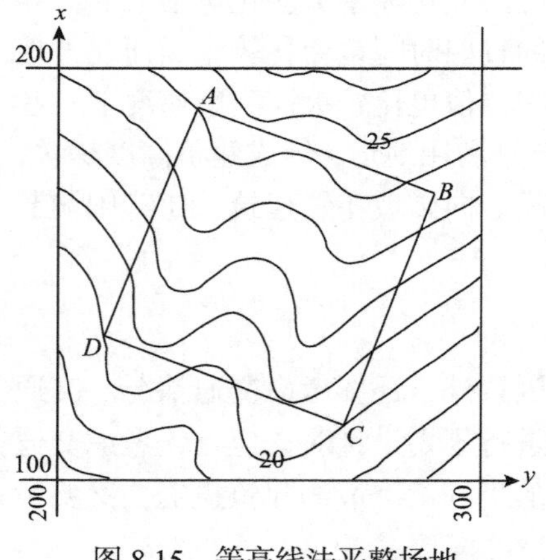

图 8.15 等高线法平整场地

4. 图 8.15 是 1∶1000 比例尺地形图中的一方格，图中正方形 *ABCD* 是平整场地的范围，边长 60m，试完成如下工作：

(1) 测定 *A*、*B*、*C*、*D* 四点的坐标和高程。

(2) 测定 *ABCD* 四边形的面积及四边的距离，方位角和坡度。面积用解析法等或其他方法测定，并用理论值检验。距离用解析法测定，并考虑图纸伸缩影响。

(3) 要求在填挖方平衡的条件下，将 *ABCD* 地区按自然地面坡度平整成 7%的倾斜面，用方格法估算其土方量。格网边长为 20m。

5. 在地形图上进行规划设计的用地分析时，应考虑哪几方面的因素?

第 9 章　建筑施工测量

内容提要

本章先介绍了建筑施工测量的目的、内容、特点和原则。详细叙述了施工控制网的布设、施工放样的基本工作，包括点的平面位置和高程的测设、建筑轴线的测设、工业厂房构件安置测量、高层建筑的轴线投测与高程传递、工程建筑物的变形观测等。对建筑物的沉降观测、倾斜观测、裂缝观测和竣工测量也有相应的阐述。

9.1　建筑施工测量概述

9.1.1　施工测量概述

工程建设的施工阶段和运营初期阶段进行的一系列测量工作称为施工测量。

1. 施工测量的目的和内容

施工测量的目的是将图纸上设计好的建筑物、构筑物的平面位置(x、y)和高程(H)，按照设计和施工的要求，以一定的精度测设到地面上，作为施工的依据，并在施工过程中进行一系列的测量工作，以衔接和指导各工序之间的施工。

施工测量贯穿于整个施工过程中，主要内容有：

(1) 施工前建立与工程相适应的施工控制网。

(2) 建(构)筑物的定位及设备安装的测量工作。

(3) 检查、验收工作。每道工序完成后，都要通过测量检查工程各部位的实际位置和高程是否符合设计要求；工程竣工后，根据实测验收的记录，编绘竣工平面图和竣工资料，作为验收时鉴定工程质量和工程交付后管理、维修、扩建、改建的依据。

(4) 变形监测工作。对于大中型建(构)筑物，随着施工的进展，测定其位移和沉降，作为鉴定工程质量和验证工程设计、施工是否合理的依据。

2. 施工测量的特点

(1) 施工测量精度的要求由工程建筑物建成后的允许偏差来确定。一般来说，施工控制网精度高于测图控制网的精度。

(2) 施工测量工作直接影响工程质量和施工进度。测量人员必须了解图纸设计的内容、性质、精度要求及其施工的全过程，并掌握工程进度及施工现场的变动情况，密切配合施工进度进行测量工作。

(3) 施工现场工种多，各工序交叉作业频繁，材料堆放、运输频繁，并有大量土、石方填挖，地面变动很大，又有施工机械的震动，因此各种测量标志必须埋在稳固且不易破坏的位置；还应做到妥善保护，经常检查，如有破坏，应及时恢复。

3. 施工测量的原则

施工现场有各种建筑物、构筑物，且分布较广，往往又不是同时开工兴建。为了保证各个建(构)筑物的平面位置和高程都符合设计要求，施工测量与测图工作一样，也应遵循“从整体到局部，先控制后碎部”的原则，即在施工现场先建立统一的平面控制网和高程控制网，然后以此为基础，根据控制点的点位，测设各个建筑物(构筑物)的细部位置。同时，施工测量还要遵循“边测量，边检核”的原则，保证施工测量精度。

9.1.2　施工控制测量

施工控制测量分为施工场地的平面控制测量和高程控制测量。

1. 施工场地的平面控制测量

1) 施工平面控制网布设形式

(1) 三角网：适用于地势起伏较大，通视条件较好的施工场地。

(2) 导线网：适用于地势平坦，但通视比较困难或建筑物分布不规则的施工场地。

(3) 建筑基线：适用于地势平坦且简单的小型施工场地。

(4) 建筑方格网：适用于建筑物多为矩形且布置比较规则和密集的施工场地。

2) 建筑基线

建筑基线是建筑场地的施工控制基准线，即在建筑场地布置一条或几条轴线。

(1) 建筑基线的布设要求：①建筑基线应尽可能靠近拟建的主要建筑物，并与建筑物主要轴线平行，以便使用比较简单的直角坐标法进行建筑物的定位。②建筑基线上的基线点应不少于三个，以便相互检核，边长在 100～400m。③建筑基线应尽可能与施工场地的建筑红线相联系。④基线点位应选在通视良好和不易被破坏的地方，为能长期保存，要埋设永久性的混凝土桩。

根据建筑物的分布、施工场地地形等因素，常用的布设形式有“一”字形、“L”形、“十”字形和“T”形，如图 9.1 所示。

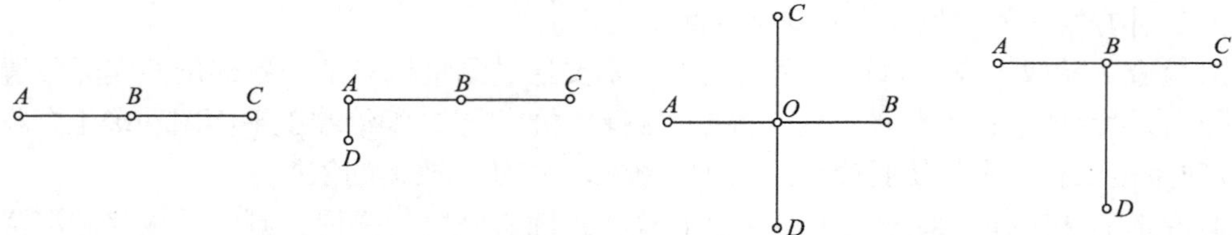

图 9.1　建筑基线布设形式

(2) 建筑基线的测设方法。根据施工场地的条件不同，建筑基线的测设方法有以下两种。

a. 根据建筑红线测设建筑基线。由城市测绘部门测设的建筑用地边界线，称为建筑红线。在城市建设区，建筑红线可作为建筑基线测设的依据。如图 9.2 所示，AB、AC 为建筑红线，O、M、N 为建筑基线点，从 A 点沿 AB 和 AC 方向分别量取 d_1 和 d_2 定出 P 和 Q 两点，过 B 和 C 点沿 AB 和 AC 的垂线方向量取 d_1 和 d_2 定出 M 和 N 点，用细线拉出直线 PN 和 QM，两条直线的交点即为 O 点。最后在 O 点安置经纬仪，精确观测 $\angle MON$，其与 90°的差值应小于 ± 20″。

b. 根据测区已知控制点测设建筑基线。利用建筑基线的设计坐标和测区已知控制点的坐标，用极坐标法测设建筑基线。如图 9.3 所示，A、B 为已知控制点，1、2、3 为建筑基线点，根据已知控制点和建筑基线点的坐标，计算出测设数据 β_1、D_1、β_2、D_2、β_3、D_3，用极坐标法测设 1、2、3 点。

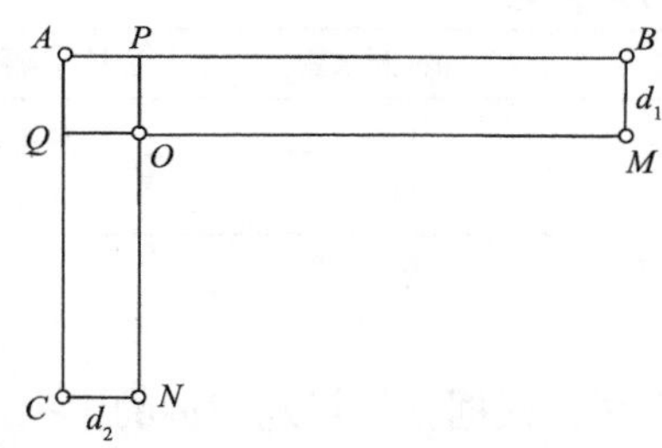

图 9.2　根据建筑红线测设建筑基线

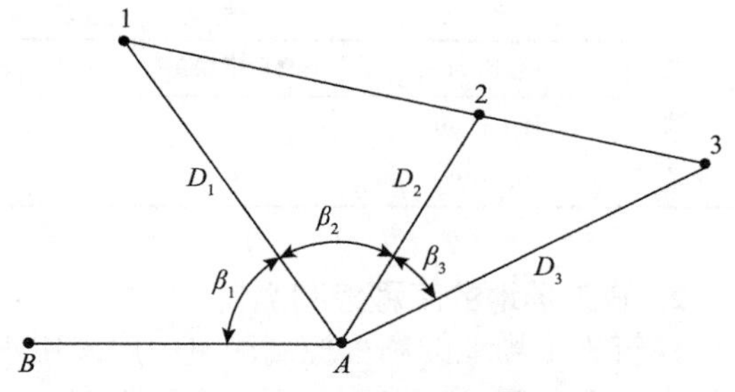

图 9.3　根据控制点测设建筑红线

由于存在测量误差，测设的基线点往往不在同一直线上，且点与点之间的距离与设计值也不完全相符，因此，需要精确测出已测设直线的折角 β'和距离 D'，并与设计值相比较。如图 9.4 所示，如果 $\beta'-180°$超过 $\pm 20''$，则应对 1′、2′、3′点在与基线垂直的方向上进行等量调整，调整量按下式计算：

$$\delta=\frac{ab}{a+b}\times\frac{\Delta\beta}{2\rho} \tag{9.1}$$

式中，δ 为各点的调整值(m)；a、b 分别为 1 点和 2 点、2 点和 3 点的水平距离(m)。

同时检查距离 a 和 b，如实测距离与设计距离的相对误差大于 > 1/10000，则以 2 点为准，按设计长度沿基线方向调整 1′点、3′点。

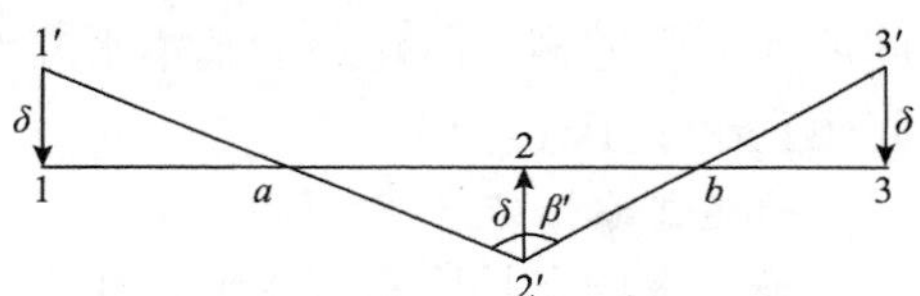

图 9.4　基线点的调整

3) 建筑方格网

由正方形或矩形组成的施工平面控制网，称为建筑方格网，或称矩形网，如图 9.5 所示。建筑方格网适用于按矩形布置的建筑群或大型建筑场地。

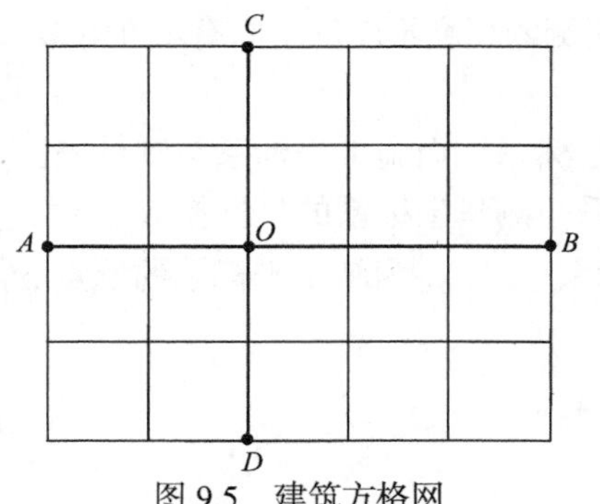

图 9.5　建筑方格网

(1) 建筑方格网的布设要求：①布设建筑方格网时，应根据总平面图上各建(构)筑物、道路及各种管线的布置，结合现场的地形条件，如图 9.5 所示，先确定主轴线 *AOB* 和 *COD*，再布设方格网。②主轴线应接近精度要求较高的建筑物。③方格网的纵横轴线应严格垂直，方格网点之间需通视良好。④在满足使用的情况下，方格网点数量应尽量少。⑤当测区面积较大时，方格网可分两级进行布设。首级可采用“十”、“口”和“田”字形进行布设，然后进行加密方格网。

(2) 建筑方格网的测设：①主轴线测设。主轴线测设与建筑基线测设方法相似。首先，测设两条互相垂直的主轴线 *AOB* 和 *COD*，如图 9.5 所示。然后，精确检测主轴线点的相对位置关系，并与设计值相比较，如果超限，则应进行调整。建筑方格网的主要技术要求如表 9.1 所示。②方格网点测设。如图 9.5 所示，主轴线测设后，分别在主点 *A*、*B* 和 *C*、*D* 安置经纬仪，后视主点 *O*，向左右测设 90°水平角，即可交会出“田”字形方格网点。最后作检核工作，测量相邻两点间的距离，看是否与设计值相等，测量其角度是否为 90°，误差均应在允许范围内，并埋设永久性标志。

表 9.1 建筑方格网的主要技术要求

等级	边长/m	测角中误差	边长相对中误差	测角检测限差	边长检测限差
Ⅰ级	100～300	5″	1/30000	10″	1/15000
Ⅱ级	100～300	8″	1/20000	16″	1/10000

2. 施工场地的高程控制测量

建筑施工场地的高程控制测量一般采用水准测量方法，根据施工场地附近的国家或城市已知水准点，测定施工场地水准点的高程，以便纳入统一的高程系统。

1) 施工场地高程控制网的建立

高程控制网可分为首级网和加密网。相应水准点分别称为基本水准点和施工水准点。为了便于检核和提高测量精度，施工场地高程控制网应布设成闭合或附合路线。

在施工场地上，水准点的密度，应尽可能满足安置一次仪器即可测设出所需的高程。建筑基线点、建筑方格网点及导线点也可兼作高程控制点。

2) 基本水准点

基本水准点可用来检查其他水准点高程是否有变动，因此应布设在土质坚实、不受施工影响、无震动和便于实测的地方，并埋设永久性标志。一般建筑场地至少埋设 3 个基本水准点，将其布设成闭合水准路线，按四等水准测量的方法测定其高程。而对于为连续性生产车间或地下管道测设所建立的基本水准点，则需按三等水准测量的方法测定其高程，水准点的间距宜小于 1km。

3) 施工水准点

施工水准点是用来直接测设建筑物高程的水准点。为了测设方便和减少误差，施工水准点应靠近建筑物。通常设在建筑方格网桩点上。

此外，由于设计建筑物常以底层室内地坪高 ± 0 标高为高程起算面，为了施工引测方便，常在建筑物内部或附近测设 ± 0 水准点。± 0 水准点的位置，当施工中水准点标桩不能保存时，应将其高程引测到稳定的建筑物或构筑物墙、柱的侧面上。引测的精度不应低于原有水准等级。

3. 施工坐标系与测量坐标系的坐标换算

施工控制测量的建筑基线和建筑方格网一般采用施工坐标系，而施工坐标系与测量坐标系往往不一致，因此，施工测量前常常需要进行施工坐标系与测量坐标系的坐标换算。

如图 9.6 所示，设 xoy 为测量坐标系，$x'o'y'$为施工坐标系，x_0、y_0 为施工坐标系的原点 o'

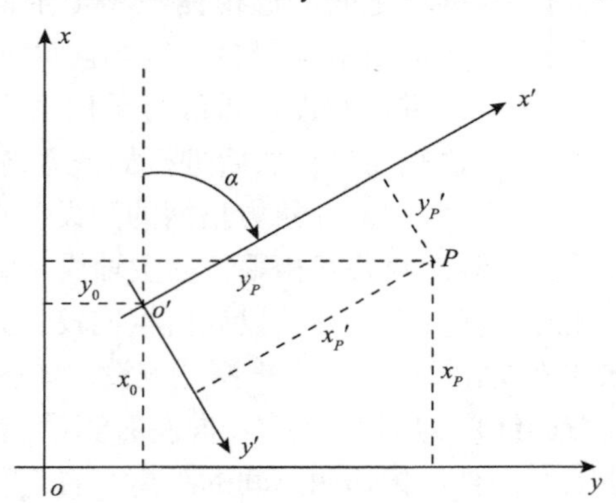

图 9.6 施工坐标系与测量坐标系的换算

在测量坐标系中的坐标，α 为施工坐标系的纵轴 $o'x'$ 在测量坐标系中的坐标方位角。设已知 P 点的施工坐标为 (x_P', y_P')，则可按下式将其换算为测量坐标：

$$\begin{cases} x_P = x_0 + x_P'\cos\alpha - y_P'\sin\alpha \\ y_P = y_0 + x_P'\sin\alpha + y_P'\cos\alpha \end{cases} \tag{9.2}$$

如已知 P 的测量坐标，则可按下式将其换算为施工坐标：

$$\begin{cases} x_P' = (x_P - x_0)\cos\alpha + (y_P - y_0)\sin\alpha \\ y_P' = (y_P - y_0)\cos\alpha - (x_P - x_0)\sin\alpha \end{cases} \tag{9.3}$$

9.1.3　施工放样的基本要求

(1) 建筑物施工放样的主要技术要求应符合表 9.2 的规定。

表 9.2　建筑物施工放样的主要技术要求

<table>
<tr><th>项目</th><th colspan="2">内容</th><th>允许偏差/mm</th></tr>
<tr><td rowspan="2">基础桩位放样</td><td colspan="2">单排桩或群桩的边桩</td><td>± 10</td></tr>
<tr><td colspan="2">群桩</td><td>± 20</td></tr>
<tr><td rowspan="8">各施工层上放样</td><td rowspan="4">外廓主轴线长度 L/m</td><td>L≤30</td><td>± 5</td></tr>
<tr><td>30< L≤60</td><td>± 10</td></tr>
<tr><td>60< L≤90</td><td>± 15</td></tr>
<tr><td>90< L</td><td>± 20</td></tr>
<tr><td colspan="2">细部轴线</td><td>± 2</td></tr>
<tr><td colspan="2">承重墙、梁、柱边线</td><td>± 3</td></tr>
<tr><td colspan="2">非承重墙边线</td><td>± 3</td></tr>
<tr><td colspan="2">门窗洞口线</td><td>± 3</td></tr>
<tr><td rowspan="7">轴线竖向投测</td><td colspan="2">每层</td><td>3</td></tr>
<tr><td rowspan="6">总高 H/m</td><td>H≤30</td><td>5</td></tr>
<tr><td>30< H≤60</td><td>10</td></tr>
<tr><td>60<H≤90</td><td>15</td></tr>
<tr><td>90<H≤120</td><td>20</td></tr>
<tr><td>120<H≤150</td><td>25</td></tr>
<tr><td>150<H</td><td>30</td></tr>
<tr><td rowspan="7">标高竖向传递</td><td colspan="2">每层</td><td>± 3</td></tr>
<tr><td rowspan="6">总高 H/m</td><td>H≤30</td><td>± 5</td></tr>
<tr><td>30< H≤60</td><td>± 10</td></tr>
<tr><td>60<H≤90</td><td>± 15</td></tr>
<tr><td>90<H≤120</td><td>± 20</td></tr>
<tr><td>120<H≤150</td><td>± 25</td></tr>
<tr><td>150<H</td><td>± 30</td></tr>
</table>

(2) 柱子、桁架或梁的安装测量的技术要求应符合表 9.3 的规定。

表 9.3 柱子、桁架或梁的安装测量技术要求

测量项目	允许偏差/mm
钢柱垫板标高	±2
钢柱±0 标高检查	±2
混凝土柱(预制)±0 标高检查	±3
混凝土柱、钢柱垂直度检查	±3
桁架和实腹梁、桁架和钢架的支承结点间相邻高差的偏差	±5
梁间距	±3
梁面垫板标高	±2

注：当柱高大于 10m 或一般民用建筑的混凝土柱、钢柱垂直度，可适当放宽。

(3) 构件预装测量的技术要求应符合表 9.4 的规定。

表 9.4 构件预装测量的技术要求

测量项目	允许偏差/mm
平台面抄平	±1
纵横中心线的正交度	$\pm 0.8\sqrt{l}$
预装过程中的抄平工作	±2

注：l 为自交叉点起算的横向中心线长度(mm)，不足 5m 时，以 5m 计。

(4) 附属构筑物安装测量的技术要求应符合表 9.5 的规定。

表 9.5 附属构筑物安装测量的技术要求

测量项目	允许偏差/mm
栈桥和斜桥中心线的投点	±2
轨面的标高	±2
轨道跨距的丈量	±2
管道构件中心线的定位	±5
管道标高的测量	±5
管道垂直度的测量	$H/1000$

注：H 为管道垂直部分的长度(mm)。

9.2 施工放样基本工作及点的平面位置测设

9.2.1 施工放样基本工作

1. 水平距离的测设

水平距离的测设，就是根据给定的直线起点、直线方向和设计的水平距离，将直线终点测设在地面上。水平距离的测设方法有钢尺测设法、光电测距仪法。

1) 钢尺测设法

在测设精度要求不高的情况下，可用钢尺测设法。从起点开始，在给定的方向上，用钢尺量取设计长度，放样直线的终点。为了检核，需用钢尺往、返丈量的方法测量其距离，若较差在限差范围内，取其平均值作为直线终点的位置。

2) 光电测距仪法

长距离的测设可用光电测距仪法。如图 9.7 所示，先在已知 A 点上安置光电测距仪，在给定的 AC 方向上移动反光棱镜，当放样距离之差接近零时，在实地标定出 C'点，在 C'点上安置反光棱镜，测量竖直角 α 和斜距 S，则 $\Delta D=D-S\cos\alpha$。根据 ΔD 的大小进行改正，最终在地面上标定 C 点点位。为了检核，重新实测 AC 距离，确保其在限差要求范围内。

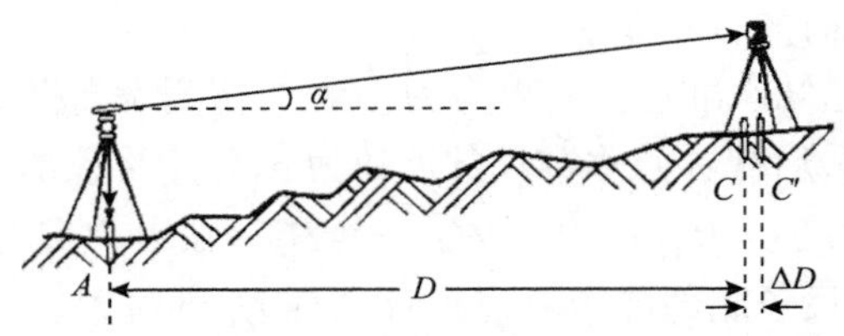

图 9.7　光电测距仪法测设水平距离

2. 水平角的测设

水平角的测设，是根据已给定角的顶点位置和地面已有的一个已知方向，将设计角度的另一个方向测设到地面上。水平角的测设方法有正倒镜分中法和多测回修正法。

1) 正倒镜分中法

当测设精度低于仪器一测回测角中误差时可采用正倒镜分中法。如图 9.8(a)所示，设地面上已有 OA 方向，要在 O 点以 OA 为起始方向，向右测设出设计的水平角 β，其操作步骤如下。

(1)将经纬仪安置在顶点 O 处，对中、整平。

(2)将仪器置于正镜(盘左)位置，瞄准已知方向上的 A 点，读取水平度读数；松开水平制动螺旋，顺时针方向把照准部旋转一个 β 角，在此视线方向定出 B_1 点。

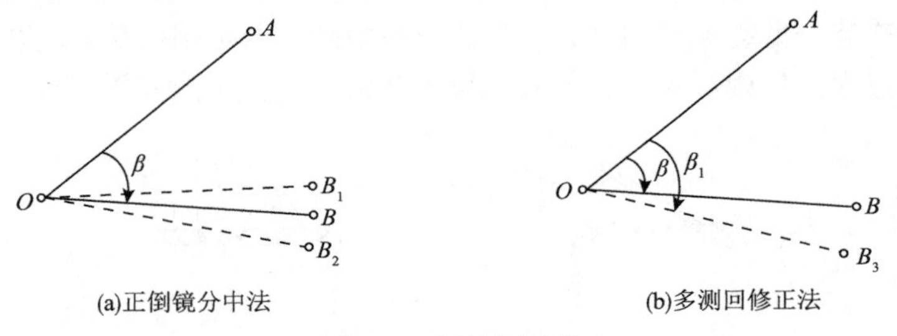

图 9.8　水平角测设

(3)倒转望远镜将仪器置于倒镜(盘右)位置，同法在视线方向上定出点 B_2，取 B_1、B_2 的中点 B，则∠AOB 即为要测设的 β 角。

2) 多测回修正法

当测设水平角的精度要求高于仪器一测回测角中误差时应采用多测回修正法。如

图 9.8(b)所示，其步骤如下。

(1)按正倒镜分中法测设出 B_3 点，再用测回法对 $\angle AOB_3$ 观测若干测回，测回数由精度要求决定，求出各测回的平均角值 β_1。

(2)计算修正距离 BB_3：

$$BB_3 = OB_3 \cdot \frac{\beta - \beta_1}{\rho} \tag{9.4}$$

(3)过 B_3 点作 OB_3 的垂线，再从 B_3 点沿垂线方向量取 BB_3，定出 B 点。当 β 大于 β_1 时，向外侧改正；反之向内侧改正。为检查测设是否正确，还需要进行检查测量。

3. 高程的测设

高程的测设，是根据附近已知水准点，将设计高程测设到作业面上。

1)待测高程与水准点的高程相差不大

如图 9.9 所示，A 为已知水准点，高程为 H_A，B 为待测设高程点，其设计高程为 H_B。将水准仪安置在 A 和 B 之间，后视 A 点水准尺的读数为 a，则水准仪的视线高程为 $H_{视线}=H_A+a$，则 B 点的前视读数 b 应满足 $b=H_{视线}-H_B=(H_A+a)-H_B$。在 B 点竖立水准尺，上下移动尺子，当前视尺的读数为 b 时，尺子底部即为 B 点设计高程 H_B 的位置。

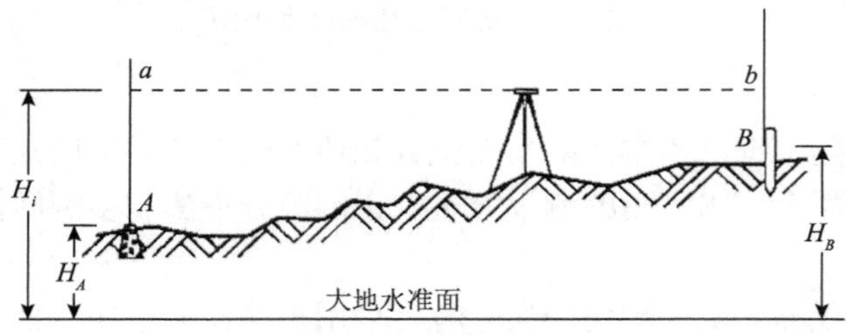

图 9.9　高程的测设

2)待测高程与水准点的高程相差较大

若测设的高程点和水准点之间的高差较大时，如在深基坑内或在较高的楼层板面上测设高程点，可用悬挂钢尺来代替水准尺测设给定的高程。如图 9.10 所示，已知水准点 A 的高程为 H_A，要在基坑内侧测设出高程为 H_B 的 B 点位置。用木杆悬挂一根检验过的钢尺，并使钢尺的零点在下，并挂一重量等于钢尺鉴定时拉力的铅锤，以防钢尺摆动。在地面上安置水准仪，测得后视 A 点水准尺读数为 a_1，前视钢尺读数为 b_1。在坑内安置水准仪，后视钢尺读数

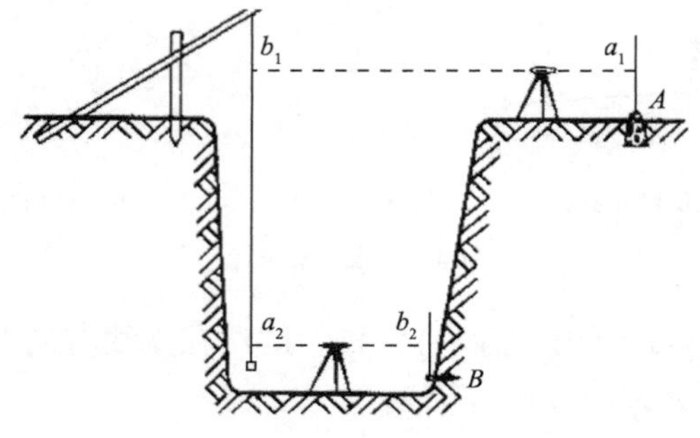

图 9.10　深基坑高程测设

a_2，则 B 点应读前视水准尺读数 $b_2=(H_A+a_1)-b_1+a_2-H_B$。当前视水准尺读数为 b_2 时，沿尺子底面在基坑侧壁钉一水平木桩，则木桩顶面即为 B 点的高程。

4. 已知坡度的测设

此方法适用于地面坡度较大且设计坡度与地面自然坡度较一致的地段。如图 9.11 所示，设地面上 A 点的高程为 H_A，现要从 A 点沿 AB 方向测设出一条坡度为 i 的直线，AB 间的水平距离为 D。使用水准仪测设的方法如下。

(1) 计算 B 点的设计高程 $H_B=H_A-iD$，测设 B 点。

(2) 在 B 点安置水准仪，使一个脚螺旋在 AB 方向线上，另两个脚螺旋的连线在 AB 方向线的垂线上，量取水准仪高 i_B，用望远镜瞄准 A 点上的水准尺，旋转 AB 方向上的脚螺旋，使视线倾斜至水准尺读数为仪器高 i_B，此时仪器视线坡度即为 i。在中间点 1、2 处打木桩，在桩顶上立水准尺使其读数均等于仪器高 i_B，此时各桩顶的连线就是测设在地面上的设计坡度线。

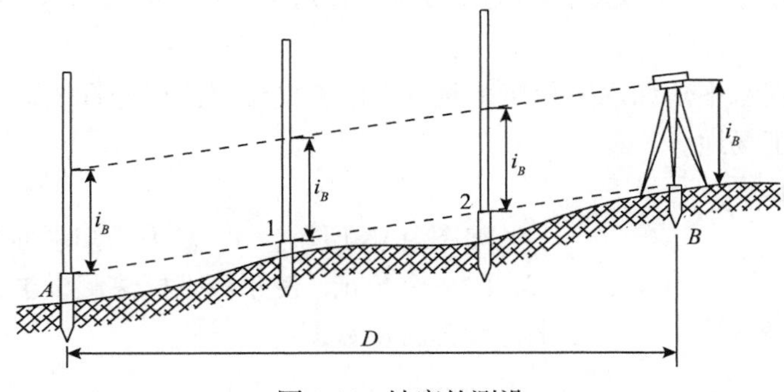

图 9.11 坡度的测设

当设计坡度 i 较大，超出了水准仪脚螺旋的最大调节范围时，可使用经纬仪进行测设，方法同上。

9.2.2 点的平面位置测设

点的平面位置的测设方法有直角坐标法、极坐标法、角度交会法、距离交会法、全站仪坐标法及 GPS 放样法等。可根据施工控制网的形式、地形情况、现场条件及精度要求等因素选择合适的测设方法。

1. 直角坐标法

直角坐标法是利用纵横坐标之差增量，测设点的平面位置。直角坐标法适用于施工控制网为建筑方格网或建筑基线的形式，并且量距方便的建筑施工场地。

1) 计算测设数据

如图 9.12 所示，A、B、C、D 为建筑施工场地的建筑方格网点，1、2、3、4 为欲测设建筑物的四个角点，根据设计图上各点坐标值，计算测设数据(以测设点 1 为例)。

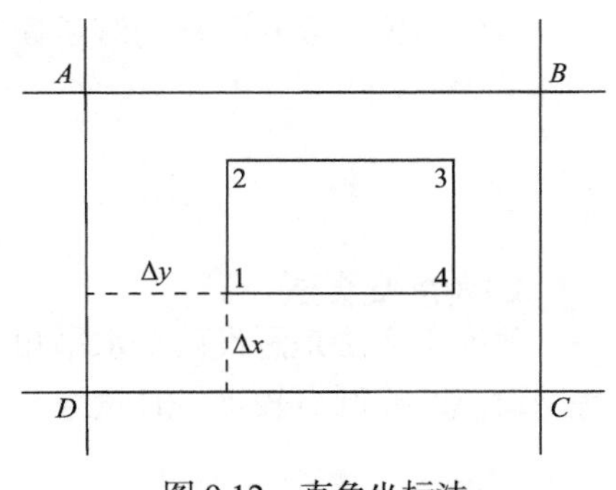

图 9.12 直角坐标法

$$\begin{cases}\Delta x_{ij}=x_j-x_i\\ \Delta y_{ij}=y_j-y_i\end{cases} \tag{9.5}$$

2) 点位测设方法

在 D 点安置经纬仪，瞄准 C 点，沿视线方向测设距离 Δy，定出 O 点。然后在 O 点重新安置经纬仪，瞄准 D 点，按顺时针方向测设 90°角，由 a 点沿视线方向测设距离 Δx，定出 1 点，做出标志。同法，可依次测设点 2、点 3 和点 4。最后检查建筑物四角是否等于 90°，各边长是否等于设计长度，其误差均应在限差以内。

3) 点位精度

直角坐标法测设的点位精度取决于测设距离 Δx 和 Δy，在 O 点测设的水平直角，以及操作过程中进行的对中、瞄准和定点误差。则点位的总误差为

$$m_P = \sqrt{m_{\Delta x}^2 + m_{\Delta y}^2 + \left(\Delta x \frac{m_\beta}{\rho}\right)^2 + 2\left(m_{中}^2 + m_{瞄}^2 + m_{定}^2\right)} \tag{9.6}$$

式中，$m_{\Delta x}$、$m_{\Delta y}$ 为测设距离中误差；m_β 为测设水平直角中误差；$m_{中}$、$m_{瞄}$、$m_{定}$ 为操作中误差。

2. 极坐标法

极坐标法是根据水平角和水平距离来测设点的平面位置。极坐标法适用于待测设点距控制点较近的建筑施工场地。

1) 计算测设数据

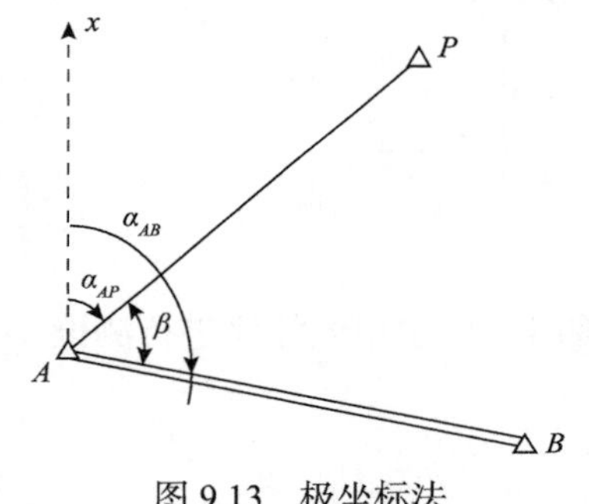

图 9.13　极坐标法

如图 9.13 所示，A、B 为已知平面控制点，P 点为建筑物的一个角点。使用极坐标法测设 P 点，根据设计各点坐标计算测设数据：

$$\begin{cases} \beta = \alpha_{AB} - \alpha_{AP} = \arctan \dfrac{y_B - y_A}{x_B - x_A} - \arctan \dfrac{y_P - y_A}{x_P - x_A} \\ D_{AP} = \sqrt{\left(x_P - x_A\right)^2 + \left(y_P - y_A\right)^2} \end{cases} \tag{9.7}$$

2) 点位测设方法

在 A 点安置经纬仪，瞄准 B 点，测设水平角 β，得到 AP 方向。沿 AP 方向自 A 点测设水平距离 D_{AP}，定出 P 点，做出标志。测设完毕后，检查建筑物四角是否等于 90°，各边长是否等于设计长度，其误差均应在限差以内。

3) 点位精度

若仅考虑角度和距离的测量误差，则点位的总误差为

$$m_P = \sqrt{m_D^2 + \left(\frac{m_\beta}{\rho}\right)^2 D^2} \tag{9.8}$$

3. 角度交会法

角度交会法是测设两个水平角，然后交会出测设点的方法。角度交会法适用于不便量距，待测设点距控制点较远，且量距较困难的建筑施工场地。

1) 计算测设数据

如图 9.14 所示，A、B 为已知平面控制点，P 为待测设点，根据三点坐标，利用式(9.7)计算水平角 β_1 和 β_2。

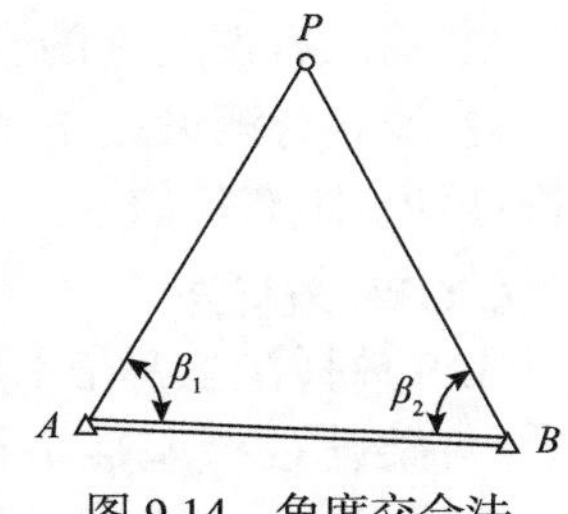

图 9.14　角度交会法

2) 点位测设方法

在 A、B 两点同时安置经纬仪，同时测设水平角 β_1 和 β_2 定出两条视线，两条视线相交处即为 P 点的平面位置。

3) 点位精度

角度交会法的测设精度取决于测设水平角 β 的误差，则点位总误差为

$$m_P = \frac{m_\beta}{\rho}\sqrt{\frac{a^2 + b^2}{\sin^2\gamma}} \tag{9.9}$$

式中，m_β 为测设水平角中误差；γ 为测设 P 点交会角；a、b 为交会边长。

为了提高测设精度，角度交会法一般应在三个方向上进行测设，控制点的选取应以交会角的大小而定，一般交会角以接近 90°为佳。

4. 距离交会法

距离交会法是测设两段水平距离，然后交会出测设点的方法。距离交会法适用于待测设点至控制点的距离不超过一尺段长，且地势平坦、便于量距的建筑施工场地。

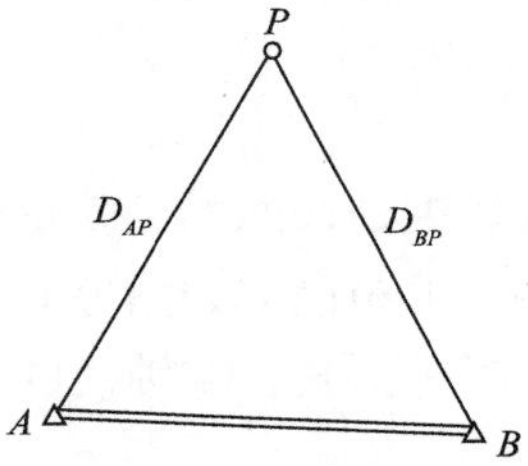

图 9.15　距离交会法

1) 计算测设数据

如图 9.15 所示，A、B 为已知平面控制点，P 为待测设点，根据三点坐标，利用式(9.7)计算水平距离 D_{AP} 和 D_{BP}。

2) 点位测设方法

将两把钢尺的零点同时对准 A、B 点，并分别以 D_{AP} 和 D_{BP} 为半径在地面上画一圆弧，两圆弧的交点即为 P 点的平面位置。

3) 点位精度

角度交会法的测设精度取决于测设水平距离 D_{AP} 和 D_{BP} 的误差，则点位总误差为

$$m_P = \frac{1}{\sin\gamma}\sqrt{m_a^2 + m_b^2} \tag{9.10}$$

式中，m_a、m_b 为测设水平距离中误差；γ 为测设 P 点交会角。

5. 全站仪坐标法

随着全站仪的普遍应用，利用全站仪测设待定点无须计算测设数据，利用已知点和待定点坐标可直接进行现场测设，方便实用。

如图 9.16 所示，A、B 为已知控制点，P 为待测设点。基本操作步骤如下。

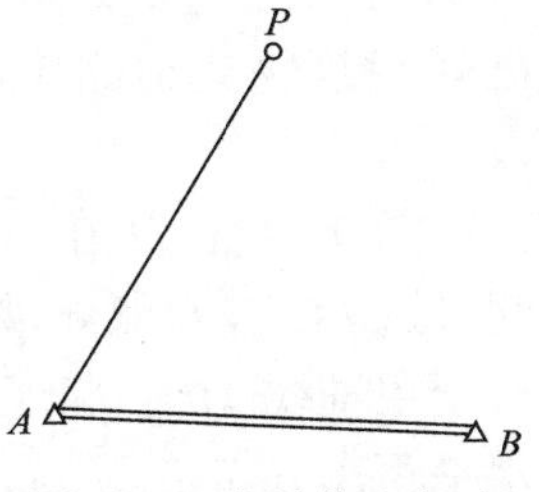

图 9.16　全站仪坐标法

(1)全站仪架设在 A 点上，选择坐标放样菜单，输入测站点 A 的坐标。

(2) 输入后视点 B 的坐标，然后瞄准 B 点，按下后视定向按键。

(3) 输入待测设点 P 的坐标，按下放样键，全站仪自动在屏幕中提示前进(后退)方向和前进(后退)距离等信息。按提示移动棱镜，直到符合要求为止。

6. GPS 放样法

GPS 放样法主要是采用动态 RTK 方法进行，操作十分简便，基本操作步骤如下。

(1) 架设 GPS 基准站和流动站等相关设备，做好准备工作。

(2) 打开 GPS 流动站操作手簿，进入测量软件，设置工作参数，包括工作存储路径、坐标系、工作区中央子午线、四参数或七参数等基本信息。

(3) 求解坐标转换参数。这是因为 GPS 测量是在 WGS-84 坐标中进行的，而各种工程测量是在独立坐标系下进行的，两坐标系需要进行坐标转换，所以，需要至少采集两点的 GPS 坐标和工程坐标进行转换参数的计算。

(4) 进入放样菜单，输入待测设点坐标和天线高等信息，按提示进行点位放样工作。

9.3 建筑施工测量方法

建筑施工测量的内容包括轴线的测设、施工控制桩的测设、基础施工测量、构件安置测量、高层建筑的轴线投测与高程传递等。

9.3.1 建筑轴线的测设

建筑物的轴线是指墙基础或柱基础沿纵轴方向布设的中心线，而将控制建筑物整体形状的纵横轴线或起定位作用的轴线称为建筑物的主轴线。

1. 主轴线的测设

主轴线一般指的就是建筑物外墙轴线，外墙轴线的交点称为角桩。主轴线的测设就是测设角桩。建筑物主轴线根据建筑物的布置情况和施工现场的实际条件，可布设成如图 9.1 所示的“一”字形、“L”形、“十”字形和“T”形，主轴线无论采用哪种形式，主轴线的点数不得少于 3 个。

1) 根据建筑红线、建筑基线或建筑方格网测设主轴线

在施工现场建立建筑红线、建筑基线或建筑方格网后，可根据建筑物各主轴线交点的设计坐标利用直角坐标法测设主轴线。测设完毕后需进行检核工作，一般情况下，角度误差不超过 ± 20″，边长相对误差不低于 1/5000。最后因为在开挖基础时，大多数角桩会消失，所以在轴线的延长线上打上引桩，为以后恢复主轴线使用。

2) 根据已有建筑物测设主轴线

如图 9.17 所示，在现有建筑群内新建或扩建时，设计图纸上通常会给出拟建建筑物与已建建筑物或道路中心线的位置关系数据，建筑物主轴线就可根据给定的数据在现场测设。

以图 9.17 (a) 为例，拟建建筑物主轴线 AB 在已建建筑物的主轴线 MN 的延长线上。首先用钢尺过 M、N 点紧贴墙体作其延长线 1～2m 定出 m、n 两点，要求 $d_{Mm}=d_{Nn}$，此时 mn 连线平行于主轴线 MN。将经纬仪安置在 m 点上，瞄准 n 点，并从 n 点开始沿 mn 延长线方向测设水平距离 d_1 定出 a 点，再继续测设水平距离 d_{AB} 定出 b 点。搬站将经纬仪安置在 a 点上，先瞄准 m 点并旋转 90° 定出 A 点所在方向，沿此方向测设水平距离 d_{Mm} 定出 A 点，同理定

出 B 点。最后进行检核工作，用钢尺丈量角桩的边长相对误差不超过 1/2000，房屋规模较大时，不超过 1/5000，角度误差不得超过 ±40″。

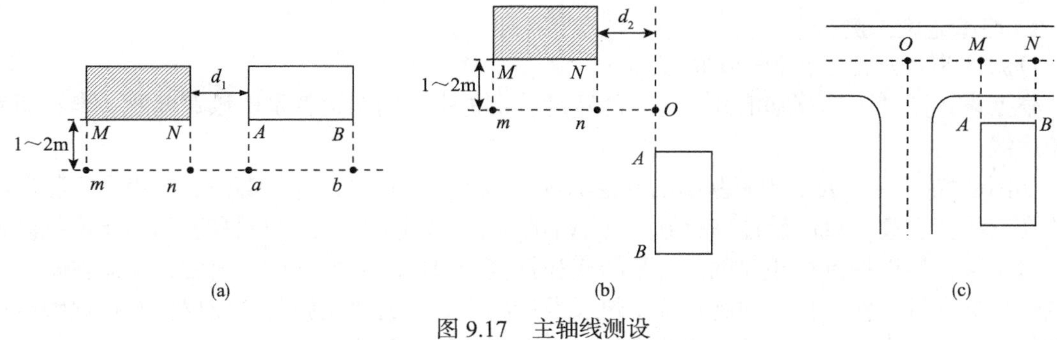

图 9.17　主轴线测设

3) 根据已知控制点测设主轴线

测区地形复杂的情况下，可以采用导线的形式布设控制点，完成控制测量，并利用极坐标法或角度交会法测设建筑物主轴线。

2. 中心桩的测设

建筑物主轴线的测设工作完成后，根据建筑物平面图，将其内部开间的所有轴线的交点桩(中心桩)都一一测出。然后检查房屋各轴线之间的距离，其误差不得超过轴线长度的1/2000。

9.3.2　施工控制桩的测设

因为施工时基槽开挖，角桩会被破坏，所以在施工前应将主轴线引测到基槽边线以外的位置，引测轴线的方法有设置轴线控制桩和龙门板。

轴线控制桩适用于大型民用建筑，将经纬仪架设在角桩上，瞄准另一角桩，沿视线延长线方向基槽外 2～4m，打入木桩，用小钉在木桩顶准确标记出主轴线位置，并用混凝土包裹木桩，如图 9.18 所示。

龙门板适用于小型民用建筑，一般多层建筑物施工中，常在基槽外 1.5～3m 处钉龙门板，如图 9.19 所示。但龙门板的施工成本较轴线控制桩高，当使用挖掘机开挖基槽时，极易妨碍挖掘机工作，现已很少使用，主要使用轴线控制桩。

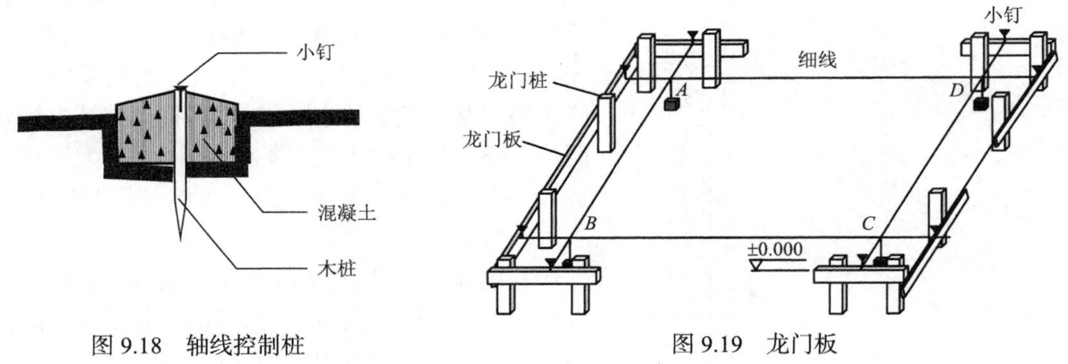

图 9.18　轴线控制桩　　图 9.19　龙门板

9.3.3　基础施工测量

基础施工测量分为墙基础施工测量和柱基础施工测量。

1. 墙基础施工测量

1) 测设基槽开挖边线和开挖深度

根据设计图纸，计算基槽开挖边线的宽度。由桩中心向两边各量取该宽度的一半，即为开挖边线。

如图 9.20 所示，为了控制基槽的开挖深度，当快挖到槽底设计标高时，应用高程测设的方法在基槽壁上高出坑底设计高程 0.3～0.5m 的位置，每隔 3～4m 和同高度的拐点位置设置一些水平桩，用以控制挖槽深度、修平槽底和打基础垫层。基槽开挖完成后，还需在基坑底设置垫层标高桩，使桩顶面的高程等于垫层设计高程，作为垫层施工的依据，并根据轴线控制桩复核基槽宽度和槽底标高，检验合格后，方可进行垫层施工。

2) 垫层中线的投测

垫层施工完成后，如图 9.21 所示，根据轴线控制桩或龙门板上的轴线钉，用经纬仪或用拉绳挂垂球的方法，把墙基轴线投测到垫层上，并用墨斗线弹出墙中心线和基础边线，作为砌筑基础的依据。因为整个墙身砌筑均以此线为准，所以墙基轴线投设完成后，应对其进行严格检核。

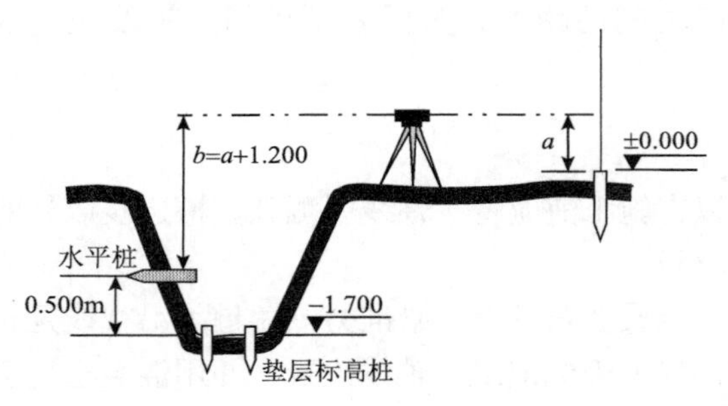

图 9.20　测设开挖深度

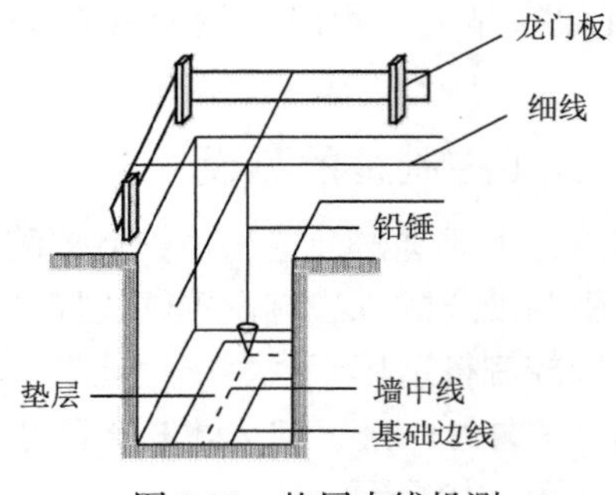

图 9.21　垫层中线投测

3) 基础墙标高的控制

建筑物基础墙是指 ± 0.000m 以下的砖墙，它的高度是用基础皮数杆来控制的。如图 9.22 所示，基础皮数杆是一根木制的杆子，在杆上事先按照设计尺寸，将砖、灰缝厚度画出线条，并标明 ± 0.000m 和防潮层的标高位置。立皮数杆时，先在立杆处打一木桩，用水准仪在木桩侧面定出一条高于垫层某一数值的水平线，然后将皮数杆上标高相同的一条线与木桩上的水平线对齐，并用大铁钉把皮数杆与木桩钉在一起，作为基础墙的标高依据。

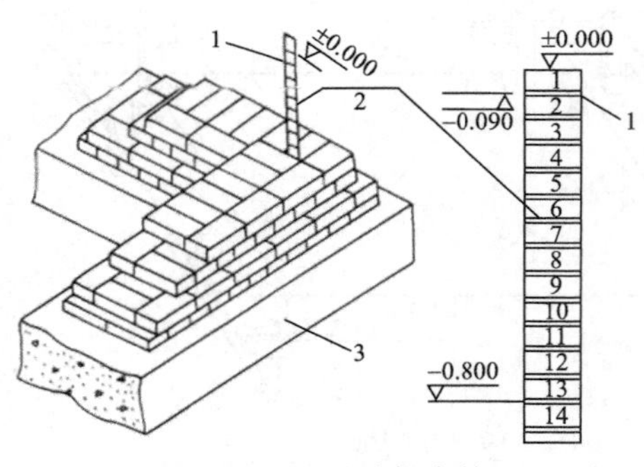

图 9.22　基础墙标高控

4) 基础面标高的检查

基础施工结束后，应检查基础面的标高是否符合设计要求。可用水准仪测出基础面上若干点的高程和设计高程比较，允许误差为 ± 10mm。

2. 柱基础施工测量

柱基础施工测量是为每个柱子测设出四个柱基定位桩，作为放样柱基坑开挖边线、修坑和立模板的依据。柱基基坑高程的测设、垫层和基础放样等与墙基础施工测量的方法相同。

图 9.23 所示是杯形柱基。按照设计尺寸，用特制的角尺，在柱基定位桩上，放出基坑开挖线，撒白灰标出开挖范围。桩基测设时，应注意定位轴线不一定都是基础中心线，具体应仔细察看设计图纸确定。

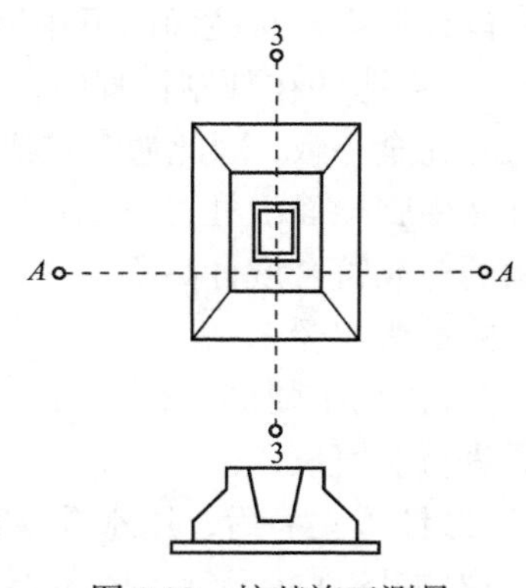

图 9.23　柱基施工测量

完成垫层施工后，根据基坑边的柱基定位桩，用拉线的方法，吊垂球将柱基定位线投设到垫层上，用墨斗弹出墨线，作为柱基立模板和布置基础钢筋的依据。立模板时，将模板底线对准垫层上的定位线，并用垂球检查模板是否竖直，同时注意使杯内底部标高低于其设计标高 2～5cm，作为抄平调整的余量。拆模后，在杯口面上定出柱轴线，在杯口内壁上定出设计标高。

9.3.4　工业厂房构件安置测量

工业厂房一般多采用预制构件，在现场装配进行施工。预制构件包括柱、吊车梁、吊车轨道、屋架、天窗和屋面板等。

1. 柱子的安装测量

1) 柱子安装的精度要求

(1) 柱子中心线应与相应的柱列轴线一致，偏差应不超过 ± 5mm。

(2) 牛腿顶面的高度和柱顶面的标高与设计高程应一致，误差应不超过 ± 3mm。

(3) 柱子全高竖向允许偏差应不超过 ± 3mm。

2) 柱子吊装前的准备工作

(1) 如图 9.24 所示，用经纬仪根据柱列轴线控制桩，将柱列轴线投测到杯口顶面上，用红漆画出“►”标志，作为安装柱子时确定轴线的依据。如果柱列轴线不通过柱子的中心线，应在基础杯口顶面测设柱中心线。用水准仪，在杯口内壁，测设一条一般为–0.600m 的标高线，并画出“▼”标志，作为杯底找平的依据。

(2) 如图 9.25 所示，柱子安装前，应将每根柱子按轴线位置进行编号，并在每根柱子的

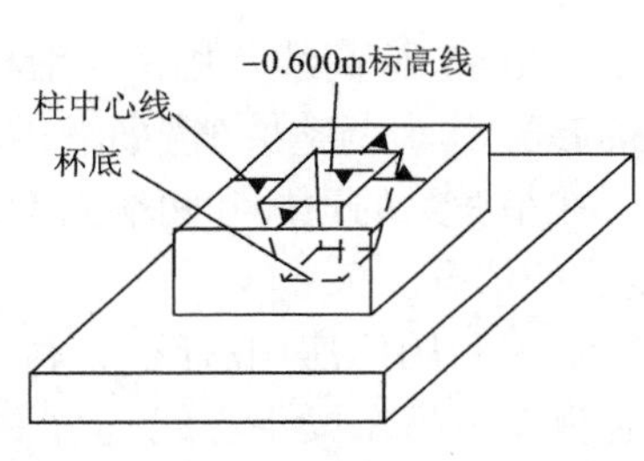

图 9.24　基础杯口轴线投测

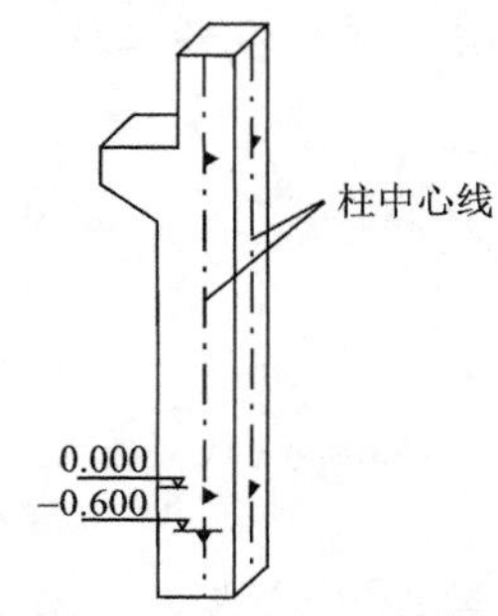

图 9.25　柱身测设

三个侧面测设出柱中心线，并在每条中心线的上端和下端近杯口处画出“▶”标志。根据柱面的设计标高，从柱面向下用钢尺量出−0.600m 的标高线，并画出“▼”标志。

(3) 牛腿柱在预制过程中，受模板制作误差和变形的影响，不可能使它的实际尺寸与设计尺寸完全一致，因此通常在浇注杯口基础时，使杯内底部标高低于其设计标高 2～5cm，用钢尺从牛腿顶面沿柱边量到柱底，根据各柱子的实际长度，用 1∶2 水泥砂浆找平杯底，使牛腿面的标高符合设计高程。

3) 安装测量

(1) 预制牛腿插入杯口后，使其侧面柱中心线与杯口基础轴线重合，用木楔初步固定，然后进行竖直校正。

(2) 柱子立稳后，用水准仪检测柱身上的 ± 0.000m 标高线，其容许误差为 ± 3mm。

(3) 如图 9.26 所示，在柱基纵、横轴线上约距柱高的 1.5 倍距离处分别安置两台经纬仪，照准柱底的中心线标志，缓慢抬高望远镜到柱顶，观察柱子偏离十字丝竖丝的方向，用钢丝绳拉直柱子或敲打楔子，直至从两台经纬仪中观测到的柱子中心线都与十字丝竖丝重合。

(4) 在杯口与柱子的缝隙中浇入混凝土，以固定柱子的位置。

实际安装时，一般是一次把许多柱子都竖起来，然后进行垂直校正。这时，可把两台经纬仪分别安置在纵横轴线的一侧，一次可校正几根柱子，如图 9.27 所示，但仪器偏离轴线的角度不超过 15°。

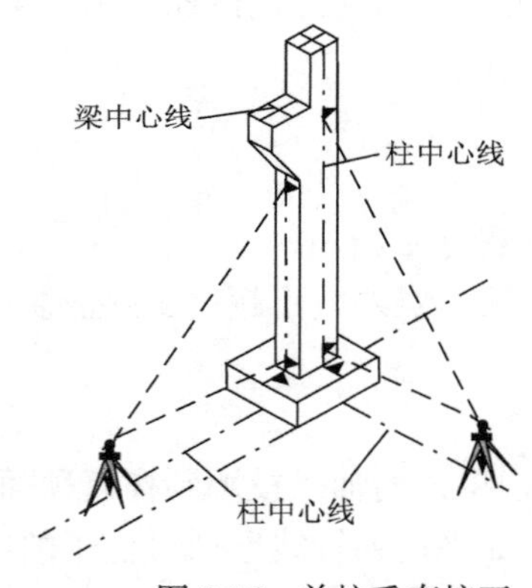

图 9.26　单柱垂直校正

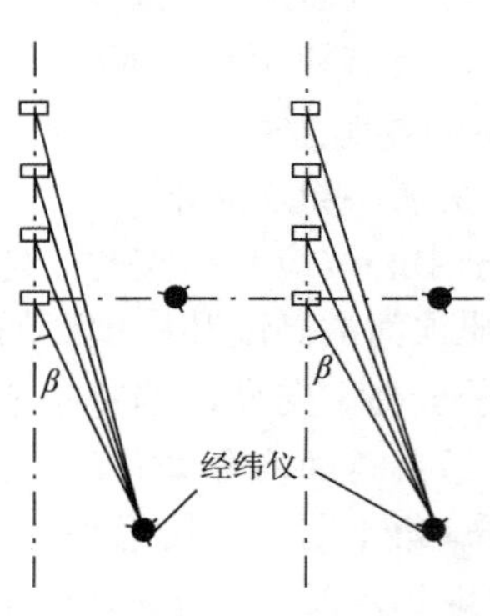

图 9.27　多柱垂直校正

2. 吊车梁的安装测量

吊车梁安装测量主要是保证吊车梁中线位置和吊车梁的标高满足设计要求。

1) 吊车梁安装前的准备工作

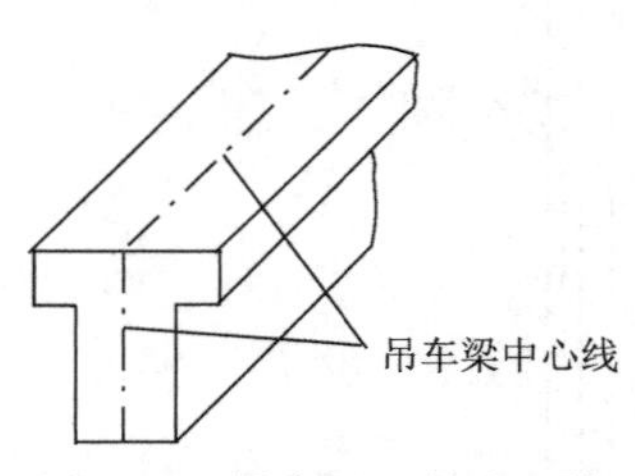

图 9.28　吊车梁上的中心线

(1) 根据柱子上的 ± 0.000m 标高线，用钢尺沿柱面向上量出吊车梁顶面设计标高线，作为调整吊车梁面标高的依据。

(2) 如图 9.28 所示，在吊车梁的顶面和两端面上，画出梁的中心线，作为安装定位的依据。

(3) 如图 9.29 (a) 所示，利用厂房中心线 A_1A_1，根据设计轨道间距，在地面上测设出吊车梁中心线 $A'A'$和 $B'B'$。在吊车梁中心线的一个端点 A'(或 B') 上安置经纬仪，瞄准另一个端点 A'(或 B')，固定照准部，抬高望远镜，即可将吊车梁中心线投测到每根柱子的牛腿面上，画出梁的中心线。

2) 吊车梁的安装测量

(1) 使吊车梁中心线与牛腿柱上梁中心线重合，完成初步定位，误差不得超过 5mm。

(2) 如图 9.29(b) 所示，在地面上从吊车梁中心线向厂房中心线量出距离 a，得到平行线 $A''A''$和 $B''B''$。

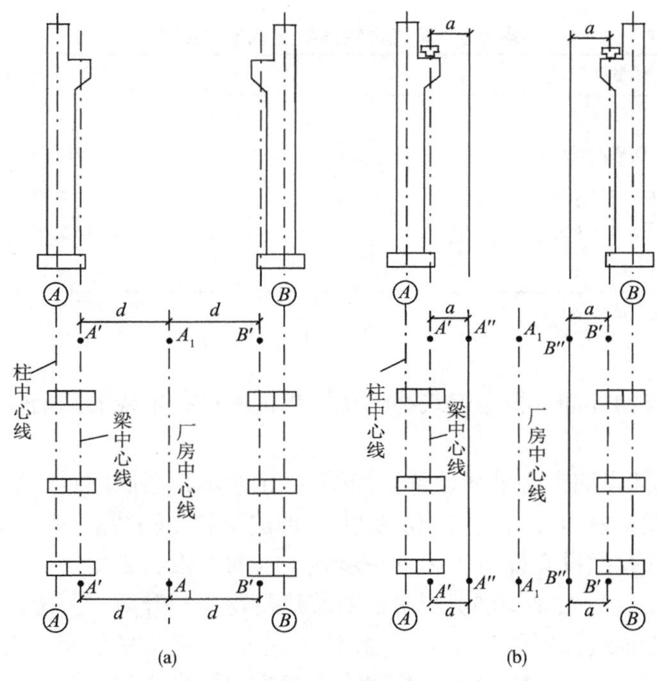

图 9.29　吊车梁和吊车轨道安装

(3) 在 A''点安置经纬仪，照准另一端点 A''，抬高望远镜，另一人在梁上移动横放的木尺，当视线对准尺上 a 刻画时，尺子零端应与梁中心线重合。

(4) 在地面安置水准仪，在柱子侧面测设＋0.500m 的标高线。用钢尺沿柱子侧面量出该标高线至吊车梁顶面的高度 h，如果 $h+0.5$m 不等于吊车梁顶面的设计高程，则需要在吊车梁下加减铁板进行调整，直至符合要求。

3. 工业厂房吊车轨道的安装测量

吊车梁安装完成后，需要在吊车梁上测设吊车轨道中心线。测设方法与吊车梁安装测量方法基本相同。安装完成后，需要进行以下几项检查。

(1) 中心线检查：安置经纬仪于轨道中心线上，检查轨道面上的中心线是否都在一条直线上，误差不得超过 ± 3mm。

(2) 跨距检查：用钢尺悬空丈量轨道中心线间的距离，加上尺长、温度和拉力改正后，与设计跨距之差不得超过 ± 5mm。

(3) 轨道标高检查：用水准仪根据吊车梁上的水准点检查，在轨道接头处各测一点，允许误差为 ± 1mm，中间每隔 6m 测一点，允许误差在 ± 2mm，两根轨道相对标高允许误差 ± 10mm。

9.3.5　高层建筑的轴线投测与高程传递

1. 高层建筑的轴线投测

高层建筑物施工测量中的主要问题是控制垂直度，就是将建筑物的基础轴线准确地向高层引测，并保证各层相应轴线位于同一竖直面内，主要方法有外控法和内控法。轴线投测是为了控制竖向偏差，使轴线向上投测的偏差值不超限，具体技术要求见表 9.6。

表 9.6　建筑物轴线投测的技术要求

测量项目	允许偏差/mm
本层误差	±5
全楼累计误差	$2H/10000$
$30\text{m}<H\leqslant 60\text{m}$	±10
$60\text{m}<H\leqslant 90\text{m}$	±15
$90\text{m}<H$	±20

注：H 为建筑物总高度(m)。

1) 外控法

外控法是在建筑物外部，根据建筑物轴线控制桩来进行轴线的竖向投测。具体操作步骤如下。

(1) 在建筑物底部投测中心轴线位置。如图 9.30 所示，高层建筑的基础工程完工后，将经纬仪安置在轴线控制桩 A_1、A_1'、B_1 和 B_1'上，把建筑物主轴线点 a_1、a_1'、b_1 和 b_1'精确地投测到建筑物的底部，并设立标志，为下一步施工与向上投测之用。

(2) 向上投测中心线。如图 9.30 所示，随着建筑物不断升高，要逐层将轴线向上传递，将经纬仪安置在中心轴线控制桩 A_1、A_1'、B_1 和 B_1'上，严格整平仪器，用望远镜瞄准建筑物底部已标出的轴线点 a_1、a_1'、b_1 和 b_1'，用盘左和盘右分别向上投测到每层楼板上，并取其中点作为该层中心轴线的投影点 a_i、a_i'、b_i 和 b_i'。

(3) 增设轴线引桩。当楼房逐渐增高，而轴线控制桩距建筑物又较近时，望远镜的仰角较大，操作不便，投测精度也会降低。为此，要将原中心轴线控制桩引测到更远的安全地方，或者附近大楼的屋面。如图 9.31 所示，将经纬仪安置在已投测的较高的某层楼中心轴线 a_ia_i'上，瞄准地面上原有的轴线控制桩 A_1 和 A_1'点，用盘左、盘右分中投点法，将轴线延长到远

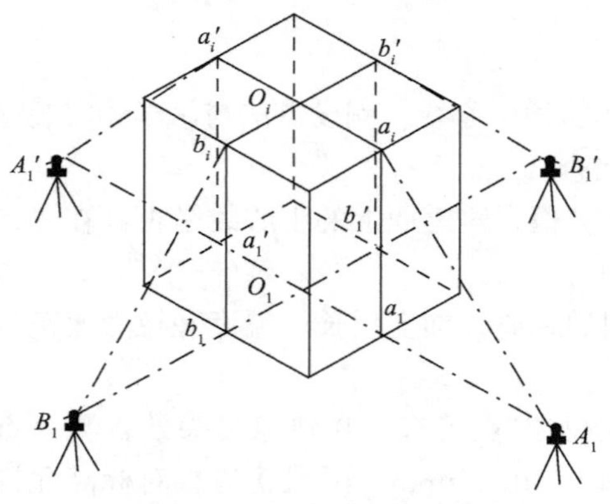

图 9.30　经纬仪投测中心轴线

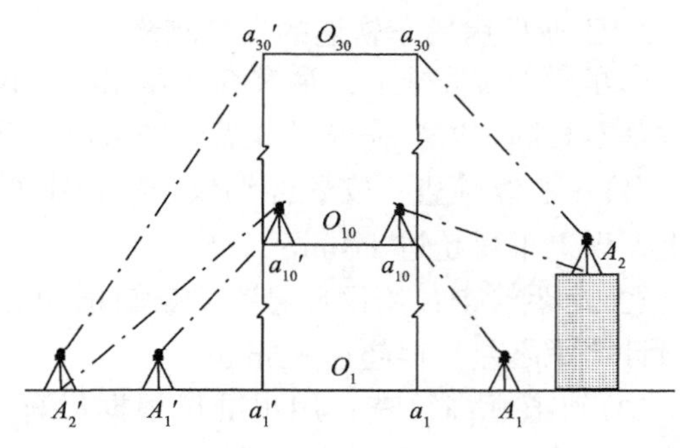

图 9.31　经纬仪引桩投测

处 A_2 和 A_2'点，并用标志固定其位置，A_2、A_2'即为新投测的 A_1A_1'轴控制桩。更高各层的中心轴线，可将经纬仪安置在新的引桩上，按上述方法继续进行投测。

2) 内控法

内控法是在建筑物内 ± 0.000 平面设置轴线控制点，并预埋标志，以后在各层楼板相应位置上预留 200mm×200 mm 的传递孔，在轴线控制点上直接采用吊线坠法或激光铅垂仪法，通过预留孔将其点位垂直投测到任一楼层。

(1) 内控法轴线控制点的设置。如图 9.32 所示，基础施工完毕后，在 ± 0.000 首层平面上，适当位置设置与轴线平行的辅助轴线。辅助轴线距轴线 0.5～0.8m 为宜，并在辅助轴线交点或端点处埋设标志。

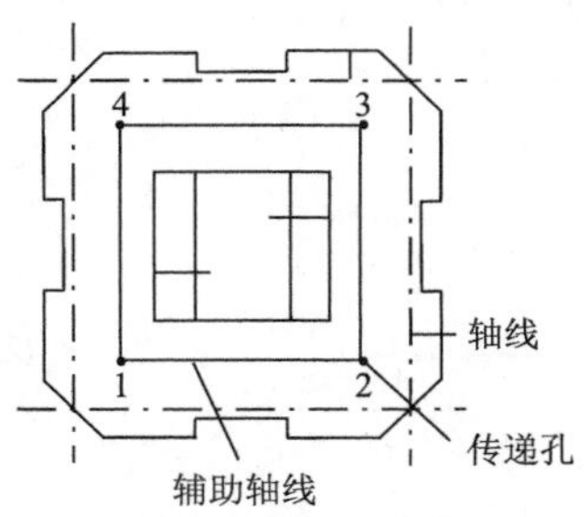

图 9.32　内控法轴线控制点测设

(2) 吊线坠法。吊线坠法是利用钢丝悬挂重垂球的方法，进行轴线竖向投测。这种方法一般用于高度在 50～100m 的高层建筑施工中，垂球的重量为 10～20 kg，钢丝的直径为 0.5～0.8mm。如图 9.33 所示，在预留孔上面安置十字架，挂上垂球，对准首层预埋标志。当垂球线静止时，固定十字架，并在预留孔四周做出标记，作为以后恢复轴线及放样的依据。此时，十字架中心即为轴线控制点在该楼面上的投测点。

用吊线坠法实测时，要采取一些必要措施，如用铅直的塑料管套着坠线或将垂球沉浸于油中，以减少摆动。

(3) 激光垂准仪法。激光垂准仪是一种专用的铅直定位仪器。如图 9.34 所示，先根据建筑物的轴线分布和结构情况设计好投测点位，将激光垂准仪安置在首层投测点位上，打开电源，在投测楼层的垂准孔上，就可以看见一束可见激光，使网格激光靶的靶心精确地对准激光光斑，用压铁拉两根细麻线，使其交点与激光光斑重合，在垂准孔旁的楼板面上弹出墨线标记。

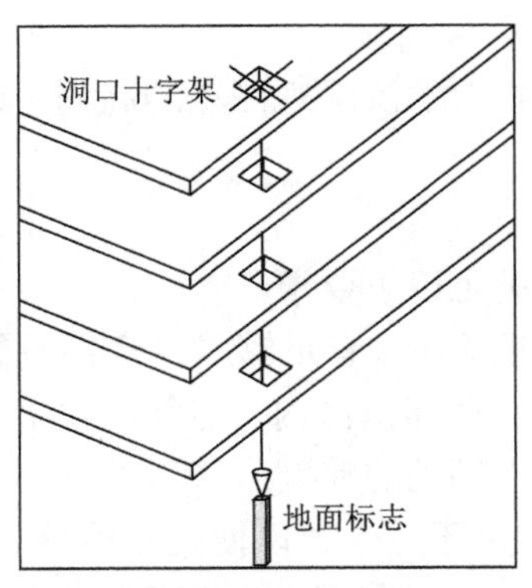

图 9.33　吊线坠法投测轴线

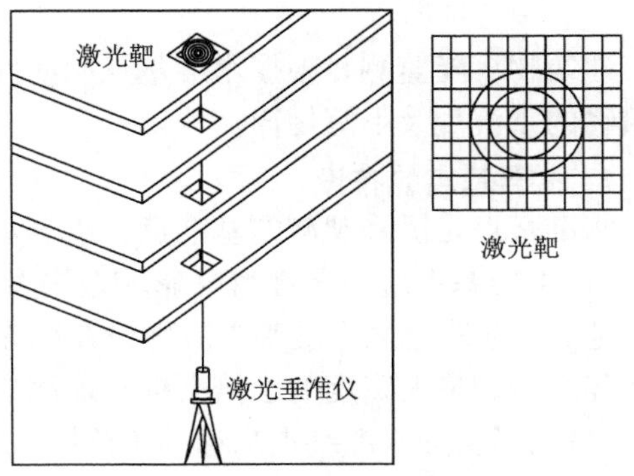

图 9.34　激光垂准仪投测轴线

2. 高层建筑的高程传递

高层建筑施工中，需要将地面高程逐层向上传递，作为施工中各楼层测设高程的依据。传递高程的主要方法有水准仪钢尺法和全站仪法。

1) 水准仪钢尺法

在建筑物的楼梯间或电梯井悬吊钢尺，利用 9.2 节高程测设方法，即可将首层标高逐层向上传递。

2) 全站仪法

如图 9.35 所示，此方法精度高，操作简便。具体施测流程如下。

(1) 将全站仪安置在首层合适位置，望远镜调至水平方向，瞄准后视点 A，读取水准仪读数 a。

(2) 将全站仪望远镜调至铅垂线方向，瞄准施工层上 B 点水平放置的反射镜片，测出铅垂距离 h。

(3) 将水准仪安置在各施工层，后视 B 点水准尺高程，读数 b，前视 C 点水准尺，读数 c，则 C 点高程为

$$H_C = H_A + a + h + b - c \tag{9.11}$$

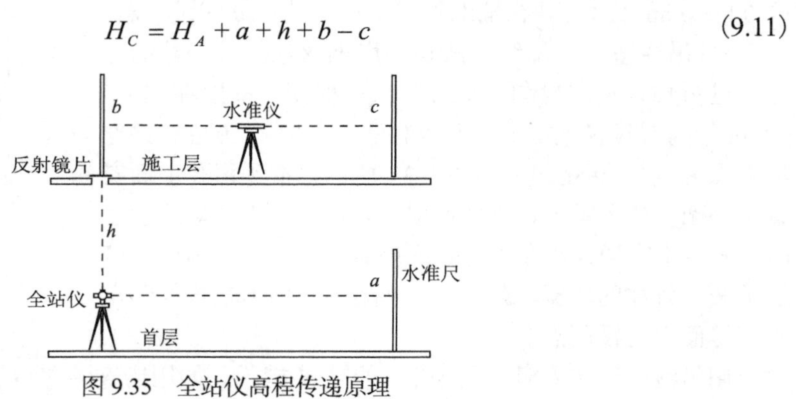

图 9.35　全站仪高程传递原理

9.4　工程建筑物的变形监测

工程建筑物变形监测，就是在建筑物施工和运行期间利用测量仪器或专用仪器对建筑物的稳定性进行观测的工作。工程建筑物的变形监测包括建筑物沉降、倾斜、裂缝、位移、风振和挠曲等。

9.4.1　沉降监测

建筑物沉降监测是根据水准基点周期性地观测建筑物上的沉降观测点的高程，确定工程建筑物的下沉量及下沉规律。

1. 水准基点的布设

水准基点是沉降观测的基准点，水准基点的布设应满足以下要求。

(1) 水准基点应设置在沉降影响范围及震动影响范围以外，有足够的稳定性及能长期保存的地方。冰冻地区水准基点应埋设在冰冻线以下 0.5m。在建筑区内，与邻近建筑的距离应大于建筑基础最大宽度的 2 倍，标石埋深应大于邻近建筑基础的深度。

(2) 为了保证水准基点高程的正确性，水准基点不应少于三个，以便相互检核。

(3) 水准基点和监测点之间的距离应适中，一般应在 100m 范围内，相距太远会影响观测精度。

2. 沉降监测点的布设

沉降监测点的布设应结合地质情况及建筑结构特点确定并满足以下要求。

(1) 沉降监测点应布设在能全面反映建筑物沉降情况的部位，如建筑物四角、沉降缝两侧、荷载有变化的部位、地质条件变化的部位、基础深度及基础形式变化处、大型设备基础，

柱子基础处。

(2) 沉降监测点一般是均匀布置的，它们之间的距离一般为 10～20m。应避开雨水管、窗台线、暖气片、暖气管、电气开关等有碍设标和观测的部位，并应视立尺需要离开墙柱和地面一定距离。

(3) 沉降监测点的设置形式可根据不同的建筑结构类型和建筑材料，采用墙柱标志、基础标志和隐蔽型标志，各类标志的立尺部位应加工成半球形或有明显突出点，并涂上防腐剂，如图 9.36 所示。

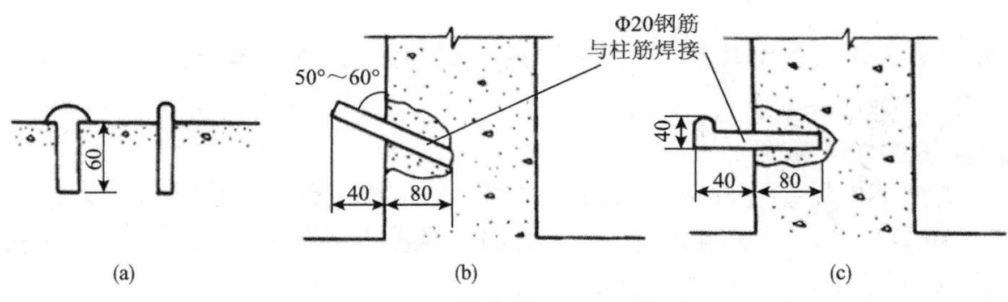

图 9.36　沉降观测点的设置形式

3. 沉降监测方法

1) 监测周期

观测的时间和次数，应根据工程的性质、施工进度、地基地质情况及基础荷载的变化情况而定。

(1) 一般建筑，在基础完工或地下室砌完后开始观测。大型或高层建筑在基础垫层或基础底部完成后开始观测。在建(构)筑物主体施工过程中，一般每盖 1～2 层观测一次。如果中途停工时间较长，应在停工和复工时进行观测。停工期间每隔 2～3 个月观测一次。

(2) 当建筑物均匀增高时，应至少在增加荷载的 25%、50%、75%和 100%时各观测一次。

(3) 当发生大量沉降或严重裂缝时，应立即每天或几天连续观测。

(4) 建筑物封顶或竣工后，一般每月观测一次，如果沉降速度减缓，可改为 2～3 个月观测一次，直至沉降稳定为止。以后 6 个月观测一次。沙土地基观测两年，黏土地基观测 5 年，软土地基观测 10 年。

2) 精度要求

沉降观测的等级和精度要求见表 9.7。

表 9.7　沉降观测的等级及精度要求

等级	沉降位移测量/mm		适用范围
	高程中误差	相邻点高程中误差	
一等	±0.3	±0.1	变形特别敏感的高层建筑、工业建筑物、高耸建筑物、重要古建筑物和精密工程建设等
二等	±0.5	±0.3	变形比较敏感的高层建筑、工业建筑物、高耸建筑物、古建筑物、重要工程设施和重要建筑场地的滑坡监测等
三等	±1.0	±0.5	一般性的高层建筑物、工业建筑物、高耸建筑物和滑坡监测等
四等	±2.0	±1.0	观测精度要求较低的建筑物、构筑物和滑坡监测等

3) 监测方法

(1) 一等按国家一等精密水准测量的技术要求施测精密液体静力水准测量和微水准测量。此外，尚需设视距双转点，视距不得超过 15m，前后视距差不得超过 0.3m，视距累差不得超过 1.5m。

(2) 二等按国家一等精密水准测量的技术要求施测精密液体静力水准测量和微水准测量。

(3) 三等按国家二等精密水准测量的技术要求施测精密液体静力水准测量。

(4) 四等按国家三等精密水准测量的技术要求施测精密液体静力水准测量和短视线三角高程测量。

(5) 对精度要求不高的沉降观测，可用 DS3 水准仪和双面水准尺，按三四等水准测量的方法及精度进行观测。

4. 沉降监测的成果整理

(1) 每次观测结束后，应检查记录的数据和计算是否正确，精度是否合格，然后，调整高差闭合差，推算出各沉降观测点的高程，并将各观测点的高程、观测日期、荷载等有关数据填入“沉降观测记录表”中，如表 9.8 所示。

表 9.8　沉降观测记录表

工程名称：　　　　记录：　　　　计算：　　　　校核：

观测次数	观测时间	各观测点的沉降情况							施工进展情况	荷载情况 /(t/m²)
		1			2			…		
		高程 /m	本次下沉 /mm	累积下沉 /mm	高程 /m	本次下沉 /mm	累积下沉 /mm	…		
1	2015.01.07	75.563	0	0	75.565	0	0		一层	0
2	2015.02.26	75.561	−2	−2	75.561	−4	−4		二层	40
3	2015.03.18	75.557	−4	−6	75.558	−3	−7		三层	60
⋮										
备注										

(2) 根据表 9.8 的数据绘制时间与沉降量关系曲线和时间与荷载关系曲线，如图 9.37 所示。

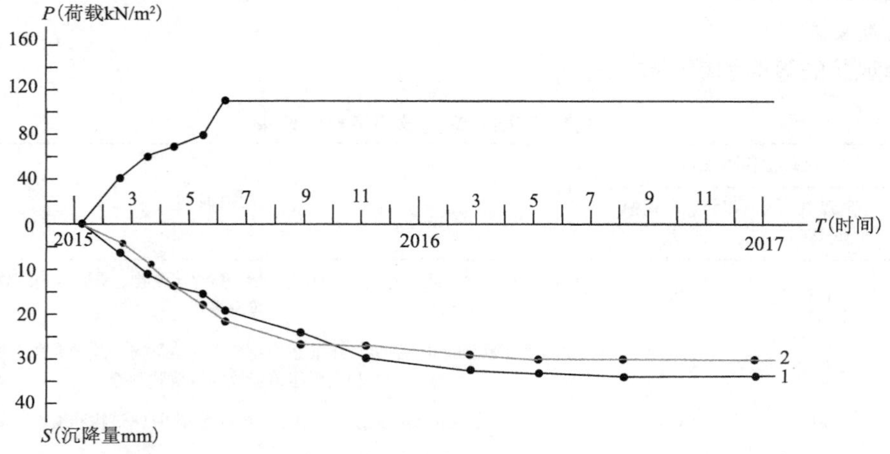

图 9.37　沉降曲线图

a. 以沉降量 S 为纵轴，以时间 T 为横轴，组成直角坐标系，标出沉降观测点的位置，用曲线将标出的各点连接起来，并在曲线的一端注明沉降观测点号码，绘制出时间与沉降量关系曲线。

b. 以荷载为纵轴，以时间为横轴，组成直角坐标系，标出沉降观测点的位置，用曲线将标出的各点连接起来，绘制出时间与荷载关系曲线。

9.4.2　水平位移监测

水平位移监测就是根据平面控制点测定建筑物的平面位置随时间而移动的大小及方向。

1. 水平位移监测点的布设

(1) 水平位移监测点可按两个层次进行布设，由基准点组成首级控制网，由监测点及工作基点组成次级网。对于单个建筑物上部或构件的监测点，可将基准点连同监测点按单一层次布设。

(2) 控制网可采用三角网和导线网的形式。次级网和单一网可布设成附合导线形式，也可采用交会方法。考虑网形的强度，控制网和次级网的长短边不宜相差过大。

(3) 每一测区的基准点和工作基点个数不得少于两个，同时应根据实际情况构成一定的网形，按规范规定的精度定期进行检测。

2. 水平位移的沉降监测方法

1) 监测周期

观测的时间和次数，应根据工程的性质、施工进度、地基地质情况及基础荷载的变化情况而定。对于不良地基区的监测，可与同时进行的沉降监测协调确定监测；对于受基础施工影响的监测，可每天或 2～3 天监测一次，直到施工结束。

2) 精度要求

(1) 局部地基位移的测定中误差，不应超过其变形允许值分量的 1/20。变形允许分量是变形允许值的 $1/\sqrt{2}$ 。

(2) 建筑物的顶部水平位移、水平轴线偏差等整体变形的测定中误差，不应超过其变形允许值分量的 1/10。

(3) 高层建筑层间相对位移等结构段变形的测定中误差，不应超过其变形允许值分量的 1/6。

3) 监测方法

(1) 大地测量法：主要包括三角测量法、精密导线测量法和交会法等，定期观测监测点的坐标值，通过与上一次的坐标值进行比较，计算坐标增量进而得到水平位移量。该方法适用于任意方向的水平位移监测，需人工观测。所以此方法劳动强度大，速度慢，特别是交会法受图形强度、观测条件的影响较大，精度较低。

(2) 基准线法：主要包括视准线法、引张线法、激光准直法和垂线法等。该方法适用于直线形建筑物在特定方向的水平位移监测，如建筑物的纵、横线的水平位移监测。此法操作简便，费用少，但精度受观测条件影响较大。

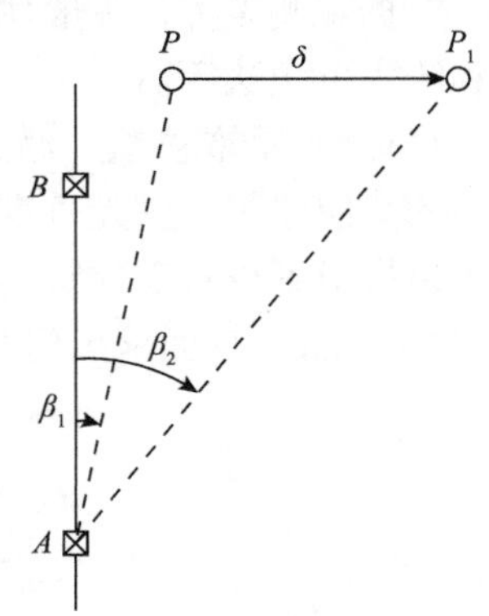

图 9.38　视准线法测水平位移

视准线法利用经纬仪的视准面为竖直平面作为基准。如图 9.38 所示，先在位移方向的垂直方向上建立一条基准线，A、B 为控制点，P 为监测点。在 A 点安置经纬仪，第一次观测水平角∠BAP 的角度值为 β_1，第二次观测的角度值为 β_2，则水平位移量 δ：

$$\delta = D_{AP} \times \frac{\beta_2 - \beta_1}{\rho} \tag{9.12}$$

(3) GPS 测量法：利用 GPS 自动化、全天候观测的特点，在工程的外部布设监测点，实现高精度、全自动的水平位移监测。

(4) 专用测量法：主要包括多点位移计、光纤等。采用专门的仪器和方法测量两点之间的水平位移。该方法适用于水利、桥梁、地震监测等，自动监测，精度高，但使用的设备昂贵。

3. 水平位移监测的成果整理

(1) 每次观测结束后，应检查记录的数据和计算是否正确，精度是否合格，然后，调整坐标增量闭合差，推算出各监测点的坐标和水平位移量，记入表中。

(2) 根据计算数据绘制水平位移曲线图，即时间-位移曲线图和深度-位移曲线图。①时间-位移曲线图是以时间为纵轴(向上)，位移为横轴，组成直角坐标系，标出各点，用曲线连接起来。②深度-位移曲线图是以深度为纵轴(向下)，位移为横轴，组成直角坐标系，标出各点，用曲线连接起来。

9.4.3　倾斜监测

倾斜观测就是用测量仪器来测定建筑物的基础和主体结构倾斜变化的工作。

1. 倾斜监测点的布设

(1) 基准点到建筑物的距离，为建筑物高度的 1.5～2 倍。

(2) 监测点通常取建筑物的四个阳角、圆形建筑的中心。

2. 倾斜监测方法

1) 监测周期

施工期间的监测周期参照沉降监测的监测周期确定，主体倾斜监测的周期可视倾斜速度 1～3 个月观测一次，遇到基础附近大量堆载或卸载、场地降水期积水等导致倾斜速度加快时，应及时增加监测次数。

2) 监测方法

根据观测条件，一般建筑物的倾斜观测可选用测定基础沉降差法、激光垂准仪法、投点法和测水平角法等。

(1) 激光垂准仪法。激光垂准仪法主要适用于建筑物的顶部与底部之间至少有一个竖向通道的高层建筑。激光垂准仪法利用激光垂准仪和接收靶：激光垂准仪将通过地面点的铅垂激光束投射到放置在建筑物顶部的接收靶上，在接收靶上直接读取或用直尺量出顶部的两个位移 Δu 和 Δv，从而求出建筑物的倾斜度 i：

$$\begin{cases} i = \dfrac{\sqrt{\Delta u^2 + \Delta v^2}}{h} \\ \alpha = \tan^{-1} \dfrac{\Delta v}{\Delta u} \end{cases} \tag{9.13}$$

(2) 投点法。投点法适用于建筑物周围比较空旷的主体倾斜。投点法应在待观测的部位相垂直的两面墙上进行，通常采用经纬仪，测定建筑物顶部观测点相对于底部观测点的偏移值，再根据建筑物的高度，计算建筑物主体的倾斜度，即

$$i = \tan\alpha = \frac{\Delta D}{H} \tag{9.14}$$

式中，i 为建筑物主体的倾斜度；ΔD 为建筑物顶部观测点相对于底部观测点的偏移值(m)；H 为建筑物的高度(m)；α 为倾斜角(°)。

具体观测方法如下：①如图 9.39 所示，将经纬仪安置在固定测站上，瞄准建筑物 X 墙面上部的观测点 M，用正倒镜分中投点法，定出下部的观测点 m_1。用同样的方法，在与 X 墙面垂直的 Y 墙面上定出上观测点 N 和下观测点 n_1。M、m_1 和 N、n_1 即为所设观测标志。②相隔一段时间后，同法重新观测点 M 和 N，得到 m_2 和 n_2。如果 m_2 与 m_1、n_2 与 n_1 不重合，说明建筑物发生了倾斜。③用尺子量出在 X、Y 墙面的偏移值 ΔM、ΔN，然后用矢量相加的方法，计算出该建筑物的总偏移值 ΔD，即

$$\Delta D = \sqrt{\Delta M^2 + \Delta N^2} \tag{9.15}$$

④根据总偏移值 ΔD 和建筑物的高度 H 用式(9.14)即可计算出其倾斜度 i。

(3) 经纬仪纵横距法。经纬仪纵横距法适用于圆形建筑物的倾斜观测，是在圆形建筑物互相垂直的两个方向上各横放一根水准尺，用经纬仪测定其顶部中心对底部中心的偏移值。具体观测方法如下：①如图 9.40 所示，在烟囱底部横放一根标尺，在标尺中垂线方向上，安置经纬仪，用望远镜将烟囱顶部边缘两点 A、A'及底部边缘两点 B、B'分别投到标尺上，读数分别为 y_1、y_1'及 y_2、y_2'，烟囱顶部中心 O 对底部中心 O'在 y 方向上的偏移值 Δy 为

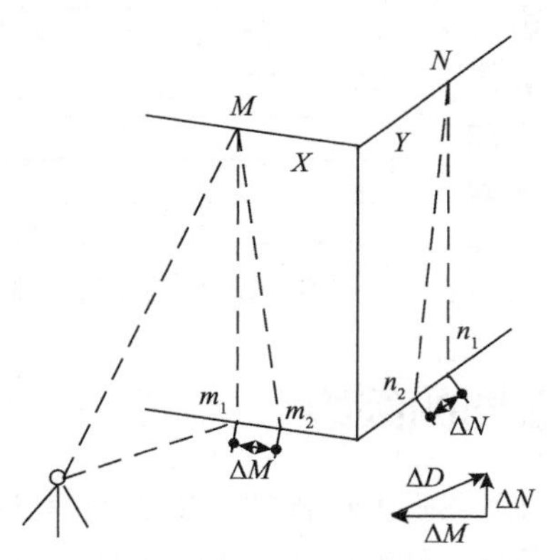

图 9.39　一般建筑物倾斜监测

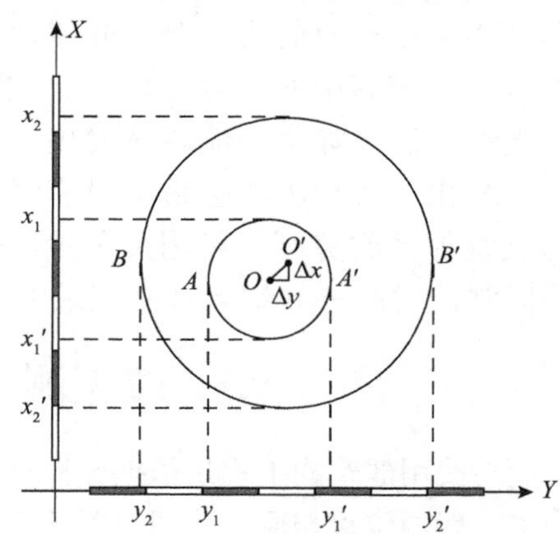

图 9.40　圆形建筑物倾斜监测

$$\Delta y = \frac{y_1 + y_1'}{2} - \frac{y_2 + y_2'}{2} \tag{9.16}$$

②用同样的方法，可测得在 x 方向上，顶部中心 O 的偏移值 Δx 为

$$\Delta x = \frac{x_1 + x_1'}{2} - \frac{x_2 + x_2'}{2} \tag{9.17}$$

③用矢量相加的方法，计算出顶部中心 O 对底部中心 O'的总偏移值 ΔD，即

$$\Delta D = \sqrt{\Delta x^2 + \Delta y^2} \tag{9.18}$$

④根据总偏移值 ΔD 和圆形建(构)筑物的高度 H 用式(9.14)即可计算出其倾斜度 i。

(4)测定基础沉降差法。测定基础沉降差法主要适用于建筑物的基础倾斜观测。如图 9.41 所示，先在基础设置两个相距 D 的沉降观测点，然后用精密水准仪定期观测这两点的沉降差Δh，求出基础的倾斜度 i：

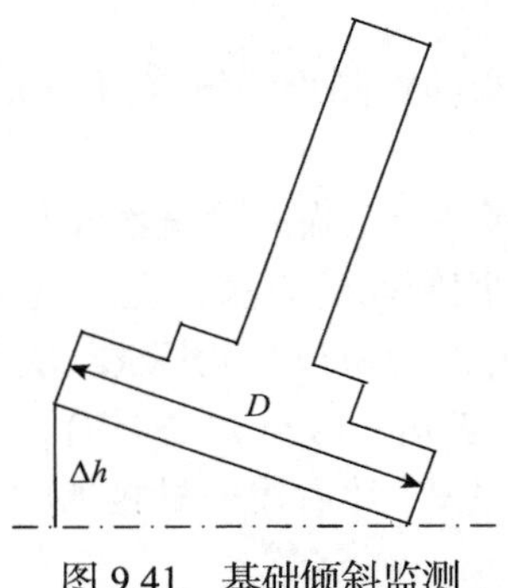

图 9.41　基础倾斜监测

$$i = \Delta h / D \tag{9.19}$$

9.4.4　裂缝监测

裂缝监测就是定期测定建筑物上裂缝变化情况的工作。裂缝产生的原因主要与建筑物的不均匀沉降有关，因此当建筑物出现裂缝之后，除进行沉降监测外还应及时进行裂缝监测，以便综合分析，及时采取措施，确保工程的安全。裂缝观测周期根据裂缝的变化速度、裂缝的性质确定。常用的裂缝观测方法有石膏板标志、白铁片标志两种。

(1)石膏板标志。石膏板的厚度为 10mm，宽度 50～80mm，长度视裂缝大小而定。石膏板固定在裂缝的两侧，当裂缝继续发展时，石膏板也随之开裂，从而观察裂缝的发展情况。

(2)白铁片标志。如图 9.42 所示，用厚度约为 0.5mm 的两块白铁片，先将一片尺寸为 150mm×150mm 的正方形固定在裂缝的一侧，将另一片尺寸为 50mm×200mm 的矩形，固定在裂缝的另一侧，并使两块白铁片的边缘相互平行，并使其中的一部分重叠，在两块白铁片的表面，涂上红油漆。如果裂缝继续发展，两块白铁皮将逐渐拉开，露出正方形上原被覆盖没有油漆的部分，其宽度即为裂缝加大的宽度，可用尺子量出。裂缝加大的宽度，连同观测时间一并记入观测记录中。

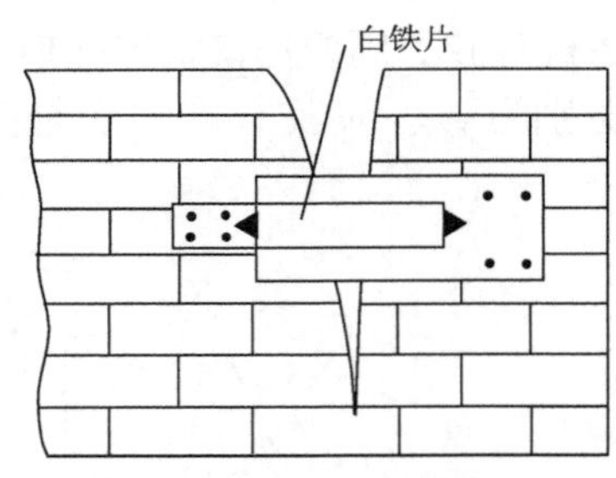

图 9.42　建筑物裂缝监测

9.5　竣工测量与总平面图的编绘

工业与民用建筑物工程是依据设计总平面图施工的。在施工过程中，由于误差的存在，建筑物竣工后的位置与原设计图位置并不完全一致，因而需要编绘竣工总平面图。这样既可全面反映竣工后的现状，为以后建筑物的管理、维修、扩建、改建及事故处理提供依据，又可为工程验收提供依据。

9.5.1　竣工测量

(1)工业厂房及一般建筑：测定房角坐标、几何尺寸，各种管线进出口的位置和高程，并附注房屋编号、结构层数、面积和竣工时间等资料。

(2)交通线路：测定线路起止点、转折点、交叉点的坐标，曲线元素，路面、人行道、绿化带界限等。

(3)地下管线：测定检修井、转折点、起止点的坐标，井盖、井底、沟槽和管顶的高程，并附注管道及检修井的编号、名称、管径、管材、间距、坡度和流向等资料。

(4)架空管线：测定转折点、结点、交叉点和支点的坐标，支架间距、基础面积等。

(5)其他：工程名称、施工依据和施工成果等。

9.5.2　竣工总平面图的编绘

竣工总平面图的内容包括建筑方格网点、水准点、厂房、辅助设施、生活福利设施、地下管线、架空管线、交通线路等建筑物、构筑物细部点的坐标和高程，以及厂区内的空地和未建区的地形。对于大型企业和较复杂的工程，可根据工程的密集与复杂程度，按工程性质分类编绘竣工总平面图，如综合竣工总平面图、交通运输竣工总平面图和管线竣工总平面图等。同时，为全面反映竣工成果，便于生产管理、维修和企业的改扩建，应将以下资料一并装订成册，作为竣工总平面图的附件保存：①测量控制点布置图及坐标和高程成果表；②建筑物或构筑物沉降及变形监测资料；③地下管线竣工纵断面图；④工程定位、检查和竣工测量资料；⑤交通线路竣工纵断面图；⑥设计变更文件；⑦建设场地原始地形图。

思考与练习题

1. 施工放样的基本工作包括哪些？
2. 简述工业厂房柱子如何安装？
3. 高层建筑物的轴线和高程如何逐层传递？
4. 建筑物的变形监测主要内容有哪些？
5. 简述竣工测量的工作内容？

第 10 章　线路工程测量

内容提要

本章介绍了线路工程测量的任务、内容和特点，详细讲述了路线中线测量、曲线测设(圆曲线、缓和曲线)、路线横断测量及路线施工测量的施工技术。同时对桥梁工程施工测量、地下工程测量、地下管道测量等内容进行了阐述。

10.1　线路工程测量概述

线路通常是指公路、铁路、输电线、输油线、给排水及各种地下管线等工程的中线总称。因此，各种线路工程在勘测设计、施工建设和竣工验收及运营管理等各阶段的测量工作被称为线路工程测量。线路工程测量在城市建设中占有重要地位，对国民经济发展和改善人民生活有着非常重要的意义。

10.1.1　线路工程测量的任务与内容

线路工程测量归根结底是为某一工程的各个阶段顺利施工服务的。它的任务总结起来大致分为两个方面：一是为线路工程的设计提供地形图和断面图；二是按设计位置要求将线路测设于实地。其主要内容包括下列三项。

(1) 线路工程初测。初测是在所定的规划路线上进行的勘测工作，主要技术工作是对选定的线路进行控制测量(导线测量和水准测量)，绘制比例尺为 1∶1000～1∶5000 的带状地形图。带状地形图的宽度，山区一般为 100m，平坦地区一般为 250m，有争议的或特殊的地段则应适当加宽，为路线工程提供完整的控制基准及详尽的地形资料，为纸上定线、编制比较方案及初步设计提供依据。

(2) 线路工程详测。详测就是将图纸上初步设计的路线方案，利用初测和图上设计线路的几何关系，将选定的线路测设到实地的过程。主要技术工作包括中线测量和路线纵、横断面测量，以及其局部的地形图测绘，并根据现场的具体情况，对不能按原设计之处作局部线路调整，为路线纵坡设计、工程量计算等有关施工技术文件的编制提供重要数据。

(3) 线路施工测量。施工阶段的测量工作主要包括施工控制桩、中线的恢复，路基的测设、边桩的测设和竖曲线测设等。

10.1.2　线路工程测量的特点

1. 全线性

线路工程测量工作贯穿于整个线路工程建设的每个环节。线路初测阶段的控制测量和绘制地形图，详测阶段的中线测量和纵、横断面测量，施工阶段的中线恢复和路基测设等工作，都离不开测量工作。

2. 阶段性

线路工程测量的每个阶段工作有所不同，如在初测阶段主要进行测绘工作，在详测阶段主要进行测设工作。

3. 渐近性

线路工程测量工序与工程施工的工序密切相关，从规划设计到施工、竣工经历了一个从粗到精的过程。

10.2　道路中线测量

中线测量是指将线路的中心线具体地测设到地面上，并测出其里程的过程。中线测量包括交点和转点测设、转角测定、里程桩设置、曲线主点测设和详细测设等工作。

10.2.1　交点和转点的测设

因为线路受地形、地物、水文、地质及其他因素的影响，所以需改变路线方向，线路的转折点称交点(JD)。当相邻交点不通视时，应在相邻交点的连线或其延长线上增设一些点，以能传递方向，增设点称为转点(ZD)。当两交点间距离较长时，也应设置转点。如图 10.1 所示，实线表示道路中线，由直线和曲线组合而成，虚线相交点 JD_A、JD_B 即为路线交点，ZD_1、ZD_2 和 ZD_3 即为路线转点。

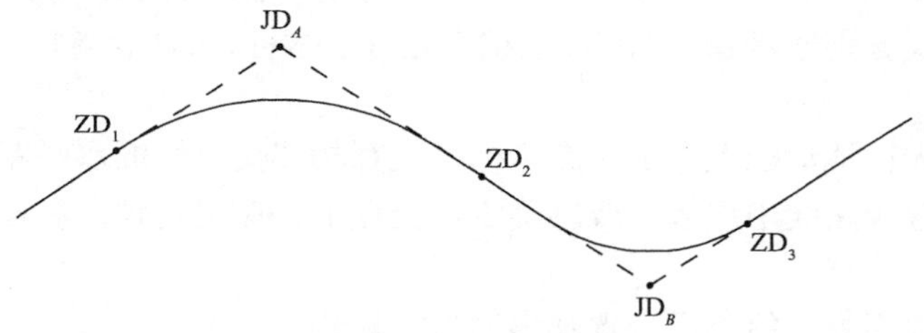

图 10.1　路线中线示意图

1. 交点的测设

对于低等级路线，其交点通常在现场直接标定。对于高等级路线或地形复杂地段，则需先进行纸上定线，然后按照以下方法进行交点的测设。

1) 放点穿线法

这种方法适合于地形不太复杂，且中线距初测导线不远的情况。首先在地形图上定出角度 β_i 和水平距离 D_i，具体测设步骤如下。

(1) 放点：在地面上测设路线中线的直线部分，只需定出直线上两个临时点，就可确定这一直线的位置，但为了检查核对，一条直线应选择 3 个以上的临时点。如图 10.2 所示，欲将纸上定线的两段直线 JD_1—JD_2 和 JD_2—JD_3 测设于地面上，只需在地面上定出 1～6 等临时点，这些点一般应选在地势较高、通视良好、距导线点较近、便于测设的地方。这些临时点可采用支距法(如 1 点、2 点、4 点、6 点)和极坐标法(如 5 点)进行测设。

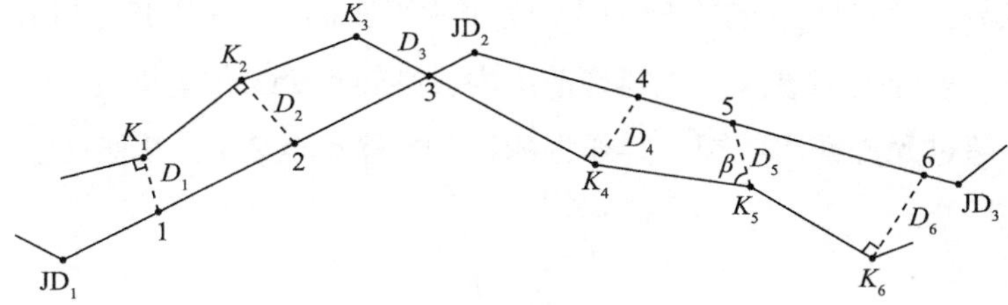

图 10.2　放点穿线法

(2) 穿线：理论上各相应的临时点应在一条直线上，由于图解数据和测设误差，实际上并不严格的在一条直线上，需将相应的各临时点调整到同一直线上，这一工作称为穿线。如图 10.3 所示，可将经纬仪置于直线中部较高的位置，瞄准一端多数临时点都靠近的方向，倒镜后如视线不能穿过另一端多数临时点所靠近的方向，则将仪器左右移动，重新观测，直到达到要求为止，最后定出转点桩 A 和 B，取消其他临时点。

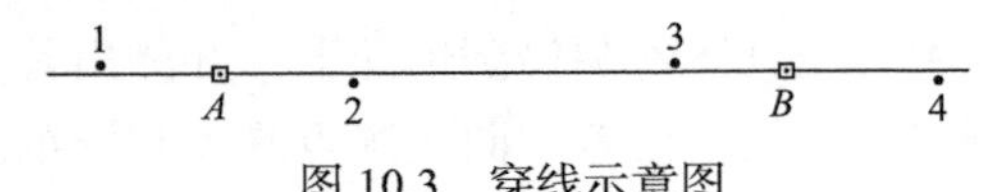

图 10.3　穿线示意图

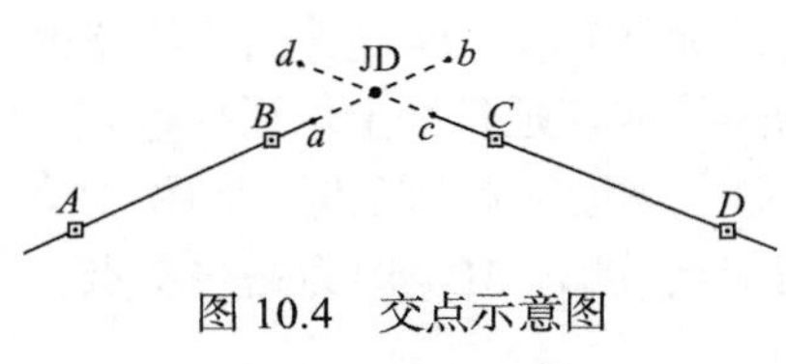

图 10.4　交点示意图

(3) 交点：当相邻两直线在地面上定出后，将它们延长相交即可定出交点。如图 10.4 所示，先将经纬仪置于 B 点，盘左瞄准 A 点，倒镜，在视线方向上交点 (JD) 的概略位置前后打下两个木桩，桩顶标示 a_1 和 b_1，俗称骑马桩，盘右同法可在两木桩桩顶标示 a_2 和 b_2，分别取 a_1，a_2 和 b_1，b_2 的中点作为最终的 a 和 b 点位，同法可定出 c 和 d 两点。用两细线分别连接 ab 和 cd，在相交处打下木桩，钉以小钉，得到交点。

2) 拨角放线法

拨角放线法需先在地形图上量出交点坐标，反算相邻交点间的水平距离、坐标方位角和转角。然后将仪器置于路线中线起点或已确定的交点上，拨出转角，测设水平距离，依次定出各交点位置。

这种方法工作效率高，但测设交点越多，误差累积也越大，所以每隔一定距离应将测设的中线与初测导线联测，以检查拨角放线的精度。联测的精度要求与测图导线相同。当闭合差超限时，应检查原因予以纠正；当闭合差符合精度要求时，则按具体情况进行调整，使交点位置符合纸上定线的要求。

3) 交点坐标法

此种方法首先需计算各交点坐标，利用与其附近导线点的坐标关系，如使用全站仪，可直接用坐标测设交点点位；如使用常规仪器，则需利用坐标反算水平距离和水平角，结合实地情况，采用直角坐标法、极坐标法、距离交会法、角度交会法等方法测设各交点位置。

2. 转点的设置

当相邻两交点互不通视或通视不良时，需要在其连线或延长线上定出一点或数点，以供交点、测角、量距或延长直线时瞄准之用，这样的点称为转点 (ZD)。其测设方法如下。

1) 在两交点间设置转点

如图 10.5 所示，JD_A 和 JD_B 互不通视，ZD' 为粗略定出的转点位置。将经纬仪置于 ZD' 点，以正、倒镜延长直线 $\mathrm{JD}_A-\mathrm{ZD}'$ 于 $\mathrm{JD}_B{}'$，丈量水平距离 a、b 及 JD_B 与 $\mathrm{JD}_B{}'$ 的偏差值 f。

如 $\mathrm{JD}_B{}'$ 与 JD_B 重合或偏差值 f 在容许范围内，则转点 ZD' 位置即为 ZD，这时应将 JD_B 移至 $\mathrm{JD}_B{}'$。如 f 超过允许偏离范围，则须将测站 ZD' 移动至 ZD，其移动量 e 为

$$e=\frac{a}{a+b}f \tag{10.1}$$

将 ZD′横向移至 ZD，延长直线 $JD_A - ZD$，看是否通过 JD_B 或偏差值 f 是否小于容许值，反复操作，直至符合要求为止。

2) 在交点延长线上设置转点

如图 10.6 所示，JD_A 和 JD_B 互不通视，ZD′为粗略定出的转点位置。将经纬仪置于 ZD′点，盘左瞄准 JD_A，在 JD_B 附近标出一点，盘右重新瞄准 JD_A，再在 JD_B 附近标出一点，取两点的中点作为 JD_B'。若 JD_B' 与 JD_B 重合或偏差值 f 在容许范围内，ZD′即作为转点，若超出容许范围，则应调整 ZD′的位置，其横向移动量 e 为

$$e = \frac{a}{a-b} f \tag{10.2}$$

将 ZD′横向移至 ZD，照准 JD_A，看 JD_B 是否在视线上或偏差值 f 是否小于容许值，反复操作，直至符合要求为止。

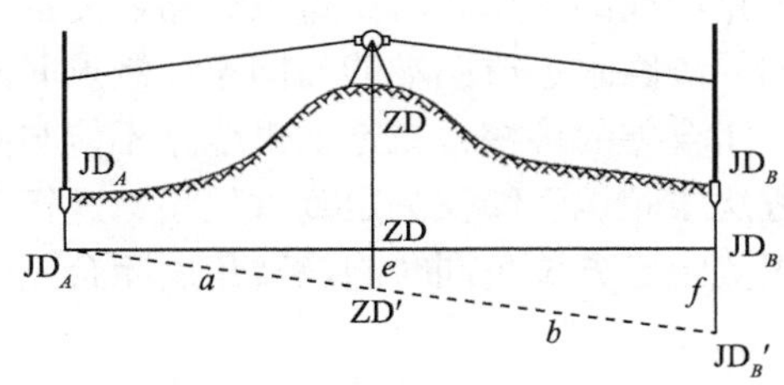

图 10.5　在交点间测设转点

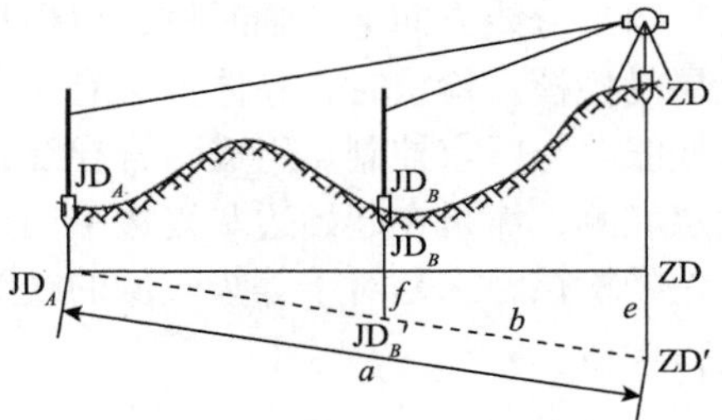

图 10.6　在交点延长线上测设转点

10.2.2　路线转角的测定

1. 转角的测定

转角(α)是指线路由一个方向转向另一方向时，偏转后的方向与原方向间的水平夹角。如图 10.7 所示，偏转后的方向位于原方向右侧时称为右转角(α_y)；偏转后的方向位于原方向左侧时称为左转角(α_z)。

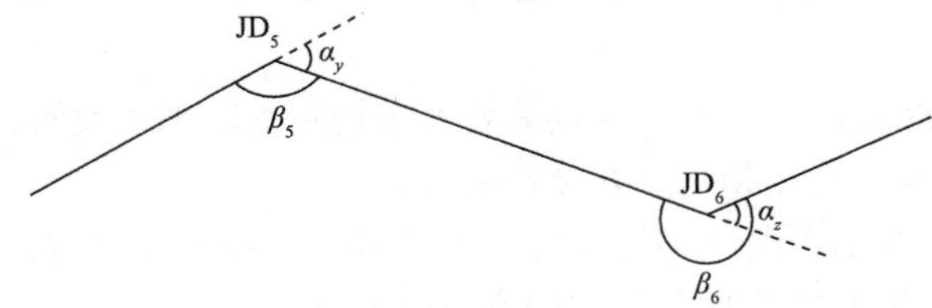

图 10.7　路线转角

在路线测量中，转角通常是通过观测路线的右角计算求得。当右角 $\beta_{右} < 180°$ 时，为右转角，当右角 $\beta_{右} > 180°$ 时，为左转角，即

$$\begin{aligned} &当\beta_{右} < 180°时，\quad \alpha_y = 180° - \beta_{右} \\ &当\beta_{右} > 180°时，\quad \alpha_z = \beta_{右} - 180° \end{aligned} \tag{10.3}$$

右角 $\beta_{右}$ 的观测，通常采用经纬仪用测回法观测一个测回。两个半测回角值的允许误差随线路的等级不同而定，一般不超过1′，如在容许范围内取其平均值作为最后结果。

2. 角平分线的测设

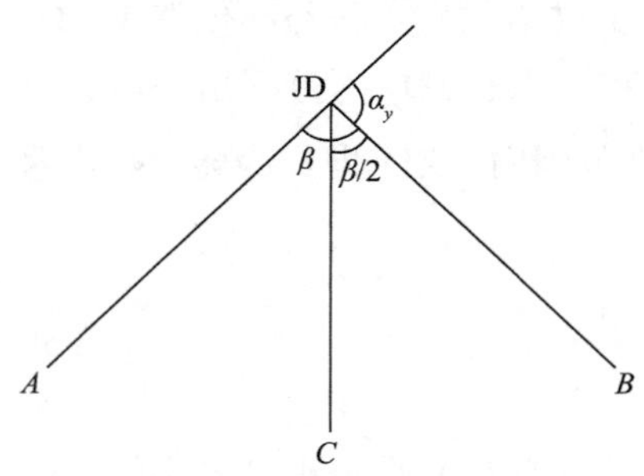

图 10.8 角平分线方向测设

为了测设曲线，在右角测定之后，无须变动水平度盘位置，即可定出前后两方向线的角平分线。如图 10.8 所示，设交点(JD)的转角为右转角 α_y，测角时方向 A 在水平度盘上的相应读数为 a，方向 B 在水平度盘上的相应读数为 b，则右角平分线方向在水平度盘上的相应读数 c 为

$$c=\frac{a+b}{2} \tag{10.4}$$

在角平分线方向上钉临时桩，以便日后测设道路曲线的中点。对于每条线路还需进行测角成果的检核。检核时，具体方法有 3 种：一是如果线路附近或两端能与国家控制点联测，则可使线路与国家控制点组成附合导线，进行角度闭合差的检核；二是如果线路不能与高级控制点联测，而是在起始边和终边采用天文测量方法或陀螺经纬仪测定真方位角，进行角度闭合差的检核；三是对于等级较低的线路，可采用测定磁方位角同时略放宽角度闭合差的限差进行检核。

10.2.3 里程桩的设置

某点的里程桩，又称中桩，是线路中线的加密桩，同时标明该桩至线路起点的水平距离。如某桩距起点的水平距离为 4589.29m，则桩号书写形式为 K4＋589.29。

里程桩分为整桩和加桩两类。整桩是按每隔 20m 或 50m 设置的里程桩。百米桩和千米桩均属于整桩，图 10.9 所示为整桩的书写情况。

加桩分为以下 4 种。

(1) 地形加桩：中线上或中线附近两侧地形变化点设置的桩。

(2) 地物加桩：沿中线或中线附近两侧的桥梁、涵洞等人工构造物处，以及与公路、铁路交叉处设置的桩。

(3) 曲线加桩：曲线起点、中点、终点等处及按规定桩距加密设置的桩。

(4) 关系加桩：路线上转点和交点处设置的桩。

如图 10.10 所示，在书写曲线加桩和关系加桩时，应在桩号之前，加写其缩写名称。目前，我国公路采用汉语拼音的缩写名称，如表 10.1 所示。

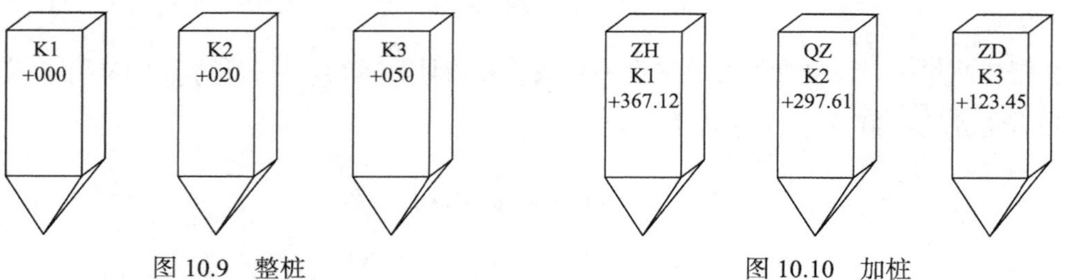

图 10.9 整桩　　图 10.10 加桩

里程桩的测设是在中线测量的基础上进行的，具体测设方法在下面章节中详细介绍。钉桩时，对起控制作用的交点桩、转点桩及一些重要的地物加桩，将桩钉至与地面齐平，桩顶钉一小钉表示点位。在距桩 20m 左右设置指示桩，上面书写桩的名称和桩号。钉指示桩时要注意字面朝向加桩，在直线上应钉在路线的同一侧，在曲线上则应钉在曲线的外侧。除此之外，其他的桩，不钉至与地面齐平，以露出桩号为佳，桩号要面向路线起点方向。

表 10.1　主点桩号名称中文与英文对照表

名称	简称	汉语拼音缩写	英语缩写
交点		JD	IP
转点		ZD	TP
圆曲线起点	直圆点	ZY	BC
圆曲线中点	曲中点	QZ	MC
圆曲线终点	圆直点	YZ	EC
公切点		GQ	CP
第一缓和曲线起点	直缓点	ZH	TS
第一缓和曲线终点	缓圆点	HY	SC
第二缓和曲线起点	圆缓点	YH	CS
第二缓和曲线终点	缓直点	HZ	ST

10.2.4　圆曲线测设

线路受多种因素的影响而需改变其方向，在直线转向处要用曲线连接起来，这种曲线称为平曲线。平曲线分为圆曲线和缓和曲线两种。其中，圆曲线是指具有一定曲率半径的圆弧。

圆曲线的实地测设，首先是测设圆曲线的主点，再测设圆曲线其他各加密点，从而完整地定出线路曲线的中线位置。

1. 圆曲线主点的测设

圆曲线的主点包括曲线起点(ZY)、曲线中点(QZ)和曲线终点(YZ)。测设步骤如下。

1) 圆曲线主点测设元素计算

如图 10.11 所示，设交点(JD)的转角为α，圆曲线半径为R，则曲线的测设元素可按下列公式计算：

$$
\begin{aligned}
&\text{切线长：} T = R\tan\frac{\alpha}{2} \\
&\text{曲线长：} L = R\alpha\frac{\pi}{180^\circ} \\
&\text{外距：} E = R(\sec\frac{\alpha}{2} - 1) \\
&\text{切曲差：} D = 2T - L
\end{aligned}
\tag{10.5}
$$

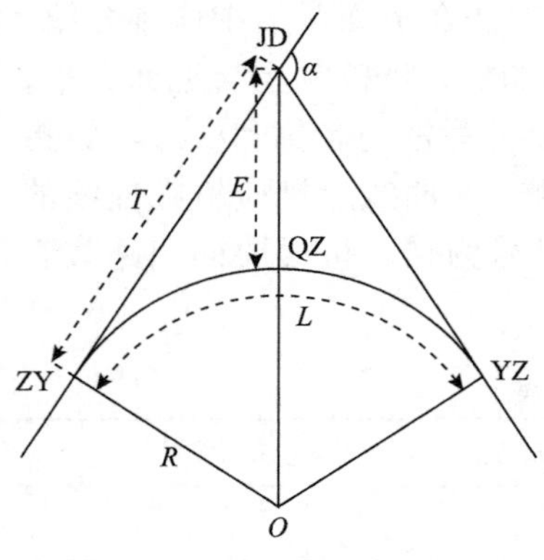

图 10.11 圆曲线主点测设元素

2) 圆曲线主点的测设方法

置经纬仪于 JD 上，望远镜照准后一方向线的交点(或转点)，量取切线长 T，得圆曲线起点 ZY；将望远镜照准前一方向线的交点(或转点)，量取切线长 T，得圆曲线终点 YZ；将经纬仪设定为角平分线方向上，并在此方向量取外矢距 E，得曲线中点 QZ；然后丈量三主点至最近一个桩的距离，如两桩号之差等于所丈量的距离或相差在容许范围内，即可在三主点处钉桩，如超出容许范围，应查明原因，予以改正，确保桩位的正确性。

2. 圆曲线主点里程

一般情况下，交点的里程由中线丈量求得，根据交点的里程和已计算出的圆曲线测设元素，即可推算各主点的里程。由图 10.11 可得

$$\begin{aligned}
&\text{ZY里程} = \text{JD里程} - T \\
&\text{YZ里程} = \text{ZY里程} + L \\
&\text{QZ里程} = \text{YZ里程} - \frac{L}{2} \\
&\text{JD里程} = \text{QZ里程} + \frac{D}{2}\ (\text{检核})
\end{aligned} \tag{10.6}$$

案例 1： 已知交点的里程为 K4＋147.39，测得转角 $\alpha_y = 28°15'00''$，圆曲线半径 R=200m，求圆曲线主点的桩号。

首先由式(10.5)计算圆曲线测设元素：

T=50.33　　L=98.61　　E=6.24　　D=2.05

然后由式(10.6)计算主点桩号：

JD	K4＋147.39	
$-T$	50.33	
ZY	K4＋097.06	
$+L$	98.61	
YZ	K4＋195.67	
$-\frac{L}{2}$	49.305	
QZ	K4＋146.365	
$+\frac{D}{2}$	1.025	
JD	K4＋147.39	(计算无误)

3. 圆曲线的详细测设

测设出圆曲线各主点位置后，还需要根据工程的要求在曲线上加密——系列点，以便详

细表示曲线在地面上的形状，这项工作称为圆曲线的详细测设。

详细测设所采用的加密桩桩距 l_0 与曲线半径 R 有关，一般有如下规定：

$$R \geqslant 100\text{m时},\ l_0 = 20\text{m}$$
$$250\text{m} < R < 100\text{m时},\ l_0 = 10\text{m}$$
$$R \leqslant 25\text{m时},\ l_0 = 5\text{m}$$

设桩时，将曲线上靠近起点 ZY 点的第一个加密桩的桩号凑整成为 l_0 倍数的整桩号，然后按桩距 l_0 连续向曲线终点 YZ 设桩，这样设置的桩均为整桩号。

1) 切线支距法

切线支距法是以圆曲线起点或终点为坐标原点，以过原点的切线方向为 X 轴，以过原点的半径方向为 Y 轴，如图 10.12 所示。

设圆曲线半径为 R，则曲线上任意一点 P_i 的坐标为

$$\begin{cases} x_i = R\sin\varphi_i \\ y_i = R(1-\cos\varphi_i) \end{cases} \tag{10.7}$$

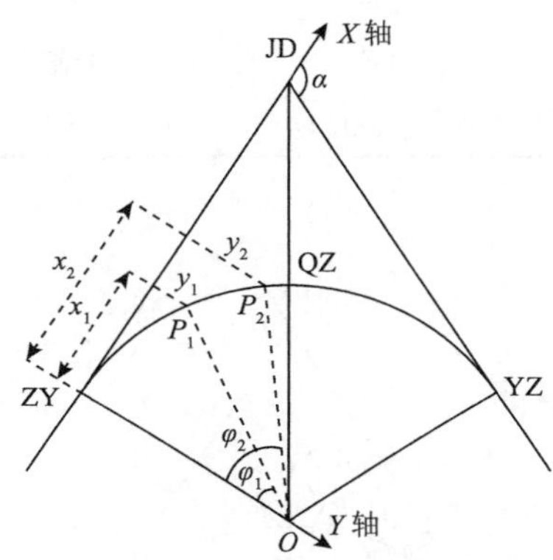

图 10.12 切线支距法测设加密桩

式中，

$$\varphi_i = \frac{l_i}{R} \times \frac{180^\circ}{\pi} \tag{10.8}$$

采用切线支距法测设，为了保证测设精度，避免 y 值过大，应自圆曲线两端计算支距 x_i、y_i 值。这种方法适用于平坦开阔的地区，具有测点误差不累积的优点。

案例 2： 已知交点的里程为 K2＋249.59，测得转角 $\alpha_y = 25^\circ 41' 00''$，圆曲线半径 R=300m，计算各加桩坐标。

(1) 由式(10.5)计算圆曲线测设元素：

T=68.39　　L=134.48　　E=7.70　　D=2.30

(2) 由式(10.6)计算各主点里程：

ZY 里程= K2＋181.20　　QZ 里程= K2＋248.44　　YZ 里程= K2＋315.68

(3) 由式(10.7)和式(10.8)计算桩距为 20m 的加密桩桩号及坐标，如表 10.2 所示。

具体测设步骤如下：①由 ZY 点沿切线方向分别量取 x 值 18.79m、38.69m、58.42m，并在各点上作标志或插一测钎。②在各测钎处作切线的垂线，并由测钎处沿垂线向曲线内侧分别量取相应的 y 值 0.59m、2.51m、5.74m，其端点即为曲线上的加密点。③由 YZ 点依上述方法测设下半个曲线的各加密点。④检核。用此方法测得的 QZ 点位置应与预先测设主点时测设的 QZ 点位置重合；量取相邻各桩之间的距离，与相应的桩号之差作比较，若较差均在限差要求之内，则曲线测设合格，否则应查明原因，予以纠正。

表 10.2　切线支距法整米桩计算表

桩号	各桩至 ZY(YZ)的曲线长 l_i	圆心角 φ_i	x_i /m	y_i /m
ZY　K2+181.20	0	00°00′00″	0	0
+200	18.80	03°35′26″	18.79	0.59
+220	38.80	07°24′37″	38.69	2.51
+240	58.80	11°13′48″	58.42	5.74
QZ　K2+248.44	67.24	12°50′31″	66.68	7.50
+260	55.68	10°38′03″	55.36	5.15
+280	35.68	06°48′52″	35.60	2.12
+300	15.68	02°59′41″	15.67	0.41
YZ　K2+315.68	0	00°00′00″	0	0

2) 偏角法

偏角法是以圆曲线起点 ZY(或终点 YZ)点至曲线任意加密点的弦线与切线之间的夹角 Δ (称为偏角)和弦长 C 来确定加密点位置的一种方法。

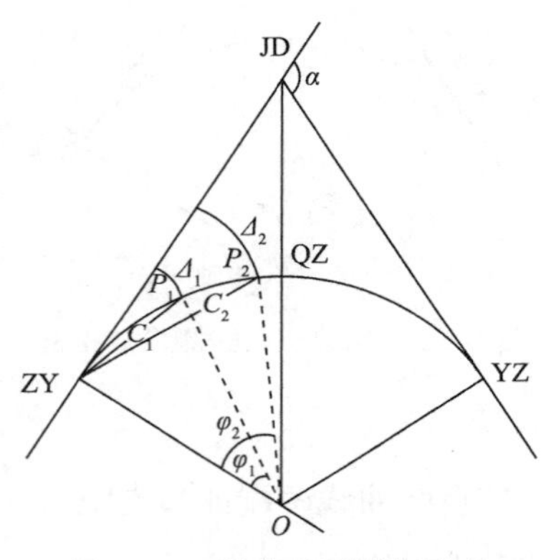

图 10.13　偏角法测设加密桩

如图 10.13 所示，偏角 Δ 等于相应弧长所对圆心角 φ 的一半，由式(10.8)可得

$$偏角\quad \Delta_i = \frac{l_i}{R} \times \frac{90^\circ}{\pi} \tag{10.9}$$

$$弦长\quad C_i = 2R\sin\Delta_i \tag{10.10}$$

圆曲线上任意两点间的弧长 l 与弦长 C 之差称为弦弧差 δ，可用下式计算：

$$\delta_i = l_i - 2R\sin\frac{l_i}{2R} \tag{10.11}$$

由于道路圆曲线半径较大，相邻加密点弧较小，因此，$\frac{l}{2R}$ 为一个很小的值，由正弦函数的级数展开式 $\sin x = x - \frac{x^3}{3!} + \frac{x^5}{5!} - \cdots$ 取前两项代入式(10.11)得

$$\delta_i = \frac{l^3}{24R^2} \tag{10.12}$$

由上式可看出，弦弧差与圆曲线半径成反比，因此，当圆曲线半径很大时，弦弧差可忽略不计，用弧长代替弦长；但圆曲线半径很小时，需要考虑弦弧差的影响。

案例 3：　以案例 2 为例，用偏角法进行测设，计算加密桩的测设数据，如表 10.3 所示。

表 10.3　加密桩偏角和弦长计算表

桩号	各桩至 ZY(YZ)的曲线长 l_i	偏角值	偏角读数	相邻桩间弧长	相邻桩间弦长
ZY　K2+181.20	0	0°00′00″	0°00′00″	0	0
+200	18.80	1°47′43″	1°47′43″	18.80	18.80
+220	38.80	3°42′18″	3°42′08″	20	20
+240	58.80	5°36′54″	5°36′54″	20	20
QZ　K2+248.44	67.24	6°25′15″	6°25′15″	8.44	8.44
			353°34′45″	11.56	11.56
+260	55.68	5°19′01″	354°40′59″	20	20
+280	35.68	3°24′26″	356°35′34″	20	20
+300	15.68	1°29′50″	358°30′10″	15.68	15.68
YZ　K2+315.68	0	0°00′00″	0°00′00″	0	0

具体测设步骤如下。

(1)经纬仪安置于 ZY 点，照准交点 JD，水平度盘配置成 0°00′00″。

(2)正拨(即偏角的增加方向与水平度盘增加方向一致)照准部，使水平度盘读数为 1°47′43″，由 ZY 点在此视线方向上量取 18.80m，定出 K2+200 桩位。

(3)转动照准部，使水平度盘读数为 3°42′08″，由 K2+200 桩位量取 20m，与视线方向相交，定出 K2+220 桩位。

(4)同(3)步，测设出所有上半个圆曲线上所有加密点，直到 QZ 点。此时定出的 QZ 点应与主点测设时定出的 QZ 点重合，如不重合，其误差规定如下：纵向误差(切线方向)不应超过 $\pm\frac{L}{1000}$ (L 为曲线长)；横向误差(半径方向)不应超过±10cm。

(5)经纬仪安置于 YZ 点，照准交点 JD，水平度盘配置成 0°00′00″。

(6)反拨(即偏角的增加方向与水平度盘增加方向相反)照准部，使水平度盘读数为 358°30′10″，由 YZ 点在此视线方向上量取 15.68m，定出 K2+300 桩位。

(7)同(3)步测设出所有下半个圆曲线上的所有加密点，并进行检核。

10.2.5　缓和曲线测设

当车辆在曲线上行驶时，将产生离心力，离心力有使车辆向曲线外侧倾斜的作用。为了减小离心力的影响，必须把线路曲线段部分的路面做成内侧低、外侧高的形式，称为超高。在直线上超高为 0，因此，车辆从直线进入圆曲线时，超高不能从 0 直接跳跃到圆曲线规定超高，否则会引起车辆震动。

因为离心力的大小随行车速度及曲线的半径大小而变化，所以必须在直线与圆曲线之间插入一段半径由无限大逐渐变化到圆曲线半径的曲线，使超高由 0 逐渐增加到圆曲线规定超高，这种曲线称为缓和曲线。《规范》规定，除四级公路可不设缓和曲线外，其余各级公路都应设置缓和曲线。

缓和曲线分为回旋曲线(即辐射螺旋曲线)、三次抛物线、双扭线和多圆弧曲线。目前国内、外多采用回旋曲线作为缓和曲线。

1. 缓和曲线公式

1) 缓和曲线方程(回旋曲线)

如图 10.14 所示，回旋曲线具有曲线上任何一点的曲率半径与该点到曲线起点的弧长成反比的特点。设回旋曲线上任一点的曲率半径为 ρ ，曲线起点至该点的曲线长为 l ，则

$$\rho l = c \tag{10.13}$$

式中， c 为常数，表示缓和曲线半径的变化率，与车速 v (以 km / h 为单位)有关，目前我国公路采用的 c 值为 $0.035v^3$ 。

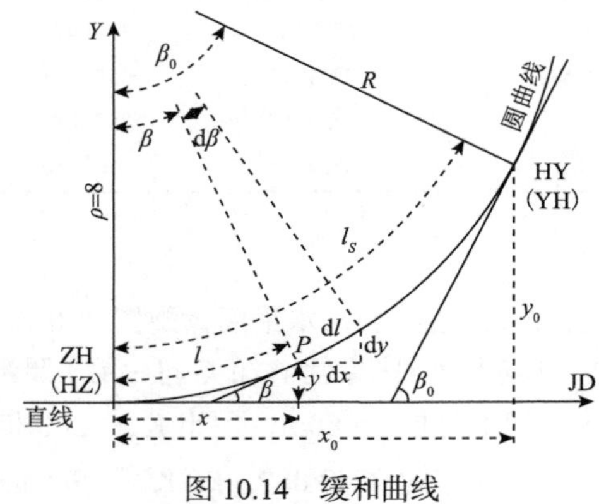

图 10.14 缓和曲线

设缓和曲线全长为 l_S ，当 l 等于 l_S 时，缓和曲线半径 ρ 等于圆曲线半径 R ，由式(10.13)可得

$$Rl_S = c \Longrightarrow l_S = \frac{0.035v^3}{R} \tag{10.14}$$

由式(10.14)可知，设计行车速度越快，缓和曲线就越长，《公路工程技术标准》(JTGB01—2014)规定：缓和曲线的长度应根据相应等级公路的设计行车速度求得，缓和曲线最小长度要求如表 10.4 所示。

表 10.4 缓和曲线最小长度要求

公路等级	高速公路				一级公路	
设计速度/(km/h)	120	100	80	60	100	60
缓和曲线最小长度/m	100	85	70	50	85	50
公路等级	二级公路		三级公路		四级公路	
设计速度/(km/h)	80	40	60	30	40	20
缓和曲线最小长度/m	70	35	50	25	35	20

2) 缓和曲线角

缓和曲线上任意点 P 的切线与过起点切线的交角 β 称为切线角。如图 10.14 所示，P 点的切线角与其弧长所对的中心角相等，在曲线上任取一微分段 dl，其所对应的中心角为 $\mathrm{d}\beta$ ，则

$$\mathrm{d}\beta = \frac{\mathrm{d}l}{\rho} = \frac{l}{c}\mathrm{d}l \Longrightarrow \beta = \frac{l^2}{2c} = \frac{l^2}{Rl_S} \times \frac{90^\circ}{\pi} \tag{10.15}$$

当$l=l_S$时，缓和曲线终点的切线角β_0称为缓和曲线角。可由式(10.15)得

$$\beta_0=\frac{l_S}{R}\times\frac{90^\circ}{\pi} \tag{10.16}$$

3)缓和曲线任意点坐标

如图 10.14 所示，以缓和曲线起点 ZH(HZ)点为原点，过原点的切线方向为x轴，垂直切线方向为y轴，建立坐标系，则缓和曲线上任一点的坐标为

$$\begin{cases}\mathrm{d}x=\mathrm{d}l\cos\beta\\ \mathrm{d}y=\mathrm{d}l\sin\beta\end{cases} \tag{10.17}$$

将$\sin\beta$和$\cos\beta$用级数展开得

$$\begin{cases}\sin\beta=\beta-\dfrac{\beta^3}{3!}+\dfrac{\beta^5}{5!}-\cdots\\ \cos\beta=1-\dfrac{\beta^2}{2!}+\dfrac{\beta^4}{4!}-\cdots\end{cases} \tag{10.18}$$

将式(10.18)保留前两项代入式(10.17)并积分，得缓和曲线上任意点直角坐标值为

$$\begin{cases}x=l-\dfrac{l^5}{40R^2l_S^2}\\ y=\dfrac{l^3}{6Rl_S}\end{cases} \tag{10.19}$$

当$l=l_S$时，得缓和曲线终点的坐标为

$$\begin{cases}x_0=l_S-\dfrac{l_S^3}{40R^2}\\ y_0=\dfrac{l_S^2}{6R}\end{cases} \tag{10.20}$$

2. 带有缓和曲线的圆曲线主点测设

当圆曲线插入了缓和曲线后，整个曲线分成了三部分，分别为第一缓和曲线段、圆曲线段和第二缓和曲线段，其中，圆曲线段称为主曲线，如图 10.15 所示。曲线主点共有 5 个，

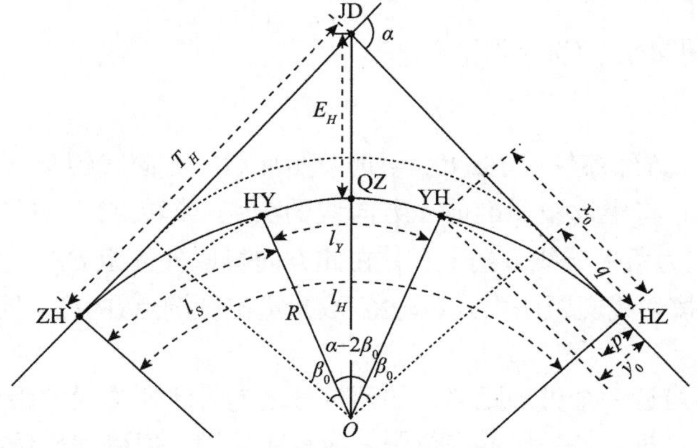

图 10.15　带有缓和曲线的圆曲线

按照顺序分别为：直缓点(ZH)，是第一缓和曲线的起点；缓圆点(HY)，是第一缓和曲线的终点；曲中点(QZ)，是圆曲线的中点，也是整个曲线的中间点；圆缓点(YH)，是第二缓和曲线的起点；缓直点(HZ)，是第二缓和曲线的终点。

1) 曲线测设元素计算

由于插入了缓和曲线，如图 10.15 所示，原来的圆曲线必须向内移动距离 p，称为圆曲线内移值。公路工程一般是圆心不动，圆曲线半径减少 p 值，而使减小后的半径等于所选定的圆曲线半径，即插入缓和曲线后主曲线的半径为 R，则插入缓和曲线前圆曲线的半径应为 $R+p$。为使缓和曲线起点位于直线方向上，切线长应增加 q 值，称为切线增长值。由图 10.15 中几何关系可得

$$\begin{cases} p = y_0 - R(1-\cos\beta_0) \\ q = x_0 - R\sin\beta_0 \end{cases} \tag{10.21}$$

将上式中 $\cos\beta_0$ 和 $\sin\beta_0$ 按式(10.18)展开为级数，保留前两项，并将式(10.16)和式(10.20)代入式(10.21)得

$$\begin{cases} p = \dfrac{l_S^2}{24R} \\ q = \dfrac{l_S}{2} - \dfrac{l_S^3}{240R^2} \end{cases} \tag{10.22}$$

当转角 α 、圆曲线半径 R 和缓和曲线长 l_S 确定后，由图 10.15 的几何关系，可计算缓和曲线的测设元素：

$$\begin{aligned} &\text{切线长：} T_H = (R+p)\tan\frac{\alpha}{2} + q \\ &\text{曲线长：} L_H = R(\alpha - 2\beta_0)\times\frac{\pi}{180^{\circ}} + 2l_S \text{ 或 } R\alpha\times\frac{\pi}{180^{\circ}} + l_S \\ &\qquad\quad l_Y = R(\alpha - 2\beta_0)\times\frac{\pi}{180^{\circ}} \\ &\text{外距：} E_H = (R+p)\sec\frac{\alpha}{2} - R \\ &\text{切曲差：} D_H = 2T_H - L_H \end{aligned} \tag{10.23}$$

2) 主点测设方法

如图 10.15 所示，置经纬仪于 JD 上，望远镜照准后一方向线的交点(或转点)，量取切线长 T_H 得直缓点(ZH)；将望远镜照准前一方向线的交点(或转点)，量取切线长 T_H 得缓直点(HZ)；将经纬仪设定为角平分线方向上，并在此方向量取外矢距 E_H ，得曲中点(QZ)；将经纬仪搬至 ZH 点上，按切线支距法由式(10.20)数据定出缓圆点(HY)。同法，用经纬仪在 HZ 点定出圆缓点(YH)。

丈量 5 个主点至最近一个桩的距离，如两桩号之差等于所丈量的距离或相差在容许范围内，即可在 5 个主点钉桩，如超出容许范围，应查明原因，以确保桩位的正确性。

3. 带有缓和曲线的圆曲线主点里程

根据交点的里程和已计算出的缓和曲线测设元素，即可推算各主点的里程。由图 10.15 可得

$$
\begin{aligned}
&\text{ZH里程} = \text{JD里程} - T_H \\
&\text{HY里程} = \text{ZH里程} + l_S \\
&\text{YH里程} = \text{HY里程} + l_Y \\
&\text{HZ里程} = \text{YH里程} + l_S \\
&\text{QZ里程} = \text{HZ里程} - \frac{L_H}{2} \\
&\text{JD里程} = \text{QZ里程} + \frac{D_H}{2}\ (\text{检核})
\end{aligned}
\tag{10.24}
$$

案例 4：　已知交点的里程为 K6＋755.39，转角 α=28°30′48″，圆曲线半径 $R=300$m，缓和曲线 l_S =70 m，计算带有缓和曲线的圆曲线主点里程。

(1) 由式(10.22)计算得

$$p=0.68 \quad q=34.98$$

由式(10.16)计算得

$$\beta_0=6^{\circ}41'04''$$

(2) 由式(10.23)计算曲线测设元素得

T_H =111.38　L_H =219.30　l_Y =79.30　E_H =10.23　D_H =3.46

(3) 由式(10.24)计算主点里程得

$$
\begin{aligned}
&\text{ZH里程} = \text{K6} + 644.01 \\
&\text{HY里程} = \text{K6} + 714.01 \\
&\text{YH里程} = \text{K6} + 793.31 \\
&\text{HZ里程} = \text{K6} + 863.31 \\
&\text{QZ里程} = \text{K6} + 753.66 \\
&\text{JD里程} = \text{K6} + 755.39\ (\text{检核})
\end{aligned}
$$

4. 带有缓和曲线的圆曲线详细测设

测设出曲线各主点位置后，还需根据工程的要求在曲线上加密——系列点，以便详细表示曲线在地面上的形状，具体方法如下。

1) 切线支距法

切线支距法是以缓和曲线上的 ZH(HZ)点为坐标原点，过原点的切线为 X 轴，过原点并垂直于 X 轴的方向为 Y 轴建立坐标系。如图 10.16 所示，曲线上加密桩 P 分为以下两种情况进行测设。

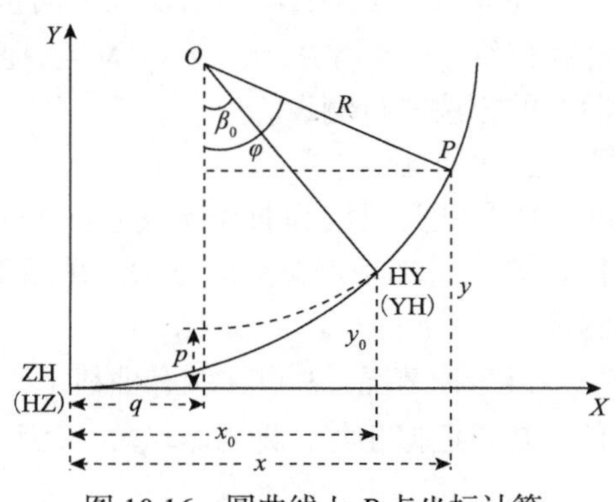

图 10.16　圆曲线上 P 点坐标计算

第一种情况，P 点在缓和曲线上，按照式(10.19)可得 P 点的坐标为

$$\begin{cases} x_P = l_P - \dfrac{l_p^5}{40R^2 l_S^2} \\ y_P = \dfrac{l_p^3}{6Rl_S} \end{cases} \tag{10.25}$$

第二种情况，P 点在圆曲线上，如图 10.16 所示，P 点坐标为

$$\begin{cases} x_P = R\sin\varphi + q \\ y_P = R(1-\cos\varphi) + p \end{cases} \tag{10.26}$$

式中，$\varphi = \dfrac{l_P'}{R} \times \dfrac{180^\circ}{\pi} + \beta_0$；$l_P'$ 为 P 点至 HY(YH)点的曲线长。

为了提高测设精度，需从曲线两端往中心测设。具体的测设方法是，经纬仪置于 ZH(HZ)点，照准 JD 方向，在该方向量取 x_P 得垂足 P' 点，经纬仪搬站至 P' 点，在切线的垂线方向上量取 y_P 得 P 点，并进行检核、定桩。

针对 P 点在圆曲线上，如图 10.17 所示，如果重新以 HY(YH)点为坐标原点，以其切线方向为 X 轴，以切线的垂线方向为 Y 轴建立坐标系，则圆曲线上的加密桩 P 点也可以直接按式(10.27)计算坐标

$$\begin{cases} x_P = R\sin\varphi' \\ y_P = R(1-\cos\varphi') \end{cases} \tag{10.27}$$

式中，$\varphi' = \dfrac{l_P'}{R} \times \dfrac{180^\circ}{\pi}$；$l_P'$ 为 P 点至 HY(YH)点的曲线长。

测设时，经纬仪需在 ZH(HZ)点上按上述方法测设缓和曲线上的各加密桩，测设完成后，经纬仪搬站至 HY(YH)点上，测设圆曲线上各加密桩，此时，需要将 HY(YH)点上的切线方向定出。如图 10.17 所示，只要确定了 N 点点位，HY(YH)点的切线方向即可确定。

$$T_d = x_0 - \frac{y_0}{\tan\beta_0} = \frac{2}{3}l_S + \frac{l_S^3}{360R^2} \tag{10.28}$$

经纬仪自 ZH(HZ)点沿切线方向量取 T_d 得到 N 点，该点和 HY(YH)点的连线即为切线。经纬仪置于 HY(YH)点，照准 N 点，倒镜，此方向为 x 轴正向，有此方向后即可采用测设圆曲线的方法进行测设。

2)偏角法

偏角法是以缓和曲线起点 ZH(HZ)点至曲线任一加密点的弦线与切线之间的夹角 $\varDelta$ 和弦长 C 来确定加密点位置的方法。采用偏角法测设曲线加密桩 P，同样分为以下两种情况进行测设。

第一种情况，P 点在缓和曲线上，设 P 的偏角为 $\varDelta_P$，如图 10.18 所示，因缓和曲线上弧长与弦长近似相等，即 $C_P \approx l_P$，又因 $\varDelta_P$ 很小，$\sin\varDelta_P = \varDelta_P$，所以有

$$\sin \varDelta_P = \frac{y_P}{C_P} \Longrightarrow \varDelta_P = \frac{y_P}{l_P} \tag{10.29}$$

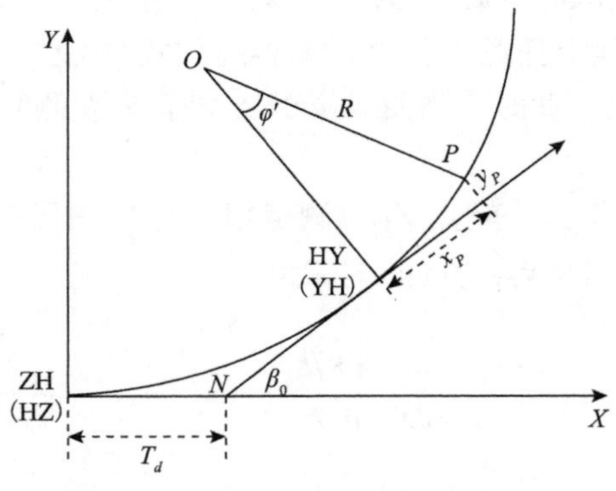

图 10.17　HY(YH)点的切线方向

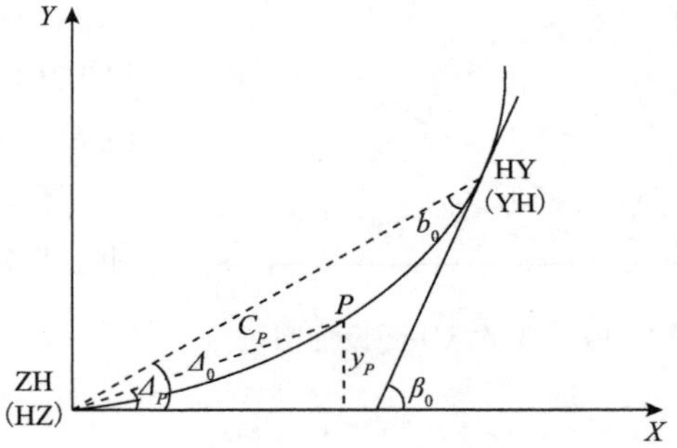

图 10.18　偏角法测设缓和曲线

将式(10.25)中的 y 值代入式(10.29)得任意点 P 的偏角值 $\varDelta_P$ 为

$$\varDelta_P = \frac{l_P^2}{6Rl_S} \times \frac{180^\circ}{\pi} \tag{10.30}$$

第二种情况，P 点在圆曲线上，可由式(10.9)和式(10.10)计算 P 点的偏角 $\varDelta_P$ 和弦长 C_P：

$$\begin{aligned} \varDelta_P &= \frac{l_P'}{R} \times \frac{90^\circ}{\pi} \\ C_P &= 2R\sin \varDelta_P \end{aligned} \tag{10.31}$$

圆曲线上的加密桩须将经纬仪迁至 HY(YH)点上进行测设。因此，只要定出 HY(YH)点的切线方向，就与前面所讲的圆曲线一样测设。关键是计算 b_0，如图 10.18 所示，当 $l_P = l_S$ 时，则缓和曲线总偏角 $\varDelta_0$ 为

$$\varDelta_0 = \frac{l_S}{6R} \times \frac{180^\circ}{\pi} \tag{10.32}$$

由式(10.16)得

$$\varDelta_0 = \frac{\beta_0}{3} \tag{10.33}$$

由图 10.18 可知 $\beta_0 = \varDelta_0 + b_0$，则

$$b_0 = 2\varDelta_0 = \frac{2}{3}\beta_0 \tag{10.34}$$

经纬仪置于 HY(YH)点，以 ZH(HZ)点为后视点，逆时针转 b_0 角，倒镜，即可得到 HY(YH)点的切线方向。偏角法的具体测设步骤同圆曲线偏角法。

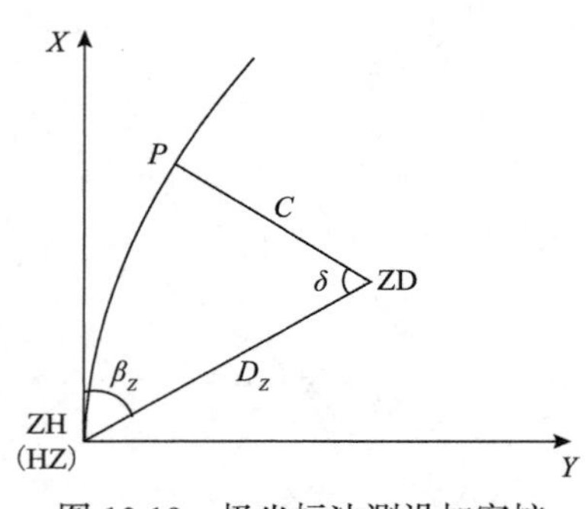

图 10.19　极坐标法测设加密桩

3) 极坐标法

首先，以 ZH(HZ)点为坐标原点，以其切线方向为 X 轴，自 X 轴正向顺时针旋转 90° 为 Y 轴建立坐标系，如图 10.19 所示。曲线上任意一点 P 的坐标可按式(10.25)和式(10.26)计算得出，此时，当曲线位于 X 轴正向左侧时，y 应为负值。

在曲线附近选择一转点 ZD，测定相应的水平距离 D_Z 和水平角度 β_Z，则转点 ZD 的坐标为

$$\begin{cases} x_Z = D_Z \cos\beta_Z \\ y_Z = D_Z \sin\beta_Z \end{cases} \tag{10.35}$$

由 ZD 点和 P 点的坐标，计算测设数据

$$\begin{aligned} \delta &= \alpha_{zp} - \alpha_{zz} = \arctan\frac{y_p - y_z}{x_p - x_z} - \arctan\frac{y_z}{x_z} \\ C &= \sqrt{(x_z - x_p)^2 + (y_z - y_p)^2} \end{aligned} \tag{10.36}$$

具体的测设方法是：将仪器置于 ZD 上，后视 ZH(HZ)点，水平度盘读数配置在 0°00′00″，转动照准部拨角 δ，在该方向上测设距离 C 即得 P 点位置。

10.3　路线纵横断面测量

道路中线测设完成后，需要进行路线的断面测量，断面测量分为纵断面测量和横断面测量两部分。

10.3.1　纵断面测量

纵断面测量又称中线水准测量，是指测定中线各里程桩的地面高程，绘制路线纵断面图的过程。纵断面测量工作分为基平测量和中平测量两项。

1. 基平测量

基平测量是指沿道路中线方向设置高程控制点，用水准测量的方法测定其高程，作为中平测量的依据。

根据需要布设永久性水准点和临时性水准点。路线的起点、终点及需要长期观测的重点工程附近均应设置永久性水准点，大桥、隧道口、垭口及其他大型构造物附近应增设水准点。一般情况下，水准点在山岭重丘区每隔 0.5～1km 设置一个；平原微丘区每隔 1～2km 设置一个，水准点距中线应在 50～200m，水准点距中线过近或过远应予迁移设置。

布设好水准点后，应将起始水准点与附近国家水准点进行联测，获取绝对高程。当路线附近没有国家水准点或引测困难时，则可参考地形图选定一个与实地高程接近的数值作为起始水准点的假定高程。

基平测量，通常采用一台水准仪在水准点间作往返观测，或两台水准仪作单程观测。测得的高差的不符值不得超过表 10.5 中容许值，否则应重新测量。

表 10.5　基平测量精度要求

地形	限差/mm	
	高速、一级公路	二级、三级、四级公路
平微区	$\pm 20\sqrt{L}$	$\pm 30\sqrt{L}$
山重区	$\pm 60\sqrt{N}$ 或 $\pm 25\sqrt{L}$	$\pm 45\sqrt{L}$

注：N 为测站数；L 为路线长度，均以 km 为单位。

2. 中平测量

中平测量是指根据基平测量水准点的高程，分段进行水准测量，测定各里程桩的地面高程，作为绘制路线纵断面图的依据。

中平测量只作单程观测。以两相邻水准点为一测段，从一个水准点开始，逐个测定中桩的地面高程，直至附合于下一个水准点上。在每一个测站上，应尽量多地观测里程桩，还需在一定距离内设置转点，相邻两转点间所观测的里程桩，称为中间点，其读数为中视读数。由于转点起着传递高程的作用，在测站上应先观测转点，后观测中间点。转点读数至毫米位，视线长不应大于 150m，水准尺应立于稳固的桩顶或坚石上。中间点读数可至厘米位，视线也可适当放长，立尺应紧靠桩边的地面上。

如图 10.20 所示，水准仪置于 I 站，后视水准点 BM_1，前视转点 ZD_1，将读数记入表 10.6 中后视、前视栏内。然后观测 BM_1 与 ZD_1 间的中间点 K3＋000、K3＋020、K3＋040、K3＋060、K3＋080，将读数记入中视栏；再将仪器搬至Ⅱ站，后视转点 ZD_1，前视转点 ZD_2，将读数分别记入后视和前视栏，然后观测各中间点 K3＋100、K3＋120、K3＋140、K3＋160、K3＋180，将读数记入中视栏。按上述方法继续前测，直至附合于水准点 BM_2。

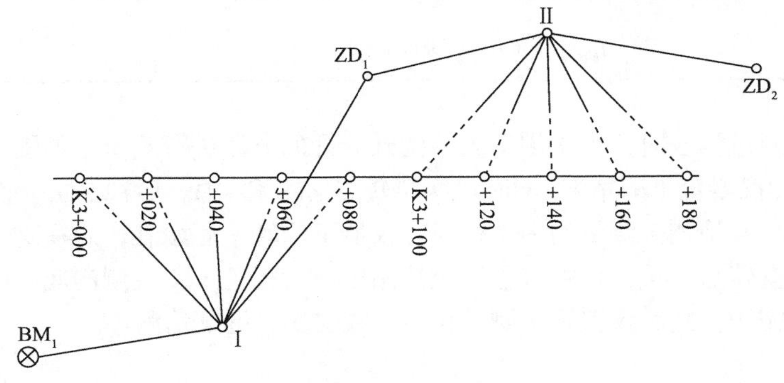

图 10.20　中平测量

一测段观测结束后，应先计算测段高差 $f_{h中}$。它与基平所测测段两端水准点高差之差，称为测段高差闭合差 f_h，误差不得大于 $\pm 50\sqrt{L}$ mm 或 $\pm 12\sqrt{N}$ mm，中桩地面高程误差不得超过 ±10 cm，否则应重测。

中桩的地面高程及前视点高程应按所属测站的视线高程进行计算。每一测站的计算按下列公式进行：

$$\begin{aligned}&\text{视线高程}=\text{后视点高程}+\text{后视读数}\\&\text{中桩高程}=\text{视线高程}-\text{中视读数}\\&\text{转点高程}=\text{视线高程}-\text{前视读数}\end{aligned}\tag{10.37}$$

表 10.6　中平测量记录表

测点	水准尺读数/m			视线高程/m	高程/m	备注
	后视	中视	前视			
BM_1	1.596			748.177	746.581	BM_1高程为基平所测
K3＋000		1.57			746.61	
＋020		1.96			746.22	
＋040		1.03			747.15	
＋060		0.69			747.49	
＋080		2.58			745.60	
ZD_1	2.753		1.084	749.846	747.093	
＋100		0.75			749.10	
＋120		1.09			748.76	
＋140		1.87			747.98	BM_2点基平测量高程为751.271m
＋160		2.35			747.50	
＋180		1.94			747.91	
ZD_2	1.975		2.264	749.557	747.582	
⋮	⋮	⋮	⋮	⋮	⋮	
K4＋360		2.56			750.23	
BM_2			1.271		751.306	
Σ	25.585		20.860			

$\Sigma a-\Sigma b=4.725\ f_{h中}=H_{BM_2}-H_{BM_1}=4.725$

$f_h=H_{中(终)}-H_{基(终)}=0.035\text{m}=35\text{mm}$

$f_{h容}=\pm 50\sqrt{L}=\pm 58\text{mm}$

当道路中线经过沟谷时，可采用沟内、沟外分开的方法进行测量。如图 10.21 所示，当测至沟谷边缘时，仪器置于测站Ⅰ，同时设两个转点 ZD_2 和 ZD_A，后视 ZD_1，前视 ZD_2 和 ZD_A。此后沟内、沟外分开施测。测量沟内中桩时，仪器下沟置于测站Ⅱ，后视 ZD_A，观测沟谷内两侧的中桩并设置转点 ZD_B；再将仪器迁至测站Ⅲ，后视 ZD_B，观测沟底各中桩，直至沟内所有中桩都观测完毕。然后仪器置于测站Ⅳ，后视 ZD_2，继续前测。

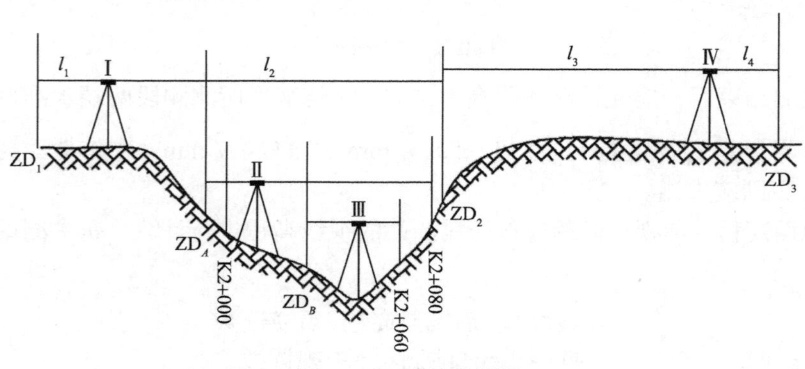

图 10.21　跨沟谷测量

这种测法可使沟内、沟外高程传递各自独立，互不影响。沟内的测量不会影响整个测段的闭合，避免造成不必要的返工。但因为沟内的测量为支水准路线，缺少检核条件，所以施测时应加倍注意，记录时也应分开单独记录。另外，为了减小Ⅰ站前、后视距不等所引起的误差，仪器置于Ⅳ站时，尽可能使 $l_1=l_4$ 和 $l_2=l_3$，以消除 i 角的影响。

3. 绘制纵断面图

纵断面图是指沿中线方向绘制的反映地面起伏和纵坡设计的线状图。它是根据路线中平测量资料绘制成的，是道路设计和施工中的重要文件资料。

纵断面图是以中桩里程为横坐标，以中桩高程为纵坐标绘制而成的。为了明显反映地面的起伏变化，一般横坐标比例尺取 1∶5000，1∶2000 或 1∶1000，而纵坐标比例尺则比横坐标比例尺大 10 倍，取 1∶500，1∶200 或 1∶100。

如图 10.22 所示，图的上半部分，从左至右有两条贯穿全图的线，细线表示中线方向的实际地面线，粗线表示纵坡设计线。图上还标有水准点的位置和高程，桥涵的类型、孔径、跨数、长度、里程桩号和设计水位，竖曲线示意图及其曲线元素，同公路、铁路交叉点的位置、里程及填高、挖深(设计高程减去地面高程)等有关信息的说明；图的下半部分，注有有关测量及纵坡设计的资料，主要包括以下内容。

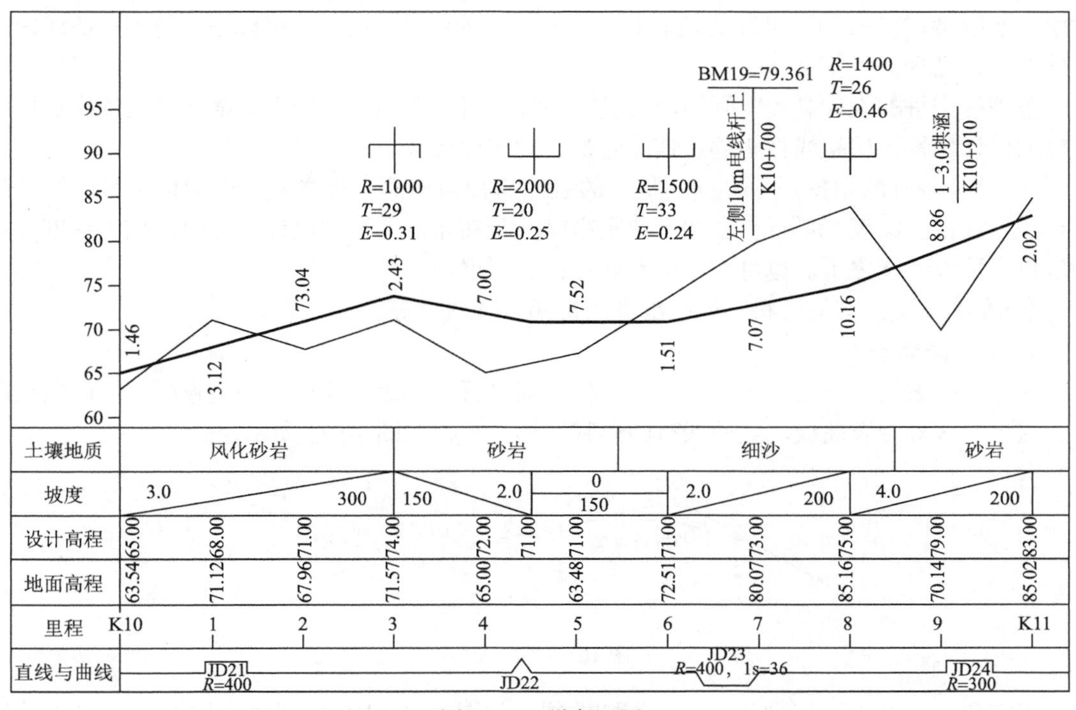

图 10.22　纵断面图

(1) 直线与曲线：按里程标明路线的直线和曲线部分。曲线部分用折线表示，上凸表示路线右转，下凹表示路线左转，并注明交点编号和圆曲线半径，带有缓和曲线的应注明缓和曲线长度，在不设曲线的交点位置，用锐角折线表示。

(2) 里程：按里程比例尺标注百米桩和公里桩及其他中线桩的位置。

(3) 地面高程：按中平测量成果填写相应里程桩的地面高程。

(4) 设计高程：根据设计纵坡和相应的平距推出的里程桩设计高程。

(5) 坡度：表示中线设计线的坡度大小，从左至右，上斜的直线表示上坡(正坡)，下斜的直线表示下坡(负坡)，水平的直线表示平坡。斜线或水平线上面的数字表示坡度的百分数，下面的数字表示坡长(水平距离)。

(6) 土壤地质说明：标明路段的土壤地质情况。

纵断面图的绘制可按下列步骤进行。

(1) 选定里程比例尺和高程比例尺，绘制表格，依次填写直线与曲线、里程、地面高程、设计高程、坡度、土壤地质说明等资料。

(2) 按中平测量的成果，填写地面高程项目，并在图上按纵、横比例尺依次点出各中桩的地面位置，用细直线将相邻点连接起来，构成地面线。在高差变化较大的地区，如果纵向受图幅限制时，可在适当地段变更图上高程起算位置，此时地面线将构成台阶形式。

(3) 根据设计的纵坡坡度 i 计算设计高程。起算点的高程为 H_A，推算点的高程为 H_B，推算点至起算点的水平距离为 D_{AB}，则

$$H_B = H_A + i \times D_{AB} \tag{10.38}$$

式中，上坡时 i 为正，下坡时 i 为负。对于竖曲线上的中桩，还应加以修正，得到竖曲线内各中桩的设计高程。

整理好中桩的设计高程，则需填表设计高程项目，并在图上按纵、横比例尺依次点出各中桩的设计位置，用粗线将相邻点连接起来，构成设计线。

(4) 计算各桩的填挖尺寸。同一桩号的设计高程与地面高程之差，即为该桩号的填土高度(正号)或挖土深度(负号)。在图上填土高度应写在相应点纵坡设计线之上，挖土深度写在相应点纵坡设计线之下。也可在图中专列一栏注明填挖尺寸。

(5) 在图上注记有关资料，如水准点、桥涵、竖曲线等。

4. 竖曲线的测设

在路线纵坡的拐点处，为了行车的平稳和满足行车视距的要求，在竖直面内应以曲线衔接，这种曲线称为竖曲线。竖曲线有凸形和凹形两种，如图 10.23 所示。

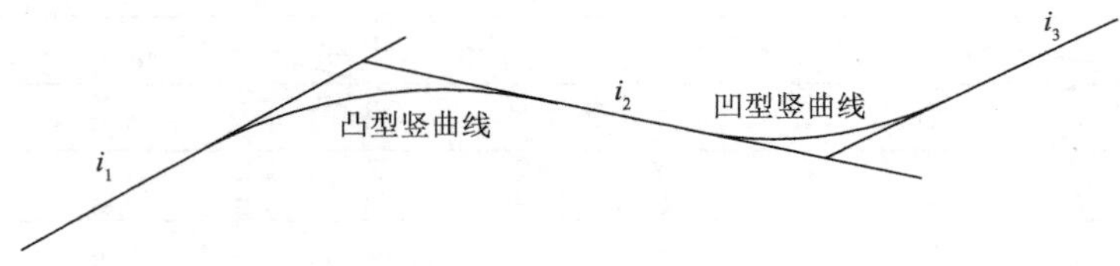

图 10.23 竖曲线

当转角 α 很小时，竖曲线一般采用圆曲线。如图 10.24 所示，设两相邻纵坡的坡度分别为 i_1 和 i_2，竖曲线半径为 R，因为竖曲线的转角 α 很小，所以可认为 $\alpha = i_1 - i_2$，$\tan\frac{\alpha}{2} = \frac{\alpha}{2}$，$D_{CD} = D_{DF} = E$，$D_{AF} = D_{AC} = T$，由图中几何关系可得

$$\frac{D_{OA}}{D_{AC}} = \frac{D_{AF}}{D_{CF}} \Longrightarrow \frac{R}{T} = \frac{T}{2E} \tag{10.39}$$

则测设元素为

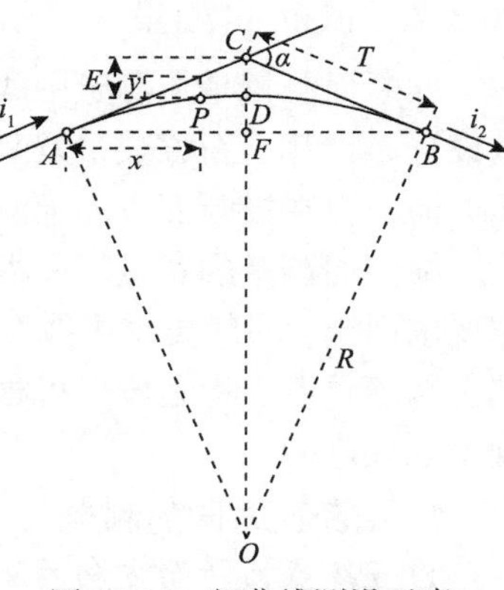

图 10.24　竖曲线测设元素

$$
\begin{aligned}
&曲线长：L = R\alpha = R(i_1 - i_2) \\
&切线长：T = R\tan\frac{\alpha}{2} = R\frac{\alpha}{2} = \frac{R}{2}(i_1 - i_2) \\
&外距：\quad E = \frac{T^2}{2R}
\end{aligned}
\tag{10.40}
$$

同理，可确定竖曲线上任意点 P 距切线的纵距(高程改正值)计算公式为

$$y = \frac{x^2}{2R} \tag{10.41}$$

式中，x 为竖曲线上任意点 P 至竖曲线起点或终点的水平距离；y 值在凹形竖曲线中为正号，在凸形竖曲线中为负号。

案例 5：　竖曲线半径 R =3000m，相邻坡段的坡度分别为 i_1 =＋2.9%，i_2 =＋1.0%，变坡点的里程桩号为 K8＋660,其高程为 278.53m。曲线上每隔 10m 设置一桩，计算竖曲线上各桩高程。

(1) 由式(10.23)计算竖曲线测设元素：

$$L = 57\text{m}\quad T = 28.5\text{m}\quad E = 0.14$$

(2) 计算竖曲线起点、终点桩号及高程。

$$
\begin{aligned}
&起点桩号：\text{K8} + (660 - 28.5) = \text{K8} + 631.50 \\
&起点高程：278.53 - 28.5 \times 2.9\% = 277.70 \\
&终点桩号：\text{K8} + (660 + 28.5) = \text{K8} + 688.50 \\
&终点高程：278.53 + 28.5 \times 1.0\% = 278.82
\end{aligned}
$$

(3) 计算各桩竖曲线高程，如表 10.7 所示。

表 10.7　竖曲线高程计算表

桩号	至竖曲线起点或终点的平距 x/m	高程改正值 y/m	坡道高程/m	竖曲线高程/m
起点 K8＋631.50	0	0	277.70	277.70
＋640	8.5	–0.01	277.95	277.94
＋650	18.5	–0.06	278.24	278.18
变坡点 K8＋660	28.5	–0.14	278.53	278.39
＋670	18.5	–0.06	278.63	278.57
＋680	8.5	–0.01	278.73	278.72
终点 K8＋688.50	0	0	278.82	278.82

10.3.2 横断面测量

横断面测量是指测定中线各里程桩两侧垂直于中线的地面高程，并绘制横断面图，为路基设计、计算土石方数量及测设边桩提供资料。其外业工作顺序首先是确定各里程桩的横断面方向，再在横断面方向上测定地面变坡点的水平距离和高差，最后绘制横断面图。

横断面测量的宽度，应根据路基宽度、填挖尺寸、边坡大小、地形情况及有关工程的特殊要求而定，一般要求中线两侧 10～50m。除了各中桩应施测外，在大、中桥头、隧道洞口、挡土墙等重点工程地段，可根据需要加密。对于地面点水平距离和高差的测定，一般只需精确至 0.1m。

1. 横断面方向的测定

1) 直线段横断面方向的测定

直线段横断面方向与路线中线垂直，一般采用方向架测定。如图 10.25 所示，将方向架置于桩点上，方向架上有两个相互垂直的固定片，用其中一个瞄准该直线上任一中桩，另一个所指方向即为该桩点的横断面方向。

2) 圆曲线横断面方向的测定

圆曲线上任意一点的横断面方向即为该点的半径方向。测定时一般采用求心方向架，在方向架上安装一个可以转动的活动片 ef，并由一固定螺旋将其固定。

如图 10.26 所示，将求心方向架置于 ZY(或 YZ)点上，用固定片 ab 瞄准交点方向，另一固定片 cd 所指方向则是 ZY(或 YZ)点的横断面方向。保持方向架不动，转动活动片 ef 瞄准 1 点并将其固定，然后将方向架搬至 1 点，用固定片 cd 瞄准 ZY(或 YZ)点，则活动片 ef 所指方向是 1 点的横断面方向，并在横断面方向上插一花杆。重新以固定片 cd 瞄准花杆，ab 片的方向即为 1 点的切线方向，此后的操作与测定 1 点横断面方向时完全相同，保持方向架不动，用活动片 ef 瞄准 2 点并固定，将方向架搬至 2 点，用固定片 cd 瞄准 1 点，活动片 ef 的方向即为 2 点的横断面方向。如果圆曲线上桩距相同，在定出 1 点横断面方向后，保持活动片 ef 原来位置，将其搬至 2 点上，用固定片 cd 瞄准 1 点，活动片 ef 即为 2 点的横断面方向。圆曲线上其他各点也可按照上述方法进行。

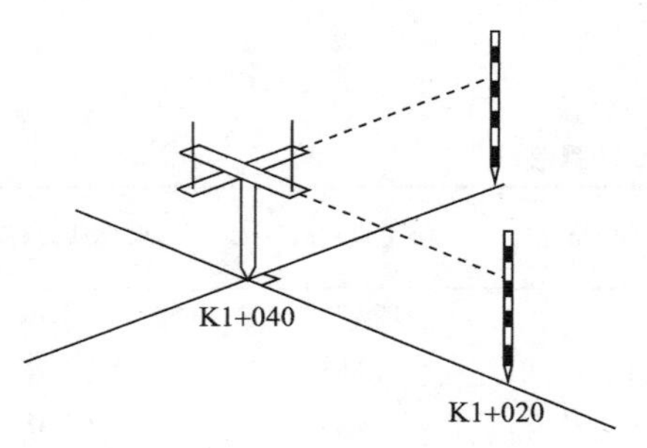

图 10.25　直线上横断面方向的确定

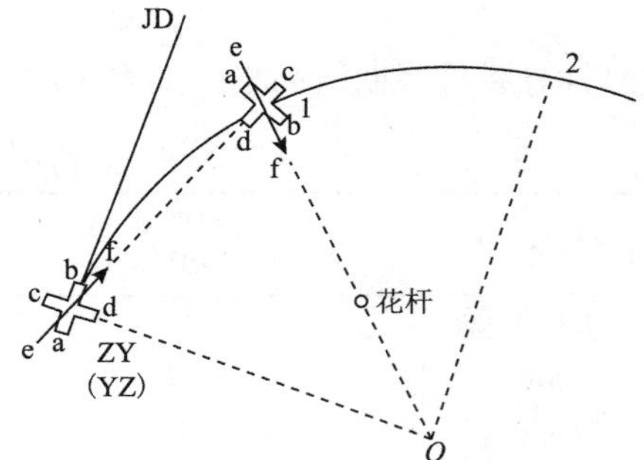

图 10.26　圆曲线上横断面方向的确定

3) 缓和曲线横断面方向的测定

如图 10.18 所示，要确定缓和曲线的横断面方向，首先需确定缓和曲线上任意点 P 的切线方向，再找到切线的垂线方向，即为其横断面方向。根据“倍角关系”，即 $b_p = 2\varDelta_P$，而 $\varDelta_P$ 可由式(10.30)计算得到，将仪器安置在 P 点，照准 ZH(HZ)点，拨角 $\left(90^\circ - 2\varDelta_P\right)$，即可得到缓和曲线任意点的横断面方向。

2. 横断面测量方法

选定横断面方向上的各变坡点，需要测定各变坡点距中桩的高差和水平距离。具体方法如下。

1) 花杆皮尺法

如图 10.27 所示，*A*、*B*、*C*、*D*、*E*、*F*、*M* 为横断面方向上所选定的变坡点，将花杆立于 *A* 点，从中桩 K6＋020 处地面将尺拉平至 *A* 点，测出水平距离，并测出皮尺截于花杆位置的高度(即相对于中桩地面的高差)。同法可测出其他相邻变坡点的水平距离和高差，中桩一侧测完后再测另一侧。

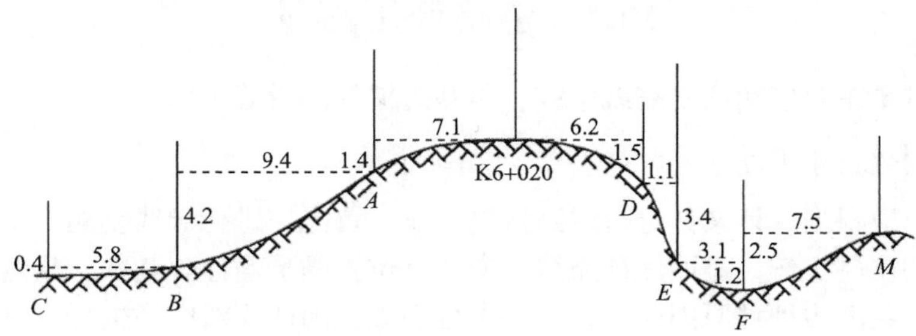

图 10.27　花杆皮尺法

所有数据记录于表 10.8 中，表中按路线前进方向分左侧、右侧。分数的分子表示相邻变坡点的高差，分母表示相邻变坡点间的水平距离。高差为正，表示上坡；高差为负，表示下坡。

表 10.8　横断面测量记录表

左侧	桩号	右侧
$\frac{-0.4}{5.8}$，$\frac{-4.2}{9.4}$，$\frac{-1.4}{7.1}$	K6＋020	$\frac{-1.5}{6.2}$，$\frac{-3.4}{1.1}$，$\frac{-1.2}{3.1}$，$\frac{+2.5}{7.5}$
$\frac{-1.5}{3.9}$，$\frac{-2.3}{10.1}$，$\frac{-0.4}{1.2}$	K6＋040	$\frac{+2.9}{8.3}$，$\frac{+2.2}{3.5}$，$\frac{+0.7}{3.3}$
⋮	⋮	⋮

2) 水准仪法

选一适当位置安置水准仪，照准中桩水准尺得后视读数，求得视线高程后，依次照准横断面方向上各变坡点上水准尺的前视读数，视线高程分别减去各前视读数得到各变坡点高程。用钢尺或皮尺分别量取各变坡点至中桩的水平距离。

3) 经纬仪法

地形复杂、山坡较陡的地段宜采用经纬仪施测。将经纬仪安置在中桩上，照准横断面上的各变坡点水准尺，读取上、中、下丝读数、竖盘读数及仪器高，用视距法可得到横断面方向各变坡点至中桩的水平距离和高差。

3. 绘制横断面图

横断面的绘图比例尺一般采用 1∶200 或 1∶100，纵向为高差，横向为水平距离，绘制在方格纸上。绘图时，先将中桩位置标出，然后分左、右两侧，按照相应的水平距离和高差，逐一将变坡点标于图上，再用直线连接相邻各点，即得横断面地面线，图上还可绘出路基断面设计线，如图 10.28 所示。

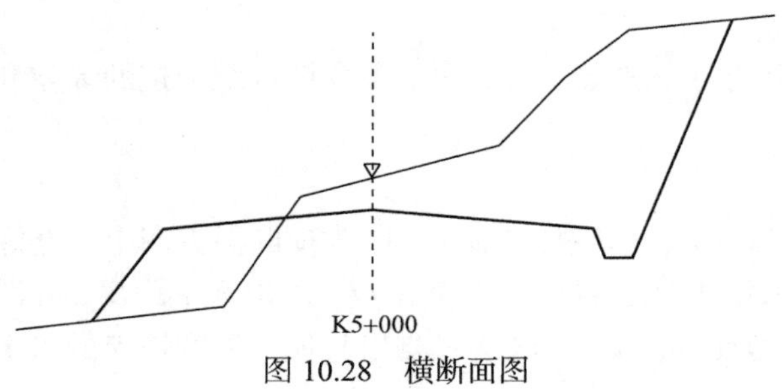

图 10.28　横断面图

10.4　道路施工测量

道路施工测量主要包括恢复路线中线、路基边桩的测设等工作。

10.4.1　道路中线的恢复

施工之前，应根据设计文件进行线路恢复工作。首先，进行导线复测、水准点复测、路线中线和高程的复测工作，进而保证路线各中桩点位置的准确性。其次，从路线勘测到开始施工的期间内，会因为种种原因而导致一些中桩丢失，因此要对中桩进行恢复工作。恢复中线所采用的测量方法与路线中线测量方法基本相同。

10.4.2　路基边桩的测设

路基边桩测设就是在地面上将每一个横断面的路基边坡线与地面交点标定出来的工作。边桩的位置由两侧边桩至中桩的距离来确定。

1. 图解法

图解法是直接在横断面图上量取中桩至边桩的图上距离，依据比例尺换算成实地距离，然后在实地用皮尺沿横断面方向测定其位置的一种方法。当填、挖方不很大时，此法较简便。

2. 解析法

路基边桩至中桩的水平距离需通过计算求得。

1) 平坦地段路基边桩的测设

填方路基称为路堤，如图 10.29 所示，路堤边桩至中桩的水平距离为

$$D=\frac{B}{2}+mh \tag{10.42}$$

式中，B 为路基设计宽度；m 为路基边坡坡度；h 为填、挖土高度。

挖方路基称为路堑，如图 10.30 所示，路堑边桩至中桩的水平距离为

$$D=\frac{B}{2}+s+mh \tag{10.43}$$

式中，s 为路堑边沟顶宽。

以上是断面位于直线段时求边桩的方法。若断面位于曲线上有加宽时，以上述方法求出水平距离 D 后，还应于曲线内侧的 D 值中加上加宽值。

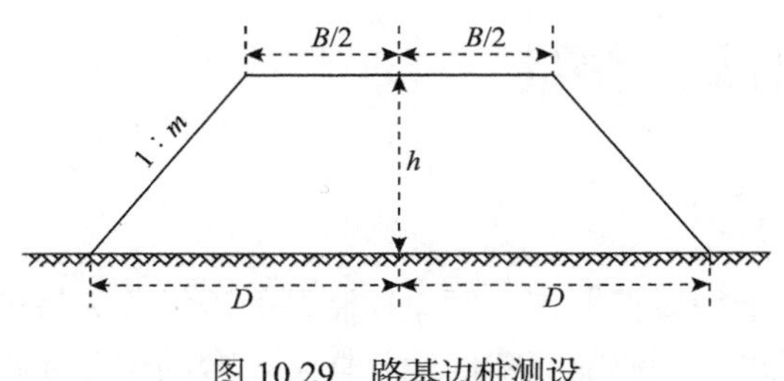

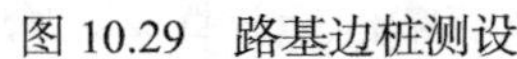
图 10.29　路基边桩测设

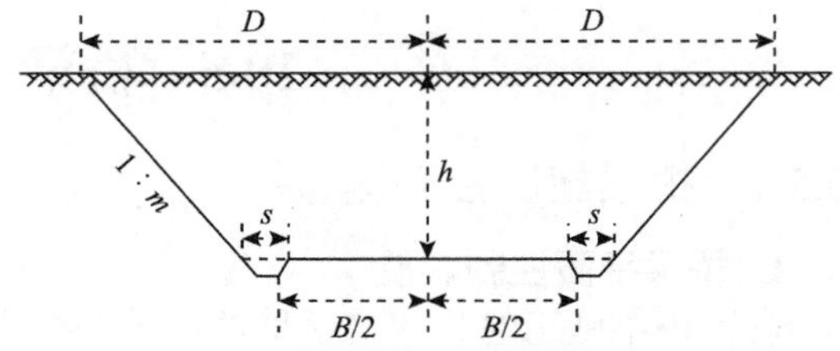

图 10.30　路堑边桩测设

2) 倾斜地段路基边桩的测设

在倾斜地段，边桩至中桩的水平距离随着地面坡度的变化而变化。如图 10.31 所示，路堤边桩至中桩的水平距离为

$$
\begin{aligned}
&\text{斜坡上侧：}D_{上}=\frac{B}{2}+m(h_{中}-h_{上})\\
&\text{斜坡下侧：}D_{下}=\frac{B}{2}+m(h_{中}+h_{下})
\end{aligned}
\tag{10.44}
$$

式中，$h_{中}$ 为中桩处的填挖高度；$h_{上}$ 为斜坡上侧边桩与中桩的高差；$h_{下}$ 为斜坡下侧边桩与中桩的高差。

如图 10.32 所示，路堑边桩至中桩的水平距离为

$$
\begin{aligned}
&\text{斜坡上侧：}D_{上}=\frac{B}{2}+s+m(h_{中}+h_{上})\\
&\text{斜坡下侧：}D_{下}=\frac{B}{2}+s+m(h_{中}-h_{下})
\end{aligned}
\tag{10.45}
$$

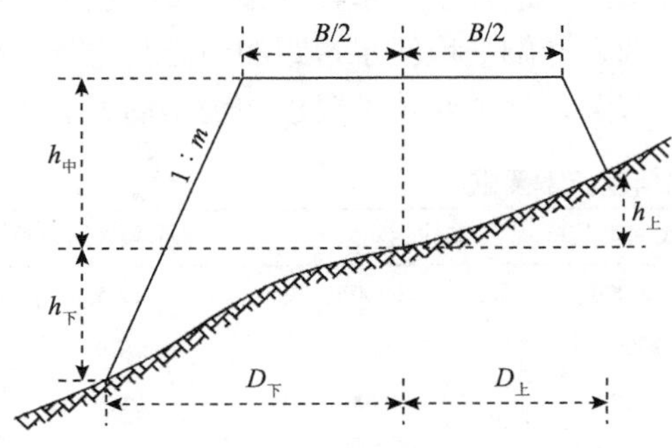

图 10.31　倾斜地面路堤边桩测设

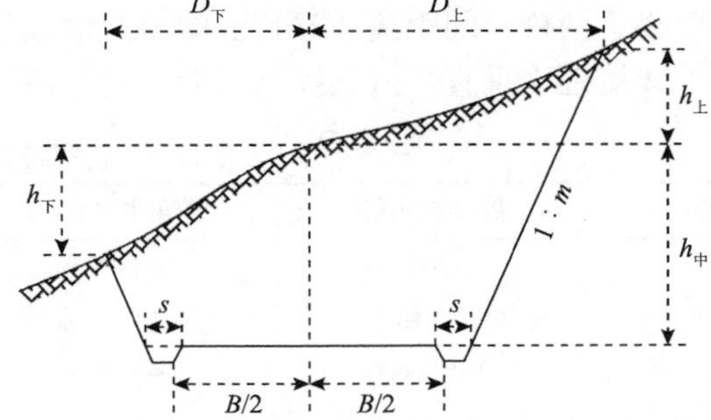

图 10.32　倾斜地面路堑边桩测设

$h_{上}$ 和 $h_{下}$ 在边桩未定出之前是未知数，因此在实际工作中采用逐渐趋近法测设边桩。先根据地面实际情况，并参考路基横断面图，估计边桩的位置。然后测出该估计位置与中桩的高差，并以此代入式(10.44)和式(10.45)进行计算，并据此在实地定出其位置。若估计位置与其相符，即得边桩位置。否则应按实测资料重新估计边桩位置，重复上述工作，直至相符为止。

10.5 桥梁工程施工测量

10.5.1 桥梁施工控制测量

1. 桥梁平面控制测量

进行桥梁施工时，应在桥址两岸的路线中线上埋设控制桩，两岸控制桩的连线称为桥轴线。桥梁平面控制测量就是为了测定桥轴线的长度，同时能够精确地放样墩、台的位置和跨越结构的各个部分。

1) 平面控制网的布设

桥位平面控制网可以布设成三角网、边角网、精密导线网或GPS网等，其中以三角网最为常用。三角网可布设成双三角形、大地四边形和双大地四边形，如图10.33所示。

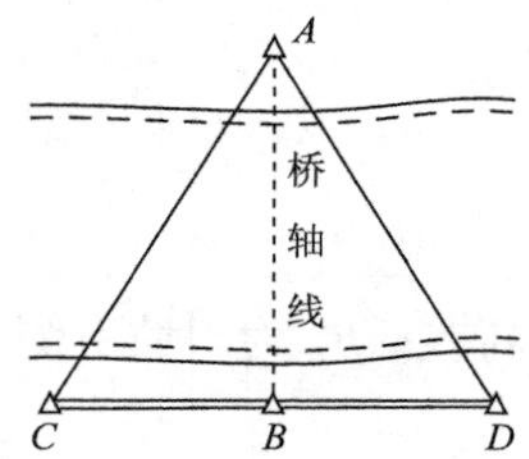

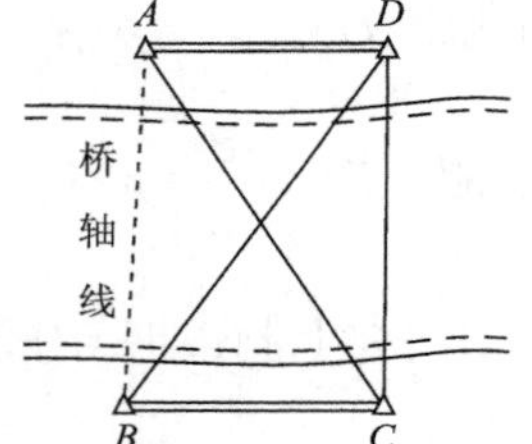

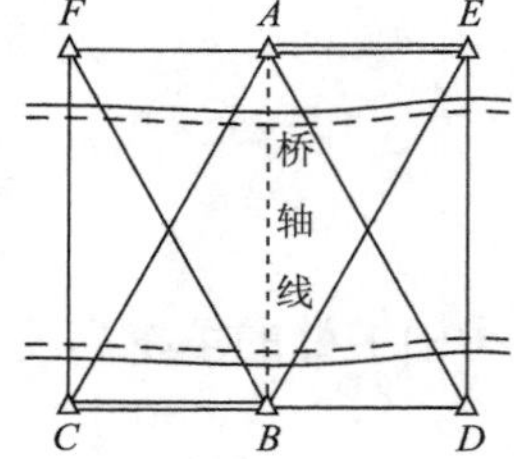

图 10.33 桥梁三角网布设形式

布设三角网需遵循以下原则：①三角点应选在地质坚实、视野开阔、不受施工干扰、便于保存的地方。②在河两岸的桥轴线上各设一个控制点，控制点点位离桥台位置不宜过远。③三角网必须有足够的精度，满足桥墩定位的精度需要。④图形要简单，定点后宜组成规整的网形，网形中的三角形边长尽量相等，各内角值控制在 30°～120°，最好在 60°左右。⑤为了提高控制网的精度并利于检查，通常要丈量两条基线，最好是两岸各一条，基线长度一般不应小于两桥台间距离(或河宽)的 0.7 倍，基线应选在开阔平坦便于量距的地方，力求与桥梁轴线接近于垂直。桥梁控制网的精度与桥梁长度有关，其主要技术要求如表 10.9 所示。

表 10.9 桥梁控制网的精度技术要求

等级	桥轴线控制桩间的距离/m	测角中误差	桥轴线相对误差	基线相对误差	三角形最大闭合差
二	＞5000	±1.0″	1/130000	1/260000	±3.5″
三	2000～5000	±1.8″	1/70000	1/14000	±7.0″
四	1000～2000	±2.5″	1/40000	1/80000	±9.0″
五	500～1000	±5.0″	1/20000	1/40000	±15.0″
六	200～500	±10.0″	1/10000	1/20000	±30.0″
七	＜200	±20.0″	1/5000	1/10000	±60.0″

2) 平面控制测量方法

根据所布设的平面控制网网形，主要采集水平角和水平距离等数据。

2. 桥梁高程控制测量

桥梁高程控制网主要采用水准测量的方法建立。

1) 高程控制网的布设

布设高程控制网需遵循以下原则：①水准点应埋设在桥址附近安全稳固、便于观测的位置。②当河小于 100m 时，可只在一岸设置一个水准点；当河宽在 100 ~ 200m 时，两岸各设一个水准点；当河宽在 200m 以上时，需要在两岸各设置两个水准点。③对于地质条件较差或易受破坏的地段，应加设辅助水准点或明、暗标志。

2) 高程控制方法

桥梁施工水准点必须与连接路线上的水准点联测，取得绝对高程。当跨河视线长度超过 200m 时，应根据跨河宽度和仪器设备等情况，选用跨河水准测量和光电测距三角高程测量。

(1) 跨河水准测量。如图 10.34 所示，A、B 两点为高程控制点，C、D 两点为水准仪测站点，要求 AD 和 BC 的距离不超过 100m 且大致相等，AC 和 BD 的距离不小于 10m 且大致相等。使用两台水准仪同时进行对向观测：①水准仪立于 C 点，后视 A 点水准尺，读数 a_1，前视 B 点水准尺，读数 b_1。②水准仪立于 D 点，后视 B 点水准尺，读数 a_2，前视 A 点水准尺，读数 b_2。

$$h_{AB}=\frac{(a_1-b_1)+(a_2-b_2)}{2} \tag{10.46}$$

按照三四等水准测量规范要求，跨河水准测量一般要进行两个测回的观测，其高差不符值，三等水准测量不得超过 8mm，四等水准测量不得超过 16mm，在允许范围内，取两个测回的平均值作为最终的结果。

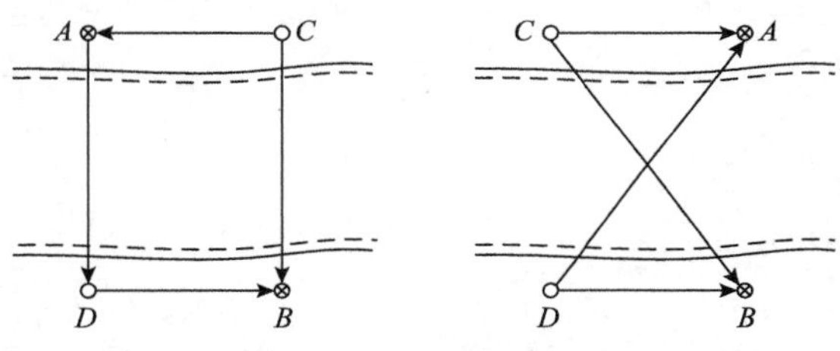

图 10.34 跨河水准测量

若河流较宽，水准仪读数有困难，可在水准尺上安装一个可上下滑动的觇板，观测员指挥立尺员移动觇板，直到觇板的指标线与望远镜横丝重合，由立尺员直接读取水准尺读数。

(2) 光电测距三角高程测量。使用全站仪，采用三角高程测量的观测步骤进行对向观测，符合要求后，取其平均值作为最终的结果。

10.5.2 桥梁工程施工测量

1. 墩、台中心测设

测设桥梁墩台的中心位置的工作称为墩台定位。常用的方法有直接丈量法、方向交会法和极坐标法。

1) 直接丈量法

直线桥的墩台测设，如图 10.35 所示。将全站仪或测距仪安置在桥轴线控制点 A 上，在 AB 连线上分别用正倒镜分中法测设出 A 点距墩台中心 P_1、P_2、P_3 的水平距离；然后将全站仪搬至对岸的 B 点，在 BA 连线上分别采用正倒镜分中法测没出 B 点距墩台中心 P_1、P_2、P_3 的水平距离；两次测设的墩台中心位置误差应小于 20mm。

在施工过程中，墩、台中心的测设工作会重复进行。因此，在第一次确定墩、台中心位置之后，需要在河对岸测设护桩 M 点和 N 点。

曲线桥与直线桥不同，曲线墩、台中心可能在桥轴线上，也可能在桥轴线外侧，如图 10.36 所示。图中，α 为相邻墩台中线连线的夹角，称为桥梁偏角；L 为相邻墩台的水平距离，称为桥墩中心距；E 为桥墩偏距。采用直接丈量法测设墩、台中心点位，要求墩、台中心点位置可以架设仪器。利用桥梁偏角 α 和桥墩中心距 L，在桥轴线控制点 A 测设 P_1，利用 P_1 测设 P_2，这样逐个进行测设最后附合到桥轴线控制点 B。

2) 方向交会法

如图 10.35 所示，在 C、D、A 三点各安置一台经纬仪，自 A 站照准 B，定出桥轴线方向；C、D 两台经纬仪均先照准 A 点，并分别测设角 β_1、β_2 角，以正倒镜分中法定出交会方向线。

理论上，三个交会方向应交于一点，由于测量误差的影响，实际上这三个方向会形成一个误差三角形 $q_1q_2q_3$。如果误差三角形在桥轴线 q_1q_2 上的距离在墩底不大于 25mm，墩顶不大于 15mm，则取 q_3 在桥轴线上的投影点 P_1 作为桥墩的中心位置。

曲线桥墩、台的测设与直线桥梁测设基本一致。如图 10.36 所示，不同的是当墩、台中心不在桥轴线上时，无法利用桥轴线作为交会方向，误差三角形取其重心作为墩、台中心点位置。

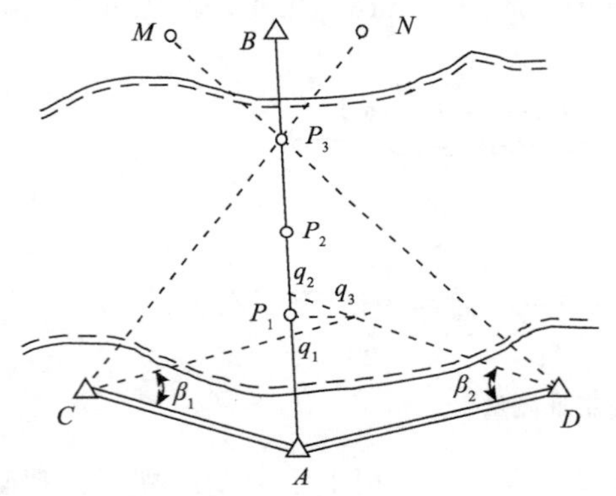

图 10.35　直线桥墩台测设

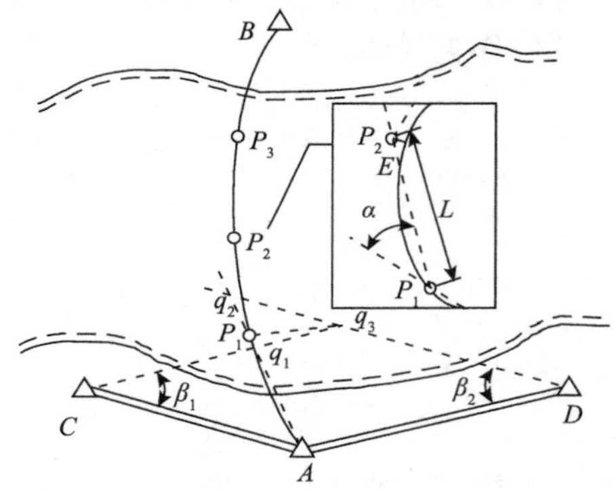

图 10.36　曲线桥墩台测设

3) 极坐标法

极坐标法可使用全站仪进行测设，此方法适用于桥墩、台可安置棱镜的地方。利用 9.2.2 节极坐标法测设点位的原理进行测设。除此之外，也可采用全站仪坐标放样的方法进行测设。

2. 墩、台纵横轴线测设

纵轴线是指过墩、台中心平行于线路方向的轴线。横轴线是指过墩、台中心垂直于线路方向的轴线。如图 10.37(a) 所示，直线桥墩、台纵轴线与桥轴线重合。在墩、台中心点架设仪器，瞄准桥轴线控制点，测设 90°，即为横轴线方向。如图 10.37(b) 所示，曲线桥墩、台纵轴线在线路中线切线方向上，即桥梁偏角的角平分线上。在墩、台中心点架设仪器，瞄准相邻墩、台中心点，测设 $\alpha/2$，即为纵轴线方向，以纵轴线为基准，测设 90°，即为横轴线方向。

同样，在施工过程中，墩、台纵、横轴线的测设工作也会重复进行。因此，在第一次确定墩、台纵、横轴线位置之后，需要在河两岸测设护桩。

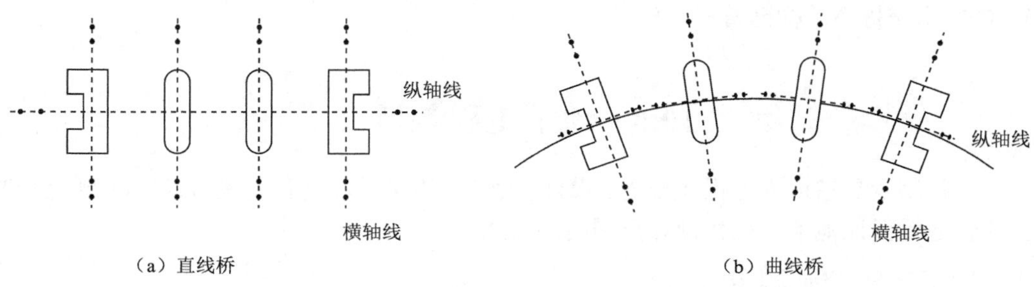

图 10.37　墩台纵横轴线

3. 墩、台细部测设

1) 基础测设

普通桥梁最常用的基础测设方法是明挖基础和桩基础。

(1) 明挖基础。如图 10.38 所示，根据已经测设的桥墩中心位置和纵、横轴线，以及基坑的尺寸要求，按 10.4.2 节内容，即可计算出基坑的开挖边线。当基坑挖完后，在基底重新测设出墩的中心位置和纵横轴线，作为桩基础的测设和安装基础模板的依据。

(2) 桩基础。如图 10.39 所示，各桩的中心位置可以以墩的纵横轴线为坐标系，采用直角坐标法进行测设，也可根据各桩的中心点坐标，采用极坐标法或全站仪坐标放样法进行测设。各个桩位确定后，还需测定各桩的深度和倾斜度。深度用测绳测定，根据桩的长度进行推算。在钻孔过程中测定钻孔导杆的倾斜度，测定孔的倾斜度。

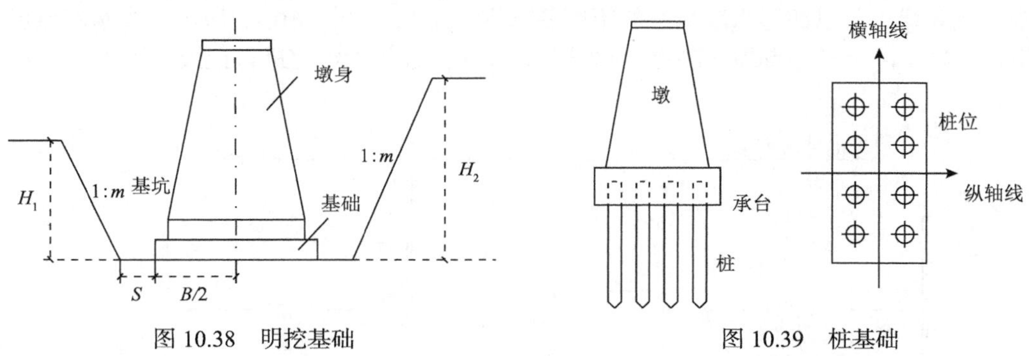

图 10.38　明挖基础　　图 10.39　桩基础

桩基础施工完毕后，根据纵横轴线设立承台模板，使模板中线与纵横轴线平行。

2) 墩身、墩顶测设

基础施工完成后，检查基础高程，需满足精度要求。再根据墩台中心及纵横轴线位置，测设桥墩位置，并在纵横轴线控制桩上架设经纬仪，要求仪器距墩中心的水平距离大于墩台高度，瞄准轴线方向，用正倒镜分中法将轴线投测到墩身上。墩身垂直度校正好后，在模板外侧测设一高程线作为测设墩顶高程等的依据。

墩顶施工时，需把墩顶高程控制在误差允许范围内，再次投测墩中心及纵横轴线位置，误差控制在允许范围内。

3) 桥梁测设

架梁时要求对墩台的水平位置和高程都需具有较高的精度，梁体就位时，其支座中心线对准钢垫板中心线。初步定位后，用水准仪检查梁两端的高程，偏差在±5mm 以内，目前GPS-RTK 技术作桩体放样已普遍实施。

10.6　地下工程测量

地下工程测量是指地下工程在规划、设计、施工、竣工及经营各阶段所进行的测量工作。它的主要任务是保证地下工程在预计范围内的贯通。

10.6.1　地下工程控制测量

1. 地下导线测量

地下导线测量是为了建立与地上控制测量统一的坐标系统，地下导线的起点通常设置在隧道洞口处。地下导线分为以下几类。

(1) 施工导线：也称二级导线，在开挖面推进时，每隔 25～50m 布设的导线点，主要用于测设、指导施工。

(2) 基本控制导线：也称一级导线，当掘进 100～300m 时，为了检查隧道的方向是否符合设计要求，需提高导线精度，选择一部分施工导线点布设边长较长、精度较高的基本控制网。

(3) 当掘进大于 2km 时，选择一部分基本导线点，边长 150～800m。对精度要求较高的大型贯通，可在导线中加测陀螺边以提高方位精度。一、二级导线点与一般中线点可以共存。

2. 地下水准测量

地下水准测量要求每隔 50m 左右设置一个水准点，一般设置在隧道墙上或顶部，也可利用中线桩或导线点，以四等水准测量的精度要求进行施测。如图 10.40 所示，当水准点设置在隧道顶部时，以尺子零点顶住测点，此时倒立尺的读数作为负值进行记录，按照 $h_{AB}=a-b$ 进行计算。

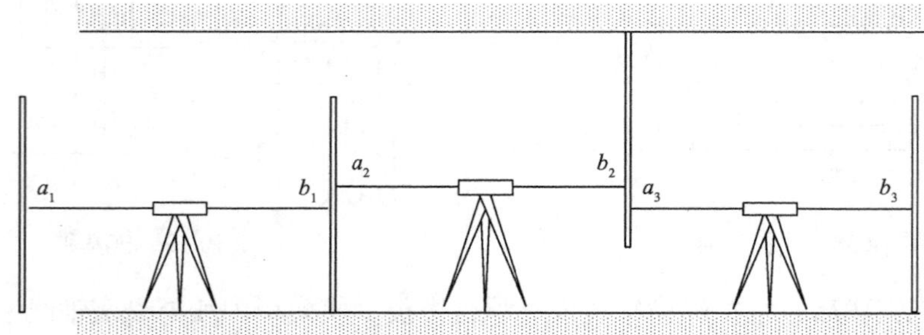

图 10.40　地下水准测量

当往返测量的较差符合要求后，取其平均值作为最终结果。每次水准支线向前延伸时，需先进行原有水准点的检测。隧道贯通后，应将两水准支线连成附合在洞口水准点的单一水准路线。

10.6.2　地下工程联系测量

在长隧道施工中，多采用在隧道中间增加掘进工作面的方法，从多向同时掘进，以缩短贯通段长度，加快施工进度。为保证隧道的正确贯通，必须将地面坐标系传递到地下，建立统一的坐标系统，这项工作称为联系测量。联系测量包括平面联系测量和高程联系测量。

1. 平面联系测量

平面联系测量常用的方法是竖井联系测量。如图 10.41 所示，在竖井内挂两根钢丝，一端固定在地面，另一端系有定向专用垂球，自由悬挂至定向水平。按地面坐标系统求出两垂球平面坐标和其连线的方位角，然后在定向水平上把垂球线与井下导线点连接起来，进行上下连接测量工作。

2. 高程联系测量

如图 10.42 所示，由竖井进行高程传递时，可在井上悬挂一根检定过的钢尺，零点下方挂一铅锤，地上水准仪后视已知水准点 A 读数 a_1，前视钢尺读数 b_1，地下水准仪后视钢尺读数 a_2，前视待求水准点 B 读数 b_2，则待求点 B 的高程为

$$H_B = H_A + a_1 - b_1 + a_2 - b_2 \tag{10.47}$$

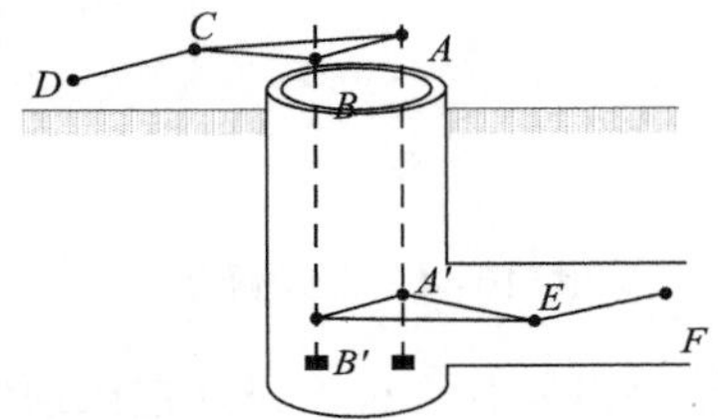

图 10.41　竖井平面测量

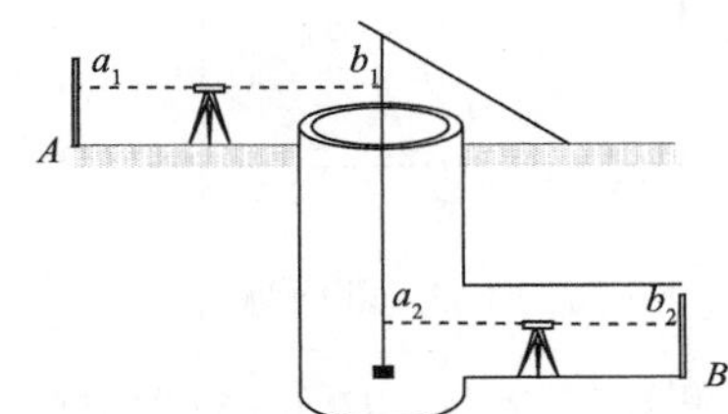

图 10.42　竖井高程测量

高程联系测量需独立测量两次，加入各项改正数后，误差一般控制在±5mm 范围内。

10.6.3　地下工程施工测量

1. 隧道中线测设

隧道水平投影的几何中心线称为隧道中线。随着隧洞的掘进，需要每隔一定距离，在隧洞底部或顶板设置中心桩。根据控制点和隧道不同断面点的设计坐标，计算水平经纬仪夹角和水平距离，利用经纬仪拨角法测设中线点位，或者直接利用全站仪坐标放样中线点位。

2. 隧道断面测设

断面的测设工作包括侧墙和拱顶两部分。如图 10.43 所示，断面宽为 S，拱高为 h_0，拱弧半径为 R，起拱线高度为 L。

(1) 侧墙：将经纬仪安置在中线桩上，照准另一中线桩得到中垂线 AB 方向，由此方向向两侧量取 $S/2$，即可得到侧墙线。

(2) 拱顶：根据 h_0、L 和 R 数据可在中垂线 AB 上测设出拱弧圆心 O 的位置。再根据拱弧的几何关系计算各加密点测设高度 h_i，根据测设高度 h_i 即可进行拱顶的测设工作。

$$h_i = \sqrt{R^2 - l_i^2} - \left(R - h_0\right) \tag{10.48}$$

3. 隧道坡度和高程测设

在隧道进行掘进过程中，还应测设坡度，以保证隧道在竖直面内的贯通精度。通常采用控制腰线和顶部高程法。对于先开挖底部后挖拱顶的隧道，用腰线控制坡度。如图 10.44 所示，测设时，在 A 和 B 两点之间安置水准仪，后视 A 点读数 a，根据设计坡度 i 及水平距离 D_{AB}，计算 AB 两点之间的高差 h_{AB}：

$$h_{AB} = D_{AB} \times i \tag{10.49}$$

则 B 点理论前视读数 b 为

$$b = a - h_{AB} \tag{10.50}$$

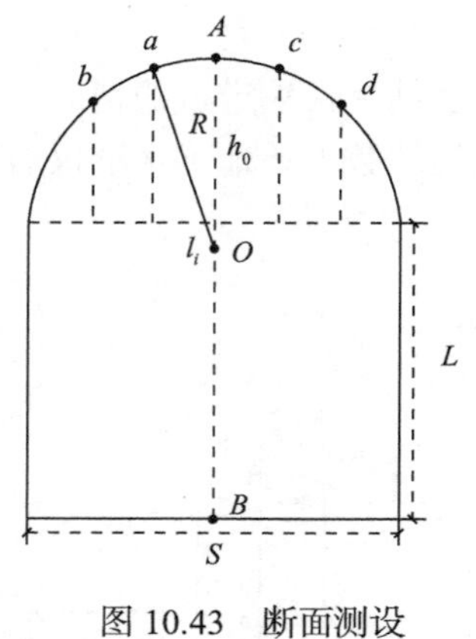

图 10.43　断面测设

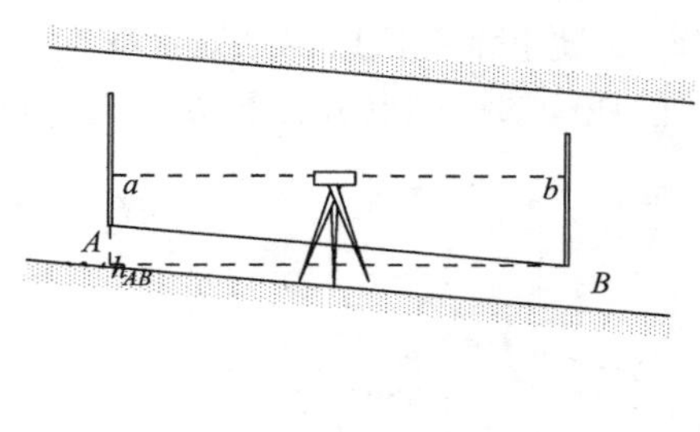

图 10.44　腰线测设

由此测设出 B 点，AB 连线即为腰线，在边墙上标记出腰线 AB。对于先开挖拱顶的隧道，坡度用测设在拱顶的高程点控制，测定时倒立水准尺的零端即为拱顶高程。

10.7　地下管道测量

管道施工测量的任务是将管道中线及其构筑物按照图纸上设计的位置、形状和高程正确地在实地标定出来。其具体做法如下。

10.7.1　准备工作

在施工测量进行之前，一般应进行中线恢复、施工控制桩测设和槽口测设等工作，为管线施工做好准备。

1. 中线恢复

如果设计阶段在地面上所标定的管道中线位置与管道施工所需要的管道中线位置一致，而且在地面上测定的管道起点、转折点、管道终点及各整桩和加桩的位置无损坏、丢失，则在施工前只需进行一次检查测量即可。如管线位置有变化，则需要根据设计资料，在地面上重新定出各主点的位置，并进行中线测量，确定中线上各整桩和加桩的位置。

管道大多敷设于地下，为了方便检修，设计时在管道中线的适当位置一般应设置检查井。施工前，需根据设计资料测定管道中线上检查井的位置。

2. 施工控制桩测设

施工时，管道中线上各桩将被挖掉，为了可以随时恢复各类桩的位置，应在不受施工干扰、引测方便、易于保存桩位的地方测设中线控制桩和井位控制桩。中线控制桩一般测设在中线起、终点及各转折点处的延长线上，井位控制桩测设在与中线垂直的方向上，如图 10.45 所示。

3. 槽口测设

根据设计要求的管线埋深、管径和土质情况，计算开槽宽度，并在地面上用石灰线标明槽边线的位置，如图 10.45 中虚线位置。开槽宽度可按解析法进行计算，参照式(10.43)和式(10.45)。

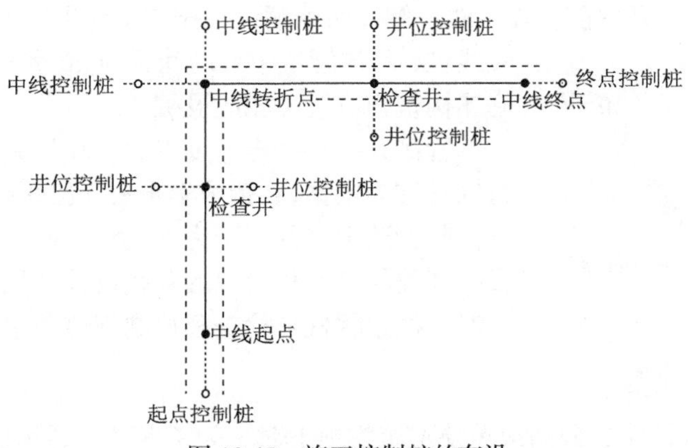

图 10.45　施工控制桩的布设

10.7.2　管道施工测量

管道施工测量的主要工作是根据工程进度的要求，测设管道中线、高程和坡度。通常采用坡度板法和平行轴腰桩法。

1. 坡度板法

如图 10.46 所示，坡度板由立板和横板组成。坡度板需埋设牢固，横板保持水平，通常应跨槽设置。管道施工时，应沿中线每隔 10～20m 和检查井处设置坡度板，以保证管道位置和高程的正确。当管道沟槽在 2.5m 以内时，应于挖槽前即行埋设，如沟槽在 2.5m 以上时，可挖至距槽底 2m 左右时再埋设坡度板。

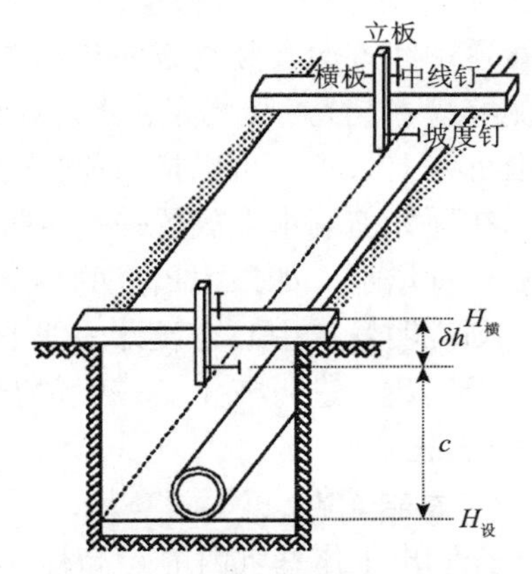

图 10.46　坡度板使用原理

坡度板设好后，根据中线控制桩，用经纬仪把管道中心线投测至坡度板上，钉上中线钉，中线钉的连线即是管道中线方向。槽口开挖时，在各中线钉上吊垂球线，即可将中线位置投测到管槽内，以控制管道中线及其埋设。

再用水准仪测出坡度板横板高程 $H_{横}$，横板高程 $H_{横}$ 与该处管底设计高程 $H_{设}$ 之差，即为板顶往下开挖的深度。预先确定一下返数 c(即确定一常数，通常距 $H_{设}$ 一整分米数)，计算高差调整数 δh，并在立板上量出高差调整数 δh，钉出坡度钉，使坡度钉的连线平行于管道设计坡度线。如图 10.46 所示，高差调整数为

$$\delta h = H_{横} - H_{设} - c \tag{10.51}$$

若高差调整数为正，自横板往下量取；若高差调整数为负，自横板往上量取。

坡度钉是控制高程的标志，所以在坡度钉钉好后，应重新进行水准测量，检查结果是否有误。

2. 平行轴腰桩法

当现场条件不便采用坡度板时，对精度要求较低的管道可采用平行轴腰桩法来进行测设。如图 10.47 所示，开挖前，在中线一侧或两侧测设一排与中线平行的轴线桩，称为平行轴线桩，其与管道中线的间距为 a，各桩间隔 20m 左右，各附属构筑物位置也应相应设桩。

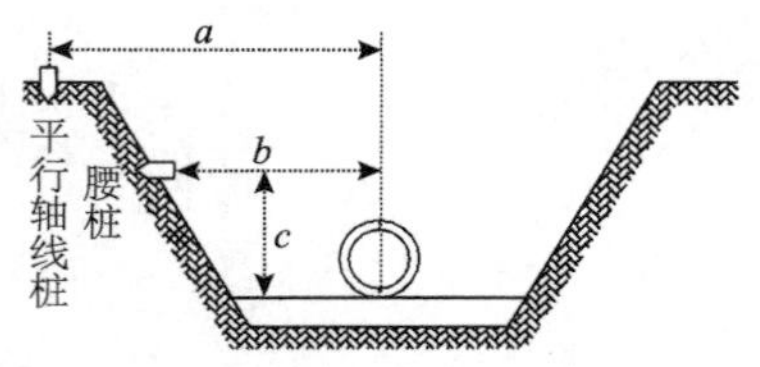

图 10.47 平行轴腰桩使用原理

管槽开挖至一定深度以后，为方便起见，以地面上的平行轴线桩为依据，在槽坡上再钉一排平行轴线桩，称为腰桩，它们与管道中线的间距为 b。用水准仪测出各腰桩的高程，腰桩高程与该处相对应的管底设计高程之差即下返数 c。施工时，根据腰桩可检查和控制管道的中线和高程。

10.7.3 顶管施工测量

当地下管道穿过铁路、公路或重要建筑物地下时，为了保障交通运输正常和避免大量的拆迁工作，一般不允许开槽施工，往往采用顶管施工的方法。顶管施工前需先挖好工作坑，然后在工作坑内安放导轨，将管材放在导轨上，用顶镐的办法，将管材沿设计方向顶进土中，边顶进边从管内将土方挖出来，直到贯通。顶管施工主要测量工作是中线测设和高程测设。

1. 中线测设

如图 10.48 所示，挖好管道工作基坑后，根据地面上的中线控制桩 A 和 B，将经纬仪架设在 A(或 B)点上，照准 B(或 A)点，则望远镜视线方向为管道中线方向，竖直方向转动望远镜，将中线引测到两侧坑壁 C、D 点和坑底 E 点。将经纬仪安置在 E 点上，照准坑壁上 C 点，可以指示顶管的中线方向。

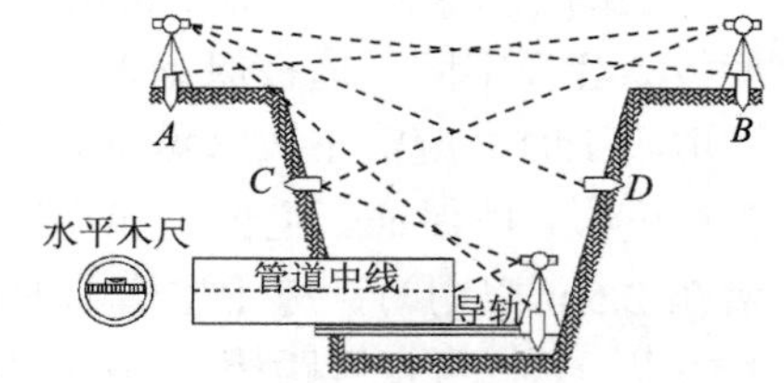

图 10.48 顶管施工测量原理

在顶管前端水平放置一把木尺，尺中央为零，两侧分划对称增加。如果木尺上的零分划线与经纬仪竖丝重合，则说明管道中心在设计中线上，否则，用经纬仪测出尺上读数，进行校正。一般情况下，允许偏离方向值为±1.5cm。

2. 高程测设

先测出工作基坑内 E 点高程，在坑内安置水准仪，后视 E 点，在管子内立一小水准尺作为前视点，求得管内该测点高程，与该点的设计高程比较，如差值超过±1cm，需要进行校正。规范要求每顶进 0.5m 进行一次中线和高程的检查，以保证施工质量。

10.7.4 管道竣工测量

管道竣工后，需测绘管道竣工图，这些图为验收和评价工程质量、管理和维修、管线的改建及扩建、城市的规划设计与其他工程施工等提供重要资料。竣工图的测绘必须在管道埋设后、回填土以前进行，管道竣工图包括管道竣工平面图和管道竣工断面图。

1. 管道竣工平面图

管道竣工带状平面图，要求其宽度应至道路两侧第一排建筑物外 20 m，如无道路，其宽度根据需要确定。带状平面图的比例尺一般采用 1∶500～1∶2000。

管道竣工平面图的测绘可以采用实地测绘和图解测绘两种方法进行。实地测绘应测出管道起点、终点、转折点、分支点、变径点、变坡点及主要附属构筑物的位置和高程，直线段一般每隔 150m 选测一点，变径处还应注明管径与材料。如果以有管道施测区域更新的大比例尺地形图时，可以利用已测定的永久性建筑物用图解法来测绘管道及其构筑物的位置。当地下管道竣工测量的精度要求较高时，可采用图根导线的要求测定管道主点的坐标，其与相邻控制点的点位中误差不应大于±5cm，地下管线与邻近的地上建筑物、相邻管线、规划道路中心线的间距中误差不应大于图上的±0.5mm。

2. 管道竣工断面图

设计施工图中通常都有管道断面图，包括管底埋深、桩号、距离、坡向、坡度、阀门、三通、弯头的位置与地下障碍等。绘竣工断面图时，应将所有与施工图不符之处准确地绘制出来，如管道各点的实际标高，管道绕过障碍的起止部位，各部分尺寸，阀门、配件的位置标高等。绘制时，断面图与平面图需相互对应，应认真核对设计变更通知单、施工日志与测量记录，以实际尺寸为准。

思考与练习题

1. 路线中线测量的内容有哪些？什么是路线的转角?路线的转角如何测定？
2. 圆曲线测设方法有哪些？
3. 缓和曲线的主点有哪些？如何测设？
4. 进行坐标转换时，应注意哪些问题？
5. 中平测量记录表应注意哪些问题？
6. 横断面测量有哪些方法？
7. 路线施工测量包括哪些方面？

第 11 章　水下地形测量

内容提要

本章讲述了水下地形测量的基本原理和方法，主要包括水下测量、测线布设和内业成图等基本内容。

11.1　水下测量概述

在水利工程或桥梁、港口码头及沿江河的铁路、公路等工程的规划和建设中都需要进行一定范围的水下地形测绘。另外，水下地形资料还是检测桥梁安全、观测水库的淤积及河床演变规律的重要依据。

水下地形的内容比陆上地形测量要少，主要以反映水下地貌的等深线及潮位线、礁石，以及水上航行标志等组成。

水下地形高程有两种表示方法：一是用航运基准面为基准的等深线表示的航道图，用以显示水道的深浅、暗礁、浅滩、深潭、深槽等水下地形情况，我国沿海各港口测量均以各自的理论深度基准面为基准(按当地水文验潮资料推算，一般以理论最低潮面为理论深度基准面)；二是用与陆上高程一致的等高线表示的水下地形图，以大地水准面为基准，目前基本采用“1985 年国家高程基准”。

测量水下地形，是根据陆地上布设的控制点，利用船艇行驶在水面上，按等时间间隔或距离间隔来测定水下地形点(简称测深点)的水深(结合水面高程信息获得水下地形高程)和对应平面位置来实现的。

水下地形测量包括了河道测量、库区测量、近海测量及大洋测量等，对不同测量对象来说，其基本测量工作都包括水位观测、测深及定位等。

11.2　水 下 测 量

11.2.1　水位观测及计算

水下地形点的高程等于测深时的水面高程(称为水位)减去测得的水深。因此，在测深的同时，必须进行水位观测。观测水位首先要设置水尺，再把已知水准点连测到水尺，得其零点高程 H_0。定时读取水面在水尺上截取的读数 $\alpha(t)$，则某时刻水面高程为

$$H' = H_0 + \alpha(t) \tag{11.1}$$

水位观测的时间间隔，一般按测区水位变化大小而定，观测结束后绘出水位与观测时间曲线，用于各测点采样时的瞬时水位的内插获取。

如果测量河道较长，应在一定距离范围内增设观测水尺，并利用水尺间水位落差和距离或水位落差和时间的关系换算出测量时刻某点对应的水位。

水尺观测可以采用人工读数方法，如果观测时间较长或作为永久观测项目，可以设立水

位自动观测站。

如果测区附近有水文站，可向水文站索取水位资料，不必另设水尺进行水位观测。如果是小河或水位变化不大，可直接测定水面(水边线)的高程，而不必设置水尺。

随着 GPS-RTK 技术发展,基于 GPS-RTK 无验潮模式下的水深测量正在实践中得到应用。

11.2.2　水深测量

测深杆和测深锤是最原始的测深工具，目前在回声测深仪普遍使用的情况下，测深杆和测深锤只是一种辅助的测深工具。测深杆用松木或枞木制成，直径 4～5 cm，杆长 4～6 m，杆底装有铁垫，铁垫重 0.5～1.0 kg，可避免测深时杆底端过尖陷入泥沙中而影响测量精度。测深锤又称水砣，由铅砣和砣绳组成，铅柁重 3.5～5.0kg，砣绳长约 10 m。在测深杆上与测深锤的绳索上每 10 cm 做一小标志，每 1 m 做一大标志，以便读数。测深杆适用在水深 4 m 以内、测深锤适用在水深 10 m 以内且流速都不大的浅水区作业。

回声测深仪可以完成水深测量任务，基本原理是，假设声波在水中的传播水面速度为 v，在换能器探头加窄脉冲声波信号，声波经探头发射到水底，并由水底反射回到探头被接收，测得声波信号往返行程所经历的时间为 t，则

$$h = v \times t / 2 \tag{11.2}$$

式中，h 为从换能器探头到水底的深度。

利用测深仪可获得换能器到水底距离 D'，考虑换能器入水深度 h_0，如图 11.1 所示，则水下地形点高程为

$$H = H' - h - h_0 \tag{11.3}$$

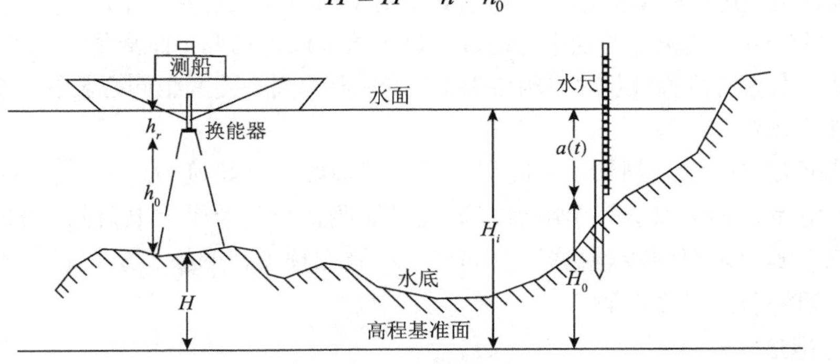

图 11.1　水下高程测量

11.2.3　平面定位测量

测深点除了水深数据和瞬时水面高程数据外，还要确定其平面位置。测量方法包括断面索法、经纬仪角度前方交会法、微波定位法及 GPS 坐标法等。

1. 断面索法

将一根绳索横跨河道且通过岸边一已知点，沿某一方向(通常与河道中心线垂直的方向)拉直，然后从水边开始，小船沿绳索行驶，按一定间距选取测点，并用测深杆或水砣测定水深。此法用于小河道的定位测深，简单方便，缺点是施测时会阻碍其他船只的正常航行。

2. 经纬仪角度前方交会法

岸上的两个控制点上同时架设经纬仪，以行驶的测船为观测目标，从岸上的两台经纬仪同时照准目标进行前方交会，定出测船的平面位置，注意前方交会必须与水深测量严格同步进行，且交会测量的目标点所在的平面位置即是水深测量处。

实施前方交会定位测深作业时，受交会距离的限制，即当距离过远时，经纬仪将难以精确跟踪瞄准目标，其交会精度降低。另外，所需的人员多、工作分散：在岸上有观测水平角的两个测角组，搬移导标指引施测断面线方向的导标组，观测水位的水位组；在船上有指挥员、发令员、旗号员、测深员及船员等。因此，必须共同研究计划，明确分工，并要用无线电通信工具(如对讲机等)加强联系，使全体作业人员步调一致，共同协作完成任务。

3. 微波定位法

微波定位是根据距离交会或距离差交会来确定测船位置的，前者称为圆系统定位，后者称为双曲线系统定位。

1) 圆系统定位

在岸上设置两个微波电台(称为副台)，每个电台上设有接收机、发射机和定向天线，电台位置为已知(一般设在已知的平面控制点上)。测船上也设有一个微波电台(称为主台，其中包括有发射机、接收机、全方向天线和显示设备)，其定位原理是，测船沿测线行驶时，船上主台产生一定频率的微波信号，经由天线以 V(电磁波传播速度)的速度向外发射，当微波信号到达副台后，经副台接收放大又向船上主台发射应答信号。主台接收到应答信号后，借助于发射与接收时间段的脉冲计数，就能精确地测定出发射信号和应答信号之间的时间间隔 t，从而算得主台和副台之间的距离 $D=Vt$，此值可在仪器的显示器上直接读出。为了使岸上的每个电台都能应答预先规定的微波信号，船上电台的发射机应发射两种不同频率的信号，而岸上电台的接收机各自也调到相应的频率，通过从显示器上读出的两个距离值，就可以在预先绘制好的图板上交会出船的位置(以岸台所在的两个控制点为圆心的两组同心圆的某个交点)。

2) 双曲线系统定位

由解析几何知，一动点到两定点距离之差为定值时，其轨迹为双曲线。根据此原理，在岸上设立三个电台，船上设立一个电台，通过测量船台至三个岸上电台两两的距离之差，即可得知测船位于哪两条双曲线(根据岸上的三个控制点预先在图板上绘制好两组双曲线)的交点上，从而得知测船的平面位置。

4. GPS 坐标法

在水域宽广的湖泊、河口、港湾和海洋上进行定位测深时，前两种方法的实施均较困难，而采用微波定位，会出现由于干扰或图形条件不佳而掉信号或定位精度降低的现象。GPS 定位法则是近 10 年才应用于水上测量的。目前利用 GPS-RTK 进行实时动态的定位，其定位精度已达到亚米级以上。相比传统水下测绘方法，差分 GPS 具有灵活、不受距离和气候的限制、自动化程度高的特点，作业时，测船上 GPS 设备只需连续接收到一个岸台信标或基站 GPS 差分信号，就可以实现实时的连续定位，并且可以实现与测深点的同步自动采集和记录。

而在水上测量中，GPS 相对于常规仪器的优点更突出。因为水上测量要求能够实时得到水面上的三维位置，即 X，Y，H，这样的话在进行水下地形测量时，水面上的高程值减去测深仪的水深数据值(h)就可得到水下的高程，从而做进一步的水下地形图。数学表达式为水下

高程 $H_s=H-h$。而且所有的平面位置和水深数据可以通过一个简单的水上测量软件，与用户预定的方式一一对应，如按时间或按距离进行对应，不必像常规仪器那样将水上位置与测深仪的值完全手工进行对应，这样水深值和水面三维值的实际对应精度如何，值得探讨。而同时常规仪器的实时观测本身就非常困难：一是照准不容易；二是测量的精度较差，因为常规仪器要进行这项工作，就必须用跟踪测量，而跟踪测量的精度要比普通测量模式差得多；三是水上测量用常规仪器时的高程值是用三角高程得到的，其精度要比 GPS 低。同时如果选用的软件合适，那么 GPS 的网络 RTK 技术还可以提供水上测量的波浪平滑测量和海洋的潮汐数据的采集，这样对于高精度的水上测量来说意义更大。

水上测量的测区范围一般比较大，而常规仪器在距离方面可以说是一个不可克服的缺陷。目前常规仪器最大的测距范围也不过 5km 多，且误差随距离的增大递增迅速，因此常规仪器的比例误差较大。而 GPS 的作用距离，就目前的 RTK 技术来说，Trimbe 作用距离最大可达到 30 km，这样测区面积将可达到 2700 km^2。如果在要求精度不高的情况下采用 RTK 技术，测区面积可再扩大一倍，得到优于 1m 的精度。所有这些都充分体现了 GPS 在水利测量上的优越性。

11.3 测线布设

水下地形是看不见的，不能用选择陆地地形特征点的方法进行水下地形的测量，因此在水下地形测量之前，为了保证水下地形测量的成图质量和提高工作效率，应根据测区内航道(或河道)的走向、水面的宽窄、水流缓急等情况，在实地预先布设一定数量的测深断面线[简称为测线，如图 11.2(a)所示]。测深断面线的方向一般与河道(或航道)的中心线或岸线垂直(如图中的 *AB* 河段)，在河道转弯处，可布设成扇形(如 *GK* 河段)，当流速超过 1.5 m/s 且在浅滩或礁石的河段(如 *MN* 河段)时，可布设成与水流成 30°～45°的倾斜测线。根据《规范》要求，测线一般规定在图上每隔 1～2cm 布设一个，测线上相邻测深点的间距一般规定为图上的 0.6～0.8cm。对于水下有暗礁或浅滩的复杂测区或设计上有特殊要求时，可适当加密测线和测深点；若测区内河床平坦，可酌情适当放宽上述规定。测线间距可用钢尺、皮尺或视距测量等方法测定，测线的方向可用仪器或目估确定，然后在测线上设立两个导标(一般用两面大旗)，相距尽可能远些，以供测船瞄准导航，使之沿着测线方向行驶（表 11.1）。

在河面窄、流速大或险滩礁石多的河流中测量时，要求船艇在垂直于河道中心线的方向上行驶是很困难的，这时可以采用散点法测量，如图 11.2(b)所示。测船平行于岸线航行，测线方向和测深点间距完全由船上的测量人员控制，这样容易造成漏测或重复测量，因此测量的效率较低。

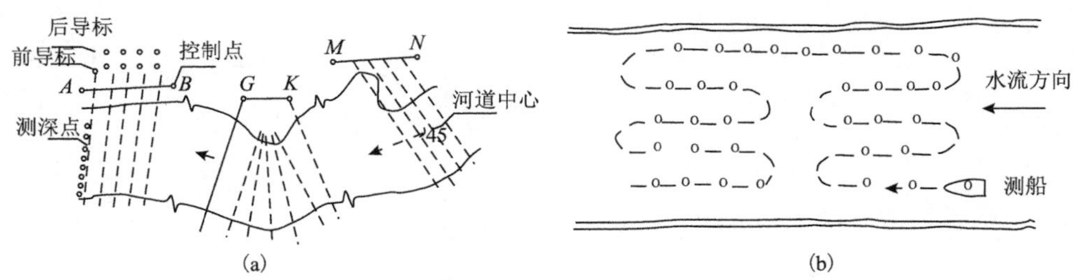

图 11.2　测线布设示意图

表 11.1　测深断面与测深点间距

测图比例尺	测深断面间距/m	测深点间距/m	等高距/m
1∶1000	15～20	12～15	0.5
1∶2000	20～50	15～25	1
1∶5000	80～130	40～80	1
1∶10000	200～250	60～100	1

11.4 内 业 成 图

水下测绘成图软件可以是专门的处理软件，也可以借助普通数字成图软件内水下测量成图软件模块，把测深数据进行加工转换，并按普通数字成图思路进行处理。对于专门的水下测绘成图软件，就是将 GPS 数据与水深数据结合在一块进行数据采集和处理，并可以直接成图的软件，目前这类软件有很多。美国 Trimble 公司开发的基于 Windows 系统平台的 HYDROpro 软件就是新一代海洋测量软件，它提供了一个易于理解的图形接口及灵活的设置，能够即学即用。该软件支持多个传感器输入，包括船向传感器、电子罗盘、验潮仪及测深仪等。与 Trimble 的 DGPS 或 RTK 接收机配合使用，该软件可提供实时的三维精确定位数据。HYDROpro 软件使用信标技术实现高精度的数据同步，所有数据存储在 Microsoft Access 数据库文件中以实现更有效的文件管理。该软件操作灵活，可使任何数量的船舰和导向物(航线、航道和目标等)从一个位置或通过网络得到检测；提供背景功能，背景文件可以图形方式显示出船只与指向物、海岸特征物等的相对位置。简单的文件结构和图形编辑器使测深和潮汐数据与以前相比可以更加有效地获取滤波、编辑和组合。

HYDROpro 软件中包括后处理及绘图模块，可以实现以下功能：水下等深线(Contour)功能；断面测量(Profile)功能；方量计算(Volume)功能和图形数字化(Digitize)功能。

思考与练习题

1. 简述水深测量的基本原理。
2. 平面定位测量有几种，分别是什么？
3. 水下地形测绘时，测深仪的读数为 12.83 m，水尺的读数为 2.47 m，已知换能器的吃水为 0.80 m，水尺零点的高程为 1.56 m，试求测量时水底的深度(以大地水准面为基准面)。

第 12 章　现代测绘技术简介

内容提要

本章主要讲述现代测绘技术中以全球导航卫星系统(global navigation satellite system，GNSS)、遥感(RS)、地理信息系统(GIS)为主的 3S 技术，其是目前对地观测系统中空间信息获取、存储、管理、更新、分析和应用的三大技术支撑，也是现代空间信息科学发展的核心与主要技术。

12.1　全球导航卫星系统简介

12.1.1　概述

20 世纪，人类对空间信息技术的开发进入快速发展时期，从航空摄影测量技术应用开始，人类第一次可以站在高空观测和描绘自己所居住的家园。而随着 1957 年第一颗人造卫星 SPUTNIK-1 的发射成功，人类又站在更高的太空上以更广的视野去观测自己生活的星球。20 世纪知识大爆炸的背景，大大促进了多种空间信息科学技术的发展，其中全球导航卫星系统(GNSS)就是典型代表。

全球导航卫星系统是在无线电定位的基础上发展起来的，利用空中卫星进行定位的一种全新技术。其发展可分为 3 个阶段，即早期卫星定位技术(1957 年以前)、子午卫星定位系统(1958～1973 年)和全球导航卫星系统。

1958 年 12 月，美国海军为了给北极核潜艇提供全球性导航，开始研制子午卫星导航定位系统，称为美国海军导航卫星系统(navy navigation satellite system)，简称 NNSS。从 1963 年 12 月起，陆续发射了 6 颗工作卫星组成子午卫星星座，使得地球表面任何一个测站上，平均每隔 2h 便可观测到其中一颗卫星。由于这些卫星的轨道均经过地球的南北极上空，所以称为子午卫星。卫星高度在 950～1200km，卫星运行周期约为 107 min，轨道近似于圆形。1967 年 7 月 29 日，美国政府解密子午卫星的部分电文供民用。子午卫星导航定位系统是利用空间卫星的位置和测量卫星到接收机的距离进行定位的。

全球导航卫星系统实际上泛指卫星导航系统，包括全球星座、区域星座及相关的星基增强系统。目前正在运行或即将运行的全球导航卫星系统有美国的 GPS 系统、俄罗斯的 GLONASS 系统、欧盟的 Galileo 系统、中国的北斗卫星导航定位(COMPASS)系统。除了上述的 4 个全球系统及其增强系统(美国的 WAAS、欧洲的 EGNOS 和俄罗斯的 SDCM)外，日本和印度等国也在建设自己的区域系统和增强系统。

12.1.2　GPS 简介

1. GPS 的组成

GPS 系统由 GPS 卫星星座(空间部分)、地面监控系统(地面控制部分)和 GPS 信号接收机(用户设备部分)等三部分组成，如图 12.1 所示。

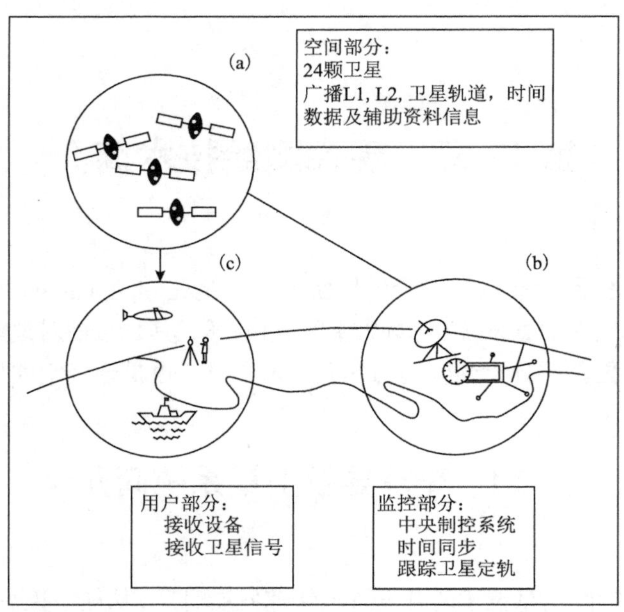

图 12.1　GPS 系统构成

1) 卫星星座

如图 12.2 所示，GPS 工作卫星及其星座由 21 颗工作卫星和 3 颗在轨备用卫星组成，记作(21+3) GPS 星座。24 颗卫星均匀分布在 6 个轨道平面内，轨道倾角为 55°，各个轨道平面之间相距 60°。在 20000km 高空的 GPS 卫星，当地球对恒星来说自转一周时，它们绕地球运行两周，这样，对于地面观测者来说，每天将提前 4min 见到同一颗 GPS 卫星。位于地平线以上的卫星颗数随着时间和地点的不同而不同，最少可见到 4 颗，最多可见到 11 颗。在用 GPS 信号导航定位时，为了解算测站的三维坐标，必须至少观测 4 颗 GPS 卫星，称为定位星座。

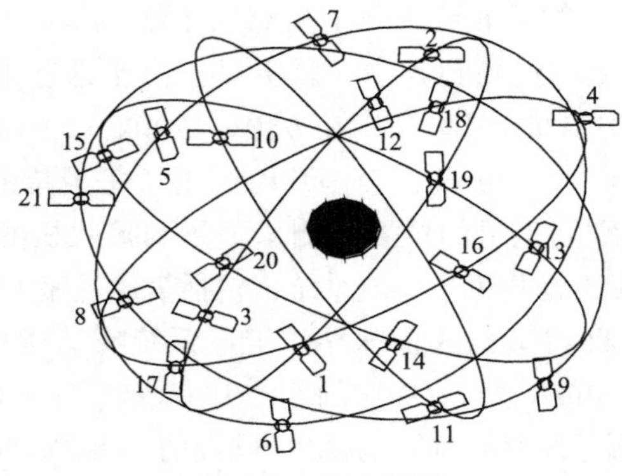

图 12.2　GPS 星座

GPS 卫星向地面发射两个波段的载波信号，分别是频率为 1575.442 MHz 的 L1 波段和 1227.6 MHz 的 L2 波段；卫星上安装了精度很高的原子钟(10^{-12}级)，以确保频率的稳定性；在载波上调制有表示卫星位置的广播星历、用于测距的 C/A 码和 P 码，以及其他系统信息，能在全球范围内，向任意多用户提供高精度的、全天候的、连续的、实时的三维测速、三维定位和授时。

2) 地面监控部分

对于导航定位来说，GPS 卫星是一动态已知点。卫星的位置是依据卫星发射的星历，描述卫星运动及其轨道的参数而得到的。每颗 GPS 卫星所播发的星历，是由地面监控系统提供的。卫星上的各种设备是否正常工作，以及卫星是否一直沿着预定轨道运行，都要由地面设备进行监测和控制。地面监控系统另一重要作用是保持各颗卫星处于同一时间标准——GPS 时间系统。这就需要地面站监测各颗卫星的时间，求出钟差。然后由地面注入站发给卫星，再由导航电文发给用户设备。

GPS 系统的地面控制部分由设在美国本土及分布在全球包括海外领地的 5 个监控站组成，这些站不间断地对 GPS 卫星进行观测，并将计算和预报的信息由注入站实现对卫星信息更新。其中主控站位于美国科罗拉多州的 Springs。

另外，GPS 工作卫星的地面监控系统还包括 3 个注入站和 5 个监测站，以及通信和辅助系统。

(1) 主控站。主控站是整个地面监控系统的行政管理中心和技术中心，其主要作用是：①负责管理、协调地面监控系统中各部分的工作。②根据各监测站送来的资料，计算、预报卫星轨道和卫星钟改正数，并按规定格式编制成导航电文送往地面注入站。③调整卫星轨道和卫星钟读数，当卫星出现故障时负责修复或启用备用件以维持其正常工作。无法修复时调用备用卫星去顶替它，维持整个系统正常可靠地工作。

(2) 注入站。注入站是向 GPS 卫星输入导航电文和其他命令的地面设施。3 个注入站分别位于迪戈加西亚、阿松森群岛和卡瓦加兰。注入站能将接收到的导航电文存储在微机中，当卫星通过其上空时再用大口径发射天线将这些导航电文和其他命令分别“注入”卫星。

(3) 监控站。监测站是无人值守的数据自动采集中心，设有 GPS 用户接收机、原子钟、收集当地气象数据的传感器和进行数据初步处理的计算机。

整个全球定位系统共设立了 5 个监测站，它们分别位于科罗拉多州 (美国本土)、阿松森群岛 (大西洋)、迪戈加西亚 (印度洋)、卡瓦加兰和夏威夷岛 (太平洋)。其主要功能是：①对视场中的各 GPS 卫星进行伪距测量。②通过气象传感器自动测定并记录气温、气压、相对湿度 (水汽压) 等气象元素。③对伪距观测值进行改正后再进行编辑、平滑和压缩，然后传送给主控站。

3) GPS 用户

GPS 系统的用户是非常隐蔽的，它是一种单程系统，用户只接收而不必发射信号，因此用户的数量也是不受限制的。

GPS 用户的主要设备为 GPS 信号接收机，它接收 GPS 卫星发射信号，以获得必要的导航和定位信息，经数据处理，完成导航和定位工作。GPS 接收机硬件一般由主机、天线和电源组成。

GPS 信号接收机的任务是：捕获按一定卫星高度截止角所选择的待测卫星的信号，并跟踪这些卫星的运行，对所接收到的 GPS 信号进行变换、放大和处理，以便测量出 GPS 信号从卫星到接收机天线的传播时间，解译出 GPS 卫星所发送的导航电文，实时地计算出测站的三维位置，甚至三维速度和时间。

2. GPS 坐标系统

任何一项测量工作都离不开一个基准，都需要一个特定的坐标系统。由于 GPS 是全球性的定位导航系统，其坐标系统也必须是全球性的。为了使用方便，它是通过国际协议确定的，通常称为协议地球坐标系统(conventional terrestrial system，CTS)。目前，GPS 测量中所使用的协议地球坐标系统称为 WGS-84 坐标系。

由于地球极移现象的存在，地极的位置在地极平面坐标系中是一个连续的变量，其瞬时坐标(X_P，Y_P)由国际时间局[Bureau International del' Heure(法)，BIH]定期向用户公布。WGS-84 就是以国际时间局 1984 年第一次公布的瞬时地极(BIH1984. 0)作为基准建立的地球瞬时坐标系，严格来讲属准协议地球坐标系。

除上述几何定义外，WGS-84 还有其严格的物理定义，它拥有自己的重力场模型和重力计算公式，可以相对于 WGS-84 椭球的大地(3 点以上)的坐标值作为约束条件，进行整体平差计算，得到各 GPS 测站点在当地现有坐标系中的实用坐标，从而完成 GPS 测量结果向 1980 国家大地坐标系或当地独立坐标系的转换。

3. GPS 定位基本原理

1) GPS 卫星信号

GPS 卫星信号是 GPS 卫星向广大用户发送的用于导航定位的调制波，它包含有载波、测距码和数据码。时钟基本频率为 10. 23 MHz。

GPS 卫星的载波信号包括 L1 和 L2 两种载波。它们是将 GPS 卫星原子钟的基准频率 f_0 分别倍频 154 倍和 120 倍而获得的。其频率和波长分别为

L1 载波：f_1=154×10.23 MHz=1575.42 MHz，波长 λ_1=19.03 cm。

L2 载波：f_2=120×10.23 MHz=1227.60 MHz，波长 λ_2=24.42 cm。

GPS 卫星的测距码信号和导航电文信号都属于低频率信号，从现代数字通信理论可知，很难将这些低频信号从 GPS 卫星传输到地面接收站。解决这一难题的方法，就是由 GPS 卫星发射一种高频率信号，即 L 波段载波信号，并将低频率测距码信号和导航电文信号调制到 L 载波上，构成一高频率的调制信号，再将高频率调制载波信号携带着测距码和导航电文信号传送到地面接收站。

GPS 卫星发射两个载波信号，其目的在于测量或消除由电离层效应而引起的信号延迟误差，进而消除或削弱电离层效应对导航和测量定位的影响。

GPS 卫星发射的两种载波信号，即 L1 载波和 L2 载波，其上分别调制着测距码(C/A 码和 P 码)和导航电文。在 L1 载波上调制有 C/A 码、P 码和导航电文，在 L2 载波上调制有 P 码和导航电文。

GPS 卫星发射两个测距码信号，即 C/A 码和 P 码。其中，C/A 码的数码率为 1.023 bit/s，周期为 1ms，码长为 1023 bit，波长为 293 m，是一种用来捕获信号、也是用于进行粗测距的不保密明码，所以其又被称为粗码、捕获码和明码。而 P 码的数码率为 10.23 bit/s，周期为一周，码长为 6.19×10^{12} bit，波长为 29.3 m，是一种用于进行精测距的保密码，所以其又被称为精码、保密码。C/A 码和 P 码都属于伪随机噪声码信号。

测距码(C/A 码和 P 码)是二进制编码，由"0"和"1"组成，对电压为±1 的矩形波，正波形代表"0"，负波形代表"1"。在二进制中，一位二进制数叫做一个比特(bit)或一个码元，每秒钟传输的比特数称为数码率。工作卫星采用的两种测距码 C/A 码和 P 码均属于伪随机码，它们具有良好的自相关特性和周期性，可以容易地复制。

GPS 卫星的导航电文(也称卫星电文)是用户用来进行导航和测量定位的数据基础。其主

要包括：卫星星历、卫星时钟改正、电离层时延改正、工作状态信息及由 C/A 码转换到捕获 P 码的信息。这些信息是以二进制码的形式按规定的格式组成的，并按帧播发给用户使用，因此又称为数据码(或 D 码)。

2) GPS 定位原理

绕地球运行的人造卫星上装置有无线电信号发射机，并且在卫星钟的控制下按预定方式发射测距信号。此时若在地面待定点上再安置上信号接收机，则在接收机钟的控制下，可以测定信号到达接收机的时间，进而求出卫星和接收机之间的距离：

$$S = c \cdot \Delta t + \Sigma \delta_i \tag{12.1}$$

式中，c 为信号传播的速度；δ_i 为各项改正数。

事实上，卫星钟和接收机钟不会严格同步，假如卫星的钟差为 v_T，接收机的钟差为 v_t，则卫星钟和接收机不同步对距离的影响为

$$\Delta S = c(v_t - v_T) \tag{12.2}$$

现在欲确定待定点的位置，可以在该处安置 GPS 接收机。如果在某一时刻同时测得了 4 颗 GPS 卫星(A，B，C，D)的距离 S_{AP}、S_{BP}、S_{CP}、S_{DP}，则可列出 4 个观测方程为

$$\begin{cases} S_{AP} = \left[(x_P - x_A)^2 + (y_P - y_A)^2 + (z_P - z_A)^2\right]^{\frac{1}{2}} + c(v_{tA} - v_T) \\ S_{BP} = \left[(x_P - x_B)^2 + (y_P - y_B)^2 + (z_P - z_B)^2\right]^{\frac{1}{2}} + c(v_{tB} - v_T) \\ S_{CP} = \left[(x_P - x_C)^2 + (y_P - y_C)^2 + (z_P - z_C)^2\right]^{\frac{1}{2}} + c(v_{tC} - v_T) \\ S_{DP} = \left[(x_P - x_D)^2 + (y_P - y_D)^2 + (z_P - z_D)^2\right]^{\frac{1}{2}} + c(v_{tD} - v_T) \end{cases} \tag{12.3}$$

式中，(x_A，y_A，z_A)、(x_B，y_B，z_B)、(x_C，y_C，z_C)、(x_D，y_D，z_D)分别为卫星 A、B、C、D 在 t_i 时刻的空间直角坐标；v_{tA}、v_{tB}、v_{tC}、v_{tD} 分别为该时刻 4 颗卫星的钟差，它们均可以由卫星所广播的卫星星历来提供。

求解上列方程，即得待定点的空间直角坐标 x_P，y_P，z_P。

由此可见，GPS 定位的实质就是根据高速运动的卫星瞬间位置作为已知的起算数据，采用空间距离后方交会的方法，确定待定点的空间位置。

4. GPS 定位方式

GPS 定位根据测距的原理和方式不同，分为伪距法定位、载波相位测量定位及差分 GPS 定位等。采用伪距观测量定位速度最快，而采用载波相位观测量精度最高，对于待求点而言，根据其运动状态可以将 GPS 定位分为静态定位和动态定位。静态定位是指对于固定不动的待定点，将 GPS 接收机置于其上，观测数分钟甚至更长的时间，以确定该点的三维坐标，又叫做绝对定位。而以两台 GPS 接收机分别置于两个固定不变的待定点上，通过一定时间的观测，从而确定两个待定点之间的相对位置，叫做相对定位，动态定位是指至少有一台接收机处于运动状态，测定各观测时刻运动中的接收机的绝对或者相对点位。

1) 伪距定位

伪距定位是由 GPS 接收机在某一时刻测得 4 颗以上 GPS 卫星的伪距及已知的卫星位置，采用距离交会的方法求定接收机天线所在点的三维位置。所测伪距为由卫星发射的测距码信号达到 GPS 接收机的传播时间乘以光速所得到的量测距离。因为卫星钟、接收机钟的误差及无线电信号经过电离层和对流层中的延迟，实际测出的距离和卫星到接收机真实几何距离有一定的差值，所以一般称量测出的距离为伪距。但是，该方法的优点是速度快、无多值性问题，是 GPS 定位系统进行导航的最基本方法，并可以利用增加观测时间来提高观测定位精度；缺点是测量定位精度低，但足以满足部分用户的需要。

卫星发射机根据自己的时钟发出某一结构的测距码，经过了Δt时间的传播后到达地面的接收机，如图 12.3 所示，此时接收机收到的测距码为 $U(t-\Delta t)$。而接收机在自己的时钟控制下产生一组结构完全相同的测距码——复制码为 $U'(t-\tau)$，并通过接收机的时间延迟器进行异相，并对测距码和复制码进行相关处理，当信号之间的自相关系数达到最大时，满足自相关系数 $R(t)=1$，即接收机所产生的复制码和接收机接收到的 GPS 卫星测距码完全对齐，否则继续调整时间延迟τ，直到 $R(t)=\max$。测定自相关系数的工作由接收机锁相环路的相关器和积分器来完成。那么，在理想的情况下，其时间延迟τ即为 GPS 卫星信号从卫星传播到接收机所用的时间Δt，GPS 卫星信号的传播是一种无线电信号的传播，其速度等于光速 c，卫星到接收机的距离为τ乘以 c：

$$R(t)=\frac{1}{T}\int_{T}U(t-\Delta t)U'(t-\tau)\mathrm{d}t \tag{12.4}$$

实际上卫星钟和接收机钟总不能完全同步，而存在差异，所以自相关系数最大情况下求得的时间延迟τ不会严格等于 GPS 卫星信号的传播时间Δt，而包含了卫星钟和接收机钟的不同步的影响，以及信号传播过程中电离层和对流层的影响。因此把自相关性系数最大条件下求得的时间延迟τ和 c 乘积称作伪距，即 $\tilde{\rho}=\tau\times c$，而以伪距作基本观测量来求点位的方法就是伪距法定位。

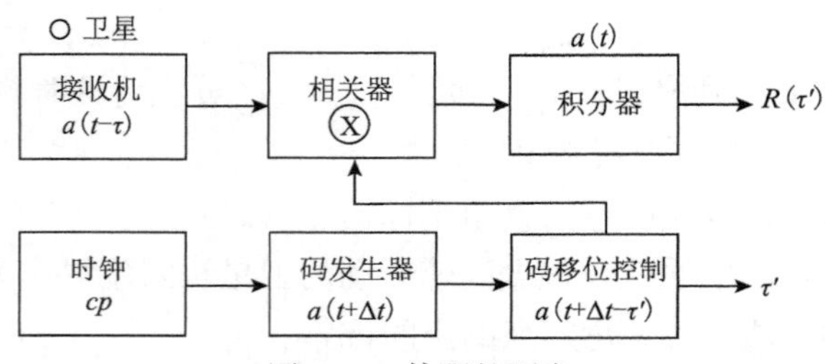

图 12.3　伪距的测定

因为卫星的位置为 WGS-84 坐标下的坐标，所以求得的接收机的位置也是 WGS-84 坐标系下的坐标，可根据大地坐标的正反计算公式将其转化为大地经纬度坐标。GPS 观测中包含了接收机钟差、大气传播延迟、多路径效应等误差，在定位计算时还要受到卫星广播星历误差的影响。此外，接收机的选择、定位样式选定也是影响定位精度的主要因素。

2) 载波相位定位

全球定位系统的基本测距方法是利用测距码进行伪距测量，由于测距码的码元宽度较大，对一些高精度的应用而言，其精度显得过低无法满足需要。而载波相位测量不使用测距码信号，不受测距码控制，属于非测距码测量系统。对于载波信号而言，其波长很短，

$\lambda_{L_1}=19.03\text{cm}$，$\lambda_{L_2}=24.42\text{cm}$，因此把载波作为测量信号，对载波进行相位测量就能够达到很高的精度，目前的大地型接收机的载波相位测量精度一般为 1～2mm，其相对定位精度可达 10^{-8}，有的精度更高。但是载波信号是一种周期性的正弦信号，而相位测量只能测定其不足一个波长的部分，因而存在着整周数不确定性的问题，使解算过程变得相对比较复杂。

(1)载波相位观测基本原理。

载波相位测量的观测量是 GPS 接收机接收的卫星载波信号与接收机本身产生的参考信号的相位差。

假定卫星 S 发出的载波信号，在 t 时刻的相位为 $\varphi_S(t)$，该信号经过距离 ρ 到达接收机，在接收机 M 处的相位为 φ_M，相位变化 $(\varphi_S-\varphi_M)$ 为其相位变化量，那么卫星 S 到接收机 M 的距离就可以粗略地表示，如图 12.4 所示。

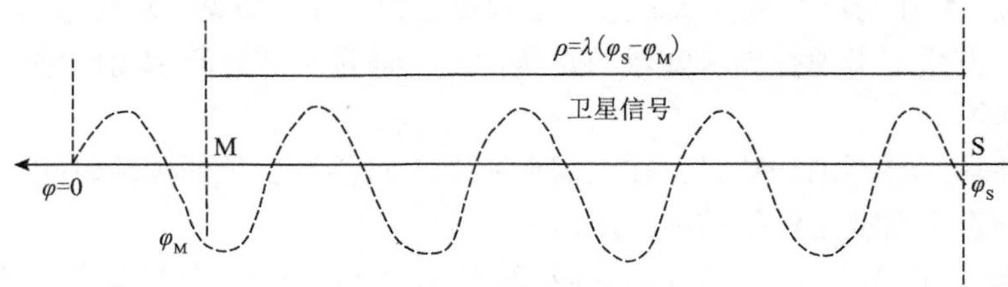

图 12.4　载波相位测量示意图

$$\rho=\lambda(\varphi_S-\varphi_M)=\lambda(N_0+\Delta\varphi) \tag{12.5}$$

式中，λ 为载波的波长；$(\varphi_S-\varphi_M)$ 中包含整周部分和不足整周的部分；N_0 为整周部分；$\Delta\varphi$ 为非整周部分。由于载波信号是一种周期性的正弦波，因此，若能够知道 $(\varphi_S-\varphi_M)$，则可以计算出卫星到接收机的距离。

当接收机连续跟踪卫星信号时，也就是说，卫星载波信号从 t_0 到 t_i 之间没有间断，所测得的每个相位观测量显然包含同一整周未知数 N_0，见图 12.5，那么，在 t_i 时刻一个完整的载波相位观测量可表示为

$$\varphi=N_0+\tilde{\varphi}=N_0+\text{Int}^i(\varphi)+F^i(\varphi) \tag{12.6}$$

在以后的观测中，其观测量包含了相位差的小数部分和累计的整周数，当卫星信号中断时，将丢失 $\text{Int}(\varphi)$ 中的一部分整周，称为整周跳变，简称周跳，而 $F(\varphi)$ 是瞬时值，不受周跳的影响。

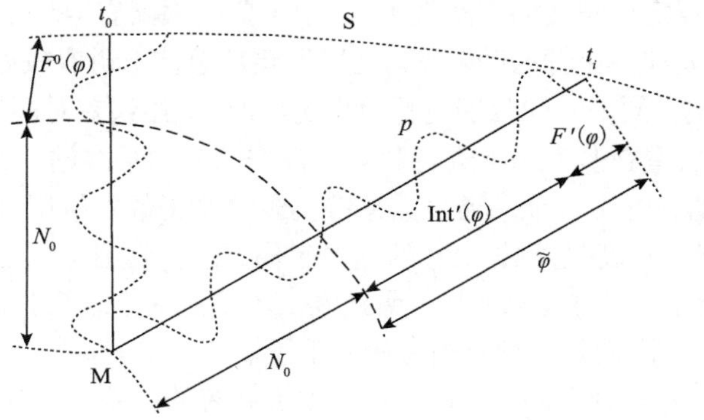

图 12.5　载波相位观测量

(2) 整周未知数的确定。

正确地解决整周未知数的确定问题，一方面是提高载波相位测量精度的必不可少的条件；另一方面，快速正确地确定整周未知数，又是提高 GPS 定位作业效率的重要环节。确定整周未知数的方法很多，常用的有以下几种。

a.伪距法。伪距法进行载波相位测量的同时又进行了伪距测量，将伪距观测值与载波相位测量的实际观测值比较可得到 $\lambda \cdot N_0$。因为伪距测量的精度较低，所以对较多的 $\lambda \cdot N_0$ 取平均值后才能获得正确的整波段数。

b.经典静态相对定位法。经典静态相对定位法，是将整周未知数 N_0 当做平差计算中的特定参数来加以估计和确定，具体有两种方法。

整数解：由于各种误差的影响，解得的整周未知数往往是非整数，通常采用四舍五入法将其固定为整数，并作为已知数代入原观测方程重新进行平差计算，求得基线向量的最后值。

实数解：该方法不考虑整周未知数的整数性质，通过平差计算求得的整周未知数不再进行凑整和重新解算。

经典方法在求解整周未知数时，往往需要一个小时甚至更长的观测时间，从而影响了作业效率，但一般在高精度定位领域中使用。

c.交换天线法。首先需要在已知的基准站附近 5～10m 任意一处选择一个天线交换点，形成一个短基线。将两台接收机的天线分别安置在该两点，至少对 4 颗相同的卫星进行同步观测，并采集若干个历元的观测值。然后把天线进行交换，继续同步观测若干历元。最后把天线恢复到原来位置，再同步观测若干历元。

d.三差法。由于连续跟踪的所有载波相位观测量中均含有相同的整周未知数，将相邻两个观测历元的载波相位相减，就可以消去该参数，直接求出坐标参数，受接收机钟及卫星钟的随机误差的影响，精度不是太好，往往用来解算未知数的初始值，三差法可以消除掉更多的误差，所以应用比较广泛。

e.快速确定整周未知数。根据平差所提供的信息，以数理统计理论的参数估计和统计假设检验为基础，确定在某一置信区间整周未知数可能的整数解的组合，然后依次将整周未知数的每一组合作为已知值，重复地进行平差计算，其中估计值的检验方差或方差和最小的一组整周未知数定为最佳估计值。实验结果表明，在基线 (<20km) 时，根据 1～2min 的双频观测结果，可以精确地解算整周未知数，可使相对定位的精度达到厘米级甚至更高。

3) 差分 GPS 定位

影响 GPS 实时单点定位精度的因素很多，其中主要的因素有卫星星历误差、大气延迟 (电离层、对流层延迟) 误差和卫星钟的钟差等。上述误差从总体上讲有较好的空间相关性，因而相距不太远的两个测站在同一时间分别进行单点定位时，上述误差对两站的影响就大体相同。因此，将 GPS 接收机安置在基准站上进行观测，根据已知的基准站的精密坐标计算出坐标、距离或者相位的改正值，并由基准站通过数据链实时将改正数发给用户接收机，从而改正定位结果，提高定位精度，这就是差分 GPS 的基本工作原理。利用这一方法可以将用户单点定位精度从原来的 ± 100m (实施 SA 政策时) 或 ± 30m (不实施 SA 政策时) 提高到 5～10m (用户离基准点为 200km 时)，因而是一种相当有效的手段。

GPS 定位中，存在着三种误差：一是多台接收机共有的误差，如卫星钟误差、星历误差；二是传播延迟误差，如电离层误差、对流层误差；三是接收机固有的误差，如内部噪声、通道延迟、多路径效应。采用差分技术，完全可以消除第一部分误差，可大部分消除第二部分误差(主要视基准站至用户的距离而定)。

根据基准站发送信息方式的不同，差分 GPS 定位可分为测站差分、伪距差分、相对平滑伪距差分和载波相位差分。

(1)测站差分原理。

GPS 测站差分是一种最简单的差分方法。安置在已知点上的基准站 GPS 接收机，经过对 4 颗及 4 颗以上的卫星观测便可实现定位，求出基准站的坐标(X',Y',Z')。由于存在着卫星星历误差、时钟误差、大气影响、多路径效应和其他误差，该坐标和已知坐标(X,Y,Z)不一样，存在着一定的误差，按照下式求出其坐标的改正数为

$$\begin{cases}\Delta X = X - X' \\ \Delta Y = Y - Y' \\ \Delta Z = Z - Z'\end{cases} \tag{12.7}$$

式中，ΔX，ΔY，ΔZ 为坐标的改正数。基准站利用数据链将坐标改正值发送给用户站，用户站用接收到的坐标改正值对其坐标进行改正。

这样，经过改正后的用户坐标就消去了基准站和用户站的共同误差，提高了定位精度。

测站差分的优点是需要传输的差分改正数较少，计算方法简单，适用于各种型号的 GPS 接收机。

测站差分的主要缺点是：要求基准站和用户站必须保持观测同一组卫星，如果近距离是可以做到的，但距离较长时很难满足。此外，因为基准站和用户站接收机的装备可能不完全相同，且两站观测环境也不完全相同，所以难以保证两站观测同一组卫星，产生的误差可能很不匹配，从而影响定位的精度。因此测站差分只适用于 100km 以内。

(2)伪距差分。

伪距差分是目前应用最广泛的差分定位技术之一。几乎所有的商用差分 GPS 接收机均采用这种技术，国际海事无线电委员会推荐的 RTCM SC-104 也采用了这种技术。

其原理是：在基准站上利用已知坐标求出测站至卫星的距离，然后将其与接收机测定的含有各种误差的伪距进行比较，并利用一个滤波器对所得的差值进行滤波求出偏差(伪距改正数)，最后将所有卫星的伪距改正数传输给用户站，用户站利用此伪距改正数改正所测量的伪距，得到用户站自身的坐标。

伪距差分有以下优点。

a.由于计算的伪距改正数是直接在 WGS-84 坐标上进行的，得到的是直接改正数，不需要先变换为当地坐标系，定位精度更高，且使用更方便。

b.改正参数能够提供 $\Delta\rho_i^j$ 和 $\mathrm{d}\rho_i^j$，在未获得改正数的空隙内能够继续精密定位，达到了 RTCM SC-104 所制定的标准。

c.基准站能提供所有卫星的改正数，而用户站只需接收 4 颗卫星即可以进行改正。

与位置差分相似，伪距差分能将两站间的公共误差抵消，误差的公共性在很大程度上依赖于两站之间的距离。随着距离的增加，其误差的公共性逐渐减弱，系统误差增加，且这种误差采用任何差分方法都能消除，因此，基准站和用户站之间的距离对伪距差分的精度有决定性影响。

5. 载波相位差分技术——RTK 技术

1) 基本原理

差分 GPS 的出现，能实时给定载体的位置，精度为米级，满足了引航、水下测量等工程的要求。位置差分、伪距差分、 伪距差分相位平滑等技术已成功用于各种作业中，随之而来的是更加精密的测量技术——载波相位差分技术。

载波相位差分技术又称 RTK (real time kinematic) 技术，是建立在实时处理两个测站的载波相位基础上的。它能实时提供观测点的三维坐标，并达到厘米级的高精度。与伪距差分原理相同，RTK 的工作原理是将一台接收机置于基准站上，另一台或几台接收机置于载体 (称为流动站) 上，基准站和流动站同时接收同一时间、同一 GPS 卫星发射的信号，由基准站通过数据链实时将其载波观测量及站坐标信息一同传送给用户站。用户站接收 GPS 卫星的载波相位与来自基准站的载波相位，并组成相位差分观测值进行实时处理，能实时给出厘米级的定位结果，从而得到经差分改正后流动站较准确的实时位置。

RTK 技术以其测量精度高、时间短等优势在 GPS 定位领域占据重要地位，在快速静态测量、准动态测量和动态测量中获得了广泛的应用，不仅能快速建立高精度的工程控制网，还可以进行动态放样和一步法成图，如高速公路控制网的建立、地形测图和地籍测绘、水土建筑的施工放样。

2) RTK GPS 定位设备

实时动态 (RTK) 测量系统主要包括 GPS 接收设备、数据传输系统和软件系统三部分。

(1) GPS 接收设备。该系统中至少包含两台 GPS 接收机，其中一台安置于基准站上，且基准站的坐标是已知的，观测条件要好；另一台或若干台分别安置于不同的流动站上。在作业期间，基准站上的 GPS 接收机连续跟踪 GPS 卫星，并通过数据传输系统实时地将观测数据发送给用户站。

(2) 数据传输系统。基准站和用户站之间是通过数据传输系统关联起来的，数据传输系统是实现实时动态测量的关键设备之一，由调制解调器和无线电台组成。基准站通过调制解调器将有关的数据进行编码和调制，并通过无线电台发射出去，用户站上的无线电台将其接收并由解调器对数据进行解调还原，送入用户站上的 GPS 接收机中。

(3) 实时动态测量的软件系统。软件系统的质量与功能，对保障实时动态测量的可行性、测量结果的准确性和可靠性，都具有决定性的意义。实时动态测量的软件系统具备以下主要功能：①整周未知数的快速解算；②实时解算用户站在 WGS-84 地心坐标系下的三维坐标；③求解坐标系之间的转换参数；④根据转换参数，进行坐标系统的转换；⑤解算结果质量分析与精度评定；⑥测量结果的显示与绘图。

6. 网络 RTK 定位技术

早在 1999 年，著名 GPS 仪器生产商 Trimble 公司开发出网络 RTK 系统软件——VRS (virtual reference station) 系统后，网络 RTK 技术就在国际上得到了推广与应用。这种虚拟参考站系统几乎覆盖了美洲、欧洲，它所代表的网络 RTK 技术受到测绘界及有关领域人员重视。

当前，利用多基站网络 RTK 技术建立的 CORS 系统已成为城市 GPS 应用的发展热点之一。该系统是卫星定位技术、计算机网络技术、数字通信技术等高新科技多方位、深度结晶的产物。

连续运行卫星定位服务综合系统 CORS 的技术有 VRS 虚拟参考站技术、德国的 FKP 区域改正数技术和瑞士 Leica 的主辅站技术。

CORS 系统由基准站网、数据处理中心、数据传输系统、定位导航数据播发系统、用户应用系统 5 个部分组成。各基准站与监控分析中心通过数据传输系统连接成一体，形成专用网络。

(1) 基准站网。基准站网由区域内均匀分布的基准站组成，负责采集 GPS 卫星观测数据并输送至数据处理中心，同时提供系统完好性监测服务。

(2) 数据处理中心。系统的控制中心，用于接收各基准站数据，进行数据处理，形成多基准站差分定位用户数据。中心 24h 连续不断地根据各基准站所采集的实时观测数据自动生成对应于流动站点位的虚拟参考站，并通过现有的数据通信网络和无线数据播发网，向各类用户提供码相位／载波相位差分修正信息，以便实时解算出流动站的精确单位。

(3) 数据传输系统。各基准站数据通过光纤专线传输至监控分析中心，该系统包括数据传输硬件设备和软件控制模块。

(4) 定位导航数据播发系统。系统通过移动网络、UHF 电台、Internet 等形式向用户播发定位导航数据。

(5) 用户应用系统。包括用户信息接收系统、网络型 RTK 定位系统、事后和快速精密定位系统、自主式导航系统及监控定位系统等。用户服务子系统可以分为毫米、厘米、分米和米级用户系统等；还可以分为测绘与工程用户 (厘米、分米级)、车辆导航与定位用户 (米级)、高精度用户 (事后处理) 和气象用户等几类。

CORS 系统彻底改变了传统 RTK 测量作用模式，其主要优势体现在：①改进了初始化时间，扩大了有效工作范围；②采用连续基站，用户随时可以观测，使用方便，提高了工作效率；③拥有完善的数据监控系统，可以有效地消除系统误差和周跳，增强差分作业的可靠性；④用户无须架设参考站，真正实现单机作业，减少了费用；⑤使用固定可靠的数据链通信方式，减少了噪声干扰；⑥提供远程 Internet 服务，实现了数据的共享；⑦扩大了 GPS 的动态领域应用范围，更有利于车辆、飞机和船舶的精密定位；⑧为数字化城市的建设提供了新的契机。

目前，CORS 系统在世界范围内已经得到广泛应用，我国大多数省已建立了各自的 CORS 系统，部分城市根据各自的需求，也建成了城市 CORS 系统，而且部分省市的 CORS 系统已联网运行。

7. GPS 测量实施

使用 GPS 进行控制测量的过程：方案设计、外业观测和内业数据处理。用户可以根据测量成果的用途选择相应的 GPS 测量规范实施。GPS 测量规范主要有《全球定位系统 (GPS) 测量规范》(GB/T 18314—2009)、《全球导航卫星系统连续运行参考站网建设规范》(CH/T2008—2005)、《卫星定位城市测量规范》(CJJ/T73—2010)。

1) 精度指标

GPS 控制测量中各等级 GPS 相邻点间弦长的精度用下式来表示：

$$\sigma=\sqrt{a^2+(b\cdot d\cdot 10^{-6})^2} \tag{12.8}$$

式中，σ 为标准差 (mm)；a 为固定误差 (mm)；b 为比例误差系数 (ppm；1ppm=1×10^{-6})；d

为相邻点间距离(km)。

2) 观测要求

在同步观测中，测站从开始接收卫星信号到停止数据记录的时段称为观测时段；卫星与接收机天线的连线相对水平面的夹角称卫星高度角，卫星高度角太小时，不能进行观测；反映一组卫星与测站所构成的几何图形形状与定位精度关系的数值称点位图形强度因子(position dilution of precision，PDOP)，它的大小与观测卫星高度角的大小，以及观测卫星在空间的几何分布变化有关。观测卫星高度角越小，分布范围越大，PDOP 值越小；综合其他因素的影响，当卫星高度角设置为≥15°时，点位的 PDOP 值不宜大于 6。GPS 接收机锁定一组卫星后，将自动计算出 PDOP 值并显示在液晶屏幕上。《卫星定位城市测量规范》对 GPS 测量作业的基本要求列于表 12.1。

表 12.1　各级 GPS 测量基本技术要求的规定

项目	观测方法	二等	三等	四等	一级	二级
卫星高度角	静态	≥15°	≥15°	≥15°	≥15°	≥15°
有效观测卫星数/个	静态	≥4	≥4	≥4	≥4	≥4
平均重复设站数/个	静态	≥2	≥2	≥1.6	≥1.6	≥1.6
时段长度/min	静态	≥90	≥60	≥45	≥45	≥45
数据采样间隔/s	静态	10～60	10～60	10～60	10～60	10～60
PDOP 值	静态	<6	<6	<6	<6	<6

注：当采用双频 GPS 接收机进行快速静态观测时，时间长度可缩短为 10min。

3) GPS 测量的作业模式

GPS 测量的作业模式主要有静态相对定位模式、快速静态相对定位模式、准动态相对定位模式和动态相对定位模式等。

(1) 静态相对定位模式。通常采用两台(或两台以上) GPS 接收机，分别安置在一条(或数条)基线的端点上，对 4 颗以上的 GPS 卫星进行同步观测若干个时段，具体施测的时段数或每一时段的时间长短取决于基线的长度及所要求的精度。其作业布网形式如图 12.6 所示。

特点：利用静态相对定位模式所观测的独立基线一般都应该构成一系列封闭图形，这有利于外业观测成果的检核，同时可以提高网的强度和可靠性。并且通过平差计算，也有助于提高测量定位的精度。

应用范围：建立全球性或国家级大地控制网；建立地壳运动或工程变形监测网；建立长距离检校基线；进行岛屿、大陆彼此之间的联测；建立精密工程测量控制网等。

(2) 快速静态相对定位模式。通常在测区的中部选择一个基准站(也称参考站)安置一台 GPS 接收机，并对所有可见 GPS 卫星进行连续跟踪观测。另一台接收机依次在各点进行流动设站，在每个点上都静止观测数分钟。其作业布网形式如图 12.7 所示。接收机在流动站点之间移动时，不必保持对所测卫星进行连续的跟踪观测，接收机可以关闭电源以节省能耗。流动站与基准站之间的距离通常应该不超过 20km。

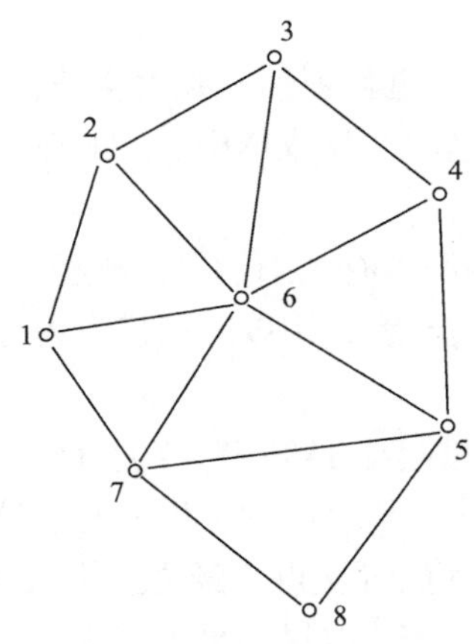

图 12.6　静态相对定位模式

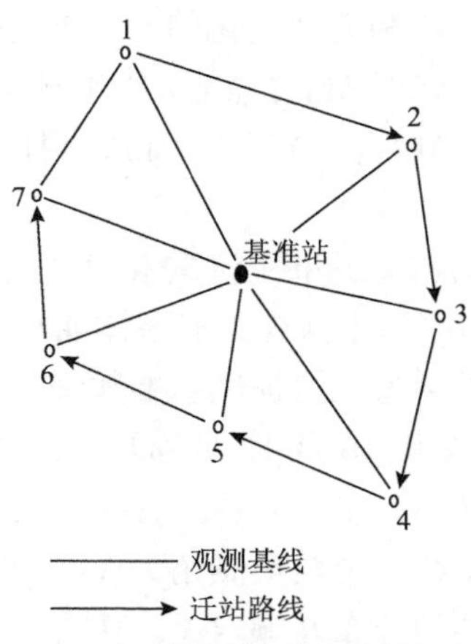

图 12.7　快速静态定位模式

快速静态相对定位模式具有方法简单、作业速度快、精度高和能耗低等优点；其缺点是当采用两台接收机进行作业时，因为其并不构成闭合图形，所以可靠性较差。

应用范围：控制网的建立及其加密、工程测量、地籍测量、边界测量等。

(3) 动态相对定位模式。选择一个基准站(也称参考站)安置一台 GPS 接收机，并对所有可见 GPS 卫星进行连续跟踪观测。另一台接收机首先在出发点上静态观测数分钟，然后该接收机从出发点开始连续运动，在运动过程中，按照预定的时间间隔自动地进行观测。其作业布网形式如图 12.8 所示。

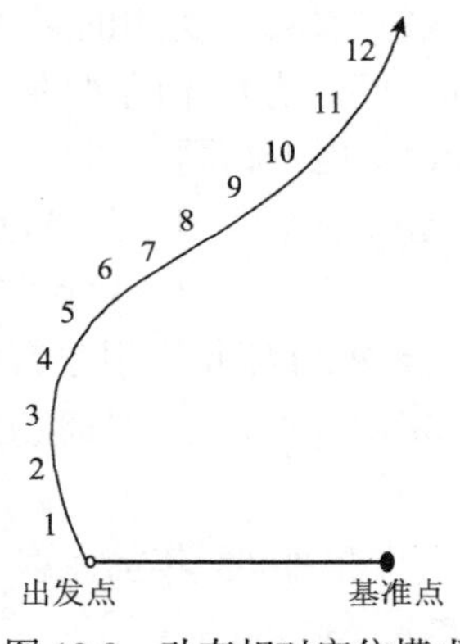

图 12.8　动态相对定位模式

动态相对定位模式作业时要求：在观测时段内有 4 颗以上分布良好的 GPS 卫星可供观测；而且在观测过程中，流动接收机对所测卫星信号保持连续地跟踪观测不能失锁；流动站与基准站之间的距离通常应该不超过 20 km。

特点：测量速度快，可实现对运动载体(如汽车、船只和火车等)的连续实时定位。

应用范围：精密测定载体的运动轨迹、测定道路的中心线、剖面测量和航道测量等。

12.1.3　其他卫星导航系统

1. GLONASS 卫星导航系统

GLONASS 是 global navigation satellite system(全球卫星导航系统)的缩写，最早开发于苏联时期，后由俄罗斯继续该计划。俄罗斯 1993 年开始独自建立本国的全球卫星导航系统。该系统于 2007 年年底之前开始运营，已开放俄罗斯境内卫星定位及导航服务。该系统与 GPS 一样，采用距离交会原理进行工作，可为地球上任何地方及近地空间的用户提供连续的、精确的三维坐标、三维速度及时间信息。

GLONASS 的正式组网比 GPS 还早，这也是美国加快 GPS 建设的重要原因之一。苏联的解体让 GLONASS 受到很大影响，正常运行卫星数量大减，甚至无法为俄罗斯本土提供全面导航服务。21 世纪初随着俄罗斯经济的好转，GLONASS 也开始恢复元气，推出了

GLONASS-M 和更现代化的 GLONASS-K 卫星更新星座。

GLONASS 已经于 2011 年 1 月 1 日在全球正式运行。根据俄罗斯联邦太空署信息中心提供的数据(2012 年 10 月 10 日)，目前有 24 颗卫星正常工作、3 颗维修中、3 颗备用、1 颗测试中。

GLONASS 卫星在轨重量为 1.4t，圆柱形星体的两侧配备有太阳能电池帆板，其面积约为 $7m^2$，功率为 1.6kW。卫星体前端安有 12 根 L 波段发射天线，用以向用户发射导航信号。星载铯原子钟为卫星提供基准频率。

从 1982 年 10 月 12 日苏联发射第一颗 GLONASS 卫星起至 1995 年 12 月 14 日止，先后共发射了 73 颗 GLONASS 卫星，最终建成了由 24 颗工作卫星组成的卫星星座。这 24 颗卫星均匀分布在三个轨道倾角为 64.8°的轨道上。相邻轨道面的升交点赤经之差为 120°。每个轨道面上均匀分布 8 颗卫星。卫星在几乎为圆形的轨道上飞行。卫星的平均高度为 19390km，运行周期为 11 小时 15 分钟 44 秒。

GLONASS 所用的时间系统是俄罗斯自己维持的 UTC 时间，除了存在跳秒外，与 GPS 时间之间还有数十纳秒的差异。GLONASS 所用的坐标系是 PZ90 坐标系，与 GPS 所用的 WGS-84 也不相同。

GLONASS 卫星虽然已于 1996 年年初组网成功并正式投入运行，但由于卫星的平均寿命过短，一般仅为 2～3 年，加之俄罗斯的经济状况欠佳，没有足够的资金来及时补发新卫星，所以至 2000 年年底卫星数已减少至 6 颗，系统已无法正常工作。此后，随着经济情况的好转，俄罗斯政府制定了“拯救 GLONASS 的补星计划”，并着手对系统进行现代化改造，其主要措施为：

(1)在 2003 年前发射 GLONASS-M1 卫星，卫星的工作寿命预计为 5 年，在轨重量为 1480kg。

(2)在 2003 年后发射 GLONASS-M2 卫星，设计工作寿命为 7 年，在轨重量为 2000kg，并增设第二民用频率。

(3)2009 年开始研制第三代的 GLONASS-K 卫星，设计工作寿命为 10 年，并增设第三个频率(1201.74～1208.51MHz)。2010 年后重新建成由 24 颗 GLONASS-M 卫星和 GLONASS-K 卫星组成的卫星星座。

(4)2015 年发射新型的 GLONASS-KM 卫星，改进地面控制系统及坐标系统，使其与 ITRF 框架保持一致，提高卫星钟的稳定度，以进一步改善系统的性能。至 2009 年 12 月 29 日，星座中共有 22 颗卫星，其中 15 颗处于正常工作状态，3 颗处于维修状态，3 颗新发射的卫星处于启动调整状态，另 1 颗卫星从 2009 年 6 月起就停止工作，无法启动。

2. Galileo 系统

Galileo 系统是欧盟 1999 年提出，2002 年 3 月正式启动的，是世界第一个基于民用目的的全球卫星导航定位系统。当时预计总投资约 34 亿欧元，原定完成目标是 2008 年，因故延长到 2011 年，可覆盖全球。其研发过程中采用了大量的新技术，其性能优于 GPS 和 GLONASS，具有强大的抗干扰能力，定位精度也比 GPS 高。

Galileo 系统也是由空间部分、地面控制部分和用户接收机三部分组成的。设计的空间部分是 30 颗中低轨卫星，均匀分布在高度为 2.3 万 km 的 3 个轨道面上，轨道倾角为 56°，绕地运行周期约 14 小时 4 分钟。地面控制部分由 1 个主控站、5 个全球监测站和 3 个地面控制站组成，监测站均配装有精密的铯钟和能够连续测量到所有可见卫星的接收机。用户接收机能与 GPS、GLONASS 等接收机兼容。

Calileo 系统的实施预计分 4 个阶段：系统可行性评估和定义(2000 年之前)，研发和在轨验证阶段(2001～2006 年)，部署阶段(2006～2008 年)，运营阶段(2008 年后)。但是，由于预算超支和各欧洲大国要求将地面操作控制设施中的关键设施(如主控中心)设在本国引发利益之争,因此,进度一再推迟。目前只是在 2005 年和 2008 年发射 2 颗在轨验证卫星 GLOVE-A 和 GLOVE-B。

根据 2008 年 4 月 23 日公布的方案,“伽利略”计划调整为两个阶段实施:建设阶段(2008～2013 年)和运行阶段(2013 年以后)。

GLONASS 系统和 Galileo 系统接收机的定位原理与 GPS 接收机定位相似。

3. 北斗卫星导航定位(COMPASS)系统

近年来，我国卫星导航定位技术的应用和精确制导武器的研究均得到了快速的发展，但多是建立在美国 GPS 之上。为解决这一问题，1985 年我国提出建设区域性卫星导航定位系统“北斗 1 号”系统，于 1994 年 1 月批准立项研制建设，2000 年 10 月 31 日发射第一颗卫星“北斗-1A 号”，2000 年 12 月 21 日发射第二颗卫星“北斗-1B 号”，2003 年 5 月 25 日发射第三颗卫星“北斗-1C 号”，第三颗卫星处于前两颗工作卫星的中间，为备份卫星，3 颗卫星组成了我国自己的卫星导航定位系统。2007 年 2 月和 4 月分别发射了第四颗和第五颗卫星，用于代替前两颗卫星。

北斗导航系统也是由空间部分、地面中心控制系统和用户终端组成。目前空间部分由位于赤道面东经 80°、140°、110.5°的 3 颗静止卫星组成，都在赤道上空的 3.6 万 km 轨道上，卫星不发射导航电文，不配备高精度原子钟，只用于地面中心站与用户之间的信号中转。未来计划由 5 颗静止轨道卫星和 30 颗非静止轨道卫星组成北斗卫星导航系统空间部分。地面中心控制系统由 1 个配有电子高程图的地面中心、地面网管中心，测轨站、测高站和数十个分布在全国的地面参考站组成。用户终端是带有定向天线的收发器，用于接收中心站通过卫星发来的信号和向中心站的通信请求，不含定位解算处理器。用户机分为普通型、通信型、授时型和指挥型，指挥型又分为一级、二级、三级。

1) 定位原理

分别以地心和两颗卫星为圆心，以用户机与这 3 个点的距离为半径，形成 3 个相交的球面，用户位于交点处通过伪码测距的方式，测出用户到每颗卫星的距离，并利用用户自身提供的测高数据或中心控制站的高程数据库，计算得到用户的定位数据。

2) 定位过程

地面中心站定时向两颗工作卫星发送载波，载波上调制有测距信号、电文帧、时间码等询问信号；询问信号经其中 1 颗工作卫星转发器变频放大转发到用户机；用户机接收询问信号后，立即响应并向第二颗工作卫星发出应答信号，这个信号中包括了特定的测距码和用户的高程信息；第二颗工作卫星将收到的用户机应答信号经变频放大下传到地面中心站；地面中心站处理收到的应答信息，将其全部发送到地面网管中心：地面网管中心根据用户的申请服务内容进行相应的数据处理；对定位申请，计算出信号经中心控制系统—卫星—用户之间的往返时间，再综合用户机发出的自身高程信息和存储在中心控制系统的用户高程电子地图，根据其定位的几何原理，计算出用户所在点的三维坐标；地面网管中心将处理的信息加密后送地面中心站，再经卫星传到用户端。

“北斗 1 号”导航定位系统是双星定位，只是初步实验阶段，以后除了发射同步卫星，还要发射多颗非同步卫星，以实现“北斗”导航定位系统的全球定位和实用化。

3) 北斗 2 号

“北斗 2 号”卫星导航系统空间段由 5 颗静止轨道卫星和 30 颗非静止轨道卫星组成，提供两种服务方式，即开放服务和授权服务。开放服务是在服务区免费提供定位、测速和授时服务，定位精度为厘米级，授时精度为 50ns，测速精度为 0.2m/s。授权服务是向授权用户提供更安全的定位、测速、授时和通信服务，以及系统完好性信息。

“北斗 2 号”卫星导航系统将克服“北斗 1 号”系统存在的缺点，同时具备通信功能。其建设目标是为我国及周边地区的用户提供陆、海、空导航定位服务，促进卫星定位、导航、授时服务功能的应用，为航天用户提供定位和轨道测定手段，满足武器制导的需要，满足导航定位信息交换的需要。

12.2 遥感概论

12.2.1 概述

1. 遥感的定义

遥感技术是 20 世纪 60 年代兴起并迅速发展起来的一门综合性探测技术。它是在航空摄影测量的基础上，随着空间技术、电子计算机技术等当代科技的迅速发展，以及地学、生物学等学科发展的需要，形成的一门新兴技术学科。

遥感，从广义上说泛指从远处探测、感知物体或事物的技术，即不直接接触物体本身，从远处通过仪器(传感器)探测和接收来自目标物体的信息(如电场、磁场、电磁波、地震波等信息)，经过信息的传输及其处理分析，识别物体的属性及其分布等特征与变化规律的理论与技术。

2. 遥感特点

1) 观测范围大，具有宏观综合的特点

一张比例尺为 1∶3.5 万的 23 cm×23 cm 的航空像片，可展示出地面 60 余平方千米范围的地面景观实况，并且可将连续的像片镶嵌成更大区域的像片图，以便总观全区进行分析和研究。卫星图像的感测范围更大，一幅陆地卫星 TM 图像可反映出 34225 km^2 (即 185km×185km) 的景观实况。

2) 技术手段多且先进，可获取海量数据

微波具有穿透云层、冰层和植被的能力，红外线则能探测地表温度的变化等，因而遥感使人们对地球的监测和对地物的观测实现了多方位和全天候。

Landsat TM 影像数据量达到 270 MB，覆盖全国范围的 TM 数据量达到 135GB，远远超过了用传统方法获得的信息量。

3) 获取信息快，更新周期短，具有动态监测特点

Landsat TM 4/5 每 16 天即可对全球陆地表面成像一遍，NOAA 气象卫星甚至可每天收到两次覆盖地球的图像。因此，可及时地发现病虫害、洪水、污染、火山和地震等自然灾害发

生的前兆，为灾情的预报和抗灾救灾工作提供可靠的科学依据和资料。

4) 应用领域广泛，经济效益高

遥感已广泛应用于农业、林业、地质矿产、水文、气象、地理、测绘、海洋研究、军事侦察及环境监测等领域。

3. 遥感的分类

遥感分类的方法很多，主要有下列几种。

(1) 按遥感平台(即运载工具)分，包括：地面遥感，又称为近地遥感，传感器设置在地面平台上，如车载、手提、高架平台等；航空遥感，传感器设置于航空器上，主要是飞机、气球等；航天遥感，传感器设置于环地球的航天器上，如人造地球卫星、航天飞机、空间站等。

(2) 按探测器的工作波段分，包括：紫外遥感，探测波段在 0.05～0.38 μm；可见光遥感，探测波段在 0.38～0.76 μm；红外遥感，探测波段在 0.76～1000 μm；微波遥感，探测波段在 1 mm～10 m；多光谱(高光谱)遥感，指探测波段在可见光波段到红外波段范围内，再细分若干窄波段来探测目标。

(3) 按遥感应用领域，从大的研究领域可分为外层空间遥感、大气层遥感、陆地遥感、海洋遥感等；从具体应用领域可分为城市遥感、环境遥感、农业遥感、林业遥感、地质遥感、渔业遥感、气象遥感、水文遥感、工程遥感、灾害遥感及军事遥感等。

(4) 按遥感资料的记录方式可分为成像遥感和非成像遥感。

(5) 按传感器工作方式又可分为主动遥感和被动遥感。

4. 遥感的发展历程

1962 年，遥感名词被正式通过，标志着遥感这门新学科的形成。

1) 常规航空摄影阶段(20 世纪 30 年代以前)

1826 年摄影技术的出现，标志着遥感技术的诞生。

1839 年以前主要是进行地面摄影。

1858 年法国人图纳乔(Tournachon)用气球拍摄巴黎。

1913 年意大利人威尔伯·赖特用飞机拍摄了第一张航片。

1913 年开普敦·塔迪沃发表论文论述飞机摄影绘制地形图的原理。

1915 年开始生产航摄像机。

1924 年彩色胶片出现，航空摄影技术正式问世。

2) 航空遥感阶段(20 世纪 30～60 年代)

1930 年美国开始进行航测，编制中小地图和农业生产的专题图。

1931 年出现了感红外的航摄胶片。

1937 年首次进行彩色航摄，出现了假彩色红外胶片。

20 世纪 50 年代，非摄影成像的扫描技术和侧视雷达技术开始应用，使遥感技术发展到了航空阶段。

1949 年美国开设航摄和航片判读的课程。

1945 年美国创刊《摄影测量工程学》，1975 年改名为《摄影测量和遥感》。

3) 航天遥感阶段(20 世纪 60 年代以来)

1957 年苏联发射第一颗人造卫星，开创了遥感技术的新纪元。

1960 年美国发射 TIROS-1 (Television Infrared Observation Satellite) 和 NOAA-1 (National

Oceanic and Atmospheric Administration）太阳同步气象卫星。

1972 年 ERTS-1 发射(后改名为 Landsat-1)，装有 MSS 传感器，分辨率为 79 m，标志着遥感进入新阶段。

1982 年 Landsat-4 发射，装有 TM 传感器，分辨率提高到 30 m。

1986 年法国发射 SPOT-1，装有 PAN 和 XS 遥感器，分辨率提高到 10 m。

2002 年法国发射 SPOT-5，装有 PAN 和 XS 遥感器，分辨率为 2.5 m。

1999 年美国发射 IKNOS，空间分辨率提高到 1 m。

2001 年美国发射 QuickBird，空间分辨率达到 0.61 m 。

2007 年美国发射 GeoEye-1，空间分辨率达到 0.41 m。

2009 年美国发射 WorldView-II，空间分辨率达到 0.50 m。

2010 年印度发射 Cartosat-2B，空间分辨率达到 0.80 m。

1988 年 9 月 7 日中国发射的第一颗气象卫星"风云 1 号"，其主要任务是获取全球的昼夜云图资料及进行空间海洋水色遥感试验。

1999 年 10 月 14 日中国发射资源卫星一号。

2011 年 12 月 22 日中国发射资源一号 02C 卫星(简称 ZY-1 02C)。搭载有全色多光谱相机和全色高分辨率相机，主要任务是获取全色和多光谱图像数据，可广泛应用于国土资源调查与监测、防灾减灾、农林水利、生态环境、国家重大工程等领域。

2012 年 1 月 9 日中国发射资源三号卫星(ZY-3)。

12.2.2 现代遥感技术系统的构成

现代遥感技术系统是实现遥感目的的方法、设备和技术的总称，它是一个多维、多平台、多层次的立体化观测系统，一般由 4 个部分组成。

1. 空间信息采集系统

空间信息采集系统主要包括遥感平台和遥感器两个部分。遥感平台是运载遥感器并为其提供工作条件的工具，它可以是航空飞行器，如飞机和气球等，也可以是航天飞行器，如人造卫星、宇宙飞船、航天飞机等。显然，遥感平台的运行状态会直接影响遥感器的工作性能和信息获取的精确性。遥感器是收集、记录被测目标的特征信息(反射或发射电磁波)并发送至地面接收站的设备。遥感器是整个技术的核心，体现着遥感技术的水平。

在空间采集中，通常有多平台信息获取、多时相信息获取、多波段或多光谱信息获取几种方式。多平台信息是指同一地区采用不同的运载工具获取信息；多时相信息是指同一地区不同时间(年、月、日)获取的信息；多波段是指遥感器使用不同的电磁波段获取的信息，如可见光波段、红外波段、微波波段等，多光谱信息是指遥感器使用某一电磁波段中不同光谱范围获取的信息，如可见光波段中的 0.4～0.5μm、0.5m～0.6μm、0.6～0.7μm 等。多波段和多光谱有时互相通用。

2. 地面接收和预处理系统

航空遥感获取的信息，可以直接送回地面并进行一定处理。航天遥感获取的信息一般都是以无线电的形式进行实时或非实时性地发送并被地面接收站接收和进行预处理(又称前处理或粗处理)，预处理的主要作用是对信息所含有的噪声和误差进行辐射校正和几何校正、图像的分幅和注记(如地理坐标网等)，为用户提供信息产品。

3. 地面实况调查系统

地面实况调查系统主要包括在空间遥感信息获取前所进行的地物波谱特征(地物反射电磁波及发射电磁波的特性)测量,在空间遥感信息获取的同时所进行的与遥感目的有关的各种遥感数据的采集(如区域的环境和气象等数据)。地物波谱特征测量工作是为设计遥感器和分析应用遥感器信息提供依据，区域环境和气象等数据则主要用于遥感信息的校正处理。

4. 信息分析应用系统

信息分析应用系统是用户为一定目的而应用遥感信息时所采用的各种技术，主要包括遥感信息的选择技术、应用处理技术、专题信息提取技术、制图技术、参数估算和数据统计技术等内容。其中遥感信息的选择技术是指根据用户需求的目的、任务、内容、时间和条件(经济、技术、设备等),在已有各种遥感信息的情况下,选择 1 种或多种信息时必须考虑的技术。当需要最新遥感信息时(如航空遥感)，应按照遥感图像的特点(如多波段或多光谱)，因地制宜，讲究实效地提出遥感的技术指标。

12.3　地理信息系统概述

12.3.1　地理信息系统概念

1. 数据和信息

数据是对客观事物进行定性、定量描述的值，包括数字、文字、符号、图形、影像、语音等形式。信息是有关客观世界的一切真知，向人们提供关于现实世界各种事实的知识，普遍存在于自然界、人类社会和思维领域，具有客观性、适用性、可传输性和共享性等特征。

数据和信息是密切相关的，数据本身没有意义，只有经解译后才具有意义，才能成为信息。就本质而言，数据是客观对象的表示，而信息则是数据表示的意义，只有数据对实体行为产生影响时才成为信息。在空间信息科学领域，数据和信息是不可分离的。信息源于数据，又通过数据进行表达，即数据是信息的表达，而信息则是数据的内容。

要从数据中得到信息，处理和解释是非常重要的环节。数据处理，是指对数据进行收集、筛选、排序、归并、转换、存储、检索、计算、分析、模拟和预测等操作。这些操作的目的是：①把数据转换成便于观察、分析、传输或进一步处理的形式；②把数据加工成对正确管理和决策有用的数据；③把数据编辑后存储起来，以供不断使用。

数据处理是为了解释，而数据解释需要人的经验和应用目的。同一数据，每个人的解释可能不同，因而对决策的影响也可能不同。而不同的解释，则往往来自不同的背景、目的和应用。

地理信息系统总体而论涉及两大方面的内容：其一是数据的收集、输入和处理，建立其空间数据库；其二是数据的空间分析，建立应用模型并输出。

2. 地理信息和地图

1) 地理信息

地理信息是指表征地理圈或地理环境固有要素或物质的数量、质量、分布特征、关系和规律等的数字、文字、图像和图形等的总称。地理信息是有关地理实体的性质、特征和变化过程的描述，是对地理数据的解释，包含空间位置关系、空间关系信息、时间信息和属性信息。

地理信息除了具有信息的一般特性(客观性、实用性、传输性和共享性)外，还具有以下特点：首先，地理信息属于空间信息，有空间分布的特点，其位置的识别是与数据联系在一起的，这是地理信息区别于其他类型信息的一个最显著的标志。

其次，地理信息具有多维结构的特征，即在二维空间的基础上，实现多专题的第三维的信息结构；某一空间位置上含有多重属性，一般在地理信息系统中分成多个专题图层，各个专题或实体之间的联系是通过属性码进行的。

最后，地理信息的时序特征十分明显，因此可以按照时间的尺度进行地理信息的划分，分为超短期的(如森林火灾)、短期的(如江河洪水、作物长势)、中期的(如土地利用、作物估产)、长期的(如水土流失)和超长期的(如火山爆发、地壳变形)等。

2)地图

地图是按照一定的数学法则，运用符号系统和地图制图综合原则，表示地面上各种自然现象和社会经济现象的图。地图是以图像的方式提供地理实体的空间信息、时间信息、空间关系和属性信息等地理信息。

地图能够表达各种地理信息，但它本身不能够处理和管理地理信息，也不能自动查询和分析地理信息。

3. 地理信息系统

1)信息系统

信息系统是具有采集、处理、管理和分析数据能力的系统，它能为单一或有组织的决策过程提供有用信息。一个基于计算机的信息系统包括计算机硬件、软件、数据和用户四大要素：计算机硬件包括各类计算机处理及终端设备，它帮助人们在非常短的时间内组织、存储和处理大量的数据；软件是计算机程序，没有软件支持的计算机硬件是发挥不了作用的；数据是系统分析与处理的对象，构成系统的应用基础；用户是信息系统服务的对象。

2)地理信息系统概念

地理信息系统，简称GIS(geographic information system或geo-base information system；natural resource information system；geo-data system；spatial information system)，是在计算机软件和硬件的支持下，以遥感技术、数据库技术、信息传输、图像处理技术为手段，以航天遥感、航空遥感、地形图、专题地图、监测网信息、统计信息、实况调查信息及其他联网信息为信息源，运用系统工程和信息科学的理论，科学管理和综合分析具有空间内涵的地理数据，以提供规划、管理、决策和研究所需信息的技术系统。概括地说，GIS就是采集、存储、管理、处理和综合分析地理信息，并输出数据和提供图形服务。GIS的基本内涵就是：①具有采集、管理、分析和输出多种地理信息的能力；②以地理信息为研究为对象，以规划决策为目的，以模型为研究方法，具有空间分析、多要素综合分析和动态模拟预测的能力；③由计算机系统支持进行空间数据管理，并由计算机模拟常规或专门分析的统一体。

地理信息系统与其他信息系统的主要区别在于其存储和处理的信息是经过地理编码的，地理位置及与该位置有关的地物属性成为信息检索的重要部分。在地理信息系统中，现实世界被表达成一系列的地理要素、实体或地理现象，这些地理特征由空间位置信息和非位置的属性信息两个部分组成。

3)地理信息系统的特点

(1)研究对象有地理分布特征。地理信息系统在分析处理问题中使用了空间数据与属性数据，并通过空间数据库管理系统将两者联系在一起共同管理、分析和应用，从而提供了认识地理现象的一种新的方法。

(2) 强调空间分析的能力。地理信息系统在空间数据库的基础上，通过空间解析模型算法进行空间数据的分析。地理信息系统总体上分为两大方面：一是建立地理信息系统；二是研究空间分析应用模型。

(3) 对图形和属性进行一体化管理。地理信息系统按空间数据库的要求，将图形数据和属性数据用一定的机制连接起来进行一体化管理,在空间数据库的基础上进行深层次的分析。

(4) 不仅有自身的理论技术体系，而且是一项工程。

4) 地理信息系统研究对象的特点

(1) 空间性：反映空间位置的关系。用坐标表示空间位置，用空间拓扑关系表示空间位置关系。

(2) 属性：描述现象的特征，将非空间数据和空间数据相结合描述空间实体的全貌。

(3) 时间性：空间数据的空间特征和属性特征随时间尺度的变化而变化。

5) 地理信息系统的技术特征

GIS 是以地理空间数据库为基础，采用地理模型分析的方法，适时提供多种空间的和动态的地理信息，为地学研究和与地学有关的决策服务的技术系统，它具有以下特征：①具有采集、管理、分析和输出多种地理空间信息的能力，具有空间性和动态性。②以地理研究和地理决策为目的，以地理模型方法为手段，具有流域空间分析、多要素综合分析和动态预测能力，可产生高层次的地理信息。③由计算机系统支持进行空间地理数据管理，并由计算机程序模拟常规的或专门的地理分析方法。作用于空间数据，产生有用信息，完成人类难以完成的任务。计算机系统的支持是 GIS 的重要特征，使 GIS 得以快速、精确、综合地对复杂的地理系统进行空间定位和过程动态分析。

6) 地理信息系统的应用特点

地理信息系统是计算机科学、制图学、地理科学等多学科交叉的产物，就其应用而言，具有以下特点：①管理地理空间数据库。②GIS 的综合分析评价和模拟预测。③GIS 的空间查询和空间分析。④地图制图。⑤建立专题信息系统和区域信息系统。

7) 地理信息系统能够解决的问题

(1) 位置 (location)：在某个地方有什么。

(2) 条件 (condition)：符合某些条件的地理实体在哪里。

(3) 趋势 (trend)：某个地方发生某个事件及其随时间的变化趋势。

(4) 模拟 (simulation)：某个地方如果具备某种条件可能会发生什么。

12.3.2　地理信息系统的功能

地理信息系统的研究处理对象具有地理分布特征，结合上述地理信息系统软件的结构可以看出，地理信息系统的功能包括以下方面。

1. 数据的采集、检验与编辑

将地球表层目标地物的分布位置属性通过输入设备输入计算机，成为地理信息系统能够操作与分析的数据，这个过程称为数据采集。常用的数据采集方法包括：计算机键盘数据采集；手扶跟踪数字化方法；地图扫描数字化；实测地图数据的输入。

2. 地理数据管理功能

主要包括地理属性数据管理与地理空间数据管理。

(1) 地理属性数据管理。在地理属性数据库中，地理数据的组织一般分为四级：数据项、记录、文件和数据库。地理属性数据管理对象包括属性数据项、属性数据记录和属性文件。随着可视化技术的发展，属性数据文件经常采用表格形式出现。

(2)空间数据的管理。空间数据的管理包括空间数据的编辑修改和检索查询。空间数据的编辑修改包括两个层次：数字图层中点、线、面特征(地图制图单元)的编辑修改；数字图层的编辑操作，它包括数字地图裁剪、数字地图拼接等内容。

3. 基本空间分析

空间分析是地理信息系统的核心功能，也是地理信息系统与其他计算机软件的根本区别。一个地理信息系统软件提供的基本空间分析功能的强弱(如图层的空间变换、再分类、叠加、邻域分析、网络分析等)，直接影响系统的应用范围，同时也是衡量地理信息系统功能强弱的标准。

4. 应用模型的构建方法

因为地理信息系统应用范围越来越广，不同的学科、专业都有各自的分析模型，一个地理信息系统软件不可能涵盖所有与地学相关学科的分析模型，这是共性与个性的问题。所以，地理信息系统除了应该提供上述的基本空间分析功能外，还应提供构建专业模型的手段，这可能包括提供系统的宏语言、二次开发工具、相关控件或数据库接口等。

5. 地理信息的可视化表现

地理信息的可视化表现依赖于可视化技术的发展。通常涉及两个方面的内容：一是软件开发阶段的可视化，即可视化编程；二是利用计算机图形图像技术和方法，以图形图像形式将大量数据形象而直观地显示出来。GIS 提供了地理信息可视化表现的多种功能。

(1)数字地图的显示。在计算机荧屏上显示地图，既方便又经济，便于观察与分析。

(2)数字地图整饰功能。以人机交互方式在计算机荧屏上对地图进行整饰，如改变地图的构图，调换符号、线型、颜色、字体、间距、输出比例尺等。

(3)数字地图的可视化输出。将数字地图直观而形象地表现在纸张、胶片等介质上，用户可以直接阅读、观察和研究。可视化输出设备包括打印机、绘图等，其中彩色激光打印机或彩色喷墨绘图仪等设备可以输出高质量、色彩鲜艳的图像。

此外，GIS 与 Internet 技术结合，可以构成网络地理信息系统(WebGIS)，利用 WebGIS 提供的可视化表现功能，可以在互联网上发布地理信息，为因特网用户提供电子地图服务。WebGIS 使用者也可以利用 WebGIS 在 Internet 上检索、咨询各种地理信息，共享 Internet 上提供的地理信息资源。

12.3.3 地理信息系统的类型

一般认为，当前国际上的地理信息系统包括以下 3 种不同的类型。

(1)专题性地理信息系统(thematic GIS)：指以某一专业、任务或现象为主要内容的系统，为特定的专门目的服务，如森林资源管理信息系统、水资源管理信息系统、矿产资源信息系统、农作物估产信息系统、草场资源管理信息系统、水土流失信息系统、森林火灾扑救指挥及评估系统等。

(2)区域性地理信息系统(regional GIS)：它可以是以某个区域综合研究和全面的信息服务为目标，按不同的规模，如国家级、地区或省级、市级和县级等为各不同级别行政区服务的区域信息系统，也可以是按自然区划的区域信息系统，如中国自然环境综合信息系统、黄河流域信息系统等。

(3)通用或工具性地理信息系统(GIS tools)：它是一组具有图形图像数字化、存储管理、查询检索、分析运算和多种输出等地理信息系统基本功能软件包或控件库(ArcObjects、MapObjects 等)。它们或者是专门设计开发的，或者是在完成了实用地理信息系统后抽取掉具体区域或专题的地理空间数据后得到的，具有对计算机硬件适应性强、数据管理和操作效率高、功能强的特点，是具有普遍适用性的地理信息系统，如 ESRI 公司的 ArcInfo、ArcView，MapInfo 公司的 MapInfo，武汉大学的 MapGIS 等。该类地理信息系统也可用于教学。

12.3.4　地理信息系统的构成

一个典型的地理信息系统应包括 4 个基本部分：计算机硬件系统、计算机软件系统、地理空间数据和系统开发、管理应用人员。计算机软硬件系统是地理信息系统的基本核心，地理空间数据则是基础，管理应用人员是地理信息系统应用成功的关键。

1. 计算机硬件系统

计算机硬件是计算机系统中实际物理装置的总称，是 GIS 的物理外壳，系统的规模、精度、速度、功能、形式、使用方法甚至软件都与硬件有极大的关系，受硬件指标的支持或制约。GIS 硬件配置一般包括 4 个部分：计算机主机、数据输入设备、数据存储设备和数据输出设备。

2. 计算机软件系统

软件系统是指 GIS 运行所必需的各种程序。地理信息系统软件一般由以下 5 个基本的技术模块组成。

(1)数据输入和检查：按照地理坐标或特定的地理范围，收集图形、图像和文字资料，通过有关的量化工具(数字化仪、扫描仪和交互终端)和介质(磁盘、光盘)，将地理要素的点、线、面图形转化为计算机能够接受的数字形式，同时进行预处理、编辑检查、数据格式转换，并输入系统。

(2)数据存储和数据库管理：地理空间数据库是地理信息系统的关键要素之一，它保证地理要素的几何数据、拓扑数据和属性数据的有机联系和合理组织，以便系统用户的有效提取、检索、更新、分析和共享。

(3)数据处理和分析：数据处理和分析是地理信息系统功能的主要体现，也是系统应用数字方法的主要动力，其目的是获取系统应用所需要的信息，或对原有信息结构形式进行转换。这些转换、分析和应用的类型是极其广泛的，包括比例尺和投影的数字变换、数据的逻辑提取和计算、数据处理和分析，以及地理或空间模型的建立。

(4)数据传输与显示：系统将分析和处理的结果传输给用户，它以各种恰当的形式(报表、统计分析、查询应答或地图形式)显示在屏幕上，或输出在硬拷贝上，以供应用。

(5)用户界面：用户界面是用户与系统交互的工具。

3. 地理空间数据

地理空间数据是指以地球表面空间位置为参照的自然、社会和人文景观数据，可以是图形、图像、文字、表格和数字等。由系统建立后通过数字化仪、扫描仪、键盘、磁带机或其他通信系统输入 GIS，是系统程序作用的对象，也是 GIS 所表达的现实世界经过模型抽象的实质性内容。

4. 系统开发、管理应用人员

人是 GIS 的重要构成因素。地理信息系统从其设计、建立、运行到维护的整个周期，处处都离不开人的作用。仅有系统软硬件和数据不能构成完整的地理信息系统，还需要人进行系统组织、管理、维护和数据更新、系统扩充完善、应用程序开发，并灵活采用地理分析模型提取多种信息，为研究和决策服务。

12.3.5 地理信息系统的发展趋势

综观地理信息系统的发展，从最早的基本框架到成为一门独立发展的新领域，经历了几十年。目前它明显地体现出多学科交叉的特征，这些交叉的学科包括地理学、地图学、计算机科学、摄影测量学、遥感技术、数学和统计科学，以及一切与处理和分析空间数据有关的学科。它具有自己独立的研究任务，这就是以数字形式综合或分析空间信息。地理信息系统既是综合性的技术方法，又是研究实体和应用工具，它的发展具有下述主要趋势。

1. 网络地理信息系统

网络地理信息系统(WebGIS)是利用互联网(Internet)来扩展和完善地理信息系统功能的一项新技术，是由地理信息系统和互联网技术相结合而产生的一种新技术方法，同时也是社会对地理信息的需求不断增长的结果。目前，国内外一些地理信息系统软件纷纷推出了WebGIS 的版本，如 ESRI 公司的 MapObjects Internet Map Server(MapObject IMS)和 ArcView Internet Map Server(ArcView IMS)，后合并为 ArcIMS；MapInfo 公司的 MapXtreme；Autodesk 公司的 MapGuide；Intergraph 公司的 GeoMedia Web Map 等。

2. 控件 GIS

组件式地理信息系统(ComGIS)是 GIS 的又一发展趋势。它采用组件对象模型(COM)技术，是微软公司提出的一种开发和支持程序对象组件的框架。COM 现在已成为一类技术，如 Sunsoft Java Bean 技术也是基于 COM 的思想。ComGIS 不是一个最终的软件系统，它是把 GIS 的各大功能模块制作成若干控件，每个控件完成不同的功能。各个 GIS 控件之间及其与非 GIS 控件之间，可以通过 VB、VC 等开发工具集成起来，形成最终的 GIS 应用。

3. 三维及时态 GIS

三维 GIS 是许多应用领域对 GIS 的要求。目前的 GIS 多数提供了较简单的三维显示功能，其一般方法是借助于 DEM 模型与专题图或遥感图像复合叠加后，用透视进行立体显示。这与真三维表面分析还有很大差距，真正的三维 GIS 必须支持三维的数据模型，具有三维的空间数据库，提供三维的空间分析功能。在空间三维的基础上，引入时间维来表达空间对象的动态变化，称为时态 GIS，这些内容都是将来 GIS 的发展方向。

思考与练习题

1. 目前正在运行或即将运行的全球导航卫星系统主要有哪些？
2. GPS 系统主要由哪几部分组成？
3. CPS 的定位方式有哪些？
4. 何为 GPS RTK？何为网络 GPS？
5. 简述 GPS 在某一领域的具体应用。
6. 什么是遥感？遥感技术系统由哪几部分构成？
7. 遥感技术具有哪些特点？遥感分类有哪些？
8. 简述现代遥感技术系统。
9. 什么是地理信息系统？它有哪些基本功能？

主要参考文献

卞正富. 2002. 测量学. 北京: 中国农业出版社.
陈丽华. 2009. 测量学. 杭州: 浙江大学出版社.
高井祥. 2007. 测量学. 北京: 中国矿业大学出版社.
顾孝烈, 鲍峰, 程效军. 2011. 测量学. 上海：同济大学出版社.
何东坡, 付开隆, 唐冲, 等. 2015. 土木工程测量. 北京：科学出版社.
何东坡, 刘绪春, 王安怡, 等. 2009. 测量学. 北京: 科学出版社.
河海大学测量教研室编写组. 2006. 测量学. 北京: 国防工业出版社.
胡明城. 2003. 现代大地测量学的理论及应用. 北京: 测绘出版社.
李建华. 2008. 测量学. 上海: 上海交通大学出版社.
刘本培, 蔡运龙. 2000. 地球科学导论. 北京: 高等教育出版社.
刘谊, 汪金花, 吴长悦, 等. 2005. 测量学通用基础教程. 北京: 测绘出版社.
雒应, 徐娅娅. 2009. 测量学. 2 版. 北京: 人民交通出版社.
宁津生, 陈俊勇, 李德仁, 等. 2008. 测绘学概论. 武汉：武汉大学出版社.
沈镜祥. 1990. 空间大地测量. 武汉: 中国地质大学出版社.
史玉峰. 2012. 测量学. 北京: 中国林业出版社.
陶本藻. 1992. 测量数据统计分析. 北京: 测绘出版社.
王铁生, 袁天奇. 2012. 测绘学基础. 北京: 科学出版社.
熊春宝. 2014. 测量学. 3 版. 天津：天津大学出版社.
杨松林. 2012. 测量学. 2 版. 北京: 中国铁道出版社.
章书寿. 2014. 地籍调查与地籍测量学. 2 版. 北京: 测绘出版社.
章书寿, 陈福山. 2011. 测量学. 4 版. 北京: 测绘出版社.